当代城市规划著作大系

国家自然科学基金项目成果
《中部大城市簇群式发展机理及空间调控关键技术研究——以武汉、长沙为例》（项目号：50878091）
《中部地区县域新型城镇化路径模式及空间组织研究——以湖北省为例》（项目号：51178200）

大城市都市区簇群式空间
发展及结构模式

冯 艳 黄亚平 著

中国建筑工业出版社

图书在版编目（CIP）数据

大城市都市区簇群式空间发展及结构模式 / 冯艳，黄亚平著.
北京：中国建筑工业出版社，2013.1
（当代城市规划著作大系）
ISBN 978-7-112-14864-6

Ⅰ. ①大…　Ⅱ. ①冯…②黄…　Ⅲ. ①大城市–城市空间–
空间规划–研究　Ⅳ.①TU984.11

中国版本图书馆CIP数据核字（2013）第020381号

责任编辑：刘　丹　陆新之
责任设计：赵明霞
责任校对：刘梦然　赵　颖

当代城市规划著作大系
大城市都市区簇群式空间发展及结构模式
冯　艳　黄亚平　著
*
中国建筑工业出版社出版、发行（北京西郊百万庄）
各地新华书店、建筑书店经销
北京嘉泰利德公司制版
北京云浩印刷有限责任公司印刷
*
开本：850×1168毫米　1/16　印张：20¼　字数：455千字
2013年2月第一版　2013年2月第一次印刷
定价：58.00元
ISBN 978-7-112-14864-6
（22904）

内容摘要

随着城市区域化及区域城市化态势的日益显现，一些大城市受到各种条件的影响，在都市区尺度上形成一种簇群状空间形态。从城市规划学、城市地理学维度分析，可称之为"大城市都市区簇群式空间"。这是都市区层面城市空间形态的新类型。本书用"簇群式"来解释当前都市区空间出现的这种新现象，并对其发展规律及结构模式加以探究，是在特定阶段中国大城市空间发展研究中的一种尝试，一种探索。

本书从分析当今大城市区域化发展趋势入手，归纳分析了大城市都市区簇群式空间趋势的理论线索及时代背景，在系统探讨了大城市都市区簇群式空间结构的思想渊源之后，重点分析了大城市都市区簇群式空间的成长机理和结构模型。首先从实证案例分析入手，总结大城市都市区簇群式空间的过程特征，剖析大城市都市区簇群式空间的成长机理；从公共中心结构、道路网络结构、绿色生态开敞空间结构，以及用地组织结构等结构要素出发，总结都市区簇群式空间结构的要素特征，构建大城市都市区簇群式空间结构的基本原型，并对其加以解析；通过多元的分析视角从整体上提出未来大城市都市区簇群式空间发展的控制对策。

本书共分为五大板块。

第一板块为发展趋势的分析，主要为第二章。当今世界西方大城市空间的郊区化发展，中国大城市空间的都市区化发展，大城市空间普遍呈现出一种区域化发展态势，即多中心星云和多中心组群。目前中西方大城市空间发展趋势主要有四种基本类型：区域松散型、舒展均衡型、点集聚型和非均衡型。本书所探讨的大城市都市区簇群式空间发展属于非均衡型的一种，近年来，这种发展趋势已经在相当一部分大城市出现。

第二板块是思想基础的探究，主要为第三章。城市的发展受不同历史阶段的社会思想影响，也呈现出阶段性的特征。在这样的过程中，集中与分散思想从割裂到统一，从片面强调工具理性到关注价值理性，从线性思维到非线性哲学思想的发展，这一系列思想影响着当今城市，造成了特定城市的特定类型的空间结构，成为大城市都市区簇群式结构的思想渊源。

第三板块为空间解释，包括第四章和第五章。此部分从武汉、南京和长沙的案例分析入手，描述 20 世纪 90 年代以来大城市都市区空间发展的客观过程，并从阶段性、内聚式、发展方式、职能分化集聚等方面总结大城市都市区簇群式空间发展的过程特征。随后从结构主义的视角，创新性地提出从基础层面与社会层面，探索大城市都市区簇群式空间发展的基本动因，解析大城市都市区簇群式空间形成机理的特殊性。

第四板块为模型建构，包括第六章与第七章。分别从公共中心、道路网络、绿色生态开敞空间以及用地组织四个要素总结都市区簇群式空间结构的要素特征。在前面研究的基础上，提出"大城市都市区簇群式空间结构"这一概念及基本模型。"大城市都市区簇群式空间结构"是在一定地域范围内，以大城市主城区或主城核心区为簇群核心，功能和空间上与主城紧密联系的外围新城、组团为基本簇群单元，通过一体化的复合交通网络连接，形成的一种大城市地域空间结构与形态的新形式。归纳大城市都市区簇群式空间结构的类型、目标、特性以及测度。最后运用分形理论对结构模型进行了修正。

第五板块为控制优化，主要内容为第八章。在分析大城市都市区空间发展现状问题的基础上，主要从城市空间发展路径的控制和城市空间组织的控制两个方面入手，提出了未来优化大城市都市区簇群式空间发展的控制对策。

目　　录

1

绪　论

1.1 背景

全球化是 20 世纪末世界范围内影响面最广、最具时代典型特征的社会经济现象，它首先是经济的全球化。全球化加速了资本、技术、信息等生产要素在全球范围内的自由流动和优化，各国、各地区之间的经济联系愈来愈紧密，国际分工和一体化程度愈来愈高，全球体系逐步在空间上将全球各个城市相连，在一定程度上导致了城市与区域空间的重构。

全球化重新划分了城市体系。在全球化的进程中，城市具有核心作用，主动或被动地参与了全球化的进程之中。在全球化进程中，世界城市体系结构由水平向垂直转化，担当管理/控制、研究/开发职能的部门向经济中心集中，为其配套服务的大量生产性服务业应运而生；而与此同时，制造/装配职能多向经济发展较为落后的地域、边缘地区或第三世界转移，在发展中国家形成了分布在城市外围的开发区、保税区、出口加工区等新的外向型产业空间的兴起。新兴的生产性服务业向心集聚，外向型产业分布在城市外围的开发区，加速了城市空间的外拓。两者在空间上分布的不同，导致了城市空间结构的变化。这种变化深刻地影响了城市发展的路径和空间组织模式，进而导致城市空间结构展现不同的形式。此外，全球化对城市和区域的发展提出了整合的要求。大都市正向分散的结构演变，这一结构具有多个亚中心、分散化的制造业和更集中的服务业，这改变了工业经济时代单中心圈层式的空间结构，一个多中心网络化的空间结构正在形成。[①] 同时，在空间布局上，跨国公司对城市用地布局的影响也超过以往，一方面生产用地的集聚，自发选择城市土地成本较低的外围区域，形成外围产业组团，另一方面，控制及管理总部倾向于中心集聚，在空间上形成由内及外的控制。

随着政治、经济、环境变化的全球化发展趋势，社会经济结构发生了较大的变化，在各类资源全球化配置的同时，地方本身的建设和发展成为获取全球资源的关键。以大型项目建设为标志，以政府与私人部门的合作开发为具体手段，提升城市竞争力，营造城市创新气氛，促进城市可持续发展成为主题。[②]

在全球化的大背景下，世界大城市空间出现了区域化的发展趋势，大城市都市区空间结构出现了新的变化。

1.1.1 大城市区域化发展是世界范围的普遍趋势

区域化已经成为世界范围内大城市发展的普遍趋势。如图 1-1 所示，伦敦、东京、巴黎和上海的城市空间已经触及了 50km 半径范围外的区域。

这种趋势在国外，表现最为明显的就是郊区化。第二次世界大战后，美国从乡村到城市的人口迁移逐渐退居次要地位，规模庞大的全新的城乡人口流动逆过程开始出现，城市

---

① 赵云伟．全球化加速城市空间重构［J］．北京房地产，2008（4）：76–77。
② 孙施文．城市规划理论［M］．北京：中国建筑工业出版社，2004：48。

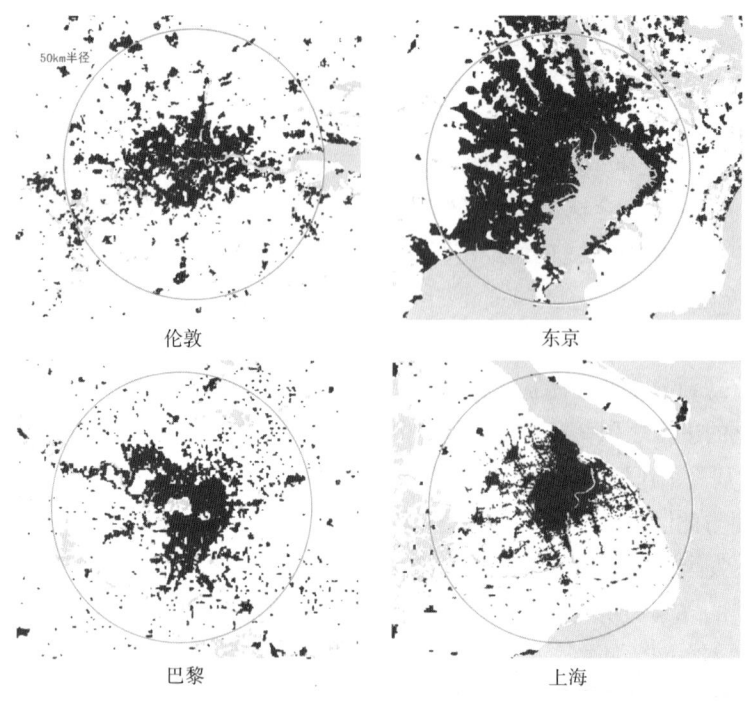

图 1-1　50km 半径范围内世界大城市空间形态示意

中上阶层人口逐步移居市郊或外围地区，这就是所谓的郊区化。20 世纪 70 年代以后，郊区化往纵深发展，出现了逆城市化。郊区化在一个更广阔的地域蔓延，大城市地区的空间结构形态越来越走向群体化，城市结构变得更加复杂化、网络化，城市形态也显得更加的宏大，整个城市化地区呈现出一种星云状的城市形态，传统城市空间已经无法进行描述。

　　近些年，中国城市空间发展的研究视野逐渐扩大，城市区域化趋势明显。城市区域化是近 10 年来伴随着我国工业化和城市化高速发展而产生的城市产业、人口和空间的扩散现象，它不同于以往中外城市发展史上任何一次扩散现象，而是产生于中国特定背景下特有的城市空间扩散规律，今后相当长一段时期内，这一规律将伴随中国大城市的空间发展。对这一现象的研究将极大地丰富有关城市空间布局的理论和实践，同时也将为我国大城市的空间布局提供积极的指导。[①] 当今的区域经济发展要求以城市—区域一体化参与不同区域层次的竞争，强化了"大城市化"在城市化战略中的地位，这一现象从根本上改变了城市的空间尺度。

　　城市区域化是中国较发达地区大城市随着产业发展、功能提升、规模扩张而产生的城市空间大规模扩散的过程，这一过程产生了新的城市—区域空间形态，其功能表现为产业、人口、设施在区域空间层次大规模的扩散，空间表现形式已不同于原先的"点"，而是覆盖了相当范围的多层次的"面"，表现为特定空间层次的城市—区域一体化发展。

---

① 殷毅，曾文.城市区域化与武汉城市空间布局［J］.经济地理，2006（1）：83-87。

欧美郊区化虽然起步于20世纪20年代,但真正大规模的发展是在20世纪50～70年代,当时欧美的城市化水平普遍都在70%左右,城市人口规模已处在稳定期的微增阶段。而开始于20世纪末的中国城市区域化,全国平均城市化水平仅为30%左右,发达地区也仅为35%～40%[①],处于城市化急剧发展期,城市规模也处在急剧扩张期,即城市区域化和快速城市化处于同一个发展时期,这是中国城市区域化与西方最大的区别。同时人口、资源压力与西方城市的差异也大。特别是与蔓延式郊区化的美国的资源条件相比,中国首先失去了蔓延式郊区化发展的资源基础。

1.1.2 大城市都市区空间结构出现了新的变化形式

城市区域化使城市型用地由中心向外不断扩大,原先受农业支配的非城市地域逐渐转化为以非农产业为主的城市地域;中心城与外围地区在经济社会方面的相互作用越来越强烈,功能联系越来越紧密,从而形成由中心城和外围地区共同组成并以中心城为核心的新的城市空间地域范围——都市区。[②]城市发展从向心集聚到向外扩散是城市为了利用聚集效应而克服不经济性的一种城市空间布局的自我调整过程,也是大城市发展过程中客观存在的一个阶段。[③]因此,都市区的出现是必然的,其进一步发展也是未来发展的趋势。

传统城市的空间扩张往往自中心圈层扩张,形成圈层式空间结构,这种圈层式的演化形式最终会导致城市空间发展的不经济和低效。随着都市区的发展,整个城市用地扩大,中心与边缘连成整体,地域范围较传统城市空间成倍增加;商业、工业等功能逐渐向外扩散,形成中心与若干组团组合的地域特征;交通四通八达,城市用地多沿交通干线向外扩散。但在用地扩散的过程中,对生态绿地、农业用地的过度侵占也成为重要问题之一,许多国家均采用了绿带、绿楔来控制城市的无序蔓延。居住、商业、工业等城市要素的空间分布在都市区尺度形成了与传统地域空间不同的空间特征。

因此大城市都市区空间结构出现了新的变化形式,体现在公共中心体系上呈现出高层级公共中心设施中心集聚,低层级公共中心沿放射性交通线自内向外布局;生产性服务中心绝对聚集,而生活性服务中心的区位选择分布呈现均质化。交通通过沟通中心与外围组团的方式,先期拉开城市空间骨架,将城市的空间扩张纳入到有效引导框架内,形成中心放射圈层式的交通体系。生态空间结构呈现楔形化,由外及内沟通城市外围组团和中心城区。用地组织出现了中心—组团的方式。大城市都市区空间结构出现了新类型。

但同时不可忽视的是,资源短缺是中国特有的国情,这一压力将始终伴随着中国城市化进程,尤其是生态平衡的压力是城市空间布局的根本制约因素,决定了不同层次空间城市集聚—扩散的结构。区域层次上由于产业和人口的发展,城市空间的大规模扩散不可避免,而在城市发展空间层次上,资源的压力又决定了城市空间的集聚是必由之路。集聚—扩散在不同层面的相互作用,势必导致新的城市空间结构的出现。

---

① 殷毅,曾文.城市区域化与武汉城市空间布局[J].经济地理,2006(1):83-87。
② 谢守红,宁越敏.中国大城市发展和都市区的形成[J].城市问题,2005(1):11-15。
③ 潘海啸.快速交通系统对形成可持续发展的都市区的作用研究[J].城市规划汇刊,2001(4):43-46。

1.1.3 大城市都市区簇群式空间结构成为一种新的类型

中国当代大城市空间发展的时代背景正在经历着较大的变化。一方面在全球化、信息化、知识经济等深刻影响下，城市空间整体呈现扩散趋势，为接纳并适应这种全球的发展趋势，城市形态扩张变化迅速，城市空间增长势头迅猛；另一方面，在片面追求经济发展过后，在城市由于过度扩张而出现一系列问题之后，人们开始关注人与自然的和谐共处。在可持续发展理念的指引下，"生态城市"、"紧凑城市"的城市发展概念及策略的研究成了当代城市发展的另一个大趋势，城市空间形态的无序膨胀变化受到了限制。在这种经济社会快速发展但又不能盲目发展的时代背景下，传统的城市空间结构转变已经成为一个不争的事实，符合不同地域类型特征的新的城市空间结构的形成与发展势必成为未来发展的新趋势。

中国当代一些大城市都市区多出现了这样一种多中心结构，即以大城市主城区为核心，功能与空间上与主城紧密联系的外围新城、组团为基本单元，通过一体化的交通网络连接，形成大城市地域空间结构的新形式。特别是一些大城市空间发展受到土地资源条件、自然环境条件、区域交通条件的影响，都市区空间借助强大的中心成长，依托交通走廊，形成外围"簇群式组群"的扩展形态。从城市规划学、城市地理学维度分析，可用"簇群式"来解释都市区空间结构出现的这种新的发展态势，即将这种新的现象称之为"大城市都市区簇群式发展"。大城市都市区簇群式空间是都市区空间新形式中的一种新类型。

总的来说，对这种新的空间形式有以下共识。

城市中心部分功能的外围疏散，形成外围组团，从而疏导人口，缓解单中心结构的用地及环境压力；通过合理的交通控制，有效引导人口的外向流动，一体化交通转运枢纽、快速轨道交通等技术也是重要的控制手段；楔形的外围生态绿地系统有效增加城市开放空间界面，改善了城市中心与外围组团的环境品质。

但另一方面，在这种新的空间形式中，大城市传统的中心区仍然具有强大的吸引力，都市区空间呈现的扩散是有限度的，而且这种扩散大多是依托传统中心建立若干便捷交通联系，沿交通干线围绕传统中心周边发展而成的，这样进一步强化了原有传统中心的发展实力，使中心的吸引力增大，城市中心成为了资源要素集聚的重要节点枢纽和获取的渠道，外围组团对中心的依赖度反而进一步增大，从而形成一种强中心＋外围组团的新的组织形式。

当代部分大城市在都市区尺度上形成的簇群式空间，是客观存在的现象。本书用"簇群式"来解释当代都市区空间出现的这种新现象，并对其空间发展规律及结构模式加以探究，是在特定阶段中国大城市空间发展研究中的一种尝试，一种探索。

1.2 研究范围与相关概念

1.2.1 研究范围

本书选择以大城市都市区范围划定本书的研究范围，以大城市都市区空间的成长机理与结构模式为研究对象。

根据《城市规划基本术语标准》，城市是以非农产业和非农业人口聚集为主要特征的居民点，包括按国家行政建制设立的市和镇。我国城市按人口规模进行分类，人口大于 50 万的城市为大城市，人口大于 100 万的城市为特大城市。事实上，按照上述方法对大城市的界定已经完全不能满足当前城市规划研究的需要。随着全球城市人口的不断增长，城市的迅猛发展，一般意义上的大城市规模正在不断上升，用地范围也在不断增加。所以在此很有必要对本书的研究范围进行界定，以达到研究的真正目的。

本书选取大城市为研究对象，是由于城市规模与城市结构之间存在着一定的关联，规模的"量变"呼唤结构的"质变"，随着城市规模的扩大，城市的各项活动呈现出越来越复杂的联系。更重要的是大城市的这种复杂的联系使城乡一体化加速发展，城市空间出现城市区域化、区域城市化。中国大城市的空间研究范围不断增大，逐渐向都市区发展，导致传统的城市空间结构正在受到巨大的冲击，新的城市空间结构出现。基于此，本书选择大城市作为研究对象，以都市区的范围划定本书的研究范围。

在此就又出现了一个新的问题，以都市区界定的研究范围到底该有多大呢？众所周知，都市区的发展是一个动态的过程，一旦我们将都市区发展作为一个动态的过程来考察，那就不必过于关注其范围大小的严格界定标准，而是有必要着重考察其内在发展机制，以及不同城市都市区的空间过程。所以作为本书的研究对象，都市区空间范围的截取具有相当的弹性。

本书的都市区范围将从以下三个方面来考虑：

在空间联系方面，取决于区域的产业门类、产业发展阶段以及空间的综合交通条件；

在功能地位方面，取决于其整体功能的空间影响范围；

在空间形态方面，由于不同城市历史的空间过程不同，自然地理条件的差异，都市区在总体空间形态上可以是圈层式的，也可能是点轴式的，或者其他类型。

综上，本书所讲的都市区范围将取决于研究的服务对象以及研究的目的。这样一来，研究就具有统一的平台，数据上具有可操作性，不同城市的都市区可以在同一平台上进行总结和分类。

上文已经论述过当今一些大城市空间发展受到土地资源条件、自然环境条件、区域交通条件的影响，都市区空间借助强大的中心成长，依托交通走廊，形成外围"簇群状组群"的扩展形态。从城市规划学、城市地理学维度分析，可将这种新的现象称之为"都市区簇群式空间结构"。用"簇群式"来解释都市区的空间结构的新发展，面临的首要问题就是什么是大城市都市区簇群式空间结构以及为什么会形成这种结构。因此本书以大城市都市区空间发展的成长机理来解释"为什么"，选取大城市都市区空间结构特征及结构模式来解释"是什么"。应该明确一点，寻求一种解释，就是寻求理论。[①] "为什么"、"是什么"这两个问题解决了，大城市都市区簇群式空间结构相应的基础理论也就迎刃而解了。

---

① D. Harvey. 地理学中的解释［M］. 高泳源，刘立华，蔡运龙译. 北京：商务印书馆，1996。

1.2.2　大城市都市区空间结构

都市区一词是由 Metropolitan Area 翻译而来，最早出现在城市发展水平较高的西方国家。美国早在 1910 年就对都市区进行了定义，后来西方其他国家也效仿美国定义了相应的关于都市区的概念。1949 年，美国出现了"标准大都市区"的城市地域单元统计标准，该标准被许多国家借鉴引用。其内涵为：以 5 万人以上的城市化地区为核心，由围绕核心的中心县和外围县共同组成的地域。[①] 为了在统计上界定都市区这种能相对准确地反映城市地域范围且具有可比性的概念，欧美各国从 20 世纪初就陆续制定了它的划定标准。各国虽划定方法各异，但都包括两个部分：即一定规模的中心区和与中心区具有紧密社会经济联系的外围地域。[②]

国内各学者对都市区也进行了较多的研究。当今对都市区的概念基本得到了共识。都市区是属于城市内部空间范畴的，是小于市域范围的。

都市区由中心与外围构成。中心区与城市边缘处于日常生活的通勤范围以内，通过便利的交通网络联系，实现了市政基础设施的一体化，共享相同的生态单元。与非都市区比较，都市区拥有相对健全的生产与服务体系，有规模化的都市型工业、外向型经济体系、高等教育和科研开发机构，以及产业化基地，集聚了一定数量的区域性公司的管理机构，具有一定的融资能力。[③]

可以说都市区是城市发展到一定阶段的产物，是城市化发展到较高阶段时产生的新的城市空间形式，是中心城与外围地域的空间相互作用产生一体化特征的紧密联系区，有一定空间层次、地域分工和景观特征的统一体。

城市空间结构指城市各要素在一定空间范围内的分布和联结状态。也就是城市各物质要素在城市生长发展过程中，在地域空间中所处的位置和在运营过程中的形态。[④] 它是城市社会经济关系在城市土地上的投影，并建立了一定范围内的空间秩序和关系。城市空间结构是一个非常宽泛的概念，不仅涉及经济、社会、文化价值等各个领域，具有空间与非空间的多重属性，还涵盖了表象（要素空间分布）和本质（相互作用的内在机制）的关系等。[⑤] 出于研究需要，本书中所研究的城市空间结构是整个泛城市空间结构概念框架中的特定部分，即将要素限定在人口和经济活动范畴内，重点研究其空间分布属性，以及产生这一空间分布特征的内在机制。对此就有必要揭示两个方面的内容：一是它是什么，二是为什么和怎样形成的，也就是要对它进行描述（description），也要进行解释（explanation）。[⑥]

大城市空间区域化发展导致都市区的形成，都市区不仅包括中心城市（区），还包括与其具有高度社会经济联系的外围地域。[⑦] 都市区空间结构是一种现代城市空间结构，它不同于传统的城市空间结构，空间分析的范围已从城区拓展到城市周围地区。

---

① 姜世国．都市区范围界定方法探讨——以杭州市为例．地理与地理信息科学，2004（1）：67-72。
② 王兴平．都市区化：中国城市化的新阶段［J］．城市规划汇刊，2002（4）：56-59。
③ 王兴平．都市区化：中国城市化的新阶段［J］．城市规划汇刊，2002（4）：56-59。
④ 王国恩，殷毅，黄亚平．城市规划中的土地使用规划［M］．武汉：湖北科学技术出版社，1996：20。
⑤ 赵莹．大城市空间结构层次与绩效——新加坡和上海的经验研究［D］．上海：同济大学，2006。
⑥ 孙施文．城市规划哲学［M］．北京：中国建筑工业出版社，1997：76。
⑦ 黄亚平．城市空间理论与空间分析［M］．南京：东南大学出版社，2002。

1.2.3　大城市都市区簇群式空间

"簇群"一词并未收录在汉语词典、辞海等相关工具书籍中，仅能查询到"簇"与"群"的释义。"簇"相当于"丛"，密集地或长在一块儿但不粘在一起的一丛（bunch，cluster，agglomerate head），如一簇鲜花；"群"则指聚在一起的许多人或物。

在学术界，"簇群"一词主要指相同或相似的事物在某地集中出现。20世纪70年代，由国外学者将此引入经济学，并提出"产业簇群（集群）"的概念。直到

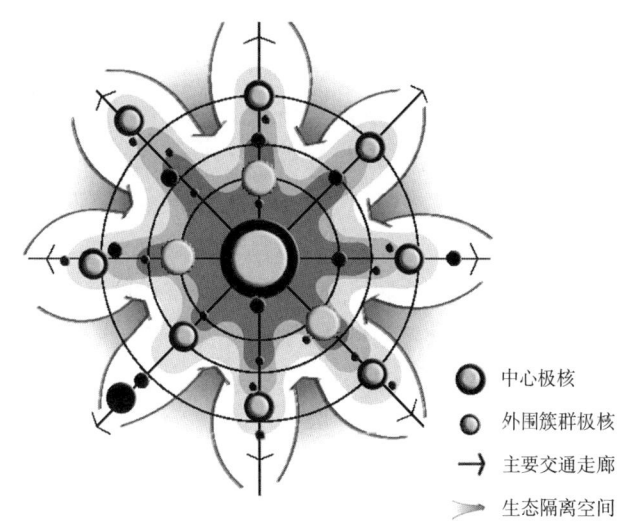

中心极核
外围簇群极核
主要交通走廊
生态隔离空间

图1-2　大城市都市区簇群式空间示意

1990年，美国经济学家迈克尔·波特教授在其出版的《国家竞争优势》一书中，用其分析了一些国家或地区的竞争优势，产业簇群（集群）才得到了学者们的普遍接受。在当今学术界一般是以"产业簇群（集群）"、"簇群经济"等名词出现。产业簇群（集群），是指由与某一产业领域相关的，相互之间具有密切联系的企业及其他相应的机构组成的有机整体。具体讲，就是企业按行业或相关产业在地域空间集聚的现象，是产业组织在空间上的一种表现形式。[①]

本书所指的"簇群"一词，是对城市形态的直观描述。"大城市都市区簇群式空间"是从城市地理学的角度，针对大城市都市区空间形态提出，是物质形态的图示化，如图1-2所示。

1.2.4　大城市都市区簇群式空间结构

"大城市都市区簇群式空间结构"可以理解为在一定地域范围内，以大城市主城区或主城核心区为簇群核心，功能与空间上与主城紧密联系的外围新城、组团为基本簇群单元，通过一体化的复合交通网络连接，形成的一种大城市地域空间结构的新形式。

本书中所论述的"大城市都市区簇群式空间结构"，是指在某一特定地域范围内，大城市都市区空间的一种布局结构，一种空间生长方式、生长过程。我国大城市发展的区域化，与西方国家低密度郊区化城市蔓延有显著差别。虽然中西方部分大城市在城市形态上都有一定程度的簇群式发展，但由于土地资源、生态环境和机动化水平的制约，中国城市的"紧凑度"明显较西方城市高，相当一部分大城市外围地区的空间成长是依托交通走廊，形成"簇群式组群"的扩展形态，上升为一种都市区空间结构。大城市都市簇群式空间结构是部分大城市进入都市区发展阶段的产物。

---

① 李英，张润兴.基于经济学的产业集群及其优势分析［J］.企业活力，2007（3）：92-93.

1.3 大城市空间发展的研究进展

1.3.1 大城市空间发展趋势研究

西方发达国家自 20 世纪 40 年代后，逐步由 19 世纪形成的高密度工业化城市转向 20 世纪低密度的郊区化城市，郊区化低密度蔓延（Urban Sprawl）成为 20 世纪西方城市空间增长的主导方式，并普遍进入大城市都市区时代。20 世纪 70 年代后，随着新经济及全球化的发展，学术研究的视野拓展到新经济对城市发展的影响，跨区域、跨国家的世界城市体系的建构。如弗里德曼（J. Friedman）、萨森（S. Sassen）、菲什曼（R. Fishman）、巴滕（D. Batten）等人先后研究了经济全球化、信息技术网络化、跨国公司等级体系化对全球城市发展的影响。

我国 20 世纪 90 年代后大规模的城市增长，一方面带来城市结构形态的变化，引发城市空间结构重组；另一方面也导致大城市都市区的初步成型，并引起更大范围的区域效应——城市群、城市密集区的出现。因此，国内大城市发展趋势研究主要集中在两个方面：

一是大城市规模增长及结构形态变化的实证研究，在 2000 年后达到高潮。如姚士谋（1998）等对 20 世纪 90 年代以来中国大城市用地增长及空间扩展的实证调查，以及众多学者对发达地区大城市的规模增长及结构形态变化的实证研究（张京祥，2002；冯健，2003；李健，2007），他们认为城市空间结构在新背景下有了重组和新形式的出现。这里值得一提的是，周一星、冯健等人从人口迁移区位分析入手，通过北京、广州、上海、杭州、大连等城市实证调查，认为中国大城市已出现郊区化，并对其形成机制及郊区化发展下的城市空间发展变化、空间发展对策进行了研究（冯健，2002，2004；杨海华，2010；吴元波，2010）。

二是大城市都市区研究的兴起（王兴平，2002；章光日，2003；谢守红，2005）。理论界开始关注都市区范围界定，中西方都市区特点与差异，都市区形成机制及发展趋势等问题（唐路，2006；姜世国，2004；孙胤社，1992；李王鸣1998；胡道生，2010；孟晓晨，2010）。学界对城市区域化及大城市发展都市区化的趋势有普遍共识，但都市区理论研究现状与我国大城市普遍走向都市区规划的实践要求还有较大差距。近年来，对都市区的研究偏向以具体城市为例的实证研究（刘雨平，2009；何波，2009）。

1.3.2 大城市空间发展的过程及机理研究

城市空间运行的基本规律及城市空间体系形成的基本力量，一直是西方城市学界关注的核心问题之一，自 20 世纪以来，不同理论流派基于不同理念对这一问题进行了多方位的探索。

以克里斯泰勒（W. Christaller, 1933）中心地理论（Central Place Theory）为代表的德国"古典经济学"空间结构理论，肯定设施功能（Function）是形成空间体系的基本力量。新古典主义学派（the Neoclassical Approach）注重空间经济行为，阿朗索（W. Alonso，1964）

等人认为地价（或地租）决定土地使用及空间布局。行为学派注重交通、通信技术对城市空间结构的影响（A. Z. Guttenberg，1960；R. L. Meier，1962；J. Brotchie，1985），将空间视为人类彼此交流，相互影响下的空间模式。以结构学派（the Structural Approach）为代表的"政治经济学"城市空间结构研究，将空间结构视为社会、经济与政治过程塑造的效果；哈维（D. Harvey，1973）和卡斯泰尔（M. Castells，1977）等人认为资本积累与阶级斗争的过程决定了城市空间结构及形态变化的规模、速度和本质。20 世纪 80 年代后，西方城市空间研究重点转向城市社会地理学，普遍重视社会分层（Social Stratification）和社会流动（Social Mobility）对城市内在空间结构形成与变化的影响。20 世纪 90 年代后，主流学者的看法是，全球化进程中，经济、社会、政治诸范畴及其在不同层面的社会过程及相互关系构成了城市空间结构的内在机制。

除此之外，20 世纪 80 年代后，针对西方城市化现象及其动因的分析性研究也开始出现，如伯恩（L. S. Bourne，1982）对城市内部结构的研究，威尔逊（A. G. Wilson，2000）对城市空间系统的建模分析，以及较为集中的对西方城市蔓延发生机理的分析（R. Lopez，2003；O. Gillham，2002；Tingwei Zhang，2001）。

在此值得一提的是，结构主义学派的研究传统逐渐在国内得以传承，也就是将城市空间形态演变的机制归结为特定时空范畴内的社会利益群体的社会行动与互动，并且研究的重心偏向于历史事实的解释，而非所谓的预测，这同样也是本书的研究视野。

与西方城市空间研究的侧重点不同，国内没有形成城市空间结构有影响的解析理论，而是注重不同阶段城市结构形态动态演化过程及其机理、特征的研究。自 20 世纪 90 年代以来，此方面的研究文献众多，不胜枚举，但大致集中在以下两个方面。

1.3.2.1 城市空间发展过程特征研究

这类研究大多以大城市为实证对象，探讨在快速工业化及城市化背景下，城市土地开发空间分布、类型分布、规模分布特征及城市地域空间演化的时空规律（唐子来，2000；姜楠，2000；陈蔚镇，2005，2006；胡俊，2000；冯艳，2007；刘瑾，2010；秦波，2010；李江；2004；王新生，2005；刘盛和，2000）。

唐子来、栾峰研究了上海城市开发和城市结构重组的互动关系。姜楠分析了全球化进程对上海经济、社会结构变化的影响作用，研究了 20 世纪 90 年代上海城市土地开发空间布局、结构变化的特征和规律，以及城市内部外资投资空间分布的特征，建构了城市土地开发空间布局模型，以实证研究的方法对"大都市全球化理论"在全球化进程中大城市土地利用的变化研究进行了检验。陈蔚镇、郑炜从溢出效应理论分析的视角对上海城市空间形态演化进行实证研究，通过空间形态指数测定与人口密度空间分析对上海城市空间形态变迁的表征进行描述，进而揭示上海空间形态变迁的内在作用效应在于郊区化进程与扩散主导型溢出效应的时空耦合。2006 年陈蔚镇通过 1988 年上海土地有偿使用以来土地出让数据的空间分析，指出上海在土地资本市场化运行中的不均衡发展与非理性的扩张。胡俊、张广垣选取上海市中心城区的静安寺作为研究对象，实证分析和推导了区内城市开发建设项目的时段周期、规模总量、物业构成、功能变迁、机制类型、开发强度、空间分布等 7 个方面的规律性特点。

冯艳以 1992～2005 年武汉土地开发案例数据为研究平台，对武汉城市空间发展进行实证研究，得出武汉的城市空间发展是一种内聚式的发展形态，是依托中心城区边缘—轴线生长过程，为武汉城市未来空间发展的引导与控制提供依据。刘瑾以长沙都市区为研究对象，通过对 1990 年、1999 年、2003 年、2009 年四年的土地利用现状分析，总结长沙都市区簇群式空间发展的过程特征，揭示长沙都市区簇群式空间发展的机理，预测长沙都市区簇群式空间发展的趋势。

秦波结合特征价格模型和 Moran's I 指数，对随机抽样的北京 2001 年、2003 年和 2005 年住宅价格进行定量分析，得出结论：2001～2005 年，基于天安门、CBD、中关村和奥林匹克中心的城市多中心模型越来越优于单中心模型，说明北京城市空间结构有向多中心演变的趋势。

李江在 GIS 环境下研究武汉外部形态信息图谱，分析城市规模与外部形态分维数的函数关系，用来预测城市空间扩展和演变的程度。刘盛和等采用 GIS 空间分析技术，对北京 1982～1997 年间城市土地利用扩展的时空过程进行分析，证实城市高速外扩的原因，揭示了城市土地利用扩展的空间分异规律。王新生借助 GIS 软件支持，分别计算了 1990 年和 2000 年中国 31 个特大城市平面轮廓形状的分维、紧凑度和形状指数以及城市的用地扩展类型。结果表明，1990～2000 年，中国 31 个特大城市空间形态的总体变化趋势是，城市用地空间扩展类型以填充类型为主，外延类型相对较少且主要发生在发展限制较小的平原地区。总体上，分维呈减少趋势且南方城市大于北方城市，形状指数有减少，城市空间形状有紧凑化趋势。

上述研究大多以城市整体为对象，但也有相当一部分学者将研究视角放在城市边缘区、商业、办公业、新产业空间、交通等要素地域（顾朝林，1998；李开宇，2010；林耿，2004；温锋华，2011；王兴平，2005；朱郁郁，2005；王花兰，2006；王成新，2004），或对局部地区如欠发达地区（祝昊冉，2010）和资源型城市（李志江，2011）的研究，探讨其空间演化特征及其对城市整体空间发展的影响。

值得说明的是这类研究在研究方法上已不再局限于传统的定性描述，也广泛采用了拓扑分析、空间句法、自组织模式、演化仿真 CA 模式、分形技术、形态集聚度测定、经济学分析等定量方法来描述、阐释城市空间演化过程。遥感信息、可视化空间分析技术也得到应用（朱东风，2005；寇晓东，2006；李全林，2007，余瑞林，2007）。例如张宇星（1995,2005a,2005b）用生态学的方法研究城市和城市群形态的空间特征。虞蔚（1989）用社会区分析方法对上海城市空间进行了研究，揭示了其非均质增长的原理。匡文慧等（2005）综合集成 TM、SPOT 遥感影像等提取长春市 6 个时间段的城市土地利用空间扩张信息，利用空间重心转移模型、分形模型分析长春市 100 年来城市土地利用扩张的空间变化特征。

1.3.2.2　城市空间发展的机理研究

在对西方相关理论的借鉴基础上，一些学者认为可以将那些影响城市空间形态演变的作用化约为不同的作用力，这些作用力主要源于政府、市场和社会，三者的互动形成了城市空间形态的演变机制（张庭伟，2001；耿慧志，1999；陶松龄，2002；何丹，2003；栾峰，

2008；沈建法，2006），并从分权视角诠释空间发展的机理（罗震东，2007；张京祥，2006；陈浩，2010）。

耿慧志在对城市中心区更新动力机制的研究中分析了政策力、经济力和社会力的互动，认为其实质上是在体制转换和经济增长推动的大前提下展开的，并且社会力、政策力、经济力之间的互动是潜在的和不易察觉的，其中约定俗成的观念成为无形的框架，广大市民的意愿提供指导和监督。

陶松龄和甄富春认为在计划经济向市场经济转轨的过程中，城市发展以及城市空间形态演变主要表现为政府力和市场力的此消彼长的结构优化过程，其中市场力是微观上推动城镇空间演化的内在动力，政府力是宏观上促成这种演化的外部动力。相对而言，市场力存在微观性、盲目性和滞后性，而政府力具有更强的宏观性、政策性和能动性，并因此弥补了市场力的不足。

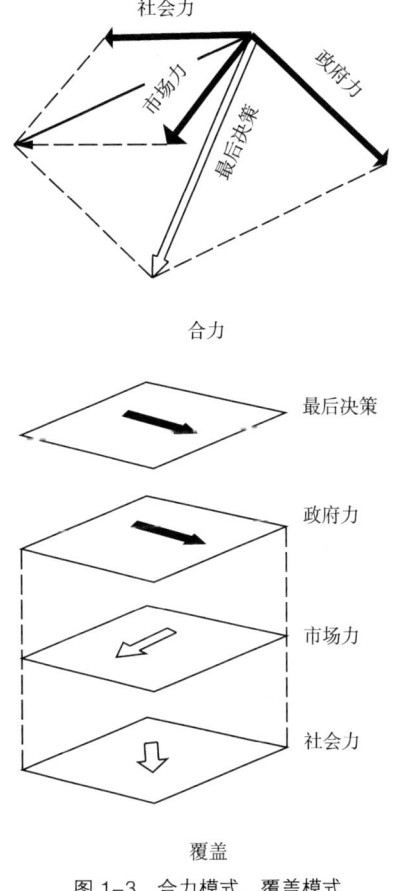

图 1-3 合力模式、覆盖模式

张庭伟主要在西方城市政体理论基础上，认为影响城市的社会力量可以简约地分为"政府力"（主要指当时当地政府的组成成分及其采用的发展战略）、"市场力"（主要包括控制资源的各种经济部门及与国际资本的关系）、"社会力"（主要包括社区组织、非政府机构及全体市民），并且认为三种力的相互作用可以有三种模式，分别是合力模式、覆盖模式和综合模式（图 1-3），其中又以综合模式似乎可以较为全面地解释 20 世纪 90 年代以来的中国城市空间形态变化。

何丹则试图引荐西方城市政体模式，从经济、政治和社会的角度提供一个分析中国城市政体的基础框架。在他的分析中，主要关注了四个方面：其一，市场化和地方分权化过程中的中央政府和地方政府的关系；其二，公共部门和非公共部门的关系；其三，地方政府主要官员的政治利益和经济精英的经济利益之间的关系；其四，社会各阶层在城市发展中的关系和作用。在初步分析的基础上，他提出了一个中国城市政体的假设证明，即政府（国家）在各种资源分配中仍然占主导地位，政治精英、经济精英和部分知识精英构成了主导阶层，主观上为了追求各自的政治、经济利益的最大化而形成的合作关系在客观上也促进了城市的发展；同时在现有法律框架下，弱势阶层处于被边缘化的境地。在现有的政治经济条件下，这一合作呈持续发展状态，而且 20 多年以来这一政体并没有发生根本的变化，从而使得城市发展一直保持着迅猛的势头。但同时，他也指出了中国与西方的城市政体有着显著的差异，现阶段的中国城市政体在一定程度上是社会控制模式（Social Control Model），而不是斯通（Stone）在城市政体理论分析中所指出并采用的社会生产模式。

栾峰认为城市空间形态成因机制解释的概念框架包括内生限制性因素层面和社会能动者层面。前者包括秩序性、经济性、文化性、技术性和环境性五大相对稳定的构成因素；后者需要根据特定时空范畴内的城市予以深入剖析，对于国内大多数城市而言，后者大致经历了从改革开放初期"政府—城市居民"的典型二元结构到目前的"上层政府—地方政府—市场资本—城市居民"的显著变迁。

沈建法应用尺度理论，对改革时期中国城市的空间再组织作政治经济分析。改革时期城市化的尺度调整在中央政府、地方政府、企业和市民等不同尺度上发生，对城市发展有重大影响。尺度分析全面考虑全球因素、中央政府和城市中的地方参与者。尽管中央政府和全球因素的角色仍然重要，他认为在权力下放和市场化之后，中国的地方政府在城市发展中变得愈来愈重要。

罗震东基于新制度经济学的相关理论，从城市制度角度分析分权化与中国都市区域发展的相关关系，划分中国都市区域发展的阶段，并在对典型都市区域进行定量与定性分析的基础上研究中国都市区域的可能发展趋势。

张京祥认为在经济全球化、市场化、分权化的不断作用下，中国的经济与社会发展正在经历着深刻而全面的转型，其中政府角色与作用的变迁是一个值得关注的重要领域。与西方国家政府进行的"企业化管治"所不同的是，中国地方政府更倾向于将行政资源直接移植到新的城市竞争体系之中，即表现为强烈的"政府企业化"特征，城市空间的发展因而也表现出政府强烈主导、逐利色彩浓厚的特征。

陈浩等提出要将制度的转轨与市场社会的形成过程以及与此相伴随的空间的重构，概括为中国当代政治、经济与空间的转型过程。在转型背景下，空间再开发已经成为城市空间政治博弈的焦点，并采用"政府、经济精英、市民与城市规划"的政治经济分析框架，解释了中国转型过程中政治博弈权力分配不均衡的现状。

此外，近年来还有石崧（2004）关于普遍意义层面上的城市空间形态演变的动力机制构想，以及冯健（2004）基于经验研究的成因机制构想等主要研究成果。王伟强（2008）提出的在双重全球化约束下形成的城市发展的内在驱动力、助推力和"第三种作用力"——黏滞力对城市健康发展至关重要的作用。他们的研究已经开始不再仅仅局限于所谓的"政府力、市场力、社会力"的简单讨论，而是将研究更进一步地指向了它们背后的动力主体，也就是利益主体方面，并且分析指出了源于这些动力主体的更为复杂的作用方式。

但现实中我国城市类型的多样性、发展水平及环境条件的显著差异性，使得城市发展动因很难有一个具有普遍说服力的解释，因此，针对城市个案的研究成为主体。

2000年以后，有关城市空间发展动因的研究视野有了较大的拓展。在宏观视野上，全球化、信息化、市场经济及非公有制经济发展、体制转型及制度变迁对城市空间结构变化的影响受到关注（张楠楠，2002；甄峰，2004；殷洁，2005；张京祥，2008；胡军，2005）；

在微观视野上，城市新产业空间、开发区、交通网络等对城市空间结构的影响效应也逐步被揭示（王兴平，2005；郑国，2006；毛蒋兴，2005；洪世健，2010）。近年来，物流（李王鸣，2011）、物联网（陈曦，2010）、高速铁路和轨道交通（段进，2009；崔扬，2009）、大事件（张京祥，2007，2010；王璐，2010）对城市空间结构的影响也越发引起人们的思考与研究。

1.3.3　大城市空间形态结构特征研究

早在 20 世纪 90 年代初期，武进（1990）的《中国城市形态》和胡俊（1995）的《中国城市：模式与演进》分别从纵横两个角度较为系统地研究了中国城市空间结构与形态的特征。其后，黄亚平（1995）的外部空间结构研究，张京祥（2002）的城镇群体空间组合研究，冯健（2004）的城市内部空间重构研究，熊国平（2006）的当代中国城市形态研究，谢守红（2004）、章光日（2003）等的都市区空间结构研究，均进一步拓展了城市空间结构形态的研究范畴。国内对城市结构形态的研究，大多是以土地利用为表征的城市物质性空间结构及形态的阶段性特征的总结性研究，实证型研究特点突出。现阶段我国大城市普遍由单中心向多中心结构转变，从中心城向都市区转变，为此类研究提供了鲜明的背景。众多学者针对当前大城市发展状况，总结了若干城市空间结构模式，提出了理想城市空间结构模式。

如韦亚平、赵民（2006）提出都市区空间结构：多中心网络结构的四种模式：松散式的多中心结构、郊区化式的多中心结构、极不均衡式的多中心结构、舒展式的紧凑多中心结构（图 1-4）。中国都市区空间结构的目标方向也就是形成"舒展的紧凑城市系统"。从发展的角度看，中国都市区需要严格控制的不是建设空间的规模，也不是静态的结构，而是建设空间的结构有序，以发挥结构的绩效。

于力（2007）提出簇束型的城市。他指出簇束型的城市是分散式的城市发展形态的一种。簇束型的城市可使每个独立的住区（Settlement）迅速增长，能够提供各类综合的服务，

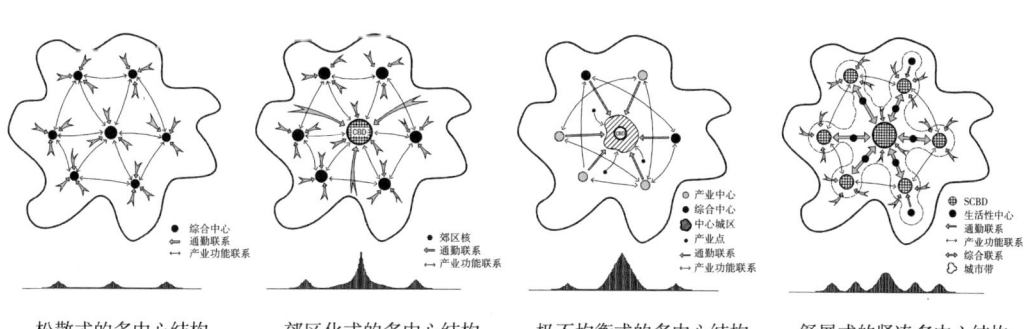

松散式的多中心结构　　郊区化式的多中心结构　　极不均衡式的多中心结构　　舒展式的紧凑多中心结构

图 1-4　都市区空间结构

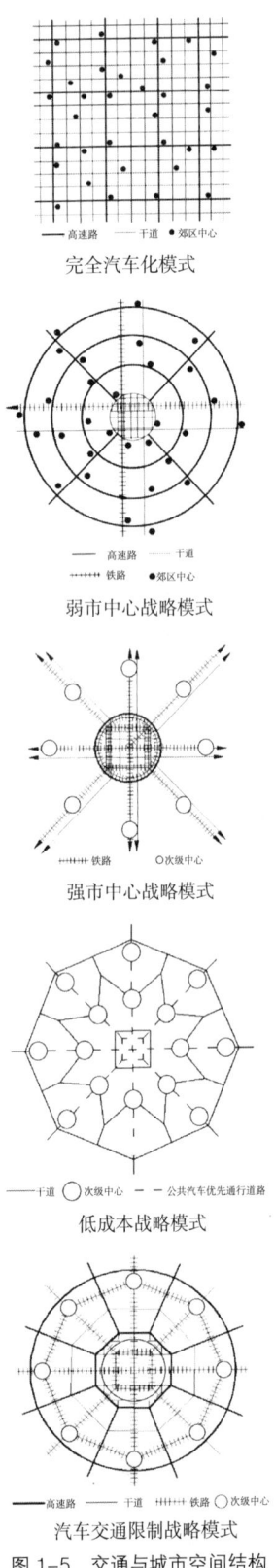

完全汽车化模式

弱市中心战略模式

强市中心战略模式

低成本战略模式

汽车交通限制战略模式

图 1-5 交通与城市空间结构
关系模式

使就业多样化，并形成各住区职住平衡的发展态势。簇束型城市的概念是强调城镇的组团。这些城镇之间应当具有明显的生态性的分隔，如绿化带等，这些理念体现了田园城市和芒福德的城市发展与生态地区相结合的观点。

单刚、王晓原、王凤群（2007）提到了五种交通与城市布局结构的关系模式：完全汽车化模式、弱市中心战略模式、强市中心战略模式、低成本战略模式、汽车交通限制战略模式（图1-5）。这五种模式中，完全汽车化、弱市中心战略、低成本战略三种模式主要依靠地面道路解决交通问题。这三种城市模式都无法彻底解决大城市交通拥挤和环境污染问题，反而使城市陷入了"交通拥挤—道路扩建增容—机动车辆增加—交通更拥挤"的恶性循环。强市中心战略模式是在世界铁路大发展时期形成的，在城市规模还没有大范围扩展以前，就已构建了从市中心向外辐射、四通八达的铁路网，城市在以后的发展中将其作为城市交通的组成部分和骨架。汽车交通限制战略模式，是以公共交通作为城市网络骨架的城市布局和交通结构模式。按照这种模式发展，城市中心区周围围绕着若干个副中心，整个城市呈多中心、分散式形态；城市核心区内地面交通以公共汽车优先，通行道路为主，副中心彼此之间及与市中心之间都有便捷的轨道交通相连，这种城市模式对中国未来城市的发展将产生深远影响。

朱喜钢（2006）提出的都市区阴阳结构，王宏伟（2004）提出单中心块聚式模式、主—次中心组团式模式和多中心网络（开敞）式模式，基本上近些年的城市空间结构模式研究更多的是对历史的总结及对未来的展望（邓清华，2005；张婷，2007；周荣，2007），划分类型或总结不同时间段的特征，或提出理念，而对具体模式的创新少。

不容忽视的是低碳城市的研究成为近年的热点。在城市空间结构研究方面开启一个新的视野。

周潮（2010）基于低碳城市与空间结构的概念及二者的关联性，在分析相关影响因素的基础上，提出了符合低碳发展理念的紧凑多中心空间模式、公交主导空间模式、生态主导空间模式等三种城市空间结构模式。

顾大治（2010）针对低碳城市发展目标，从空间规划入手，提出了绿色城市规划策略：构建公交导向的绿色交通体系，发展混合密集型城市和城市单元，建设生态单元与楔形绿地系统，实现在碳来源、碳排放、碳捕捉三个方面的减碳化，真正实现低碳城市发展目标，如图1-6所示。

潘海啸（2008）基于低碳排放的发展观出发，从区域规划、城市总体规划和详细规划三个层次分析了规划编制方法和技术标准，结合实例指出城市空间规划中普遍存在的问题，提出了不同的结构模式。

1.3.4 大城市空间成长控制的策略研究

从城市发展的实际过程看，西方19世纪的工业化城市，是一种高密度集中的单中心城市；20世纪出现郊区化后，普遍形成多中心结构的现代城市；20世纪后期，郊区化的纵深发展，城市的区域蔓延，一种区域多中心、多节点的网络城市结构逐步形成。在城市规划实践领域，以1944年阿伯克隆比（P. Abercrombie）的大伦敦规划为起点，对大城市发展的空间规划导控进行了有益的探索，如采用"环形绿带"（Green Belt），建设卫星城及新城，有组织的外部地域轴向扩展（如大哥本哈根的"指状规划"）等措施。

西方学术界早期将研究重点放在理想城市结构模式的探索上，自现代城市规划发展伊始，各种理想城市结构模式及学说，就一直占据规划理论体系较为核心的地位。

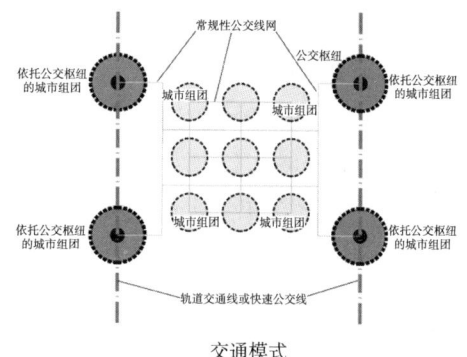

交通模式

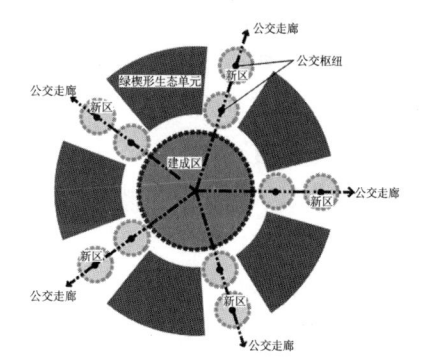

综合密集型城市组团结构

绿楔形城市发展模式

图1-6 绿色规划图示

如马塔（Y. Mata）的带形城市，霍华德（E. Howard）的田园城市，夏涅（T. Garnier）的工业城市，沙里宁（E. Sarrinen）的有机疏散论，昂温（R. Unwin）的卫星城市，勒·柯布西耶（Le Corbusier）的"光辉城市"，Team 10的"簇群城市"结构学说。20世纪中后期，由于郊区化时代的来临，环境保护及可持续发展思想的传播，学术研究开始重视郊区化城市空间增长的引导与控制，"城市成长管理"（Urban Growth Management），"紧凑城市"（the Compact City）及"精明增长"（Smart Growth）"方面的研究大量出现。

源于20世纪60年代的美国的城市成长管理，最初只是强调通过限制新的开发来保护环境资源（J. M. Lavy，1994；O. Gillham，2002），学界在城市蔓延的界定（J. A. Dutton，2000）、城市蔓延的测度方法（P. Fulton，2001；R. Lopez，2003；G. Galster，2002）、城市蔓延成长机理（A. Downs，1994；I. Carruthers，2001；G. Leroy，2003）等方面研究基础上，提出城市成长管理不仅要容纳新的开发，同时保护社区的特性，保护环境和开敞空间，并且要限制新的基础设施投资。"紧凑城市"作为一种城市发展理念，目前的理论在一定程度上是以遏制城市扩张为前提，虽然多数学者认为较高的城市密度将有助于减少资源消耗和经济投资，促进城市可持续发展（Haughton & Hunter，1994），但西方城市学界对紧凑城市在经济、社会、生活质量等方面的效果还存在争议（E. Burton，2000；M. Jenks，2000；D. Mclaren，1992）。20 世纪 90 年代后的"精明增长"实际上是各种控制城市蔓延路径的大汇合。一般地，精明增长指既要支持增长，又要规避增长带来的负面影响（O. Gillham，2002）。安德松（G. Anderson，2001）强调精明增长必须在城市增长和保持生活质量之间建立联系。博伦斯（Bollens）认为，"增长管理"应包括"增长制约"（Growth Restricting）和"增长容纳"（Growth Accommodating）等要素，在新的发展和既有社区改善之间取得平衡，新增加的用地需求应更加趋向于紧凑的已开发区域。吉勒姆（O. Gillham，2002）在《无限制蔓延》（Limitless Sprawl）一书中总结了精明增长 7 个方面的措施。从某种意义上，"精明增长"是一项将交通和土地利用综合考虑的政策，它倡导促进更加多样化的交通出行选择，通过公共交通导向的土地开发模式将居住、商业及公共设施混合布置在一起，并将开敞空间和环境设施的保护置于同等重要的地位。

国内有关城市发展的空间规划策略研究则主要集中在两个层面上：

一是城市整体空间结构及形态的优化研究。在现实城市发展状况的基点上讨论城市结构形态问题，是集中式布局还是分散式布局（朱喜钢，2002），是大集中背景下的分散还是大分散背景下的集中布局更加合理，仍存争鸣和讨论（陈海燕，2006；马强，2004）。在研究切入点上，则呈现多维视角，除较为集中的多中心结构优化模式研究外，对交通引导下的城市空间结构优化（韦亚平，2010），城市生态空间结构优化（张宇星，1998），低碳生态城市的规划策略（沈清基，2010；赵万民，2011），社会空间分异背景下的布局结构调适（李志刚，2004；魏立华，2006），城市成长管理的空间对策（张忠国，2006），大都市区的空间合理组织（谢守红，2004），城市空间结构的绩效（韦亚平，赵民，2006；丁成日，2005），城市—区域管治（张京祥，2006）均进行了广泛的探讨。

二是城市重要要素及局部地域空间规划策略研究。城市边缘区结构优化及调控（黄亚平，1995），开发区与城市空间整合，商业、办公业等新产业空间布局优化，城市规模与交通拥堵（宋博，2011），就业空间与居住空间匹配，文化空间与实体空间整合均有所涉猎。

近年来，借鉴国外城市成长控制的经验，国内学界也开始关注城市成长的空间规划政策及技术措施研究，已开始考虑从制度层面、建设项目投资管理层面及区域空间管制等多方位加强城市空间发展管理。

然而已有的城市空间结构偏重普遍性的研究，缺少针对性，即研究的地域类型性、差别性不足。中国幅员辽阔，各地区工业化及城市化水平差异明显，城市空间结构不可能千篇一律。因此填补典型城市空间研究的空白成为当前需要解决的问题之一，这也是本书研究的出发点。

1.4 理论与实践意义

大城市都市区簇群式空间结构，如果控制良好，不失为一种城市区域化的优化形式。现阶段我国大城市发展的区域化及都市区化趋势，为大城市都市区簇群式空间结构的形成创造了条件。因此，本书写作的最终目标，就是系统梳理大城市都市区簇群式空间的成长机理，构建大城市都市区簇群式空间结构模式。

从实证入手分析大城市都市区簇群式空间的过程特征，揭示大城市都市区簇群式空间发展的客观规律，揭示其成长的内在机理；在大城市都市区簇群式空间成长机理的深入剖析后，总结都市区簇群式空间各要素的结构特征，根据都市区空间发展态势，综合得出大城市簇群式空间结构模式，并提出未来大城市都市区簇群式空间发展的控制对策，具有重要的理论与实践意义。

1.4.1 理论意义

我国大城市发展的区域化，与西方国家低密度郊区化城市蔓延有显著差别。由于土地资源、生态环境和机动化水平的制约，中国城市的"紧凑度"明显较西方城市高，相当一部分城市外围地区的空间成长是依托交通走廊，形成"簇群式组群"的扩展形态。大城市都市区尺度上的簇群式空间结构是一种都市区空间结构的新范型，对其进行理论研究具有典型性和创新性。其次本书探讨大城市都市区簇群式空间结构模式，可以推进我国城市空间结构基本范型研究，丰富大城市地域空间结构理论。

1.4.2 实践指导意义

当代中国的许多大城市，簇群式空间发展特征明显，在现阶段内聚型城市区域化背景下，各大城市外围各类"簇群"面临着巨大的规模增长压力，而针对新出现的城市空间结构研究的欠缺，使城市都市区未来的发展处于迷茫阶段。因此，本书研究快速成长背景下大城市都市区簇群式空间结构模式，可以成为指导大城市空间成长过程的控制手段，成为指导城市空间结构的优化策略。因此大城市都市区簇群式空间结构模式的建构对大城市空间的合理发展有重要实践指导意义。

1.5 本书的内容框架

本书的内容框架如图 1-7 所示。

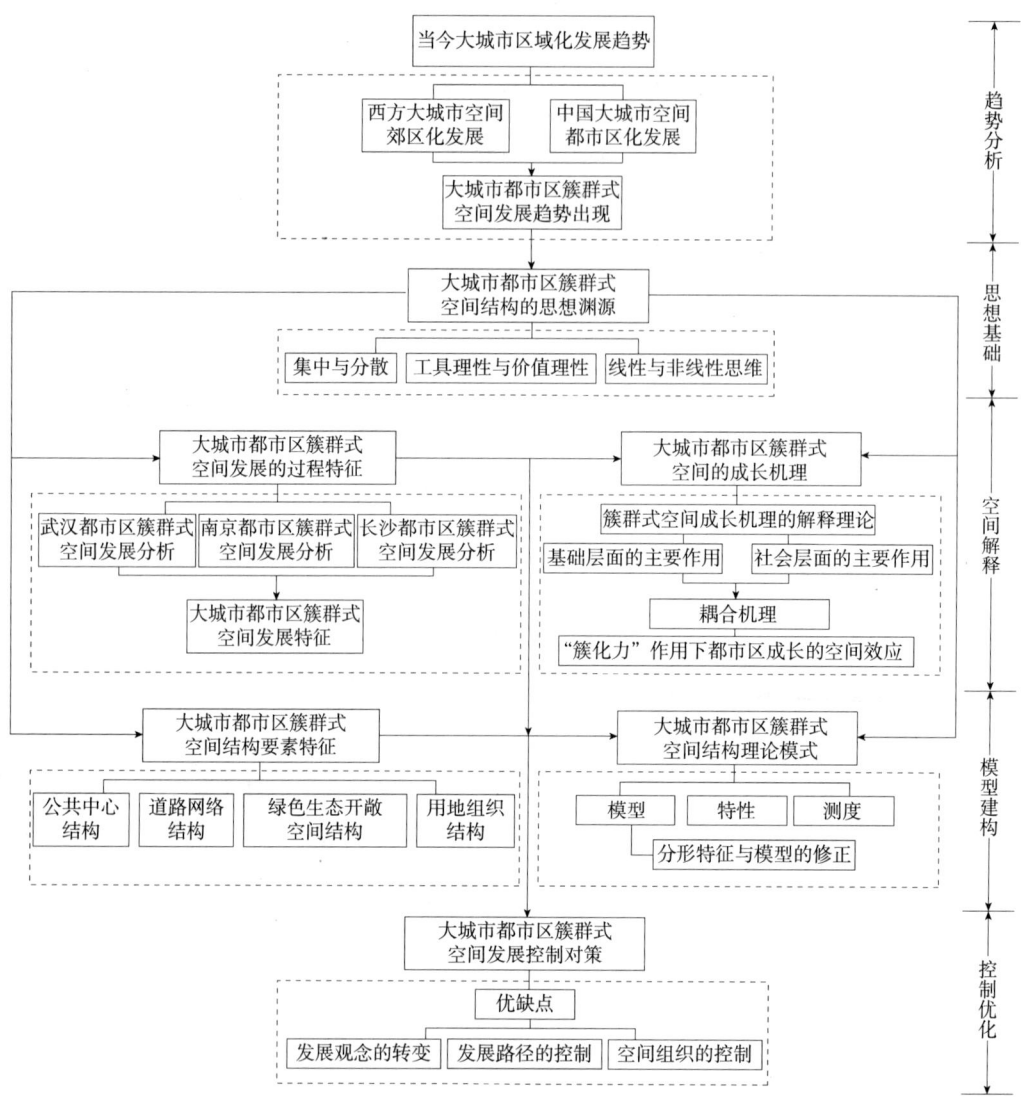

图 1-7　本书内容框架

2

当今大城市区域化发展趋势

2.1 西方大城市空间郊区化发展

当代西方大城市处于后工业化，以及现代信息知识产业的一体化多中心发展阶段。第二次世界大战后，从乡村到城市的人口迁移逐渐退居次要地位，全新城乡人口流动逆向过程开始出现。

所谓郊区化是指人口、就业岗位和服务业从大城市中心向郊区迁移的一种离心分散化过程，是整个城市化过程中的一个阶段。[①] 郊区化的实质是城市的离心力超过向心力，推动城市人口及职能由市区向郊区扩散转移。因为资本、人口、生产和生活向城市集中超过一定限度，城市的弊端显露无遗，于是，分散现象开始出现。这个阶段只有在生产力的发展及城市化达到相当高的水平，并且有良好的交通手段时才会出现。据统计，几乎 4000 万（当时几乎占美国人口的 20%）的美国人因变换工作及其他原因，每年至少搬家一次，而人口的主要流向是城市中上阶层人口移居市郊或外围地区。

郊区化出现过三次浪潮。

第一次是住宅的郊区化浪潮。1948 年，美国中心城市人口占大都市人口的比重由 64%下降到 43%。到了 20 世纪 70 年代初，美国费城、底特律、克利夫兰、波士顿、巴尔的摩、华盛顿等城市 80% 的新建住宅分布在郊区。

第二次是商业服务部门郊区化浪潮。人口的外迁，导致了为市民提供服务的商业服务部门的外迁。20 世纪 50 年代以来，在地价便宜的郊区，新建了大量的交通便利且具有大型停车场的郊区购物中心、超级市场。1948 ～ 1980 年，美国城市中心零售业就业的比重由 75% 下降为 49%。[②]

第三次是工厂和办公事务部门的郊区化浪潮。由于郊区低廉的地价，和不断发展的现代电子通信技术，使得郊区成为了工厂和办公事务部门选择的最好区位。20 世纪 70 年代以后，郊区化往纵深发展，出现了逆城市化。郊区化在一个更广阔的地域不断蔓延，大城市地区的空间结构形态越来越走向群体化，城市结构变得更加复杂化、网络化，城市形态也显得更加的宏大、松散。

1960~1990 年美国主要大都市区中心城区与郊区变化情况　　　　　表 2-1

都市区名称	1990 年中心城区占都市区人口比例（%）	1960 ～ 1990年都市区人口增长率（%）	郊区总数（个）	1960 ～ 1990 年衰退郊区的数量与百分比		1960 ～ 1990 年衰退 20%郊区的数量与百分比		1960 ～ 1990 年衰退 30%郊区的数量与百分比		1960 ～ 1990 年衰退快于中心城区的郊区的数量与百分比	
				数量（个）	百分比（%）	数量（个）	百分比（%）	数量（个）	百分比（%）	数量（个）	百分比（%）
亚特兰大	13.9	178.6	12	10	83	8	67	5	4	4	33

① 黄亚平.城市空间理论与空间分析［M］.南京：东南大学出版社，2002：126。
② 本章数据若没有单独标注，均来自：王琦.当代大城市都市区簇群式空间发展特征及其优化措施［D］.武汉：华中科技大学，2011。

续表

都市区名称	1990年中心城区占都市区人口比例（%）	1960～1990年都市区人口增长率（%）	郊区总数（个）	1960～1990年衰退郊区的数量与百分比		1960～1990年衰退20%郊区的数量与百分比		1960～1990年衰退30%郊区的数量与百分比		1960～1990年衰退快于中心城区的郊区的数量与百分比	
				数量（个）	百分比（%）	数量（个）	百分比（%）	数量（个）	百分比（%）	数量（个）	百分比（%）
明尼阿波利斯	14.9	66.3	21	17	81	1	5	0	0	2	10
华盛顿	15.5	96.0	28	23	82	11	39	2	7	12	43
圣路易斯	16.2	18.0	26	23	88	13	50	3	12	7	27
匹兹堡	18.0	-14.5	35	26	74	6	17	1	3	14	40
迈阿密	18.5	107.2	23	11	48	2	9	1	4	2	9
圣弗兰西斯科	19.6	32.5	25	16	64	3	12	1	4	9	36
波士顿	20.0	10.9	28	21	75	1	4	0	0	2	7
底特律	23.5	16.5	29	26	90	6	21	2	7	1	3
辛辛那提	25.1	35.6	33	24	73	8	24	0	0	8	24
丹佛	25.3	98.9	11	11	100	4	36	1	9	4	36
西雅图	26.2	78.2	12	10	83	0	0	0	0	6	50
布法罗	27.6	-9.0	17	12	71	1	6	0	0	1	6
克利夫兰	27.6	1.9	28	23	82	2	7	1	4	1	4
堪萨斯城	27.8	50.7	21	14	67	1	5	1	5	11	52
巴尔的摩	30.9	37.9	14	12	86	4	29	0	0	0	0
洛杉矶	30.9	67.2	32	23	72	6	19	3	9	9	28
费城	32.6	11.8	36	26	72	2	6	1	3	2	6
芝加哥	38.2	17.2	30	27	90	5	17	1	3	4	13
达拉斯	39.4	135.6	14	10	71	1	7	0	0	1	7
纽约	40.5	22.5	37	21	57	0	0	0	0	1	3
密尔沃基	43.9	19.9	18	8	44	0	0	0	0	0	0
圣迭戈	44.5	141.8	14	6	43	4	29	0	0	6	43
休斯敦	49.4	165.6	10	5	50	5	50	1	10	5	50
合计			554	405	73	94	17	24	4	112	20

来　源：William Lucy，David Philips. Confronting Suburban Decline：Strateg in Planning For Metropolitan Renewal［M］. Washington，D. D.：Island Press，2000：169

美国学者曾对20世纪60年代人口最稠密的24个城市化地区的554个郊区1960～1990年发展态势作了调查（表2-1）。不同年代的数据说明美国郊区衰退与城市蔓延是一个长期并存的趋势，并且呈加速趋势。

城市蔓延是城市分散化发展趋势的必然结果，但是与此同时，还出现了一种新的趋势，在大城市的边缘扩散中又有相对集中，导致一种新的城市类型的出现——边缘城市或称外围城市（图2-1）。这种现象在美国最为典型。2003年，全美国就有2000多个这样的特殊地方，其中在华盛顿—巴尔的摩地区就有13个。它们大多数规模较小，人口超过5万的有61个，其中41个的总人口达到了300万。这些新出现的特殊城市地区不仅是传统意义上的居住中心，而且已经演变成为了商业中心、就业中心。学术界对于这类新城市叫法不同，有外围城市（Outer City）、卫星城市（Satellite City）、新城市（New City，Neocity）、郊区城市（Suburban City）、城市边缘（Urban Fringe）、技术郊区（Technoburbs）、无边界城市（Edgeless City）、

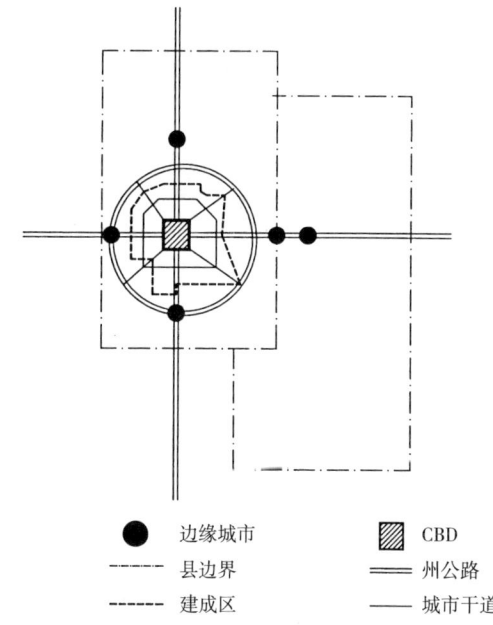

图2-1   边缘城市的区位模型
来源：黄亚平．城市空间理论与空间分析［M］．
南京：东南大学出版社，2002：153

边缘城市（Edge City）等。其中普遍受认可的名称有边缘城市（Edge City）、外围城市（Outer City）等。边缘城市（Edge City）的概念是由华盛顿邮报记者乔尔·加罗（Joel Garreau）于1991年在他的《边缘城市》一书中提出的，他认为边缘城市是美国城市发展的新形式，是位于原中心城市周围郊区新发展起来的商业、就业与居住中心，只是建筑的密度比中心城市低。边缘城市的内部结构特征体现在以下几个方面：建筑以低层、低密度为主，分散在广阔的郊区地域范围内；以第三产业为主体的专业化产业结构，设有企业总部、大型商场、健身中心等设施；人口多样化、隔离化，多数居民住在由绿色草坪环绕的别墅中；行政上无主体，空间上无界线。

2.1.1 空间类型

西方在郊区化发展下城市空间基本形成两种代表类型，一种是北美式，一种是欧洲式。北美的"中心城区—郊区"式，具有明显的区域中心，人口分布与土地开发在中心区密度较高，而在外围地区则以分散的低密度为主。白领居住在环境好的郊区或者中心城区外围的高品质居住区，并前往中心通勤，原中心城区的工业用地外迁至郊区形成若干个产业中心，蓝领在产业中心周围形成通勤流。这种结构兼容轨道交通（内城）与私人小汽车交通（外围），但一般公交难以提高服务水平，趋向于小汽车交通主导的郊区化低密度蔓延发展态势。

欧洲类型没有集中和高度综合的中心，而是存在若干个专业化的服务中心（SCBD）。其中，金融、商业中心布局在原有的中心城区，产业组团分布在外围，主要的外围产业组团与老中心城之间形成城市带，并且在其中培育起若干次级商业中心与生产性服务中心（为

25

特定的产业区服务）。居住人口的空间分布相对均衡，不同的专业化服务中心之间尽管具有功能上的联系，但它们的功能侧重点不同。这种空间必须借助于轨道交通的引导，以及强有力的土地利用控制。这种类型所形成的人口密度可以很高，人口密度分布的代表性剖面具有较平缓的梯度，有利于大运量公交的运营，以及私人小汽车的控制使用。这种空间类型应成为我国特大城市都市区化发展的结构控制目标。

2.1.2 空间形态

2.1.2.1 整体空间形态

西方大城市的城市化已经步入逆城市化阶段，城市郊区土地的开发利用已经使城市空间形态呈现出了新的特征。20 世纪 80 年代以后，随着住宅、商业服务、工厂、办公园区相继发生的郊区化浪潮，城市扩张的触角开始伸向更为广阔的区域。新的开发用地在城市外围跳跃、散点式的扩散，使传统的"城市建成区"越来越淡化，边缘界线模糊不清，城乡界线无法分明，城市的平面形态已不能用块状、带状等传统形态来描述了，整个城市化地区（都市区、大都市区，乃至大城市带）呈现出一种星云状的城市形态（图 2-2、图 2-3）。

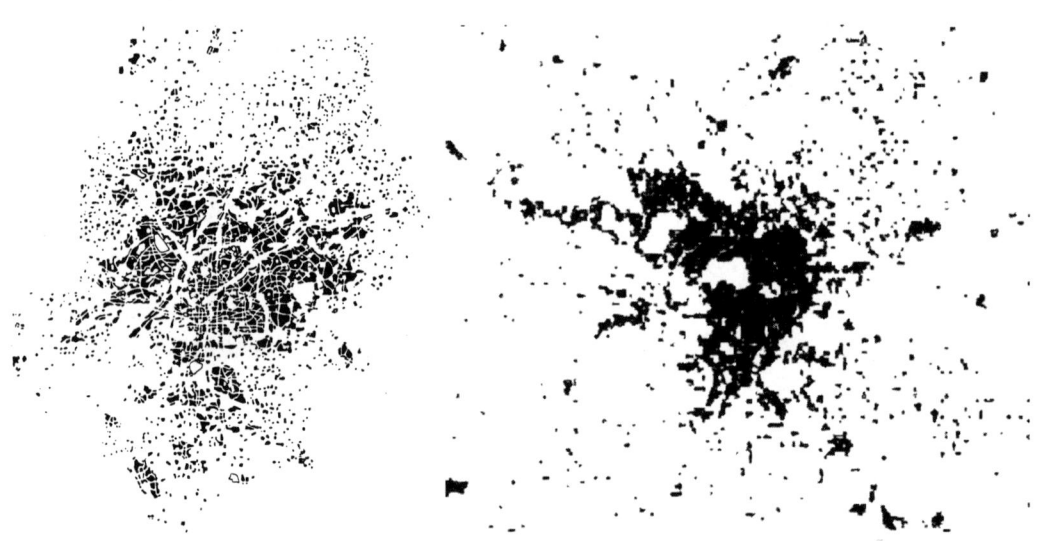

图 2-2 亚特兰大星云状空间形态　　　　　　　　图 2-3 巴黎星云状空间形态
来源：黄亚平.城市空间理论与空间分析［M］.
　　　南京：东南大学出版社，2002：152

2.1.2.2 产业空间

1）产业及交通发展促进产业空间远郊化

西方郊区化先是人口的郊区化，随后才出现了工业和服务的郊区化。美国许多工业部门在过去的 100 ～ 150 年里从城市中心区位向外迁移，如可口可乐公司从巴尔的摩市迁出。工业部门从内城向外迁出固然有政府鼓励的原因，如出于环境保护而采取的对工业区位选择的限制，以及通过功能分区在空间上分离不相容的土地利用类型等，但是不可忽视的是，由于产业革命和交通技术的发展，工业企业的区位郊区化选择成为必然走向。

　　历史上由于交通条件落后，交通成本在企业成本的构成中比重较大，为了节省运输成本，企业往往选择靠近港口、交通枢纽、市中心布局。另一方面，在机械化程度较低的过去，生产流程往往是"垂直"组装（垂直指生产部件在不同楼层间运输），这需要高的楼层来配合。因为市中心的土地价格高，资本密度和容积率都比郊区高，因而市中心的高楼大厦满足了工业企业"垂直"组装的建筑空间需求。然而现在，交通革命极大地减少了交通成本，以至于交通成本在整个生产过程中可以忽略不计，才有了美国的企业将原材料运到中国、菲律宾、越南等国进行

◼ 高技术工业开发区域

图 2-4　波士顿 128 号公路高技术综合体分布
来源：黄亚平. 城市空间理论与空间分析［M］.
南京：东南大学出版社，2002：252

海外生产后再将产品运回到美国。这种原材料与消费地在一处，而生产地在另外一处的工业布局不符合韦伯（Max Weber）提出的工业区位论，究其原因就是交通成本对于工业区位的影响已经微不足道了。交通发展使工业企业不再依赖港口、交通枢纽、市中心这些传统区位，此外自动化和机器化大生产更需要宽敞的平面厂房来进行"水平"组装。因此，远郊区低价格的土地使得郊区成为了西方现代化工业企业首选的区位。

　　2）二产空间与高速公路、高校协同布局

　　20 世纪 80 年代以来，在西方发达国家随着高新技术产业的迅速崛起，城市地域结构发生明显变化，并引起地域人口及设施的重新分布。在空间结构上，二产的布局呈现远郊化，结合高速公路，布局在城市远郊，或结合高校的技术人才优势，与高校协同布局，最为典型的有美国硅谷、日本筑波科学城，以及波士顿 128 号公路产业群（图 2-4）。波士顿 128 号公路产业群始建于 1915 年，128 号公路是美国波士顿郊区的一条高速公路，长 108km，距市中心 16km，环绕波士顿呈半圆形。公路两侧的高科技产业密集区（包括米德尔塞克斯、萨福克、诺福克和埃塞克斯四县）被称为"美国的高技术高速公路"，目前聚集了数以千计的研究机构和高科技企业，呈据点型分布，并与麻省理工学院（MIT）、哈佛大学等大学相连。

　　3）内城三产衰退

　　西方大城市内城有一定程度的衰退，CBD 地区人口密度均有较大幅度的下降。产生内城衰退这一趋势的原因有很多。其一，由于交通工具改善，尤其是小汽车和高速路修建而导致的人口、制造业、零售业、办公业的郊区化所带来的居住人口、就业人口向郊区的分散，是主要因素之一，目前这一趋势仍然在持续。伴随着中央商务区人口密度的下降，在郊区同时出现了大量城市副中心，这些城市副中心往往聚集着相对较高的人口密度。其二，中心人口密度的降低主要是由于城市发展已经进入成熟阶段，人口结构由年轻型向成熟型

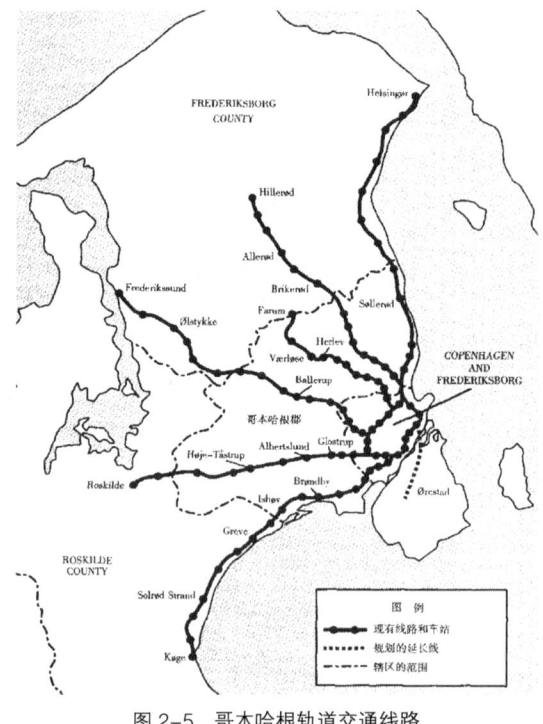

图 2-5　哥本哈根轨道交通线路
来源：丁成日. 城市空间规划［M］.
北京：高等教育出版社，2002：252

再向老年型转变而产生的。

随着人口的郊区化扩散，服务业也呈现出远郊扩散的态势，从城市建成区边缘涌现出大量的边缘城市，在功能结构上它们不依赖于主城，形成了有独立性的城市。这些独立性城市的产业构成基本上是以第三产业为主体的专业化产业结构。

2.1.2.3　交通系统

1）北美——高速公路的城市

北美大城市被誉为"车轮上的城市"，快速交通系统以小汽车为主导，拥有完善密集的快速道路网络，轨道交通系统建设滞后或缺失，居民远距离出行主要依靠小汽车。例如洛杉矶，它是世界上最为典型的以小汽车交通为主导的都市区，每天出行中超过90%是以私人小汽车方式完成的。洛杉矶的快速道路网络在20世纪80年代总长就已超过800km，它已经形成了网络化的布局。

2）欧洲——轨道交通与高速公路并举

欧洲快速交通系统既有较为完善的轨道交通网络，也有相对发达的快速道路网络，轨道交通与小汽车交通并重发展。欧洲大城市人口分布与土地开发在中心区多为高密度，而在外围地区以混合密度为主。例如哥本哈根中心城区及郊区与中心城区的联系以轨道交通为主，郊区以小汽车为主。轨道交通中地铁线路总长已达221.6km，区域快铁总长达571km，高速公路和快速道路总长达735km（图2-5）。

2.1.2.4　生态绿地系统

1）北美城市注重公园设计，强调生态区域化发展

由于北美城市呈现无序的城市蔓延，在都市区范围内大量农林地被迅速吞噬，都市区结构内普遍未形成系统的"点线面"生态绿地系统。虽然北美城市在城市的规划设计中没有像欧洲城市那样用绿环、绿楔的方法来控制引导城市空间发展，但它们注重公园系统的规划设计，或在都市区范围内保留生态廊道，发挥生态功能。

公园系统的规划设计值得一提的是1867年奥姆斯特德设计的波士顿公园。他将当时波士顿中心区及外围的公园、河流通过绿带连接起来，形成一个25km长的绿色廊道。后来他的学生将波士顿都市区域的海岸、河流、公园联系起来，形成一个面积达600km² 的绿色廊道，开启了美国都市区生态系统规划设计的先河。在一定程度上改善了由于城市快速蔓延所导致的生态环境退化，生物多样性减少，生态服务功能减弱等情况。

都市区乃至更大区域内生态廊道区域化的规划设计，典型代表是1926年的波士顿区

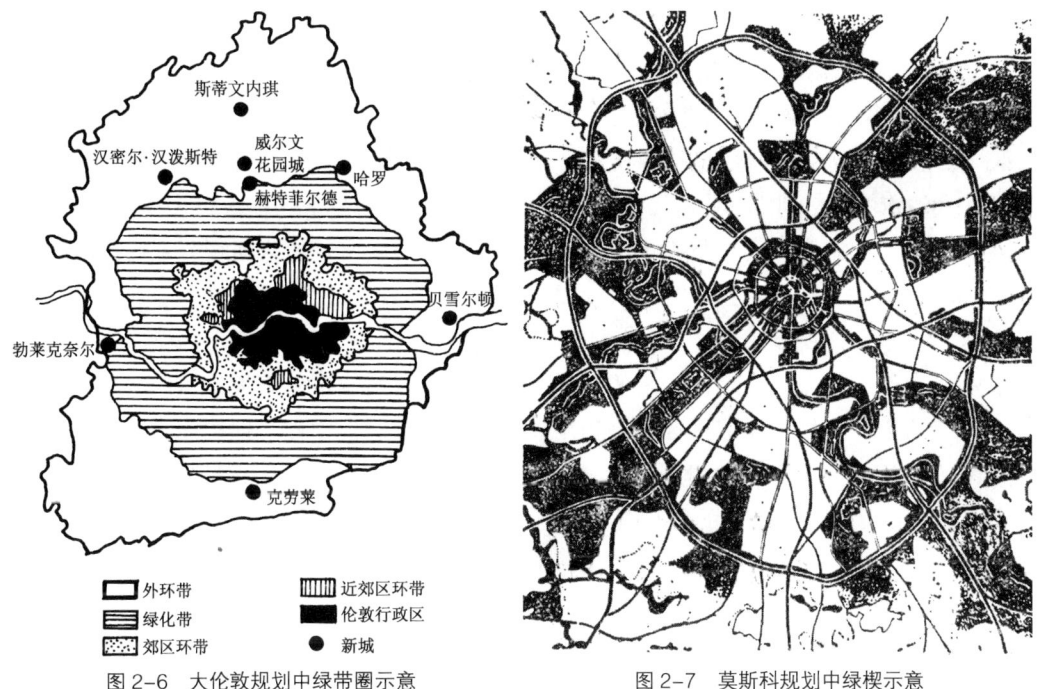

图 2-6　大伦敦规划中绿带圈示意
来源：黄亚平. 城市空间理论与空间分析［M］.
南京：东南大学出版社，2002：137

图 2-7　莫斯科规划中绿楔示意
来源：张京祥. 西方城市规划思想史纲［M］.
南京：东南大学出版社，2005：157

域规划。其生态廊道规划中包含了都市区森林复兴、河流保护等内容。当时美国国家公园的规划人员也参加了设计工作，都市区大量的原始地域以生态廊道的形式被保护起来。特别是明尼苏达州规划了一条长 250km 的生态廊道，环绕了整个波士顿都市区并且将重要的湿地和废水处理系统联系起来。

2）欧洲城市环状楔状并重

欧洲在大城市规划中，普遍重视生态结构规划，并擅长以生态规划遏制城市无序发展。其中典型模式有两种：第一，环形绿带遏制城市扩张，但效果不明显，绿带已逐渐被吞噬。例如 20 世纪 40 年代的大伦敦规划中最有特色的绿带，宽约 8km，其最根本的作用是限制城市膨胀，保护农业，保存自然景观和作为公众休憩区。在绿带圈内实行严格的开发控制，力图形成一个遏制城市向外蔓延的屏障（图 2-6）。

第二是楔形绿地。楔形绿地在遏制轴状城市建成区连片蔓延上，效果明显。例如在莫斯科 1935 年编制的第一个总体规划中，不仅规划了环绕市区外围的 10km 宽的森林公园带，并且从这个森林公园带中分出 8 条绿楔深入市区，与市区内的各公园建成了不间断的绿化系统。莫斯科的这种环形加楔形的生态绿化系统，有效控制引导城市发展的同时，为市区营造了良好的生活环境，为市民提供了休闲娱乐的场所（图 2-7）。

2.1.3　规模密度——规模大，密度小，剖面平缓

西方的大城市都市区相较中国而言，规模大，人口密度小，并且从城市中心到城市边缘区的人口密度剖面平缓。

2.1.3.1 规模大

在本书中规模指的是城市化地域的规模。在西方国家，城市化地域通常有严格的官方统计，它的范围与行政界线无直接关系，通常这样的城市化地域被称为都市区（Metropolitan Area）。之所以判定西方国家城市规模大，是因为与中国的城市对比，它们的用地规模平均是中国大城市的几倍到十几倍。其中又以美国城市规模最大，欧洲城市次之，中国城市最小。例如，大伦敦都市区、大巴黎都市区、大纽约都市区的城市化地区面积分别为 1623km²、2723km²、8683km²。相比之下中国的首都北京仅仅为 748km²，中国经济最发达的城市上海也仅为 746km²。之所以产生这一巨大差异，一方面是由于西方城市低密度蔓延式发展的结果，另一方面也体现了统计口径间的差异。由于当前我国城市缺乏大都市区实体地域概念，北京、上海的城市建成区面积是利用地图和卫星估算的，而其他国际大都市区则均拥有官方统计数据。尽管中国某些大城市规定了都市区的面积，如武汉都市区的面积是 3261km²，而大纽约都市区的面积是它的近 3 倍，中西方城市化地区的规模依然有天壤之别。

2.1.3.2 密度小

本书中的密度指城市人口密度和用地密度。因为用地密度统计上有实际困难，而人口密度在很大程度上与用地密度呈现正相关，所以就主要用人口密度来进行阐述。中西方大城市人口密度的差异体现在中心城区范围内。其中又以中国城市密度最高，欧洲城市次之，美国城市最低（图 2-8）。例如巴黎中心城区面积为 893km²，人口约 787.7 万，人口密度为 88.2 人/hm²。伦敦市中心中心城区面积为 1062km²，人口约 662.6 万，人口密度为 62.4 人/hm²。纽约市中心中心城区面积为 2674km²，人口约 1075.2 万，人口密度为 40.2 人/hm²。相比之下，中国人口最密集的上海市中心城区面积为 244km²，人口约 739.7 万，人口密度为 302.9 人/hm²。中部城市武汉中心城区面积为 356km²，人口约 471 万，人口密

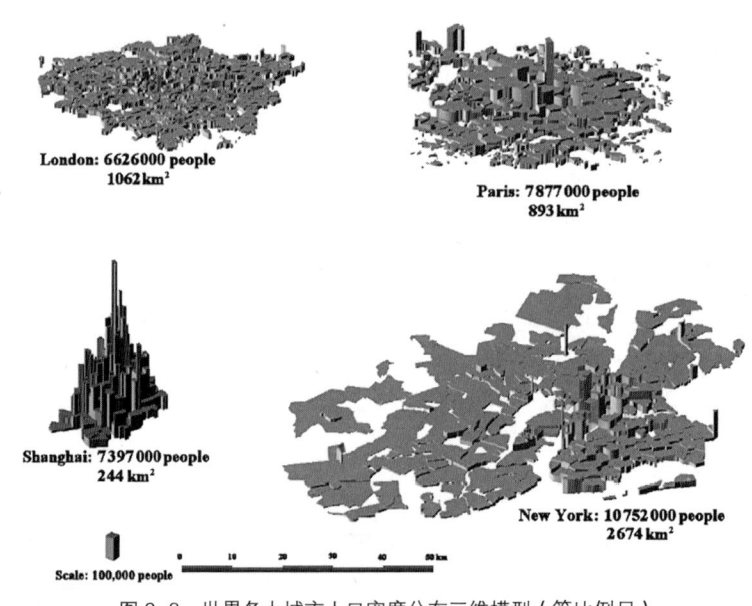

图 2-8　世界各大城市人口密度分布三维模型（等比例尺）
来源：http://www.demographia.com/

度为 132.3 人 /hm²。上海中心城区的人口密度是纽约的 7.5 倍，是伦敦的 4.9 倍，是巴黎的 3.4 倍。纽约中心城区的人口密度是上海的 13%，伦敦中心城区的人口密度是上海的 20%，巴黎中心城区的人口密度是上海的 29%（表 2-2）。

中西方大城市规模密度比较一览 表 2-2

城市	城市化地区面积（km²）	中心城区面积（km²）	人口数（万人）	人口密度（人 /hm²）
巴黎	2723	893	787.7	88.2
伦敦	1623	1062	662.6	62.4
纽约	8683	2674	1075.2	40.2
上海	746	244	793.7	302.9
武汉	564	356	471.0	132.3

2.1.3.3 剖面平缓

西方城市较中国城市而言，城市人口密度的剖面变化平缓。城市人口密度剖面即指在城市建成区的范围内，从城市中心到城市边缘人口密度的变化。能运用城市剖面密度的城市通常具有一个较明显的中心（CBD）。外围一定距离的人口密度，指的是距离市中心一定距离的同心圆上的平均人口密度。

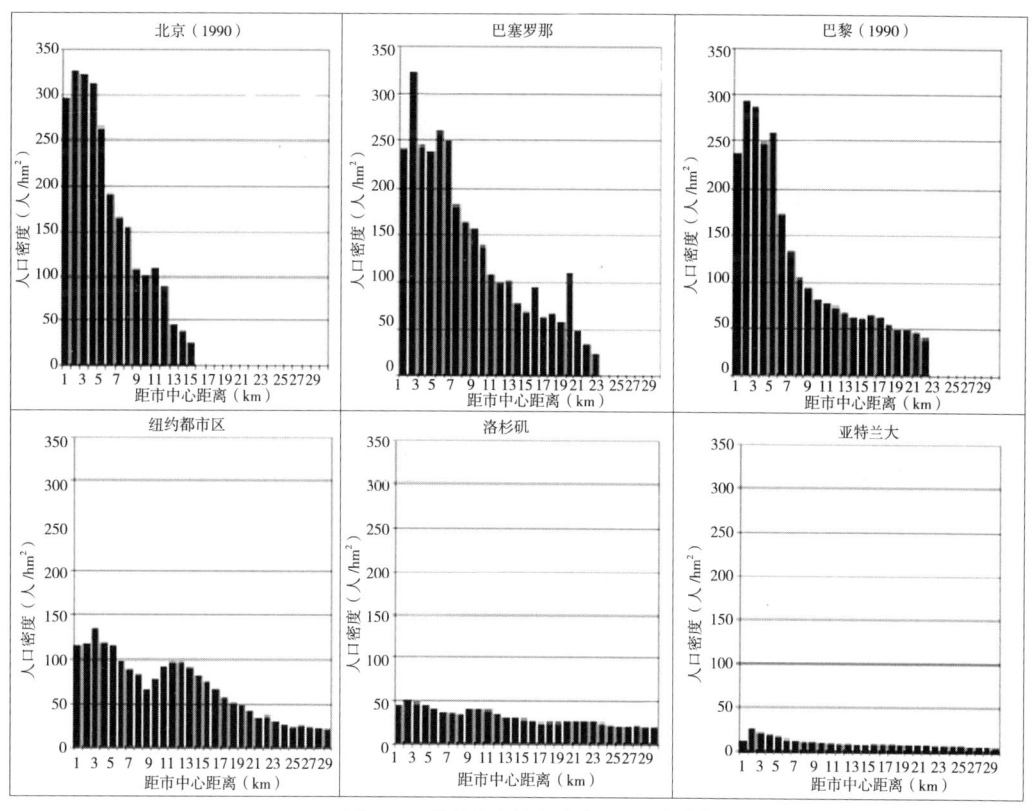

图 2-9 世界各大城市建成区人口密度剖面
来源：http://www.demographia.com/

上文提到在城市整体人口密度上，西方城市大大低于中国。进一步研究表明，在人口从城市中心到城市边缘区的分布上，美国、欧洲、中国的大城市呈现出三种不同的特征。首先，美国的城市人口密度随着离城市中心距离的增加，并没有太大的变化。例如图 2-9 中的纽约都市区、亚特兰大、洛杉矶的城市建成区人口密度的剖面图都证明了这一点。此外，由于城市规模大，有些城市出现了副中心，人口密度剖面打破了单中心城市经典人口密度随距离增加递减的规律，在一定距离范围内反而呈现出回升的趋势，例如图 2-9 中的纽约都市区距城市中心 9～17km 的范围内，人口密度就出现了上升的趋势，并在距城市中心 13km 的范围内达到了一个小的峰值。

其次，欧洲城市的人口密度普遍是大于美国的，并且城市人口密度随着离城市中心距离的增加，产生的递减比美国城市要大。这与欧洲土地资源相对较稀缺，土地价格较高，政府规划治理能力强是有紧密联系的。例如，图 2-9 中，法国巴黎和西班牙巴塞罗那的城市人口密度随着离城市中心距离的增加，就产生了较大的递减，但在离开城市一段距离的近郊区范围内这种递减趋势逐渐减缓，这种现象与欧洲城市普遍在近郊区建设新城是有直接联系的，例如 1965 年的大巴黎规划中，在巴黎市区东西两侧，离市中心 20～30km 范围内的塞纳河谷地，城市化程度较高的地方建立塞日（Cergy-Pontoise）、马恩拉瓦莱（Marne-La-Vallee）、圣康坦（St. Quentin-en-Yve Yvelines）、埃夫里（Evry）、默伦 - 塞纳（Menlun-Sénart）5 座新城，发展工业以及居民所需的基础和服务设施，引导市区工业、人口向郊区迁移。

最后，不仅如上文所提中国城市人口密度是这三类城市中最大的，并且中国城市人口密度随着离城市中心距离的增加，产生的递减也是这三类城市中最大的。如图 2-9 中的北京，城市人口密度随着距城市中心的距离增加骤减，并且没有出现欧洲城市的近郊衰减趋势减缓的情况。

上文中对于美国、欧洲、中国城市规模与密度的分析结论归纳见表 2-3 所列。那么产生这种现象的深层次原因又是什么呢？

美国、欧洲、中国城市规模、密度特征对比一览　　　　　　　　　　　表 2-3

城市类型	规模	人口密度	人口密度剖面斜率
美国城市	最大	最小	最平缓，最小
欧洲城市	中等	中等	中等，一定距离后减缓
中国城市	最小	最小	最陡峭，最大

美国城市规模巨大，主要是因为城市的无序蔓延，由于土地价格的相对廉价和高速公路交通网络的建设，以及美国居民对于"美国梦"式生活方式的追求，使得美国的城市不断向远郊扩散蔓延，城市建成区呈现出一种"马赛克"拼贴的形态，同时内城失去了竞争优势，中产阶级外迁，出现了内城的衰败。美国由于土地价格较低，可以允许大量的低密度社区的建设和大量地面停车场的设置，所以美国城市的人口密度小。又由于私人小汽车

的普及和高速公路的便捷使时空距离相对减少，所以城市的人口随着离市中心距离的增加并没有太多的减少，人口密度剖面的斜率小。

欧洲城市规模相较美国小，主要原因是其相对昂贵的土地价格和政府较强的规划控制力。由于土地价格较贵，不可能允许大量建设低密度的社区，所以城市没有出现如美国城市的无序蔓延，保持了较高的人口密度，内城保持了相对较高的活力，没有出现严重的衰败局面。同时由于欧洲城市通常有历史悠久、体系完整的铁路、地铁、轻轨等大运量公共交通系统，例如巴黎（图2-10）的主城区周围设置了9个近郊副中心，

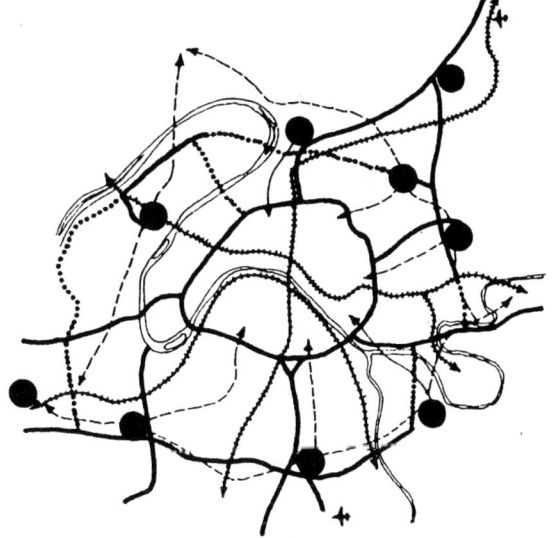

图 2-10 巴黎近郊副中心与主城区联系示意
来源：黄亚平 . 城市空间理论与空间分析［M］.
南京：东南大学出版社，2002：141

并用铁路网将其与主城区紧密联系起来，距离主城区一定距离的城市近郊区就业和居住人口密度没有大幅度的下降，城市人口密剖面的斜率比中国城市小。

2.1.4　都市区管治——双层管理，区域协调

在西方城市的都市区治理模式主要有以下两种，一种是单层制大都市区政府治理模式，另一种是双层制大都市区政府治理模式。双层制大都市区政府治理模式常常打破行政区划界线，在各个行政单位之间成立区域协调委员会或者大都市区政府。由于委员会中的各个行政单位之间没有上下级关系，行政效率比单层制通常的"撤市并区"要低。但是在协调涉及整个都市区范围的重大项目，如高速公路、机场、水源等基础设施问题上有明显优势。下面就是对这两种治理模式的阐述。

2.1.4.1　单层制大都市区政府治理模式

单层制大都市区政府治理模式，就是合并地方政府，即市县合并，把权力集中在一个新建的大都市区政府之中。如1962年田纳西州的纳什维尔市与戴维森县合并成功，建立了一个典型的单一制综合性的大都市区政府。该县只保留了6个郊区自治市，但不得进行兼并活动。大都市区政府由一个普选产生的市长和一个由41个委员组成的议会治理，其中35个委员按地区选举，其余在全县普选，任期4年。纳什维尔大都市政府是一个典型的单一制综合性的大都市政府，为传统改革者所倡导的一种理想的大都市区政府治理模式提供了实践的可能性。该大都市区政府在1986年结束。至2002年为止，市县合并成功的例证在美国还有34例，这些案例主要来自美国南部和西部的大都市区。成功实现市县合并的地区，一般只限于一个县的境内，并且是地区人口密度低，合并所涉及的城市数量少的地区。在第二次世界大战后，合并成功的案例中，仅有3例是人口超过了20万的地区。此外，实现合并的政治过程大多艰难漫长，短则数年，长则十几年、几十年。还有更多的

地区仍然在不断地尝试和努力，影响合并结果的因素更是复杂繁多。由此可以看出该模式在美国大都市区内是无法普遍推行的。

2.1.4.2　双层制的大都市区政府体系治理模式

另一类治理模式是双层制的大都市区政府体系。这种模式既看到了地方在处理地方性事务时的灵活性，也注意到了大都市区政府在解决大都市区范围事务方面的优越性。所谓双层制就是在大都市区的政府体制中，建立一个大都市区政府，用以协调、规划大都市区内各地区之间经济发展中的协作。但在大都市区政府之下，还保留原有的地方政府。双层制治理模式无疑是一种改良主义的做法，此类型大都市区政府的权力比第一类要小得多。如迈阿密—达德县建立了大都市区政府，其范围包括迈阿密和达德县的 25 个城市，1957 年达德县新宪章规定中心城市迈阿密以及其他自治市不必与县政府合并，而是继续保留其独立的政治地位。大都市区政府的创立是通过县政府权力的集中实现的，县政府承担了大都市区内的主要职能，比如修筑公路，管理交通，创办公交系统、通信系统、建立公园和娱乐设施等全县范围内的公共服务。其余各项服务留给各个自治市、专区和学区负责。该大都市区政府一直维持着双层制政府结构至今。类似于迈阿密—达德县政府的还有 1967 年明尼苏达州明尼阿波利斯—圣保罗双城地区成立的大都市区议会（Metropolitan Council）、1979 年俄勒冈州波特兰地区成立的大都市区服务区（Metropolitan Service District）。

目前，双层制的治理模式是学术界比较推崇的模式。学者基钦[①]总结双层制治理模式有三个突出优势。第一，如果由低级城市来提供一些服务会产生外部效应，区域这一较大的地理范围能够更好地处理和控制外部效应（尤其是消极的外部性）。例如，如果由某一低级城市承担固体垃圾处理的职责，并且在与邻近城市的边境开设固体垃圾处理场，那将给邻市的居民造成消极影响。但如果有大都市区政府统一规划设立垃圾处理厂，则可以尽可能减少对所有居民的干扰。第二，在某些服务的提供上能够保持一贯的标准，避免了各市之间因提供不同水平的服务而导致的人口向高水平服务城市的聚集。第三，在外部性并不普遍、不需要统一标准的地区，低级城市所提供服务的数量和质量能够反映出地方偏好，而且，大量自治城市的存在产生了一种竞争性气氛，促使服务的不断改进和完善。

由此可以看出，对西方大都市区治理模式的探讨反映出新时代下的新理念，即对大都市区的治理要从一元向多元转变，从单一维度向多维度转变。这是一张纵横交错的治理网络，无论是联邦政府、州政府和地方政府都应该积极地尝试不同形式的有效的管理政策。

2.2　中国大城市空间都市区化发展

进入 21 世纪以后，我国城市区域化和区域城市化的趋势明显，空间呈现大规模外拓，大城市从原来以中心城为主的增长进入中心城和外围地区共同增长的局面，呈现都市区尺度上的空间形态。

---

① 转引自：王琦. 当代大城市都市区簇群式空间发展特征及其优化措施［D］. 武汉：华中科技大学，2011。

2.2.1　空间类型

中国大城市在近几年快速城市化过程中，城市空间迅速扩展，归纳起来基本有两种类型。

第一种组群式类型常见于那些建成区和人口规模较大的专业化城镇密集区域中，例如位于珠江三角洲地区的东莞、佛山和位于长江三角洲的嘉兴等地区。这些地区没有区域性的中心城市，不同的组团之间具有一定的产业功能联系，但这种联系并不紧密，每个组团的通勤流分布在自身的周边，人口规模不具有明显的层级结构。整个都市区的剖面密度呈现出波峰与波谷交替的波浪状，并且由于缺乏强大的中心城，没有明显突出的波峰。这种结构往往伴随着建设用地的区域性蔓延，并且，在经济发展与生活水平较高的地区常见。

第二种空间类型具有一个圈层式的中心城区，圈层的中间（不　定是中心位置）是CBD，圈层的外围分布着产业区与居住区，再外围为若干个产业簇群，外围产业簇群之间存在着若干产业功能上的联系。在这一类型中，人口集聚在中心城区的圈层内，大量的通勤集中在中心城区外围与CBD之间，以及外围产业区与中心城区之间，并导致土地空间与交通基础设施方面的结构性低效。一方面造成中心城区内的交通基础设施与公共绿地不敷使用；另一方面，外围产业区的交通基础设施与公共绿地因为缺少生活功能，利用率低下。这种空间形态通常兼容公共交通与私人小汽车交通，但向心的交通压力巨大，难以保持公交的服务水平。随着经济发展，收入水平提高，这种空间将引发小汽车的更多使用。这正是当前我国相当一部分大城市的空间结构特征。

2.2.2　空间形态

2.2.2.1　整体空间形态

进入21世纪以后，我国城市区域化和区域城市化的趋势明显，空间呈现大规模外拓，大城市从原来以中心城为主的增长进入以中心城和外围地区共同增长的局面，多呈现多中心组群状发展的空间形态。

在经济发达、人口稠密的地域，无论是上海、广州，还是佛山、东莞等，都形成了都市区空间的整体发展。

而继沿海发达地区形成连绵状的都市区之后，鄂、豫、湘等中部地区的一些大城市也进入了区域化阶段，与沿海发达地区不同的是，经济较为落后的中部地区的大城市并非以资源、空间要素区域扩散为主导，而是以内聚发展为主导的城市区域化，表现出强大的中心和周边发育不足的组团并存的现象。部分大城市由于内聚主导的区域化态势，以及受到大江大湖、低山丘陵分割的城市空间，其"簇群"式空间发展特征明显。

2.2.2.2　产业空间

1）"退二进三"二产空间聚集于外围

当代中国大城市二产空间呈现出在外围产业簇群聚集的趋势。由于中国城市工业的集聚发展传统带来了工业污染扰民问题，"退二进三"成为工业郊区化发展最典型的动力，企业通过转让原址获得资金补偿，搬迁积极性大大提高。很多企业出于自身发展需求而主动搬迁。于是都市区的外围簇群聚集了大量的产业空间。例如武汉的外围六大远城区（东西湖区、汉南区、蔡甸区、黄陂区、新洲区、江夏区）就聚集了 14 个大小不等的工业园。

中国现代城市空间发展，多是以大规模工业建设和工业区的不断扩建为先导的，因此工业用地的发展规模和布局定位对城市空间结构的影响是十分突出的[①]，这可以说是具有中国特色的城市空间布局。

2）二产空间依托交通轴线拓展

当代中国大城市的产业布局，受交通轴线的导向作用很大，基本是依托交通轴线发展的。例如武汉市的工业用地就是依托城市快速环线、对外交通干道以及沿江港口在外围形成五大工业聚集区，并在更大地域范围内带动远城区工业进入快速发展阶段。

3）高新产业与高校协同布局

高新技术产业由于需要大量的高素质人才和依托高校的科研能力，所以常常与高校协同布局。例如武汉东湖高新科技园区，园区内形成以光电子和生物医药为主体产业。其选址邻近武汉市众多高校，例如，华中科技大学、中国地质大学、中南民族大学、中南财经政法大学等。通过高等学府、科技院校培育研究与开发能力，强化科学教育与工业合作系统。

4）三产空间中心聚集

大多数中国大城市尚处于内聚阶段的扩展，三产（即服务业）继续在城市中心聚集，扩散能力不足。三产空间呈现向心集聚分布特征，在中心城区范围内聚集了整个都市区绝大多数的三产空间。

例如，武汉市大部分的三产空间集中分布在中心城区以内，呈现向心集聚分布特征。从用地规模上看，至 2004 年，武汉市中心城区三产用地面积为 $15.5km^2$，占都市发展区总用地的 73.5%，外围城区有 $5.6km^2$，占都市发展区总用地的 26.5%。

2.2.2.3　交通系统

中国大城市往往采用"环形 + 放射"或者"环形 + 方格"式的交通网络。例如武汉市现状就呈现由多条环线所组成的五环和从主城区放射出的快速路组成的"环形 + 放射"式交通网络。

当代大城市内外空间联系多采用交通走廊的方式。交通走廊类型模式纷繁众多，从交通走廊的内部交通系统上来看可以分为两大类，轨道交通系统（主要包括地铁、市郊铁路、轻轨）和道路系统（主要包括高速公路、城市快速干路、城市主干路）；从交通走廊的组合方式上来看主要分为单一交通走廊（如轨道交通走廊、公路交通走廊、城市干道交通走廊）和复合交通走廊（如："轨道 + 公路"交通走廊、"轨道 + 干道"交通走廊）；从交通走廊的交通运输方式上来看可分为客运交通走廊（TOD 交通走廊）和货运交通走廊（金鑫，2010）。不同类型、功能的交通走廊对大城市的发展、空间成长的影响不尽相同。精心选择城市发展轴线，通过交通走廊引导大城市空间成长，有助于形成明确的城市空间拓展方向，促进走廊影响区土地的集约利用，实现交通建设与土地开发的协同。不同城市不同时期的空间拓展采取的交通走廊模式策略也各异，效果相差甚远。

---

① 张勇强.城市空间发展自组织与城市规划［M］.南京：东南大学出版社，2006。

通过表2-4不同模式交通走廊的比较，可以看到复合交通走廊比单一交通走廊具有更明显的优势。快速公共客运系统（轨道交通系统）可以促进城镇呈集簇状的紧凑发展，而以私人小汽车为主的快速干道系统则有利于城镇向分散的方向发展。[①] 可见，复合交通走廊中由干道系统与大运量有轨运输相结合的交通走廊是一种适合我国国情的比较优化的交通走廊模式。

但是当前，由于中国仍是发展中国家，经济上的掣肘限制了城市对于一次性投资巨大的轨道交通的建设，除了上海、北京等世界级大城市，许多大城市区轨道交通才刚刚起步，或者仍在规划建设之中。这对于大城市空间的拓展是不利的，因此在大城市中交通拥堵已成为重要发展问题之一。中国大城市未来应积极应对交通问题，利用复合交通走廊，特别是大容量的轨道交通引导城市健康有序发展。

交通走廊模式比较 表 2-4

类别	交通走廊模式	城市区域发展	功能组团联系	沿线土地利用
单一交通走廊	大容量的高速道路（高速公路或快速路）	引导城市外拓，阻止大量交通流进入主城	实现各新城组群之间中长距离快速、便捷的交通联系	仅对出入口附近一定区域范围内的土地利用有巨大的促进作用。对高速公路（城市快速路）其他沿线两侧土地开发具有抑制作用
	同方向的多条城市道路（主干路或快速路）	引导城市空间外拓，延续主城区空间轴向拓展	中短距离交通联系	形成均衡化、轴带状的土地开发形态
	大运量有轨运输线路（地铁或轻轨）	有利于引导城市空间外拓，形成城市空间生长轴，促进外围新城的开发和形成	可以解决主城区和外围新城之间大量客运通勤交通	围绕站点形成高效开发和集约的土地利用，形成轴链状土地开发形态
复合交通走廊	地面干道＋高架道路	有利于节约交通设施的占地面积	短、中、长距离交通联系	不会对沿线两侧用地造成分割
	干道系统＋大运量有轨运输线路	易共同构成城市发展轴，引导城市空间轴向拓展，疏散城市过量的人流和物流	轨道交通和干道分别提供多样化的出行选择，承担大运量的客货交通流，相辅相成	形成高效、集约化的交通与土地利用协同的模式

来源：金鑫.交通走廊导向的大城市簇群式空间成长控制研究——以武汉新城组群为例［D］.武汉：华中科技大学，2010

2.2.2.4　生态系统

大城市都市区空间中的生态系统通常有着引导控制城市发展的功能。中国大城市生态系统与城市的整体空间结构相结合，结构体系较为完善。常见的生态绿地系统有环状、楔状和斑廊网络三种。

[①] 潘海啸，惠英.轨道交通建设与都市发展［J］.城市轨道交通研究，1999（5）。

图 2-11 成都市环状绿带示意
来源：根据成都市总体规划（2003—2020）绘制

环状绿地系统最典型的例子就是成都都市区。成都地处平原城市，城市的拓展一直呈现"摊大饼"圈层拓展的模式，所以成都市在主城区外围建立起了宽 500m 的生态绿环系统，在环状绿地外围发展新城组团，遏制主城区持续摊大饼的趋势（图2-11）。

楔状绿地系统最典型的例子就是武汉都市区。武汉市内湖河山体等自然分割明显，城市呈现出显著的簇群状发展特征，为了保持外围组团良好的生态环境，城市结合已有水系，保留了六大生态楔形绿地，分别是大东湖水系楔形绿地、武湖水系楔形绿地、府河水系楔形绿地、后官湖水系楔形绿地、青菱湖水系楔形绿地、汤逊湖水系楔形绿地，这些楔入城市的生态绿地控制了簇群之间的连绵成片，也极大地改善了城市的生态环境。

斑廊网络以深圳、佛山、肇庆等城市为代表。这些城市的生态空间镶嵌于城市功能组团间的"留白处"，其存在方式要么是被建设空间环绕的块状"绿核"，要么是带状或线性的"生态廊道"。斑廊网络的生态空间隔离，既可以构建一个完整的网状生态空间结构，又可以保证城市的分散式集中。将城市各功能组团之间保留的城市生态用地斑块（或廊道）进行整合，尽可能地保证其连续性与完整性，并与城市整体的区域环境大背景联系在一起。根据景观生态学相关原理，这种结构模式可以保证大型自然斑块的存在，并作为景观格局中的生态源区，而生态廊道将这些源连接成网，有利于整个区域的景观生态安全格局的建立。这种"廊道 + 斑块"的网络状城市生态空间结构模式使每个城市的功能组团与自然都有较好的接触关系，为生态空间向建设空间的内部渗透提供了条件。网络结构的多节点与多路径的特点也给多核城市利用生态空间来实现特定的生态服务功能提供了便利条件。

2.2.3 规模密度——规模小，密度大，剖面陡峻

2.2.3.1 规模小

上文已经论述了与国外特大城市相比，建成区用地规模较小是我国城市普遍具有的特点，但我国城市用地规模的扩大速度很快，见表 2-5。

2.2.3.2 密度大

在中国、欧洲、美国三种城市之间，中国城市的密度最高，欧洲城市次之，美国城市最低。这种人口密度的差异最典型地体现在中心城区范围内。例如：中国人口最密集的上海市中心城区面积为 244km²，人口约 739.7 万，人口密度为 302.9 人 /hm²。中部城市武汉中心城区面积为 356km²，人口约 471 万，人口密度为 132.3 人 /hm²。相比之下，巴黎中心城区面积为 893km²，人口约 787.7 万，人口密度为 88.2 人 /hm²。伦敦市中心城区面积为

1062km²，人口约 662.6 万，人口密度为 62.4 人 /hm²。纽约市中心城区面积为 2674km²，人口约 1075.2 万，人口密度为 40.2 人 /hm²。上海中心城区的人口密度是纽约的 7.5 倍，是伦敦的 4.9 倍，是巴黎的 3.4 倍。

国内外 10 大城市市区、建成区及当量半径   表 2-5

城市 \ 指标		市区面积（km²）	建成区面积（km²）	市区当量半径 R（km）	建成区当量半径 r（km）	当量半径之比 R/r
国内十大城市平均值	20 世纪 80 年代中期	1983	164.4	24.3	7.1	3.4
	2000 年	2973.8	306.8	30.8	9.9	3.14
国外十大城市平均值		3030.6	610	29.5	13.2	2.23
国内 / 国外	20 世纪 80 年代中期	0.65	0.27	0.81	0.54	1.52
	2000 年	0.98	0.5	1.04	0.75	1.41

注：（1）国内十大城市为北京、天津、沈阳、武汉、广州、重庆、哈尔滨、南京、大连、西安（2000 年由于重庆的特殊性，改为上海）。国内资料来源：统计年报。

（2）国外十大城市为纽约、洛杉矶、伦敦、汉堡、巴黎、东京、罗马、大阪、加尔各答、里约热内卢。国外资料来源：王琦.当代大城市都市区簇群式空间发展特征及其优化措施［D］.武汉：华中科技大学，2011。

2.2.3.3 密度剖面陡峻

中国城市较西方城市而言，城市人口密度的剖面变化陡峻。上文提到在城市整体人口密度上，中国城市大大高于西方。进一步研究表明，中国城市的人口密度随着离城市中心距离的增加，产生的递减也是这三类城市中最大的。如图 2-12 中的上海，城市人口密度随着距城市中心距离的增加而骤减，并且没有出现欧洲城市的近郊衰减趋势减缓的情况。由此可见，中国城市在缓解大城市中心人口压力方面与欧洲城市相距甚远。

中国城市规模相较美国、欧洲都要小，主要原因是其尚处于城市内聚的发展阶段，城市还没有向外的强大扩散辐射力和相对缺乏的土地资源。而中国城市密度高，剖面斜率下降陡峻的原因也是因为城市尚处于内聚阶段，城市中心有的强大吸引力，城市的发展阶段使得城市中心城外不具备发展副中心的条件，大量的居住空间围绕着城市中心圈层布局，人口密度随着远离城市中心而锐减。

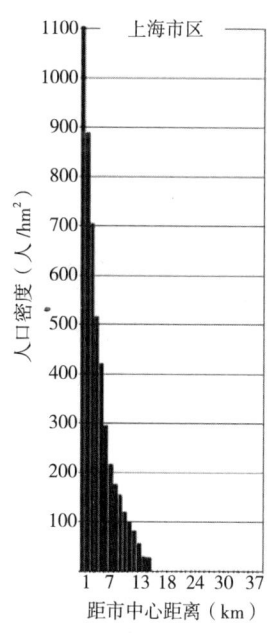

图 2-12　上海人口密度剖面
来源：http://www.demographia.com/

2.2.4　空间管治——双层级叠合式治理模式

中国大城市的空间管治采用的是双层级叠合式治理模式,市政府宏观管治调控,区政府具体实施操作。这种模式的缺点为区政府得到的下放权力过大,各个区政府为了个体利益,导致土地利用失控。

当前,各级政府也积极采用了新的调控措施,即"一增,一减,一协调",力图探索出一条新路子。

一增——增加市一级行政单位的规划决策权;

一减——减去区一级政府的控规审批权;

一协调——协同城乡发展矛盾。

例如武汉市控规规程规定,下属远城区政府可以组织编制控制性详细规划,但是要上报市规划委员会审查通过,即市一级加强了空间管制的决策权。

2.3　大城市区域化空间发展类型及特征

当代世界上许多大城市空间呈现出一种区域化发展的空间态势,即多中心星云和多中心组群,总结上文,从城市空间形态方面而言,中西方大城市空间有四种发展趋势。

2.3.1　区域松散型

区域松散型以北美大城市为代表,空间通常有明显的区域核心,而且往往是承担了生产服务业的 CBD。外围组团虽然密度低,松散,呈现片段马赛克的拼贴形态,但是各个片段之内的用地功能均衡,居住和就业服务用地相对配套,避免了外围与中心城之间大量的交通通勤。大城市空间中的组团高度扩散蔓延,人均用地面积高,相对低廉的土地价格使得普通居民有能力享受别墅式生活方式,居民生活水平高,居住条件好。整个城市区域常常建设高速快捷、四通八达的公路网络,城市以高速公路为依托拓展蔓延,配合以私家车为主导的出行方式使得任何两点之间的交通都无需换乘,方便快捷,如图 2-13 所示。

另一方面,区域松散型空间整体紧凑度很低,呈现远郊区化无序蔓延的状态,造成土地资源的浪费

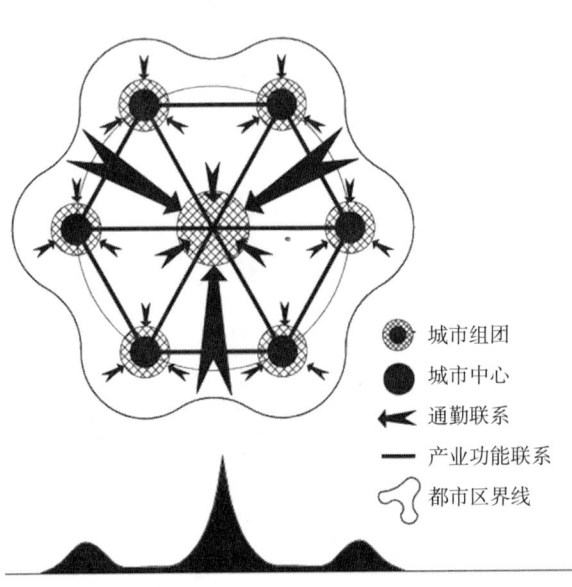

图 2-13　区域松散型示意
来源:王琦.当代大城市都市区簇群式空间发展特征及其优化措施研究〔D〕.武汉:华中科技大学,2011

城市组团
城市中心
通勤联系
产业功能联系
都市区界线

和自然生态环境被蚕食。城市用地低密度的蔓延，造成了城市基础建设的巨大浪费，加剧了地方政府的财政负担。空间松散的布局，增加了通勤的时间和距离，增加了对私人小汽车的依赖，抑制了公交系统的建设发展，增加了步行、骑自行车的安全风险，使得居民出行只能依赖小汽车，巨大的能源需求造成了城市发展的不可持续。在这种地区内，低廉的地价，居民的高收入，对别墅式低密度住宅的持续需求和现代化的交通网络会导向城市蔓延这一必然结果。

2.3.1.1 洛杉矶

20世纪60年代，美国大都市区的发展呈现出一个新现象，大都市区内的人口从城市向郊区大规模迁

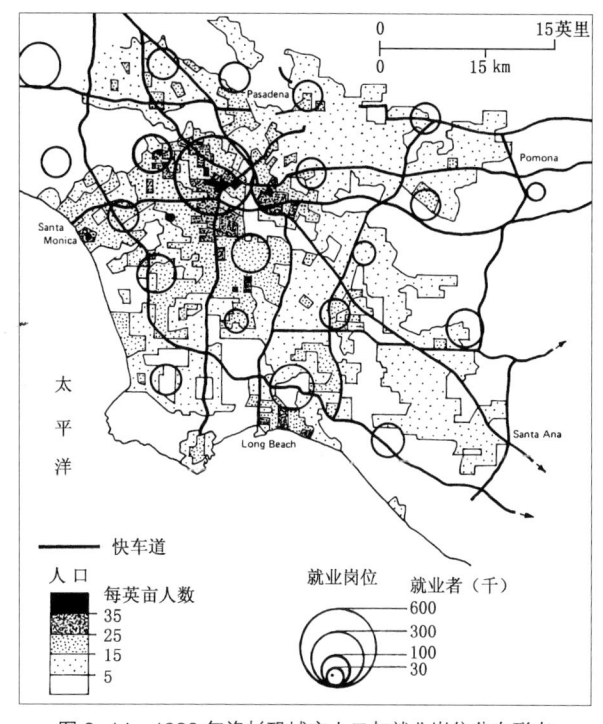

图 2-14 1980年洛杉矶城市人口与就业岗位分布形态
来源：Peter Hall.The World Cities［M］.London：McGraw-Hill，1982

移，即郊区城市化，并且使大都市区由单核式向多核式转变。洛杉矶因其独特的发展历程成为多中心大都市区的典型代表，并因此称为"洛杉矶模式"。洛杉矶大都市区，包括洛杉矶县和奥兰治、文图拉两县的一部分，一般被称为LA。据统计，1999年洛杉矶—长滩主要大都市区的地域面积为4060.1平方英里，2000年时人口为951.9万。其中，洛杉矶市的面积为466.8平方英里，人口有329.5万人。但是洛杉矶大都市区缺少传统意义的中心城市，也没有一个统一的大都市区政府，而是由洛杉矶县政府、洛杉矶市政府和70多个建制的市镇组成。至1980年，根据美国学者朱拉诺和斯莫尔对洛杉矶大都市地区的空间分配活动的研究，除传统商业中心区外，洛杉矶和奥兰治市有28个次中心带。洛杉矶市行政辖区的各市生产、生活相对独立，市与市之间有高速路连接，形成了新的城镇空间分布形态。

洛杉矶是一种放射状原始型分散的多中心的世界城市，但它是自发产生的，并未经过规划（图2-14）。它是一个缺乏有意识的规划控制而自由发展的大城市区[①]。

2.3.1.2 华盛顿

第二次世界大战后，华盛顿城市化速度加快，人口迅速增长。为适应首都发展，1962年华盛顿提出了"放射长廊式"的规划方案。该方案以现有城市为中心，向外建设6条交通放射线，总体上呈星形放射状。每条交通线成宽6.4～9.6km，长32～48km的长廊地带，长廊内沿交通轴线分别串联等级规模不同的新城，共容纳居民500万，如图2-15所示。长廊之间的楔形地区是约12.2万hm²的绿地和农业用地。这个规划强调以快速交通解决居

---

① Peter Hall.The World Cities［M］.London：McGraw-Hill，1982。

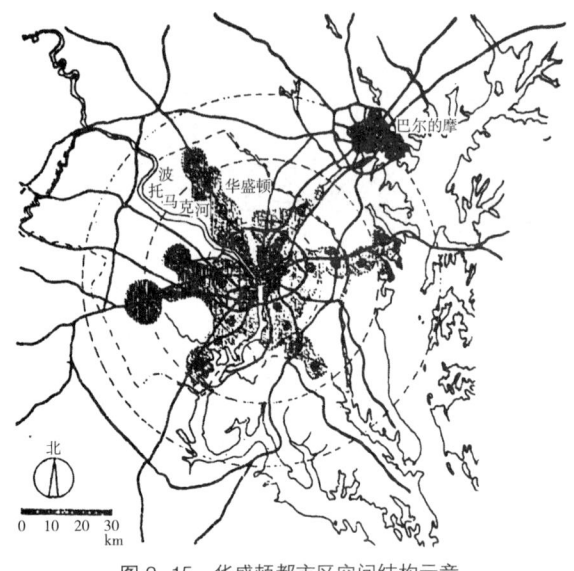

图 2-15 华盛顿都市区空间结构示意
来源：张京祥.城镇群体空间组合［M］.
南京：东南大学出版社，2002：102

住地点与工作地点之间的联系问题。华盛顿在此规划的指导下建设，逐渐形成轴线拓展，串联若干外围新城的城市多中心空间结构，形成整体区域化的发展态势。

美国的私有的土地市场是造成大城市远郊蔓延，形成区域松散型的最主要原因之一。在美国，70% 的土地是私人拥有的。按照美国法律，每块土地的拥有者不仅拥有土地，还拥有相关的权利，如水和空气权、买卖权、继承权、使用权和开发权。土地拥有者可以给土地出价上市。只要土地由私人拥有，上述的权利便神圣不可侵犯。如果没有这样的一个高度发达的土地私有制和交易市场，城市蔓延不可能出现。如果美国的土地像中国一样稀缺和昂贵，就不会发生城市蔓延了，相反，美国存在着大量的土地以及相对低的土地价格。较低的土地价格允许蔓延的发生，也允许大量低层建筑的建设。此外，当小汽车、货运车和高速公路网出现和被广泛应用后，随着交通的极大改善，地域之间的相对距离减少了，这意味着原本远离城市中心区的便宜的土地成为了可以使用的商品，无论是用这些土地来建住宅还是办企业，都要比在中心城便宜得多。在这种情况下，原本仅靠中心城的发展模式显得没有必要，住宅和商务楼自由地铺展开来。

直到今天，在自己的土地上建设自己的房子依然是大多数美国人的"美国梦"。如今，超过 66% 的美国人拥有他们自己的住宅，更多的美国人拥有自己的小汽车。随着美国经济的高速发展，"美国梦"变为现实，这种生活方式和价值追求必然造成了城市的大规模无序蔓延。在当代的美国郊区工作出行一律都超出了步行的范围。如果人们在大城市的中心就业，常常会使用公交汽车和地铁。但是当郊区发展越来越远离主要城市中心后，对于大多数社区来说，小汽车成为了出行的唯一选择。随着产业的郊区化，美国 70% 的人上下班出行与市中心没有丝毫关系，他们常常是从郊区到郊区或是远郊区。对于这种上下班出行，开自己的车是唯一的选择。由于出发点和目的地距离遥远，通常不可能有任何固定的公共交通线路。这就意味着政府会进一步加强对于高速公路网络的投入，而继续忽视在公共交通方面的投入，城市蔓延将愈演愈烈。

美国的道路交通网络是决定美国郊区化分散布局形式的重要影响因素之一。如果从旅行时间和方便程度上来讲，把小汽车、货车和过去那些简单的道路结合起来的无所不在的网络系统，要大大优于城市铁路系统。这样的道路系统必然导致了人们选择驾驶自己的小汽车出行。正是这样的道路系统最大程度上确定了城市分散蔓延的布局特征。高速公路、主干道、次干道、地方街道和房前屋后的道路组成了美国城市公共环境的主体。此外，大量的小汽车需要规模巨大的停车场，这些停车场和道路系统一样，确定了郊区蔓延的空间形态。停车房、停车棚、家庭车道都是当代美国郊区住宅的组成部分。购物广场、办公园区拥有大型的地面停车场。道路网络和小汽车交通系统使郊区可以使用的土地越来越多，越远越便宜，这种低廉的价格，使分散布局变成可能，同时留下了足够的地面停车空间。

美国私有化的土地制度和经济制度决定了其城市建设规划的公众基础，除了投资人以外，公司是投资人的集团，政府也相当于以投资人为股东的股份合作机构，因此代表城市利益的规划具有广泛的公众基础，表现在市议会议员的地区代表性和广泛的公众参与机制。注册规划师协会经常性地组织专业人员和居民就地区规划进行研讨，其中包括规划之前的广泛调查和访谈，在规划中期召开有专业人员、居民参加的规划交流活动，规划付诸实施之前长时期的公示。土地的私有化使市民具有对所拥有的房产范围以及道路侧缘进行建设的权利和义务，占市民收入很大比例的房地产税，用于政府统一进行社区基础设施的建设、维护，因此赋予市民参与所在社区规划和建设的权利。此外由于区划法规的裁定权归联邦、州法院，市民可以使用法律手段保护自己的利益，监督规划的实施。

2.3.2　舒展均衡型

舒展均衡型以欧洲城市为代表，中心城的近郊设多个副中心，缓解老城压力的同时，在一定程度上保持了中心城的生活活力。每一个组团的内部就业空间和居住空间分布均衡，避免了大量的通勤交通和缺少使用者带来的基础设施的浪费。分层级的多中心有利于大运量公共交通的发展，有利于控制私人小汽车的使用。外围组团与中心城之间形成城市带，在其中培育起若干次级商业中心与生产性服务中心，使城市的人口密度由市中心到外围呈现波浪状的起伏，既避免了高密度人口带来的城市问题，也避免了低密度带来的基础设施浪费，如图 2-16 所示。

大城市空间中层次分明、功能平衡的外围组团是只有处在后工业化时期、城市化扩散阶段的大城市才能达到的成熟稳定的状态，对于城市的经济发展水平要求很高，处于工业化中期、高速城市化阶段的发展中国家城市是无法达到这种水平的。需要强有力的规划控制和大规模投资的轨道交通提供引导，这就需要相对强势的政府，而这对于市场经济占绝对主导地位的北美城市是不可能实现的。

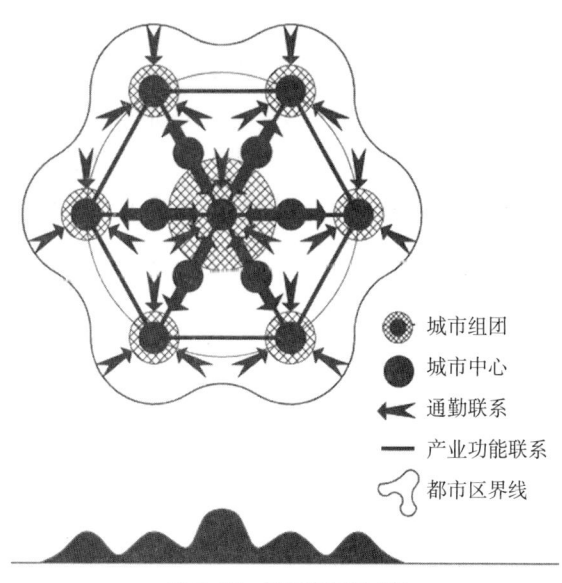

图 2-16　舒展均衡型示意
来源：王琦. 当代大城市都市区簇群式空间发展特征
及其优化措施［D］. 武汉：华中科技大学，2011

城市组团

城市中心

通勤联系

产业功能联系

都市区界线

2.3.2.1　巴黎

从 20 世纪 50 年代开始，法国经济快速起飞，人口越来越稠密，随即也出现了一系列的城市问题。在此情

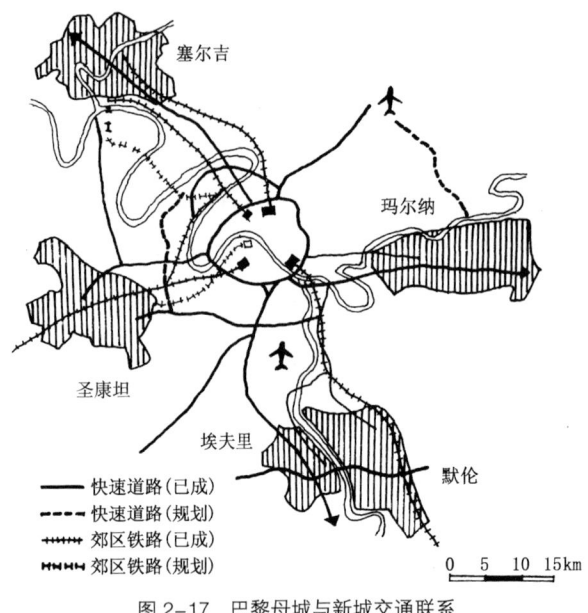

塞尔吉

玛尔纳

圣康坦

埃夫里

默伦

—— 快速道路（已成）
---- 快速道路（规划）
++++ 郊区铁路（已成）
ⅥⅥⅥ 郊区铁路（规划）

0　5　10 15km

图 2-17　巴黎母城与新城交通联系
来源：黄亚平．城市空间理论与空间分析［M］．
南京：东南大学出版社，2002：139

况下，1961 年，巴黎市政府建立了"地区规划整顿委员会"，统一领导巴黎地区的城市规划和建设，并在 1965 年 6 月公布巴黎地区规划总图。该方案最大的举措就是在巴黎周围建设卫星城，减轻市区的人口和就业压力。对巴黎地区的发展采取限制政策，让巴黎沿着平行于塞纳河的南、北两条轴线发展（图 2-17）。

其一，巴黎城市空间沿南北两条轴线布局，形成多中心的空间格局；其二，无论是原有城市化地区还是建设中的新城，都遵循了综合性和多样化的原则；其三，通过划定乡村边界，界定区域开敞空间的位置和范围，限制城市化地区的自由蔓延；其四，建设环路加放射路的区域交通系统，为多中心的区域空间布局提供便利的交通联系。巴黎针对不同区域的特点，制定了相应的控制要求。城市中心应保持多样化的居住功能，稳定就业水平，减缓人口递减趋势；巴黎近郊作为中心区的延续，保持和完善现有城市结构，整治和改善当地环境，建设以拉德芳斯为代表的郊区发展极核，作为新城市化的主要空间载体；巴黎远郊应大力发展新城，并通过建设环形轨道交通系统加强与巴黎及近郊发展极核的联系。

大巴黎规划的举措，一方面在于突出巴黎作为市镇的悠久文化内涵和超强国际竞争能力，通过与周边地区的协调，将工业和拥挤的人口向周边省疏散，在巴黎市区，则集中发展第三产业，尤其是文化、金融、科技等。另一方面在于有效协调各方行动，尤其是交通、居民点、工业区等的布局。通过扩大巴黎大区的行政范围，并通过行政力量制定和实施规划，在巴黎大区修建了联系巴黎城区与卫星城的配套工程、高等级公路、高速地铁等，从而实现巴黎市与巴黎大区的协调发展。

巴黎地区规划的积极经验如下[①]：

1）及时调整行政区划

为了使巴黎地区的行政管理与巴黎地区的规模及复杂困难程度相适应，1964 年对巴黎地区进行了行政区划上的调整，把塞纳省分为巴黎市区、上塞纳省、塞纳－圣但尼省和瓦德勒马恩省，把塞纳－瓦兹省分为埃松、瓦勒德瓦兹和伊夫三省。在巴黎地区内进一步确立了巴黎市区的中心地位，有利于整个巴黎地区各个部分发展的协调。土地实施统一开发管理并把巴黎地区的规划方案纳入了地区"五年"和年度财政计划以保证规划项目的实施。

---

① 王琦．当代大城市都市区簇群式空间发展特征及其优化措施研究［D］．武汉：华中科技大学，2011。

2）通过建立副中心和新城，实现区域平衡和整体发展

为了减轻办公、商业活动和交通对巴黎中心区的压力，在巴黎近郊原基础较好的地点建立了9个新的商贸、服务、交通副中心：德芳斯、圣德纳、博尔加、博比尼、罗士尼、凡尔赛、弗利泽、伦吉和克雷特伊，以实现巴黎市内人员和货物的分流。另外在巴黎市区东西两侧，离市中心20～30km范围内的塞纳河谷地，城市化程度较高的地方建立塞日、马恩拉瓦莱、圣康坦、埃夫里、默伦—塞纳5座新城，发展工业以及居民所需的基础和服务设施，引导市区工业、人口向郊区迁移，从而保持巴黎地区在世界工业生产上的竞争力，同时使巴黎市区有更多的空间来发挥服务中心的作用。

3）重视绿化和交通建设，促进区域健康发展

为了适应现代社会的需要，通过建设5条绿带和发展郊区农业以构筑自然平衡保护带，达到改善巴黎地区土地利用结构和提高社会生产、生活环境质量的目的，同时也给未来发展留下一定的空间，整治郊区森林和绿地向公众开放保护郊区的自然环境，达到生态平衡。另外，通过建设快速高效、密度较高的交通网络把市中心和郊区新城紧密地联系为一个统一的整体，实现区域内的协调发展。

2.3.2.2 哥本哈根

根据1947年丹麦哥本哈根制定的城市规划总图，城市沿着由市中心向外延伸的5条铁路线发展，每条发展带的居住用地之间集中布置工作点，形成行列式的空间布局方案，轴线之间交通通达性交叉的地区设立宽阔的绿楔。这就是著名的指状规划，如图2-18所示。

从规划内容上看，它可以被概括为以下几个方面：

1）阻止"老城蔓延"，建设新型郊区

规划明确提出应该停止市区以"摊大饼"（Layer-Upon-Layer Growth）的模式向外蔓延，采取积极方法改变城区的发展方式。规划建议，对老城区采取保护为主，有限改造为辅的政策，重点改善基础设施，改善居民居住环境和条件。哥本哈根在建设新型郊区规划中没有采纳"卫星城"的模式，而是利用区域内原有的城镇布局，通过规划引导建设新型郊区，使其成为整个城市有机体的一部分。

2）依托铁路干线，形成"指状城市"（Finger City）

当时从哥本哈根通往西部的铁路已经建成了2条，加上其他方向共有5条主要

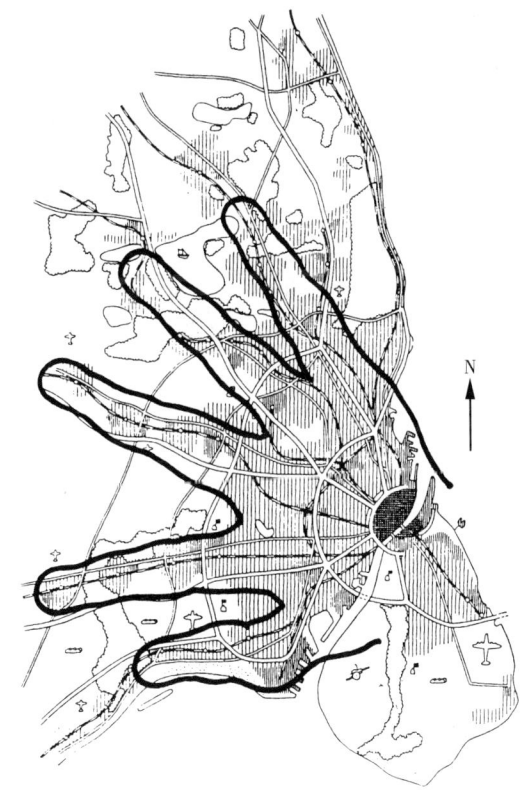

图2-18 哥本哈根指状规划

来源：黄亚平.城市空间理论与空间分析［M］.

南京：东南大学出版社，2002：139

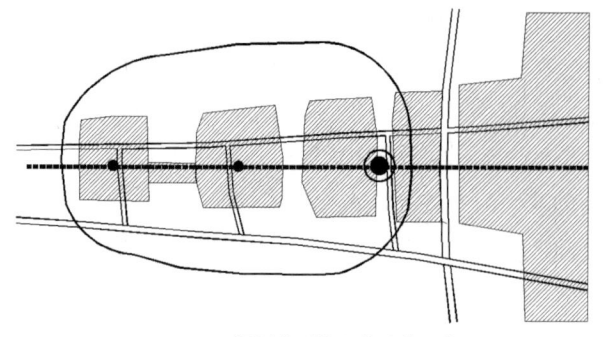

图 2-19　规划中手指上的城镇示意
（主轴线为铁路，下方为公路）
来源：王琦.当代大城市都市区簇群式空间发展特征及其优化
措施［D］.武汉：华中科技大学，2011

干线，预计未来还会有更多通向各地的铁路建成。因此，规划建议未来城市的结构应以从中心市区向外放射状布局的铁路为轴线，以沿线分布的车站为中心，形成具有完备商业服务、良好文化教育和有效办公机构体系的城镇。通过频繁、便捷、畅通的火车交通将这些城镇与中心市区（即老城区）连接起来，从而形成以铁路为"手指"（Finger）、铁路站点或附近城镇为"珍珠"（Pearl），以中心市区为"掌心"（Palm）的城市布局模式。同时，规划中也预计了未来的公路交通的发展，为公共交通的完善创造了条件，也更便于市民的工作与出行。未来由铁路与公路组成的交通网，将会使"手指"与"掌心"、"手指"与"手指"、"珍珠"与"珍珠"之间的联系更加密切，如图 2-19 所示。

3）少占"良田"，改造"荒原"，营建"宜居环境"

规划提出，哥本哈根市区未来的发展方向，应该选择开阔和富有潜力的西部和南部而不是北部。因为当时在高收入阶层向条件优越的北部地区迁移的同时，越来越多的普通市民也开始向这一地区聚集。这样势必会逐步增加对此地环境的破坏，从而降低生活质量。相比较而言，西部和西南部地区尽管地貌与自然景色较北部地区稍有逊色，但如果通过植树绿化、兴建公园，美化和丰富景观，同时开发海岸，建设海滨浴场等规划措施，改变原有的地貌和环境，也会逐步吸引市民前去定居安家，从而实现城市扩张的有序性与布局的合理性。

4）保留绿色空间，美化与保护环境并举

规划建议特别提出，在各个"手指"之间，应该保留和营造楔形绿色开放区域，并且尽可能地使其延伸至中心城区内。楔形绿色空间包括林地、农田、河流及荒地等自然类型，也包括人工改造的公园、绿地等。保留和建设楔形绿地，一方面可以阻隔郊区市镇之间的横向扩张，使它们能够在规划的区域内合理发展；另一方面可以保护环境，为居民提供丰富、多样、宜人的休闲与娱乐空间。

2.3.2.3　兰斯塔德

荷兰的兰斯塔德城市群位于欧洲的中心，坐落于莱茵河三角洲，共有大小城镇 70 多座，大城市 3 座。城市群的整个布局是围绕绿心（Green Heart）的马蹄形环状城市带，利用高速交通系统可以在 1 小时左右方便到达区内任意一点，如图 2-20 所示。面积 2000 多平方公里，是仅次于伦敦、巴黎、鲁尔的欧洲第四大城市群。兰斯塔德城市群的工业比较发达，主要有造船、钢铁、炼油等。

这个多中心城市系统主要由四个城市组成，阿姆斯特丹、海牙、鹿特丹和乌得勒支。这四个城市有着不同的城市功能，每个城市的人口都不足 100 万，但整个城市区域的人口却达到 600 万 [①]。

阿姆斯特丹是荷兰的首都，也是荷兰最大的城市，是经济、文化和金融中心，市内主要是技术密集型的工业，重工业则分布在附近的卫星城镇，也是荷兰皇家所在地；鹿特丹是世界第一大港，又是重工业中心；海牙则主要是政府所在地；乌得勒支和哈勒姆则是宗教和旅游中心，莱登是这个地区的教育中心。荷兰政府规定每座城市之间都必须有宽达 4km 的绿化地带。[②]

兰斯塔德城市群把工业、商业、运输业、金融业、文化、行政、服务等各种功能分别安排在几个临近又互相分开的城市，是一个在巨大区域范围内的多中心城市系统的经典范例。

当代世界上许多大城市空间呈现出一种区域化发展的空间态势，即多中心星云和多中心组群，但我国大城市发展的区

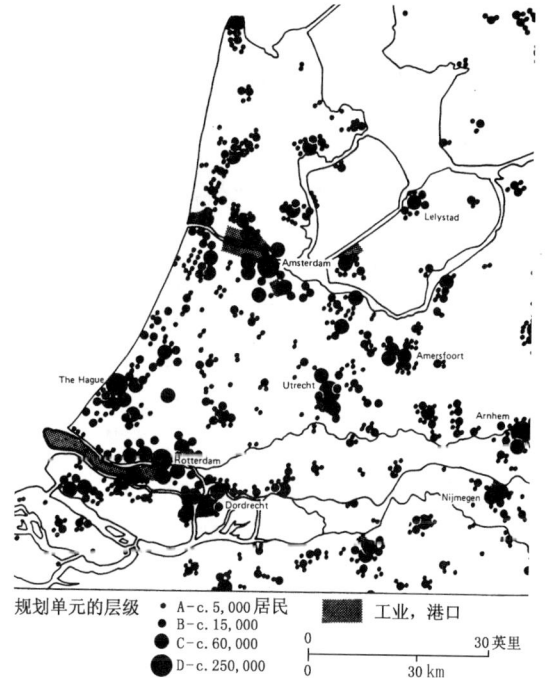

图 2-20　荷兰兰斯塔德地区
来源：Peter Hall.The world cities［M］.
London：McGraw-Hill，1982

域化，与西方国家低密度郊区化城市蔓延中可能呈现的空间有显著差别。西方发达国家的大城市发展已处于城市化后期的稳定阶段，而中国还处于城市化中期高速发展阶段。尽管西方发达国家城市发展背景、阶段等都与我国城市有很大不同，但西方的城市发展，对于中国现阶段以及今后的城市发展仍具有较高的借鉴价值，特别是舒展均衡型的发展模式更是值得我们思考。

2.3.3　节点集聚型

节点集聚型整体发展均衡，没有明显的区域核心，各个分散的核心对于行政意义上的核心城市没有依赖性。各个核心形成相对独立发展的组团，在小范围内达到职住平衡，避免了大量的通勤交通。各个组群之间人口密度趋同，人口分布均匀，不会造成中心城市人口压力。各组群之间即使行政等级有别，但发展机遇相同，工业布点不依赖与中心城区的距离，可就近布置，如图 2-21 所示。

这种类型常见于经济发展具有较好而又具有大量人力资源的地区。因为在这种地区内，城乡发展的差距很小，小城镇的发展并不依靠中心城的辐射，易于形成规模相当的多个组团。在都市区产业空间规划时，不同的组团发展相关的特色产业集群，

---

① 数据来源：麦克·占克斯，尼克拉·丹普西.可持续城市的未来形式与设计［M］.韩林飞，王一译.北京：机械工业出版社，2009：52。

② 数据来自百度百科。

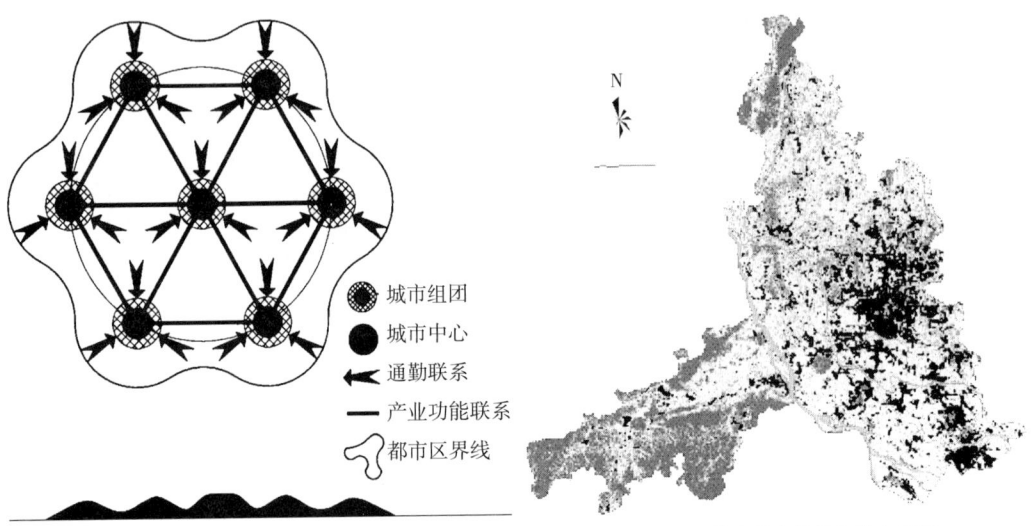

图 2-21 节点集聚型示意
来源：王琦.当代大城市都市区簇群式空间发展特征
及其优化措施［D］.武汉：华中科技大学，2011

图 2-22 佛山城市化地区分布示意
来源：佛山市城市总体规划（2005—2020）

这样既能加强整个区域的产业链配套，又可以避免产业趋同而带来的组团之间的恶性竞争。

节点集聚型整体空间紧凑度不足，缺乏发展强大的中心城市的辐射作用。如果缺少协调机制，各个组群中的产业就会趋于同构，而缺少区域整合劳动力协同分工。由于各个群体无序同步发展导致对空间的争夺，使各单元都是在一种非充分的条件下成长，造成了许多无谓的内耗，尤其是各个组群多为小城镇，地域范围普遍狭小，导致发展腹地十分有限，并进而给城镇空间扩展、设施建设、土地资源保护等带来了巨大的障碍或浪费。

2.3.3.1 佛山

佛山地处珠江三角洲地区，毗邻港澳地区，开放较早，经济发达。由于经济发展以私营经济、集体经济为主，受香港加工工业转移的巨大影响，城镇经济发展迅速，尤其是由于城镇乡村的工业产值迅速增加，经济差距与中心城市明显减少，甚至出现倒置的局面。乡镇、私营企业带动中心城市外围地区高速发展成为珠江三角洲地区的特色。这种地域经济均衡化反映在空间上，形成了一个不同于传统的"核心—边缘"模式的城市化地区（图2-22）。

原本不属于佛山市域的县级市或县，例如顺德、南海、三水、高明，由于私营、集体经济的高速发展，造成了城镇实体空间的不断扩大延绵，这种延绵并非是中心城市扩散的结果，也与西方国家的大城市带不同，它的形成并非因为区域一体化发展，而是由于各个城镇自身发展的结果。各等级城镇的发展机遇相同，直接带来了工业布点以自身行政地域单元为主的分散性现象，各个乡镇产业趋于同构，没有劳动力的协同分工。

在这种背景下，佛山于2002年11月将顺德、南海、三水、高明改区，从而扩大中心城区的空间管辖范围，试图寻求、实现区域一体化，减少上文所述的各种问题。大佛山区

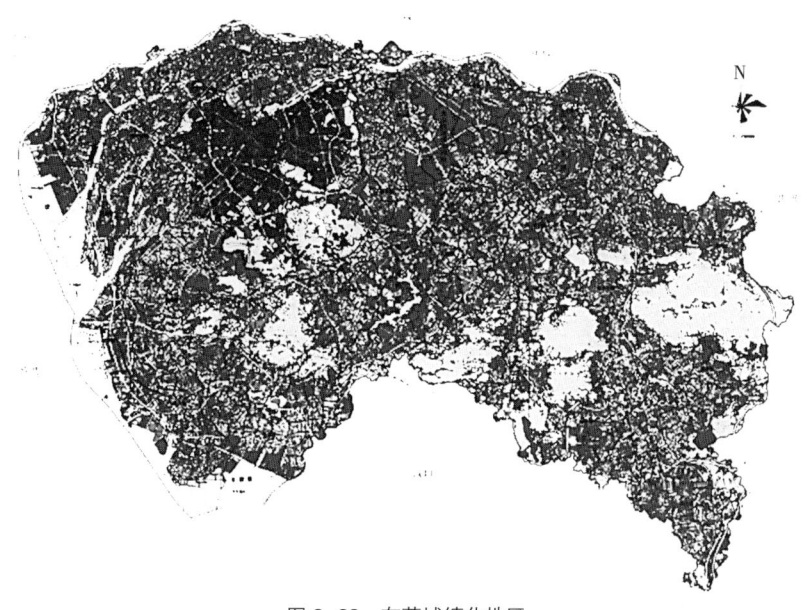

图 2-23　东莞城镇化地区
来源：东莞土地利用总体规划（2006—2020 年）

划调整之后，特别重视交通路网方面的改造和提升，尤其是全面理顺了大佛山的路网骨架，强调重点建设覆盖全市的"五纵"、"九横"快速路网系统和连接各分散的城市化地区的轨道交通网络。整个地区实现了较高的城镇化。

2.3.3.2　东莞

东莞市域现状分为市属城区、东城、万江、篁村 4 个区和 28 个镇，总面积 2465km^2。现状的城市化水平达到了约 70%。如图 2-23 所示，东莞地区达到了很高的城市化水平，下属的镇区经济发展迅速，各自形成了特色的产业优势和一定规模。例如，虎门镇是市域西部发展中心，珠江两岸交通枢纽，综合性工业及商贸旅游城镇。常平镇是市域东部发展中心，广东省重要铁路枢纽，工业、外贸仓储基地。市域内的主要人口聚集在各个村镇，没有出现向中心城区聚集的趋势（表 2-6）。每个城镇中心的通勤流分布在自身的周边，在人口集聚规模方面不具有明显的层级结构。

东莞市域城镇人口规模等级结构　　　　　　　　　　　　　　　表 2-6

等级	城镇人口规模（万人）	城镇数量（个）	城镇名称	城镇人口总值（万人）
I	>40	1	市区（含城区、东区、篁村、万江）	80
II	20～40	5	虎门、常平、长安、厚街、塘厦	130
III	7～20	9	石龙、清溪、樟木头、凤岗、寮步、麻涌、茶山、大朗、中堂	110
IV	<7	14	横沥、石碣、望牛墩、东坑、企石、石排、大岭山、桥头、黄江、谢岗、洪梅、沙田	70
合计		29		320

来源：东莞土地利用总体规划（2006—2020 年）

2.3.4 非均衡型

非均衡型有着强大的圈层式的中心城，人口密度高，形态紧凑，中心城高密度开发，土地价值得到充分的利用，使得城市发展有较好的可持续性。外围组团的发展通常以产业为导向，以高速路与轨道结合的复合式交通轴线为依托向一定的方向发展，既避免了城市的无序"摊大饼"，又能保持强劲的发展动力，组团的高密度，在未来更可以进一步带动居住和服务业空间向外围转移，通常兼容公共交通和私人小汽车的发展，如图2-24所示。

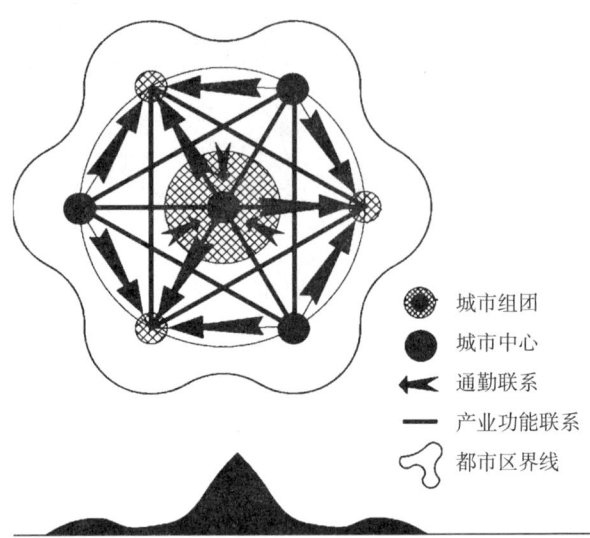

城市组团
城市中心
通勤联系
产业功能联系
都市区界线

图2-24 非均衡型示意
来源：王琦.当代大城市都市区簇群式空间发展特征
及其优化措施［D］.武汉：华中科技大学，2011

这种类型由于大量的人口居住在中心城区的圈层内，大量的通勤集中在中心城区外围圈层与中心CBD之间，以及外围组团与中心城区之间，导致土地空间与交通基础设施方面的结构性低效。为了外围产业组团的发展，这些城市常常用重金建设现代化的交通体系、基础设施和公共绿地，但是由于中心城依然具有强大引力，人口迁往外围的较少，造成利用率低下。同时由于中心城的圈层发展，向心的交通压力巨大，随着经济发展，私人小汽车数量增多，将导致严重的交通堵塞。

非均衡型是我国一些主要大城市空间的现状以及在未来一段时间内的发展趋势。

2.3.4.1 广州、上海

广州作为华南的政治、经济中心，它的城市发展历久不衰。1980年以后，广州城市空间进入了前所未有的快速扩张发展时期。广州城市建成区面积从1980年的136km² 开始持续增长，到1999年已达到285km²。2000年番禺、花都撤市设区后，广州城市建成区面积更扩大达到431km²。广州市城市空间发展目前已经表现为了整个市域范围内的空间扩散。其空间扩散主要表现为两种形式：一种是城市边缘地带的蔓延式发展扩散，如天河、芳村、海珠、白云区南部的新建成区；另一种是沿轴线进行的跳跃式发展扩散生长，如黄埔区和广州经济技术开发区的建设等。广州旧城区改造步伐同时也大大加快，从局部小打小闹的修补式改造转向以房地产开发为主导的全面改造。

《广州市总体发展战略规划》提出："广州市未来城市空间结构是以山、城、田、海的自然格局为基础，沿珠江水系发展的多中心、组团式网络型的城市结构。"广州市城市总体发展战略规划明确了"东进、南拓、西联、北优"的空间发展方针，确立了广州南部、东部为中心城区发展的主要方向。以山、城、田、海的自然特征为基础，构筑"一环两楔"、"三纵四横"的生态主廊道，建设多层次、多功能、立体化、复合型网络式的生态结构体系，形成"山水中的城市，城市中的山水"的山水城一体化城乡生态格局，如图2-25所示。

将全市划分为五个片区，即都会区、南沙片区、花都片区、增城片区和从化片区。南沙片区依托广州港南沙港区建设临港工业区，主要发展高科技工业和资金密集型对外加工业，适当发展重工业，协调发展商业、旅游业和转口贸易业，建设成为以港口产业、外向型加工业和三高农业为主的片区；花都片区依托新白云国际机场发展成为广州北部地区的物流中心，与航空交通联系紧密的高新技术产业和服务基地；增城片区广汕公路以南的城镇以发展外向型工业为主，以北的城镇以发展三高农业和生态旅游为主；从化片区利用其良好的农业发展条件和环境、旅游资源优势，发展旅游业和三高农业。

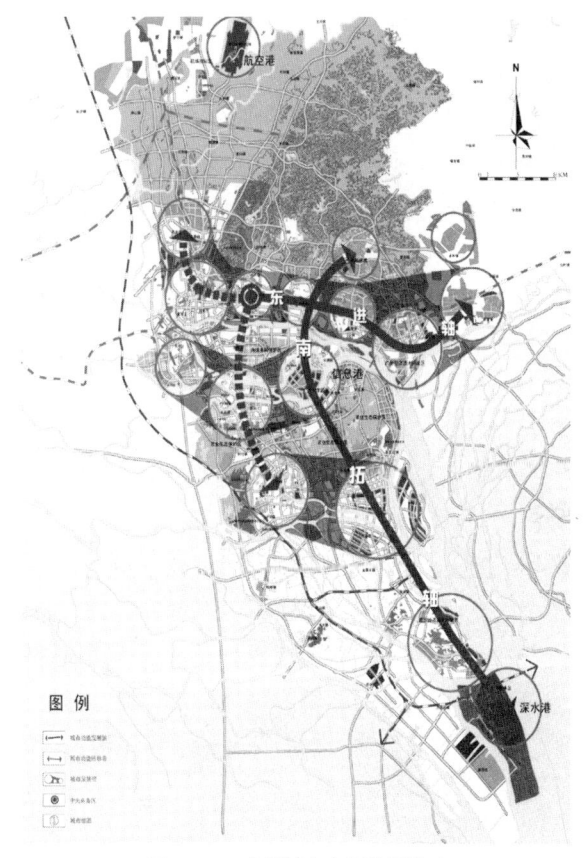

图 2-25 广州城市空间发展战略
来源：广州城市建设总体战略概念规划纲要，2001

都会区由旧城大组团、南翼大组团、东翼大组团、北翼组团构成，旧城大组团建设成广州城市传统的商业贸易中心，环境优美的历史文化名城；东翼大组团以广州经济技术开发区为依托，以高新技术产业为导向，建设成为广州制造业的基地；南翼大组团发展基于信息网络技术和知识经济的新兴产业，建设综合性新城区；北翼组团集中发展航空运输业、现代化物流业、仓储业、无污染轻型工业、都市型农业，增强交通枢纽、生态屏障功能。都会区的主要发展方向为南部、东部，空间布局的基本取向为：南拓北优、东进西联。南拓：南部地区具有广阔的发展空间，未来大量基于知识经济和信息社会发展的新兴产业、会议展览中心、生物岛、大学园区、广州新城等将布置在都会区南部地区，使之成为完善城市功能结构，强化区域中心城市地位的重要区域。北优：北部是广州主要的水源涵养地，应优化地区功能布局与空间结构，由于新白云国际机场在花都，在保证贯彻"机场控制区"规划的前提下，可以适当发展临港的"机场带动区"，建设客流中心、物流中心。东进：以广州21世纪中央商务区的建设拉动城市发展重心向东拓展，将旧城区的传统产业向黄埔—新塘一线集中迁移，重整东翼产业组团，利用港口条件，在东翼大组团形成密集的产业发展带。西联：西部直接毗邻广州市直接吸引区——佛山、南海等城市，应加强广州同这些城市的联系与协调发展，加强广佛都市圈的建设，同时对西部旧城区进行内部结构的优化调整，保护名城，促进人口和产业的疏解。

以广州为代表的珠三角地区城市空间的发展得益于市场经济体制的建立，中央优惠政策的扶持和区位优势的发挥。市场经济体制的建立，激活了珠三角城市民间的发展动力，而政府的"自由放任"的管理方式也进一步帮助了民间发展力量的壮大。同时在区位优势的帮助下，各种民间的发展力量成为城市经济发展的主要来源，也是城市空间发展的主导力量。这种"弱势政府＋强势民间"的发展模式是适时而生的。但由于政府宏观调控乏力，导致产业结构趋同，合作机制缺失，劳动和资本密集型产业比重过大，社会普遍崇尚投机等一系列问题。

改革开放以来，广州成为了外商投资的高地。1985年，广东吸引外商直接投资（FDI）从1985年的5.15亿美元，增长到2004年的100.12亿美元，20年间增长了近20倍。这些外商直接投资绝大部分投到了珠三角地区的城市。

外商直接投资的外源型经济对珠三角城市经济发展的主导作用更强。2004年，外资经济所产生的工业总产值占整个珠三角工业总产值的比重为69%，工业增加值所占比重为62%，就业人员所占比重为68%。由此可见，外资经济在珠三角城市经济中占据主导地位，整个珠三角城市经济就是外资驱动型的经济发展。

1999年版的上海城市总体规划，其中心城结构为"多心开敞式"布局结构，在市域范围内形成以中心城为主体的"多轴、多层、多核"空间布局结构（图2-26）。其中"多轴"指沪宁发展轴、沪杭发展轴、滨江沿海发展轴，"多层"指中心城、新城、中心镇、一般镇所构成的市域城镇体系及中心村5个层次，"多核"主要是中心城和11个新城。由此可见，上海早在2000年之前就已经引导城市空间向市域范围内拓展，而2000年之后上海城市空间扩散迅速，如上文图1-1所示，城市用地在市域范围内呈现广域扩散的特征。

"十二五"期间，上海以加快转型发展为主线，充分发挥世博会后续效应，着力推动服务经济发展和高新技术产业化，率先转变经济发展方式；着力优化城市空间布局，推进新型城镇化和城乡一体化。换言之，以产业结构的服务化、高新技术产业化、郊区新型城镇化实现产业化和城镇化的互动，推动城市发展再上台阶。

后世博上海城市空间布局优化策略：主城区南北拓展，新城群双切线齐飞，南湾北岛战略保护（图2-27）。

图2-26　上海1999年土地使用规划
来源：上海总体规划（1999—2020）

主城区南北拓展，保持强大的多中心主城区战略，推动主城区向国际国内高端商务服务、优质城市生活和引领文化创新的国际知名城区的全面转型。外环线内中心城，依托世博园、黄浦江两岸等滨水城区的二次开发，形成多中心的商务商业区的格局，发展成为国际经济、金融、贸易中心的核心载体。外环线外城市化连绵区进行拓展和整合，包括闵行和宝山，重点进行生态空间优化，服务产业转型和生活配套设施提升，形成未来南北拓展的主城范围。

新城群双切线齐飞，以临海切线和高铁切线为依托，重点推进东西两翼具有副城性质的两大新城群（战略地区）的发展。

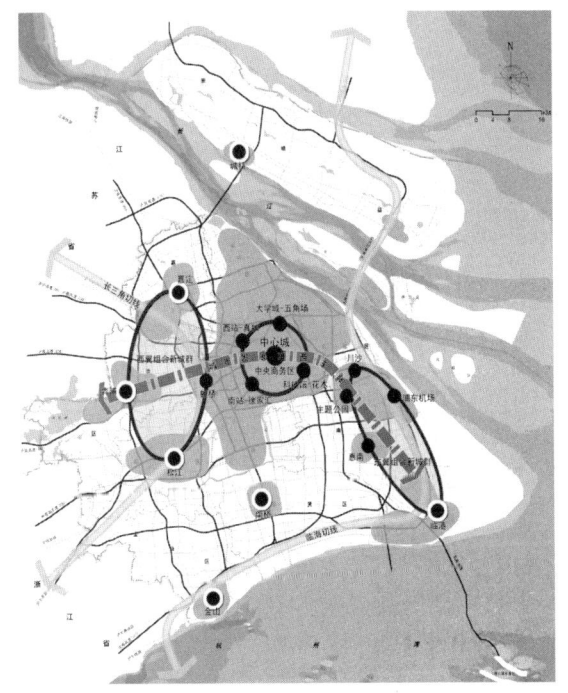

图 2-27 上海土地利用空间发展战略结构
来源：上海市土地利用总体规划（2006—2020）

东翼的外浦东地区：利用南汇整体划入的契机，依托浦东空港、临海深水港和迪斯尼、大飞机项目，打造临海切线，建设外浦东的副城区，成为长三角的国际门户和全球先进的临海装备制造业基地。西翼的嘉青松地区：依托虹桥亚洲最大铁空枢纽和沪宁、沪杭高速铁路，面向江浙两省高度市场经济的活力地区，建设嘉青松（虹）副城区，成为带动长三角自主创新发展的新的空间引擎区。

要重点引导两大战略地区依托东部临海切线和西部高铁切线，形成开敞的组合新城格局，扩大新城的规模和服务水平，形成对主城的东西反磁力中心，改变城市单中心发展态势。新的双切线格局将提供上海城市规模持续发展新空间，有力提升上海面向世界、服务全国两个功能扇面的服务能力和水平。

南湾北岛的战略保护，对具有生态战略意义的主城区南侧的杭州湾地区（奉贤、金山）和北侧的长江口地区（崇明），整体上进行战略空间储备，不安排大的战略推进项目。其开发将立足于点状开发、面上保护的后发战略。

市域划分为中心城及拓展地区（一核）、大浦东地区（东翼）、嘉青松虹地区（西翼）、杭州湾北岸（南翼）和长江口三岛（北翼）五大功能板块。

上海未来形成的这样一种空间发展态势，主要是应对国家对上海新的战略目标要求。根据国务院批复的《上海城市总体规划（1999～2020年）》和最新发布《进一步推进长江三角洲地区经济社会发展》、《推进上海加快发展现代服务业和先进制造业》两个意见，上海新的战略目标包括四个层次的内容：国际金融、贸易中心和高端现代服务经济为主的经济中心城市，全球重要的先进制造业基地和高新技术创新基地，国际航运中心和亚太地区国际门户，具有国际影响力、竞争力的世界城市和长三角核心城市。

上海城市发展之所以获得巨大成功，在于上层政府的大力支持，在于强势政府引导城市空间重组，形成了不同于珠三角城市的发展动力模式。

由上文的广州、上海城市空间分析可以看出，这类城市虽然有强大的中心，但外围组团的发展已经具有了相当的规模，整个空间系统较为完善。

2.3.4.2 武汉、南京

自古武汉三镇是各自独立形成和发展的，到了20世纪初期才形成整体的武汉市的概念，可以说武汉自身就是由三个大型城市组团组合而成的。经过近百年的发展，武汉市建成区已经扩展到3000多平方公里的都市发展区范围内，原有的三镇格局也发生了很大变化，新出现了武钢、沌口、金银湖、吴家山、徐东、关山、流芳、纸坊、盘龙城、阳逻等十余个大大小小的城市组团。

图 2-28 武汉市 2006 年城市用地空间形态
来源：武汉市总体规划（2006—2020）

从2006年的城市空间形态分布图现状图上（图2-28），可以看出武汉市在都市发展区的范围内，已经形成了比较明显的"簇群"形态特征。由于山体、水体的阻隔和基础设施等条件的限制，城市组团之间保留着一定的空间间隔，但组团间有非常紧密的联系，能够依托都市发展区的快速路进行便利的交通往来。依托各自的区位优势和资源条件，城市外围组团形成了多种功能类型和产业方向，功能类型有工业型、居住型、教育科研型和综合型等，产业方向有钢铁、汽车、光电子、食品、化工等等，各个城市组团都在发展过程中形成和明确了职能，就如同生态系统中的群落，在共同的生存条件中发挥着不同的作用，维持着整个系统的平衡。

南京 2007～2020 年总体规划中，都市区内形成"一带五轴"的城镇空间布局结构，如图2-29所示。"一带"为江北沿江组团式城镇发展带，主要由江北副城、桥林新城和预留的龙袍新城构成。"五轴"是江南以主城为

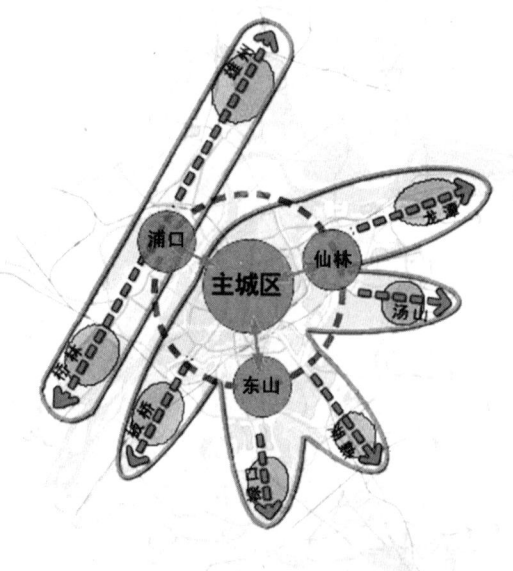

图 2-29 南京市都市区空间结构示意
来源：南京总体规划（2007—2020）

核心形成的五个放射形簇群组团式城镇发展轴：沿江东部城镇发展轴由仙林副城和龙潭新城构成，沪宁城镇发展轴由仙林副城和汤山新城构成，宁杭城镇发展轴由东山副城、预留湖熟新城和淳化新市镇构成，宁高城镇发展轴由东山副城、秣陵和柘塘新市镇以及禄口新城构成，宁芜城镇发展轴由板桥新城、滨江新城构成。

在现行总体规划确定的"以长江为主轴，以主城为核心，结构多元，间隔分布，多中心，开敞式"的现代化大都市的空间格局基础上，根据现状城镇布局变化，按照现代都市区规划目标，本次规划提出构建以主城为核心，以放射性交通走廊为发展轴，以生态空间为绿楔，"多心开敞、轴向组团"的现代都市区空间格局。

以武汉、南京为代表的这类城市经济发展水平赶不上沿海发达地区，在城市空间的发展过程中，政府发挥着主导作用。又因此类城市在全国大城市中的整体总体地位相对不高，政策支持力不够，外拓动力不足，因此形成了大中心、弱外围组团的发展态势。

2.3.5　大城市都市区簇群式空间发展趋势的出现

当代不同地区的大城市分别表现出各具特色的城市空间形态，形成了各自的结构特征，但城市空间结构演化存在共同的规律性，普遍经历了从集中到分散，再到后来在更广阔范围内局部集中的这样一种过程，在当代复杂大背景的发展下，一些城市空间结构出现了簇群式的发展趋势。

由上文的分析我们可以发现这样一类城市，以武汉、南京为代表的相当一部分大城市具有强大的中心，外围地区的空间成长依托交通走廊，在自然条件等因素的影响下形成"簇群状组群"的扩展形态，形成都市区簇群式空间。这与大城市节点集聚型城市空间特征不同，也与同类型的广州、上海的都市区空间形态不同，这种空间形式可能会形成一种新型的城市空间结构。

都市区呈簇群式空间的城市，由于经济发展的不充分，城市的极化效应仍占主导地位，主要用地功能仍然围绕城市中心布局；又由于经济已经进入了高速发展的工业化中后期，产业拓展的动力使得城市不得不大规模地向外围拓展，但动力又不足以支撑其独立发展。而依托交通走廊在中心城边缘外围形成产业簇群的做法，企业既可以购买到廉价的土地，政府也可以通过只建设交通干道达到节约基础设施投入的目的。同时，这类城市外围受到湖泊、山体的限制，用地布局有一定局限，形成了特有的一种空间类型。

中部地区城市化、工业化发展水平与沿海不同，是一种内聚型的城市区域化（半区域化），如不好好控制，势必会出现发达大城市已经出现的或更严重的城市问题。同时由于土地资源、生态环境和机动化水平的制约，中国城市的"紧凑度"明显较西方城市高。但巨大的城市规模扩张需求与资源、环境保护之间的矛盾也逐步加剧，原有不可持续空间发展模式的弊端逐渐显现。大城市都市区簇群式空间的发展趋势已经显现，这种空间类型外围的组团已经初具规模，同时有良好的自然环境条件，因而具有中国特色的大城市簇群式空间的合理发展在一定程度上是实现可持续要求的保障。

3

大城市都市区簇群式空间结构的思想渊源

要清晰地认识一个事物，首先要从它的源头开始分析。

一种新的空间形式的产生，都与社会发展的大背景息息相关，不同社会背景下产生的思想及理论，深刻影响了当时的城市空间发展变化。随着时间的延续，社会背景的变化，影响城市空间发展的思想也在不断地完善与修正。长时间积淀下来的思想，影响了当今大城市的空间发展。因此只有深刻理解了思想的发展脉络，才能更加透彻地理解新背景下产生的新事物。

大城市都市区簇群式空间是当前特定发展背景下的产物，但追根溯源，它的思想来源于众多经典规划及其他领域的思想。

工业革命的爆发，打破了原有农业文明下城镇发展的平衡状态，城市失去了原有的平衡与和谐，进入到了加速发展阶段。但与此同时，大城市空间过度集中导致"集聚而不经济"的情况时有发生，城市规模急剧膨胀，城市周边式蔓延无法控制，产生了一系列"城市病"，而人们面对这些问题时却无以应对。为此，学术界针对大城市问题展开大量研究，也由此产生了大量的规划理念指导大城市空间结构的发展，为后世的城市规划结构模式研究奠定了扎实的思想基础。

3.1 思想的演变过程

要探究大城市都市区簇群式空间结构的思想渊源，首先要建立起一个整体框架，也就是结合社会经济发展状况和城市空间演变特征，对一个多世纪的城市规划思想进行总体性的归纳与描述。

根据赖丁（Yvonne Rydin）（表3-1）、霍尔（Peter Hall）、泰勒（Nigel Taylor）、吴志强等人的研究，本书将这一过程划分为以下5个阶段[①]。

赖丁关于20世纪城市规划发展的基本框架的划分　　　　　　　　表3-1

	19世纪末 20世纪初	20世纪20、 30～40年代	20世纪50～ 60年代	20世纪 70年代	20世纪 80年代	20世纪 90年代
经济和 社会变化	工业化 城市化 战争	经济衰退和重构 战争和重建	战后兴旺 混合经济 意见一致的 政治学	经济增长的 转折点 城乡转变 内城衰退	经济衰退 （和恢复） 新技术 混合经济 统一体的崩溃	政治、经济和 环境变化的全 球化
显著的 政治问题	公共健康 社会动乱	区域性失业 郊区发展	提高生活标准 快速的发展	种族主义和 城市骚动 经济发展的过剩	失业 公共部门的 成绩记录	欧洲一体化 环境危机
主要的 规划行动	住房 公共卫生	区域规划	新城再开发	内城政策 修复和保护 污染控制	城市更新 农村政策	更新 可持续发展 旗舰项目

---

① 转引自：孙施文. 现代城市规划理论 [M]. 北京：中国建筑工业出版社，2007：47。

续表

	19 世纪末20 世纪初	20 世纪 20、30 ~ 40 年代	20 世纪 50 ~ 60 年代	20 世纪70 年代	20 世纪80 年代	20 世纪90 年代
规划职业	建筑师工程师	独立特征的增长	社团的规划师	全能危机	紧缩私有化	再评价
理论框架	环境决定论	自然生成的规划理论	过程规划理论	批评：组织理论福利经济学激进的政治经济城市政治学 /社会学	政治意识形态：新右派新左派	协作规划批判性的：环境经济学激进的政治生态环境公正
规划的概念化	城市设计	土地使用的公共部门导向	总称的决策	政策实施国家干预设区赋权	经济发展设区赋权	场所创造国家干预设区赋权

来源：孙施文.现代城市规划理论 [M].北京：中国建筑工业出版社，2007：47

3.1.1　19 世纪末至 20 世纪初

这一时期的关键词为：思想探索、社会改良。

19 世纪末，西方进入了资本主义经济的高速发展阶段。工业化大生产带来或引发的新型生产要素、社会结构、生活形态和社会需求等，都是人类历史上从未经历过的。城市摆脱了几千年来作为政治、军事堡垒的角色，真正成为经济生产与人类生活的中心与重心。

资本主义制度取代封建制度，是一场关于生产力与生产关系领域的全面的、深刻的变革。这种变革所导致的，一方面是西方世界经济生产方式、社会组织方式、社会行为方式等发生了跨越式、爆炸式的变化；另一方面，滞后的城市空间结构出现被动性调整的尴尬局面。城市建设中昂贵的地价、恶劣的居住条件、混乱的城市结构、阶级空间的日益对立、阻塞的交通、严重不足的公共卫生设施、持续恶化的环境和不断退化的城市景观，都使得资本主义大发展初期的城市患上了可怕的城市病。由于生产方式从传统的工商业向机器大生产转型，带来了人口的爆炸式增长，工厂群与贫民窟的迅速形成，使中世纪遗留下来的城市框架被胀破，一系列城市问题随即产生，社会矛盾极度尖锐化。

这一时期，西方思想领域空前扩展，科学的进步成为了社会发展的持续推动力，机器大生产的形态深刻改变了社会结构。这一时期社会、科学的主体思想为今后的实用主义、理性主义埋下了种子。

19 世纪末，英国工业城市中工人阶级所承受的严酷居住条件，引发了激进的社会变革，并与社会主义理论的诞生相契合。田园城市模式和社会主义运动的特点体现在试图为现代社会寻找新型城市模式的乌托邦理想主义中。霍华德所创立的关于集体所有土地的"田园城市"理论，是 19 世纪末乌托邦主义最完整和核心的体现[①]。霍华德的田园城市希望通过新城建设来解决过去城市尤其是大城市中所出现的种种问题，这是在 19 世纪末 20 世纪初

---

① 尼格尔·泰勒.1945 年后西方城市规划理论的流变 [M].李白玉，陈贞译.北京：中国建筑工业出版社，2006。

占据主流的思想。

这一时期，主要集中在思想性方面的探索，社会改良占据了主流位置。同时，主要针对工业化、城市化进程中所出现的问题进行探索，出现了对城市空间集中与分散的争论与探讨。对城市集中还是分散的讨论多从社会改良出发，强调思想的原创性，探索性。然而这种带有强烈政治倾向的改良意见脱离了社会的实际，缺少技术和具体方法上的有力支撑。

3.1.2　20 世纪初至第二次世界大战前

这一时期的关键词为：工具理性，秩序。

20 世纪初至第二次世界大战前，由于经济的快速发展和资产阶级在政权上的进一步巩固，西方国家进入了普遍繁荣时代，相对和平。环境、社会、技术发展日新月异以及民主制度在资本主义国家的普及，大大促进了文化与艺术的进步。艺术的进步直接推动了现代建筑的进步。与上一时期相比，这一时期现代建筑运动占主导，社会改良思想逐步淡出，建设和建筑的技术性内容不断强化。同时，这一时期是西方国家高速集聚城市化的主要阶段，庞大的人口集聚在城市，导致居住、工作、交通等都需要以全新的形式、快速的建设来满足膨胀空间的需求。

20 世纪初，西方世界经历了一系列艺术改革，从思想上等各方面对人类自古典文明以来不断发展完善的传统艺术进行了全面的、革命的、彻底的改革。艺术上的个人主义已经发展到高潮，加上新的刺激视觉与精神因素的大量涌现，新技术对生产与生活方式的冲击，都市膨胀及其所导致的生活复杂化，各种政治思想与意识形态的争论等，都使得现代艺术运动得到了很大的推进[1]。

总体上，现代主义的建筑设计有以下思想特征：

（1）功能主义。强调功能是全部设计的中心和目的。

（2）在形式上提倡简单的几何造型与非装饰原则。

（3）奉行标准化、模块化的设计原则。

在《走向新建筑》一书中，勒·柯布西耶指出："建筑的新世界代表了人类的'进化'，文明的'进步'。他们经历了农民、士兵和神父各个时代，到达了可恰如其分地称之为文化的阶段，即致力于选择的繁华阶段。选择意味着摒弃、删除、净化，让纯净而不加修饰的本质浮现出来。进化就是朝着建立一种显然是'合理的'建筑和城市标准前进。进化就是一种从初级的满足（纯粹的装饰）到更高级满足（数学模式）的运动"[2]。

现代主义者想彻底地摆脱历史的羁绊，表现在欧洲和美国文化中，新的艺术表现形式以惊人的速度迸发出来。甚至在哲学上，在现代哲学家中出现了一个拒绝过去，以新的命题重新构建这门学科的倾向性。这种重构事物的现代主义倾向形成了建筑和规划领域内现代运动的核心[3]。这种与传统的决裂表现在两个方面：一方面，产生了一种秩序井然的城

① 张京祥.西方城市规划思想史纲［M］.南京：东南大学出版社，2005：109。
② 孙施文.现代城市规划理论［M］.北京：中国建筑工业出版社，2007：92。
③ 尼格尔·泰勒.1945 年后西方城市规划理论的流变［M］.李白玉，陈贞译.北京：中国建筑工业出版社，2006：72。

市形式的愿望；另一方面，新建或重建整个城市或城市大部分的欲望和冲动。

霍华德希望通过新建城市来解决大城市所出现的种种问题，这在19世纪下半叶和20世纪最初的20年中占据主流的思想；勒·柯布西耶则希望通过对大城市本身的内部改造，使这些城市能够适应城市社会发展的需要。这是两种截然相反的思路。霍华德是希望以社会改革的方向来推进田园城市的建设，把社会改造看成是理论的核心；而勒·柯布西耶则主要从建筑物等物质要素的重新布局来构想城市的未来发展 ①。

在这一时期以及相当长的时间内，人们都坚信技术能够解决城市的一切问题。这一价值观对城市空间的影响一直延续至今。

理性主义思想的影响在20世纪二三十年代达到高潮，勒·柯布西耶是其中的代表。他认为，城市中出现的种种问题只要进行客观的分析，运用理性主义的方法，通过新的规划形式和建筑形式就能予以解决。国际现代建筑协会（CIAM）于1933年通过的《雅典宪章》就是从理性主义的思想出发，依循其方法对现代城市规划原则进行阐述的重要文件。它将城市活动分解为居住、工作、游憩和交通四部分，通过对各项活动的现状进行分析，逐项提出了改进的建议，在此基础上提出了现代城市的组织原则，由此而形成了功能分区思想以及各功能分区间的有机联系。

空间组织上，自霍华德提出了"田园城市"模式后，1933年国际现代建筑协会起草的《雅典宪章》，提出了以机器为原型的"功能主义"的空间组织方式，使得现代城市规划在空间处理的逻辑上几乎达到了近乎完美的程度。《雅典宪章》充分认识到城市功能的价值，而弱化了城市的美学价值。尽管在后来的城市规划实践中宪章的一些规划思路暴露出许多问题，但它对现代城市规划实践的影响却是深远的。同年，德国地理学家克里斯泰勒提出"中心地"理论，指出在"均质平原"、"经济人"的假定下，聚落呈三角形分布，市场呈六边形分布。这样就把考察城市空间的视角从居住、工作、交通、游憩的功能维度扩展到经济的维度。从伯吉斯的同心圆学说，到霍伊特的扇形学说，直至哈里斯和乌尔曼的多核学说，社会学家创立了社会生态学派，从社会学视角来研究城市空间的分异。从而，城市空间就不仅是居住、工作、交通、游憩等功能性的，而且是具有经济和社会属性的。从这一时期开始，城市规划的价值取向开始从美学价值，向功能的价值、社会价值以及经济价值扩展；城市规划的范围开始从土地综合利用维度，发展到空间、社会、经济，乃至管理的维度 ②。

3.1.3 第二次世界大战后至20世纪60年代

这一时期的关键词为：功能理性、系统，重建秩序。

第二次世界大战后，城市进入到恢复、重建和快速发展时期，在这一时期，以提高生活标准，促进快速发展为主要目的，以国家整体性干预社会经济发展为动力。在经历了两次战争带来的物质匮乏和两次战争期间的经济衰退之后，人们对自己不依存于过去而创造

① 孙施文.现代城市规划理论［M］.北京：中国建筑工业出版社，2007。
② 李强，张鲸，杨开忠.理性的综合城市规划模式在西方的百年历程［J］.城市规划汇刊，2003（6）：76-80。

一个美好的未来的能力充满了高涨的热情和信心[1]。

资产阶级为了发展资本主义，打出了唯物主义哲学的旗号，这不仅使他们逐步占据了政治上的统治地位，而且大大推进了近现代自然科学与社会科学的成长。在第二次世界大战后相对和平的社会环境中，科学得到了飞速的发展。唯物主义反对盲目，提倡经验，反对迷信，提倡理性[2]。但由于世界观的差别，唯物主义又分裂成为经验论和唯理论两大对立的派别。培根是经验主义的鼻祖，他主张一切科学知识均来自观察和经验，主张将归纳法作为科学认识的工具。第二次世界大战后，随着科学的发展，以爱因斯坦等为代表的唯理论学者将自然科学大大向前推进了一步，对自然规律的认知已经远远超越了人们可以直接感知的"经验观察"范畴，于是人们相信一切自然规律都是可以认识、掌握、预测并能控制的。

20世纪，科学主义思潮是其主流和核心，它与自然科学本身的历史发展是紧密相连的。在方法论上，科学主义思潮继承了欧洲古典时期以来的理性主义传统，推崇理性和可行，以科学认识的理论、方法、逻辑和科学发展的规律等作为自己的主要研究对象，主张以精密的自然科学"模型"来改造世界。

1948年左右诞生的"老三论"在20世纪60年代得到了重大发展，并广泛影响着人类自然、社会科学发展的几乎一切领域。

3.1.3.1 系统论

系统论的主要创立者是美籍奥地利生物学家贝塔朗菲（L.V.Bertalanfy）。系统论认为处在一定相互联系中，与环境发生关系的各个组成部分的整体即是系统。系统论认为现实是一个有组织的由实体构成的递阶秩序，不能把分割的部分的行为拼为整体，必须考虑各个子系统和整个系统之间的关系才能了解各部分的行为和整体。一般系统论的一个重要成果是把生物和生命现象的有序性和目的性同系统的结构稳定性联系起来：有序，才使系统结构稳定；有目的，因为系统要走向最稳定的系统结构。

3.1.3.2 控制论

控制论的主要创立者是美国学者、数学家维纳（N.Wiener）。控制论是关于生物系统和机器系统中控制和通信的科学。认为通过反馈实现有目的活动就是控制，而系统的输出转变为系统的输入就是反馈。控制论的思想对自然科学和社会科学都有较大影响。控制论提炼出了包括生物和人工系统极为广泛的一大类系统的共性和规律，提炼出的基本概念有：目的、行为、通信、信息、输入、输出、反馈、控制，以及在这些概念基础上的控制论系统模型。

3.1.3.3 信息论

信息论的主要创立者是美国数学家、工程师香农（C.E.Shannon）。信息论是研究各种系统中，信息的计量、传递、贮存和使用的规律的科学。信息论认为信息不是物质也不是能量，既不能脱离物质也不能脱离能量。是否传递了信息，用系统是否消除了事物的不确

---

[1] 尼格尔·泰勒.1945年后西方城市规划理论的流变［M］.李白玉，陈贞译.北京：中国建筑工业出版社，2006：23。

[2] 张京祥.西方城市规划思想史纲［M］.南京：东南大学出版社，2005。

定性来量度；是否贮存了信息，用系统的有序度来量度。

系统论、控制论和信息论不仅对现代科学的发展起到了巨大的推动作用，同时也对人类社会的发展产生了极大的影响。理性主义通过系统论、控制论和信息论，建立了一系列的系统分析方法，达到了理性主义的高峰，也标志着功能理性思想的巅峰。

20 世纪 60 年代，人们普遍相信社会进步有赖于推理和科学，与之相伴的是人们愿意相信，如果摒弃传统，从基于"纯粹"推理的"首要原则"出发重新构建事物，那么这个世界会变得更加美好。这个反传统的倾向根源于 18 世纪的欧洲启蒙运动，并以美国革命和法国革命赋予其政治上的表现。这些革命致力于在公理原则的基础上建立一个新的社会秩序和政治秩序 [①]。从上个时期的与传统的决裂，一直延续到战后，人们仍然希望产生一种秩序井然的城市形式。在战后 15 年内，伦敦周围建造了许多新城镇，形成了一个完整的城镇环；在许多城市的老城区，巨型的综合再开发项目已经改变了旧城的结构。

对于城市是集中还是分散的问题，"适度分散"在第二次世界大战后基本得到了共识。集中与分散的作用力是伴随城市发展始终的一对作用力，在不同的城市发展阶段，这一对作用力对城市发展所起的作用此消彼长，影响着城市空间的发展。随着城市化的快速发展，大城市规模迅速增大，城市职能和各要素在扩散力的作用下逐渐向外转移。由于大城市中心区环境日益恶化，交通拥挤，高收入阶层从中心区外迁，工业以及部分商业、服务业也随之外迁，郊区化出现。

3.1.4 20 世纪 70~80 年代

这一时期的关键词为：非理性、人与自然环境、新三论。

20 世纪 60 年代以后，资本主义社会发生了深刻的变化。从根本上讲，这种深刻的变化与经济发展的阶段、产业结构的转型、社会结构的变动、人们需求的转变和国际形势的变化等等都密切相关，集中体现为社会生活的各个领域变化节奏加快，冲突加剧，不确定性增强，西方资本主义社会矛盾异常复杂 [②]。战后二十多年的发展并没有从根本上建立起人们所期望的稳定的和平社会与秩序，社会依然不时地处于动荡的边缘，冷战沉重，社会分化加剧，道德沦丧，文化与种族冲突不断，资源枯竭威胁着人类社会的发展。这种局面造成人们的悲观心理，同时也引发了思想家对人、社会的深切关注与思考。

3.1.4.1 人本主义向技术理性发起了挑战

一是两次世界大战使人们对在理性和科学基础上建立起来的文明产生了怀疑；二是现代科学特别是量子力学、相对论的发展，使科学的相对性、理性的有限性暴露出来 [③]。这一时期，是批判与反思的时期。经过第二次世界大战后的城市大规模建设，现代建筑运动主导下的城市发展暴露出了缺陷。能源危机以及由此导致的经济衰退，社会运动风起云涌，

[①] 尼格尔·泰勒.1945 年后西方城市规划理论的流变［M］.李白玉，陈贞译.北京：中国建筑工业出版社，2006：72。
[②] 张京祥.西方城市规划思想史纲［M］.南京：东南大学出版社，2005：177。
[③] 张京祥.西方城市规划思想史纲［M］.南京：东南大学出版社，2005：177。

内城衰退愈加明显,环境恶化引起关注 [①]。这一时期,西方的思想家大都关注现实生活世界,把人、科技和自然界等问题作为他们理论的核心。与上一时期相比,这一时期带有明显的、浓厚的非理性主义色彩。

由于理性主义思想强调对事物的分解而不是组合,强调非常清楚而明确地认识所有事物,因此,根据这一思想,规划师对于城市的认识往往停留在纯粹物质空间方面,因为物质的东西看得见,摸得着,易于认识,容易把握,规划师对城市的再组织也就能够更加符合理性主义思想的要求。理性主义所要求的清晰与明确,非此即彼,恰恰成为城市规划与城市现实相脱离的价值基础。在具体实践中,我们可以看到,印度的昌迪加尔、巴西的巴西利亚等城市的规划就是这类思想的典型。我们将这些城市与传统城市相比较,就会觉得 Team 10 对勒·柯布西耶理想城市的评说并不过分,他们认为,这些城市"是一种高尚的、文雅的、诗意的、有纪律的、机械环境的机械社会,或者说,是具有严格等级的技术社会的优美城市" [②] 。它们严格的功能分区,恰恰导致了城市活力的丧失。

功能分区不仅没有解决城市问题,而且增加了城市通勤,丧失了社区的多样性。20 世纪 60 年代后,学者们的反规划呼声也越来越高,雅各布斯(Jane Jacobs,1961)反对传统的理性的综合规划方法,主张建立一种自我批评的和渐进主义的规划方法;查尔斯王子(Prince Charles,1989)谴责现代城市规划毁掉了传统的城市社区,代之以没有灵魂的、机械的城市环境;后现代主义者文丘里指出:"我宁愿要世世代代相传的东西,也不要经过设计的。" [③]

3.1.4.2　在科学领域也发生了重大的革命

首先,相对论与量子力学的出现引发了一场科学革命。相对论与量子力学一起被认为是现代物理学的两大基本支柱。量子力学、相对论,都揭示了世界的"不确定性"。

相对论(Theory of Relativity)是关于时空和引力的理论,主要由爱因斯坦创立,依其研究对象的不同可分为狭义相对论和广义相对论。相对论极大地改变了人类对宇宙和自然的"常识性"观念,提出了"同时的相对性"、"四维时空"、"弯曲时空"等全新的概念。相对论直接和间接地催生了量子力学的诞生。

量子力学是描写微观物质的一个物理学理论。19 世纪末,经典力学和经典电动力学在描述微观系统时的不足越来越明显。量子力学是在 20 世纪初由马克思·普朗克、尼尔斯·玻尔、沃纳·海森堡、埃尔温·薛定谔、沃尔夫冈·泡利、路易·德布罗意、马克斯·玻恩、恩里科·费米、保罗·狄拉克等一大批物理学家共同创立的。通过量子力学的发展人们对物质的结构以及其相互作用的见解被革命化地改变。通过量子力学许多现象才得以真正地被解释,新的、无法直觉想象出来的现象被预言,但是这些现象可以通过量子力学被精确地计算出来,而且后来也获得了非常精确的实验证明 [④]。

20 世纪 70 年代,出现了"新三论"。同样,新三论的产生广泛影响了人类自然科学、

① 孙施文. 现代城市规划理论 [M]. 北京:中国建筑工业出版社,2007:48。
② 转引自:程里尧. Team 10 的城市设计思想 [J]. 世界建筑,1983(3):78-82。
③ 李强,张鲸,杨开忠. 理性的综合城市规划模式在西方的百年历程 [J]. 城市规划汇刊,2003(6):76-80。
④ 维基百科,http://zh.wikipedia.ovg/。

社会科学发展的几乎一切领域。

20 世纪 70 ～ 80 年代，随着耗散结构理论的建立，以演化系统为研究对象的非平衡、非线性热力学登上了科学的舞台。它揭示了系统演化多样性、系统组织的相似性和系统演化从混沌到有序再到混沌的全过程。

1）耗散结构理论（Dissipative Structure Theory）

1969 年，普利高津认为热力学第二定律以及统计力学所揭示的是孤立系统（与环境没有物质和能量的交换）在平衡和近平衡态条件下的规律。但在开放并远离平衡的情况下，系统通过与环境进行物质和能量的交换，一旦某个参量变化达到一定的阈值，系统就有可能从原来无序状态自发转变到在时间、空间和功能上的有序状态。普利高津把这种在远离平衡情况下所形成的新的有序结构称为"耗散结构"（Dissipative structure）。

2）协同学（Synergetics）

1969 年，哈肯发现激光是一种典型的远离平衡状态时由无序转化为有序的现象，但他也发现即使在平衡时也有类似的现象，如超导和铁磁现象。这就表明一个系统从无序到有序的关键不在于系统是否平衡，也不在于离平衡态有多远，而是通过系统内部各子系统之间的非线性相互作用，在一定条件下，能自发产生在时间、空间和功能上稳定的有序结构，这就是自组织（self-organization）。哈肯还指出，系统在临界点附近的行为由少数慢变量决定，系统的快变量由慢变量支配。

3）超循环理论（Hypercycle Theory）

1979 年，在吸收进化论和自组织理论基础上，艾根把生命起源解释为自组织现象，提出了一个自然界演化的自组织原理——超循环。

耗散结构理论和协同学从宏观、微观以及两者联系上回答了系统自己走向有序结构的基本问题，两者都被称为自组织理论[①]。

复杂性科学是在 20 世纪现代自然科学的一系列新成就的基础上形成的非线性科学和自组织理论，是对传统经典科学的一种具有革命性的思维方式的转换。如今，这种新思维正席卷着几乎所有的科学领域，成为继相对论、量子力学之后的又一次科学革命。20 世纪 30 年代的老三论以及 50 年代后的新三论，并会同 70 年代的混沌理论、分形理论、超循环论等以崭新的成就，对传统经典科学进行了革命性的颠覆。这些理论迅速涌入科学研究各个领域，促成了大量新兴横断学科的兴起[②]。

与此同时，非理性的人本主义，以及科学自身的发展影响到社会领域，改变了人们认识世界的思维方式，出现了后现代思潮。后现代打破西方均一化、普遍化的城市社会基础，强调文化和思想平等自由的发展，多元化、差异性是后现代的主旋律[③]。人本主义成为这一时期的核心。人们开始从社会、文化、环境、生态等多个视角对城市发展进行解析和研究。

政治经济学思想开始成为这一时期的社会思潮主流，特别是对城市空间现象背后的制

---

① 新浪博客 . http://blog.sina.com.cn/s/blog_4b1057860100mmsy.html

② 赵珂 . 城乡空间规划的生态耦合理论与方法研究［D］. 重庆：重庆大学，2007。

③ 张京祥 . 西方城市规划思想史纲［M］. 南京：东南大学出版社，2005：187。

度性思考[1]。斯科特和罗伊斯（Scott & Rowis，1977）等人认为，西方城市规划理论与实践之间存在着本质上的不协调：理论充满了秩序和合理性，而实践中却处处是杂乱无章和不合逻辑，要解决所有这些问题就必须深入到制度层面去认识。

3.1.5　20 世纪 90 年代之后

这一时期的关键词为：全球化、多元、可持续发展。

20 世纪 90 年代之后，政治、经济、环境变化的全球化趋势加剧，社会经济结构发生了较大的变化。当前，国际环境、生产方式、生活方式转变，没有一种理论思想能够被应用来整体地认识城市、改造城市。全球化、可持续等成为新时期的关键词。

为了在全球化的环境里获取更多的发展资源和发展空间，关于城市竞争被空前地强调；为了塑造更强的竞争能力，占据更高的竞能级，区域一体化作为与全球化相伴而生的现象在全球各个地方普遍展开。全球化使得区域空间层次的弹性变得更大，从社会经济发展的总体历程来看，可以认为从 19 世纪的城市革命，20 世纪 50 ～ 70 年代欧美国家大规模郊区化拓展为主体的大都市区革命，到 20 世纪 90 年代的区域革命时代[2]，全球经济已经发展到了一个新的阶段，需要诸多的城市网络去支配其空间积累的过程，因此各种区域性层次的制度与空间构架就显得尤为重要。

在全球化的城市网络中，大都市区出现人口与经济活动的再集中趋向，大城市连绵区既是产业空间重组的结构，又是一种新的区域空间组织形式，是城市化发展进入高级阶段出现的区域城市化现象，它占据着当今以及未来全球发展区域的核心位置。

在各类资源全球化配置的同时，地方本身的建设和发展成为获取全球资源的关键。以大型项目建设为标志，以政府与私人部门的合作开发为具体手段，提升城市竞争力，营造城市创新气氛和促进城市经营以及城市协同发展与可持续发展成为主题[3]。

可持续发展（Sustainable Development）的概念最先是 1972 年在斯德哥尔摩举行的联合国人类环境研讨会上正式讨论。《我们共同的未来》中对"可持续发展"定义为："既满足当代人的需求，又不对后代人满足其自身需求的能力构成危害的发展。"[4]

可持续发展是建立在社会、经济、人口、资源、环境相互协调和共同发展的基础上的一种发展，其宗旨是既能相对满足当代人的需求，又不能对后代人的发展构成危害。可持续发展注重社会、经济、文化、资源、环境、生活等各方面协调"发展"，要求这些方面的各项指标组成的向量的变化呈现单调增态势（强可持续性发展），至少其总的变化趋势不是单调减态势（弱可持续性发展）。

可持续发展理念的发展与盛行，反映出了当今社会在片面追求经济发展之后，人们对环境恶化、生态破坏的反思。如今，可持续发展已经成为整个世界发展的主旋律，人们对资源和环境的关注已经成为日常生活的重要主题。随着城市化的加速发展，城市人口大规

---

[1]　张京祥 . 西方城市规划思想史纲［M］. 南京：东南大学出版社，2005：187。

[2]　张京祥 . 西方城市规划思想史纲［M］. 南京：东南大学出版社，2005。

[3]　孙施文 . 现代城市规划理论［M］. 北京：中国建筑工业出版社，2007。

[4]　百度百科 . http：//baike.baidu.com/view/18480.htm#8

模增长，城市用地规模扩大，导致城市交通阻塞，环境恶化，土地资源开发的无序，生态系统的恶化等问题日益严重，城市的可持续发展问题也逐渐被提上了日程。

为了探求城市的可持续发展，"精明增长"、"新城市主义"等城市发展理念相继出炉，人们希望在城市中最大限度地追求人与自然的和谐发展，力图塑造出一个理想的城市结构形态。

1997 年，美国马里兰州州长格伦迪宁（Parris Glendening）提出了"精明增长"这一理念，提出"城市有边界的增长原则"，即城市对土地需求的增长应当受到所在区域整体生态系统的制约；在这种生态均衡发展原则的基础上，需要城市紧凑发展（Compact City），一方面通过建立公共交通和土地利用之间的有机联系，设计功能复合（Mix-use）的社区以及加强城市内部废弃土地（Brown Field）的再利用（用地填充，Infill Development）来减少用地的外延扩展，另一方面特别强调通过设置"城市增长边界"（Urban Growth Boundry）保持土地的集约化使用，城市新增用地需求尽量分配至已有城市建设区域内，尽量减少对农业和生态区域的侵入 [1]。"精明增长"从生态制约的角度提出了城市空间结构的演化要与生态系统形成耦合关系，抛弃传统二元对立的城市空间演化方式。从空间布局角度看，一个多楔形的环状生态绿地系统可以有效增加城市开放空间界面，改善城市与生态的矛盾冲突。

作为"精明增长"理念在设计原则上的体现，近年来相继出现了以土地集约利用为特点的新的城市规划设计思潮。典型的代表就是"新城市主义（New Urbanism）和公共交通社区（TOD）"等。"新城市主义"针对城市郊区化蔓延这种低密度的城市发展方式多而提出，它强调控制城市蔓延，防止城市中心衰落，以及创造经济、社会、环境的健康发展。它将紧凑城市空间结构的研究导向控制研究层面，以期能将传统圈层式城市的中心功能与人口逐步疏散，使得城市空间结构的演化趋向于结构跨越。

冯友兰先生曾经说过："未来的世界哲学一定比中国的传统哲学更理性一些，比西方的传统哲学更神秘一些，只有理性主义与神秘主义的统一才能造就与整个未来世界相称的哲学。"整体而言，对城市空间的研究经历了思想—实践—反思—修正的过程，在这样的过程中，集中与分散思想从割裂到统一，从片面强调工具理性到关注价值理性，从线性思维到非线性哲学思想的发展，都成为了大城市都市区簇群式的思想渊源。这一系列思想影响着当今社会，造就了特定城市的特定类型的空间结构。

3.2 集中与分散从割裂到统一

集中与分散这两种趋势始于西方国家工业革命所迎来的城市化时代。城市空间过度集中后被迫快速向外发展，已经完全超出了人们的预想和驾驭能力。许多社会改革家、规划师、建筑师、工程师、生态学家都针对大城市存在的种种问题进行了研究，主要围绕在城市是集中还是要分散这一问题上。霍华德是希望通过分散的手段来解决城市的空间与效率问题，而勒·柯布西耶则是希望通过对大城市结构的重组，在人口进一步

---

① 马强，徐循初."精明增长"策略与我国的城市空间扩展［J］.城市规划汇刊，2004（3）：16-22。

集中的基础上借助新技术手段来解决大城市问题。这两种截然不同的模式标志了两种基本指向：集中与分散发展。霍华德的田园城市源于他对社会改革的理想，更多地体现了"人文关怀"和对社会、经济问题的考虑；而勒·柯布西耶基本从一个建筑师角度出发，对工程技术手段更为关心，希望以物质空间的改造来实现改善整个社会的目的。在关于现代城市发展的基本走向上，霍华德希望通过建设一组规模适度的城市（城镇群）来解决大城市模式可能出现的问题，遏制特大城市的出现；而勒·柯布西耶则希望通过对既有大城市内部空间的集聚方式与功能改造，使这些特大城市能够适应现代社会发展的需要。

3.2.1 分散思想

分散思想起源于19世纪末霍华德的花园城市理论。分散主义认为城市的各种问题的产生是城市中心过分拥挤造成的，主张分散的城市结构，主张与大自然亲近，有很强的人文主义色彩。

3.2.1.1 田园城市

19世纪末英国社会活动家霍华德提出的田园城市，对世界许多国家的城市规划有很大影响。霍华德在他的著作《明日，一条通向真正改革的和平道路》中认为应该建设一种兼有城市和乡村优点的理想城市，他称之为"田园城市"。田园城市实质上是城和乡的结合体，包括城市和乡村两个部分，它规模有限，土地公有，兼有城市和乡村的一切优点。

霍华德认为，城市环境的恶化是由城市膨胀引起的，城市无限扩展和土地投机是引起城市灾难的根源。他建议限制城市的自发膨胀，并使城市土地属于城市的统一机构；城市人口过于集中是由于城市具有吸引人口聚集的"磁性"，如果能控制和有意识地移植城市的"磁性"，城市便不会盲目膨胀。霍华德还对他的理想城市作了具体的规划，并绘成简图（图3-1）。在6000英亩土地上，居住32000人，其中30000人住在城市，2000人散居在乡间。城市人口超过了规定数量，则应建设另一个新的城市。霍华德还设想，若干个田园城市围绕中心城市，构成城市组群，他称之为"无

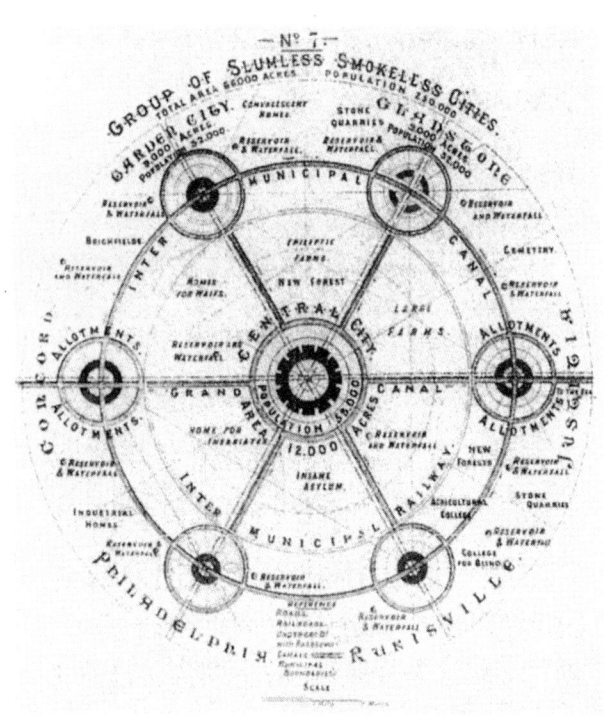

图3-1 田园城市
来源：李德华.城市规划原理［M］.第3版.
北京：中国建筑工业出版社，2001

贫民窟无烟尘的城市群"。中心城市的规模略大些,建议人口为 58000 人,面积也相应增大。城市之间用铁路联系。

霍华德提出田园城市的设想后,1903 年组织"田园城市有限公司",筹措资金,在距伦敦 56km 的地方购置土地,建立了第一座田园城市——莱奇沃思(Letchworth),把理想模式付诸实践。

霍华德针对现代社会出现的城市问题,提出带有先驱性的规划思想;他对城市规模、布局结构、人口密度、绿带等城市规划问题,提出一系列独创性的见解,是一个比较完整的城市规划思想体系。田园城市理论对现代城市规划思想起了重要的启蒙作用,对后来出现的一些城市规划理论颇有影响,而且在一些重要的城市规划方案和城市规划法规中也反映了霍华德的思想。

"田园城市"的提出有其特殊的历史背景和社会发展条件。应该看到,"田园城市"的目标并不是一种简单的城市空间结构布局变化的概念,不是城市物质形态重塑的概念,它的目标在于建立一种城市的动态平衡。通过限制面积、人口、居住密度等措施,保持城市内聚力和协调、和谐,对城市的进一步无序扩张进行了控制和向合理方向发展的引导。

在霍华德看来,"田园城市"的主要价值是建立一个城市生长发展的有机体,它再生产出的不是城市系统中一个个相互无关的城市胚胎,而是把城市和乡村的各种优点结合在一起的和谐统一体。"这样的空间结构既能克服大城市空间上的限制,又能克服大城市无限制的扩张和零乱的扩散弥漫。"[①]

应该说,"田园城市"的这种目标就是簇群式城市空间结构的思想来源之一。

(1)"田园城市"突出体现了城乡一体化,是都市区簇群式城市空间结构的思想渊源之一。

(2)霍华德设想的若干个田园城市围绕中心城市,中心城市的规模略大些,构成城市组群,城市之间用铁路联系,即他称之为"无贫民窟无烟尘的城市群"的这种空间分布模式,正是簇群式空间结构的用地组织结构。

(3)从交通看,"田园城市"追求的均匀的出行要求,以达到用地与城市道路之间的动态平衡,也是簇群式城市空间结构的达到目标的重要途径之一。城市之间铁路相连的思路也是簇群式的重要借鉴。

(4)"田园城市"强调生态环境的建设,它建立在生态理念上的大城市生态空间结构,以达到城乡生态共同的平衡,通过周边的农田和园地来控制城市用地的无限制扩张,是簇群式的重要借鉴。霍华德在《明日的田园城市》中就提出通过绿带建设来组织城市与郊区生活的理念。

3.2.1.2 卫星城与新城

昂温(Unwin)为霍华德"田园城市"理论的追随者,他在 1922 年提出了卫星城理论方案——在大城市的外围建立卫星城市,以疏散人口控制大城市规模的理论模式。随之,卫星城理论被广泛地应用于实践:1912 ～ 1920 年,巴黎制定了郊区居住建筑规划,计划

---

① 赵莹.大城市空间结构层次与绩效——新加坡和上海的经验研究[D].上海:同济大学,2006。

在离巴黎 16km 的范围内建立 28 座居住城市，这些城市除了居住建筑外，没有生活服务设施，居民的工作及文化生活上的需要去巴黎解决，一般称这种城镇为"卧城"。1918 年，芬兰建筑师 E·沙里宁与荣格在赫尔辛基新区明克尼米—哈格提出一个 17 万人的扩张方案。虽然该方案由于远远超出了当时的财政经济和政治处理能力，缺乏政治经济的背景分析，只有小部分得以实施。在沙里宁的赫尔辛基规划方案中，主张城市附近设立一些独立城镇，以控制其进一步扩张。这类卫星城不同于"卧城"，除了居住建筑外，还设有一定数量工厂、企业和服务设施，使一部分居民就地工作，另一部分居民仍去母城工作，称半独立卫星城。由于卧城与半独立卫星城对疏散大城市人口成效甚微，1928 年编制的大伦敦规划方案中，采用在外围建立卫星城镇的方式，并且提出大城市人口疏散应该从大城市地区的工业及人口分布的规划着手。这样，建立卫星城的思想开始和地区的区域规划联系在一起，这种独立的卫星城又称新城。

当前卫星城的发展趋势是卫星城规模越来越大，与中心城市距离越来越远，独立性越来越强，不仅能够发展生产协作，而且能够提供就业机会、平衡男女劳动力与完善的公共设施。

新城运动始于第二次世界大战之后，英国的新城建设为全世界树立了一个典范。1946 年，英国议会通过了《新城法》（New Towns Act），对战后欧洲及发展中国家产生重大影响的英国新城运动由此开始。新城一般划分了 3 个时代。第一代新城指根据 1946 年的《新城法》在 1946～1950 年建的第一批新城，共 14 个；第二代为1955～1966 年间建设的新城；第三代指 1967 年之后建立的新城。整体而言，无论哪一代新城，在建设中都较为全面地遵循了现代建筑运动主导下的基本原则，实施了《雅典宪章》所确立的现代城市规划准则，从而成为了现代主义城市规划的最杰出代表 [1]。新城运动对西方国家随后到来的郊区化产生了广泛的影响。第二次世界大战后，新城已经成为分散大城市过于集聚的功能和人口，在更大的区域范围内优化城市空间结构，解决环境问题，实现功能协调的重要手段。大城市簇群式空间的形成在很大部分上也是缘于卫星城或新城的建设思想。

3.2.1.3 带形城市

1882 年，西班牙工程师索里亚·伊·马塔（Soria Y Mata）提出的带形城市理论也是簇群式结构的重要思想源泉之一。

马塔认为在交通工具不断改进的时代，传统的核心向外圈层式发展必然导致城市环境的恶化，因此他提出城市沿一条交通干线轴发展，这样的话，利用城市交通干线这条发展轴线形成一定距离间隔的城镇，即利用发展轴可以将若干城镇联系起来，呈现城镇沿轴线组团式的布局形态。城市中的居民一方面可以获得城市设施的服务，另一方面又更容易接近自然，带形城市使人工建筑与自然环境能方便地融合在了一起。在此思想的指导下，19世纪末马塔在西班牙的马德里设计了一条长约 58km 的有轨交通，将两个原本分离的城镇连为一体，形成了他所提出的"带形城市"（图 3-2）。

---

① 孙施文. 现代城市规划理论［M］. 北京：中国建筑工业出版社，2007：146。

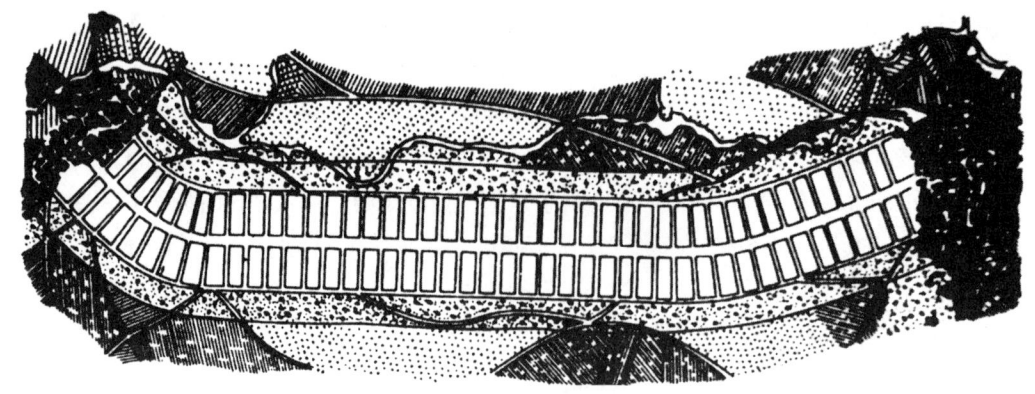

图 3-2　带形城市
来源：孙施文.城市规划理论［M］.北京：中国建筑工业出版社，2004：96

　　当代大城市通常都有数条向外辐射的发展轴线，并在轴线的基础上逐渐形成数条向外伸展的"轴线"城镇组团。簇群式空间结构吸取了马塔所提出的带形城市的优点，并结合当今大城市的已有发展特点，形成了依托中心依靠交通走廊的若干用地"触凸"，使城镇发展与交通的结合更加紧密。特别是马塔提出的带形城市不仅是一种空间结构模式，而且更新了圈层式发展的固有模式，开创了沿交通干线轴向发展的新城市空间演化方式，这也是簇群式空间结构演化方式的重要借鉴之一。

　　20世纪30～40年代，苏联进行了比较系统的全面研究，提出了线形工业城市等模式，并在斯大林格勒等城市规划实践中得到了运用。在欧洲，哥本哈根（1948）的指状发展和巴黎的轴向延伸等都可以说是线形城市模式的发展。在线形城市的理论中，更为重要的并不是它所提出的城市形态，而是提出这种形态所依据的思想。

3.2.2　集中思想

　　城市的产生源自集聚，就城市空间结构而言，集中性是其最本质的空间特征。勒·柯布西耶一反自空想社会主义与霍华德以来的城市分散主义思想，承认和面对大城市的现实，并不反对大城市和现代化的技术力量，主张用全新的规划和建筑方式改造城市，他的关于城市规划的理论，被称为"城市集中主义"。

　　勒·柯布西耶的城市规划观点主要有四个。第一、他认为传统的城市，由于规模的增长和市中心拥挤程度的加剧，已出现功能性的老朽。随着城市的进一步发展，城市最中心部分的商业地区的交通负担越来越大，而这些地区对于各种事业又都具有最大的聚合作用，需要通过技术改造以完善它的集聚功能。

　　其次，关于拥挤的问题可以用提高密度来解决。就局部而论，采取大量高层建筑的形式能取得很高的密度，但同时在这些高层建筑周围又将会腾出很高比例的空地。他认为摩天楼是"人口集中、避免用地日益紧张，提高城市内部效率的一种极好手段"。他认为摩天楼朝气蓬勃、坚固、雄伟，反映时代精神，就像过去高耸的大教堂形象地宣告对大规模的工业社会的信仰。

第三，他主张调整城市内部的密度分布。降低市中心区的建筑密度与就业密度，以减弱中心商业区的压力和使人流合理地分布于整个城市。

最后他论证了新的城市布局形式可以容纳一个新型的、高效率的城市交通系统。这种系统由铁路和人车完全分离的高架道路结合起来，布置在地面以上。

其中心思想包含在两部重要著作中。一部是1922年出版的《明日的城市》，另一部是1933年出版的《光辉城市》。1925年他还提出了巴黎改建的新设想方案。

图3-3　勒·柯布西耶的"明日的城市"方案与
20世纪90年代的巴黎情景
来源：孙施文编著.现代城市规划理论［M］.
北京：中国建筑工业出版社，2007：94

3.2.2.1　明日的城市（The City of Tomorrow）

在勒·柯布西耶1922年出版的《明日的城市》一书中，他认为城市分散主义并不是城市的出路，大城市并不可怕，在大城市中出现的种种问题都可以通过新的规划形式和建筑方式予以解决。在书中，他阐述了从功能和理性角度出发的对现代城市的基本认识，与现代建筑运动的思潮相呼应[1]。他提出进行规划时的基本原则：必须减少城市中心的拥挤，必须提高城市中心的密度，必须增加为出行服务的交通方式，必须增加公园和开放空间。

在书中，他设想了一个300万人口城市的平面图。中央为商业区，有40万居民住在24座60层高的摩天大楼中。高楼周围有大片的绿地。周围的环形居住带，有60万居民住在多层连续的板式住宅内。最外围是容纳200万居民的花园住宅。平面是现代化的几何形构图。矩形的和对角线的道路交织在一起。规划的中心思想是疏散城市中心，提高密度，改善交通，提供绿地、阳光和空间，如图3-3所示。

勒·柯布西耶在"明天的城市"的设计中，特别强调大城市交通运输的重要性。交通是城市的命脉。设计了三层重叠的体系适应了汽车交通的所有要求，并可提供快速和适宜的转换。同时他还考虑了轨道交通建设的条件和安排。

3.2.2.2　伏瓦生规划（Plan Voisin）

1925年勒·柯布西耶发表了巴黎中心区的改建方案，即伏瓦生规划。他将巴黎城岛对面的右岸地区来了个彻底改造。设计了16幢60层供国际公司总部大厦等使用的高塔。地面完全开敞，可自由地布置高速道路和公园、咖啡馆、商店等，中心区的人口密度可以从原来的每公顷2800人增加到3500人。这个规划抛弃了传统的走廊式的街道形式，使空间从四面八方扩展开去[2]，如图3-4所示。

① 孙施文.现代城市规划理论［M］.北京：中国建筑工业出版社，2007：92。
② 百度百科.http://baike.baidu.com/view/4937108.htm

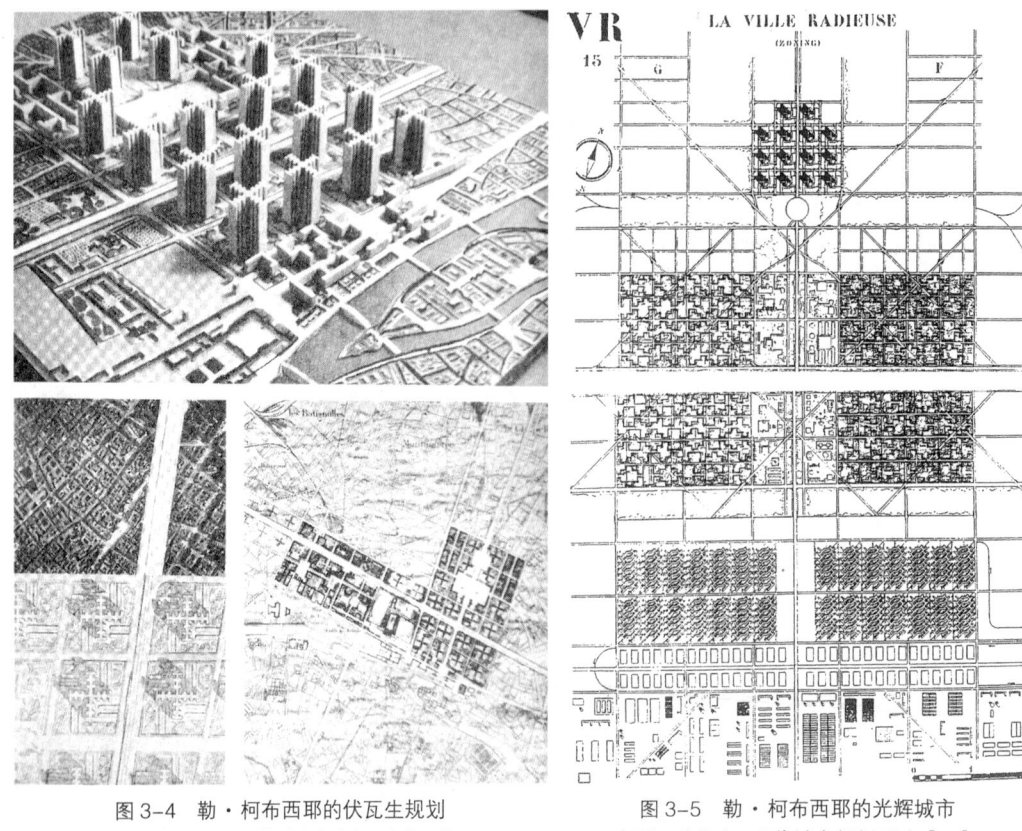

图 3-4 勒·柯布西耶的伏瓦生规划
来源：孙施文.现代城市规划理论［M］.
北京：中国建筑工业出版社，2007：95

图 3-5 勒·柯布西耶的光辉城市
来源：孙施文.现代城市规划理论［M］.
北京：中国建筑工业出版社，2007：95

3.2.2.3 光辉城市（The Radiant City）

1931 年，他发表了《光辉城市》的设计方案。他认为，城市是必须集中的，只有集中的城市才有生命力，由于拥挤带来的城市问题完全可以通过技术手段进行改造而得到解决。这种技术手段就是采用大量的高层建筑来提高密度和建立一个高效的城市交通系统，如图3-5 所示。

勒·柯布西耶对城市发展的探讨，形成了理性功能主义的城市规划思想，并体现在了由他主持制定的《雅典宪章》之中。他的集中主义思想，深刻地影响了第二次世界大战后全世界的城市规划和城市建设，在贫民窟清理以及城市更新中发挥了作用，"形成了一堆前所未有的摩天大楼"[1]。从这个意义上讲，勒·柯布西耶为现代城市发展作出了巨大的贡献。

毫无疑问，集中主义思想的最可贵之处在于集约发展的观点以及注重规则化的空间结构形态。在这一点上，大城市都市区簇群式空间结构也继承了集约发展的理念，无论是强大的中心城还是外围组群，其内部都秉承了土地集约利用的集中主义思想。

---

① 孙施文.现代城市规划理论［M］.北京：中国建筑工业出版社，2007：95。

3.2.3 集中与分散的一体化

集中与分散的空间意义可以界定为：作为城市空间的基本特征，集中是城市空间演化过程中集聚与扩散等作用力聚焦的过程，是城市空间区别于其他非城市空间的本质属性；集中的相对性决定了集中的复杂性与多元性，也影响与制约了分散的发生、发展及其演化过程。作为城市空间的一种异化现象与阶段性表现，分散是对城市空间过度集中的一种反动，也是城市空间演化过程中的必然行为，分散的相对性取决于集中的强度，当集中成为主导城市发展的主要矛盾时，分散的动力业已产生并成为制约集中的决定性力量。集中与分散矛盾的运动变化，深刻地反映了城市空间演化背后人类社会对城市发展要求理性与非理性的斗争[1]。

随着对城市的认识的加深，城市的集中与分散两种力是不能割裂开来的。城市空间发展的本质是城市社会经济要素运动过程在地域空间上的反映。在城市空间的演化中，始终贯穿着两种显著的机制，这就是一对矛盾而又统一的空间过程：集中与分散。集中与分散的组合方式导致了城市形态与结构多样性的出现。

集中：是城市空间存在的特征与形式，表现为向心聚合的倾向。总体而言，促使城市空间集中的因素有以下几点：交往活动的需要，较高的可达性，产生经济规模效益的要求，城市中心传统的象征性和吸引力等。分散：分散表现为一种离心的运动趋势，这是城市化进程中，复杂性和多样性增加的必然体现，社会分工和专业化发展构成其存在与持续运动的基础。影响城市空间扩散的主要因素有：城市缺少足够的发展空间；区域经济的发展促使城市间相互依赖关系的形成，从而对城市内部空间要素产生向外的拉动；信息手段的进步使产业空间的选择性程度提高；居民追求更好的生活环境质量；政府政策的诱导等。

因此，集中与分散是无法划定时间界限的，集聚中有扩散，扩散中也有集聚，集聚与扩散是交织在一起的[2]。集中与分散主义在自身的发展过程中，存在一种明显的倾向，即不断从自身理论与实践的矫枉中向着理性与理智的方向迈进。这种理性与理智最突出的特征可以这样表述，即从强调过度集中的疏散——分散，到对过度分散的控制——适当的分散，再到对适当分散的修正——分散中的集中，其发展轨迹与近现代城市空间发展的实践具有基本一致的路线[3]。

当前城市区域化发展的背景下，作为城市功能与结构"混合化"的投影，集中与分散的多元化局面已经表现出集中中的分散与分散中的集中，人区域的空间集中与小范围的空间分散，大都市功能的集中与区域内功能组团适当分散等一系列空间特征。这种集中与分散的多样化与一体化，也就是城市空间结构与形态的多极化，尤其在大都市地区，多中心结构的演化趋势成为当代城市空间发展的标志，这种试图通过将集中的经济性与分散的生态性有机结合的空间组织模式正日益成为人们的共识。这实际上也是城市空间内在的社会文化、经济与生态相互作用关系在新的社会发展背景下对城市空间提出的新的要求。

① 朱喜钢.城市空间集中与分散的哲学透视［J］.人文地理，2004（4）：45-49。
② 冯艳.1990年代以来武汉城市土地开发及空间发展规律研究［D］.武汉：华中科技大学，2007。
③ 朱喜钢.城市空间集中与分散的哲学透视［J］.人文地理，2004（4）：45-49。

3.2.3.1 有机疏散

针对大城市过度膨胀所带来的种种城市问题，著名建筑师 E·沙里宁（Saarinen）在 1918 年编制大赫尔辛基规划时首先提出并运用了"有机疏散"思想，如图 3-6 所示。1942 年他出版了《城市：它的发展、衰败和未来》一书，详尽阐述了这一理论。有机疏散不是一个具体的技术方案，而是城市发展的一种概念与构思。他认为，城市是一个不断成长和变化的有机体，城市规划应是动态的。根治大城市的"病"必须从改变城市的结构和形态做起。具体来说，它将城市比作"有机体"，根据城市的功能和多种条件，将城市有机分解，再组织成城市的各个区域，使城市布局具有足够的灵活性，以适应城市的生长。城市由若干功能组团构成，城市交通就像人体的血管一样沟通各个功能体。他认为要把沟通各主要功能体的快速交通设在带状绿化系统中，从而避免了它们对其他需要安静场所的干扰。

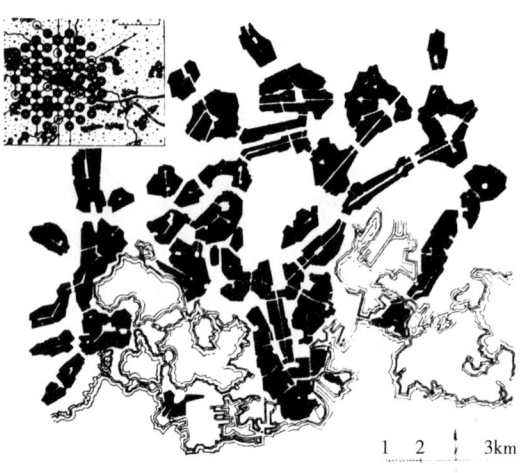

图 3-6　大赫尔辛基规划
来源：孙施文 . 城市规划理论［M］.
北京：中国建筑工业出版社，2004：103

这种做法实际是通过城市功能的空间重组，使单中心的城市空间结构转化为空间相对分离的多中心分散型结构，但同时又在分散模式的基础上提出了空间紧凑的概念，体现了在大城市空间结构组织过程中集中与分散的辩证统一。

簇群式空间结构充分吸取了"有机疏散"的这种理念，在整体上呈分散式的多中心结构，但同时又强调中观层次的用地的紧凑，也就是中心与外围极核用地的紧凑。

3.2.3.2 大伦敦规划

1944 年由阿伯克隆比主持制定的大伦敦地区的规划方案，是第二次世界大战后指导伦敦地区城市发展的重要文件。大伦敦规划可以说是对此前城市规划理论讨论的一个汇总与提炼，并主导了全球范围第二次世界大战后重建和快速发展时期的城市规划理论与实践。在当前仍具有不可忽视的影响力。

大伦敦规划汲取了霍华德的分散主义和格迪斯的区域规划等思想，采纳了昂温的卫星城建设模式，将伦敦城市周围较大的地域作为城市规划考虑范围。当时被纳入规划区的面积为 6731km²，人口为 1250 万。阿伯克隆比还接受了《巴罗报告》的研究成果。1937 年，英国政府为研究解决伦敦人口过于密集问题而成立了以巴罗为首的专门委员会——巴罗委员会。这个委员会提出的《巴罗报告》（1940）指出伦敦地区工业与人口的不断聚集，是由于具有活力的工业所起的吸引作用；认为在当时条件下，集中的弊端远远大于有利因素，提出了疏散伦敦中心地区工业和人口的建议，建议要从伦敦密集地区迁出工业，同时迁出 100 万人口。

大伦敦规划延续控制伦敦市区内工业数量增加和规模扩大的思想，限制城区的工业扩建；城市居住区和工业区相分离；在整个区域范围内停止人口的迁入，使整体人口密度能够下降，同时将市区的人口向郊区迁移；
完善伦敦港的功能；给予城市规划新的权
力，以控制土地的价格，保证规划的有效
实施等。在具体的布局内容上，通过对区
域现实状况的详细审查，在距伦敦中心城
48km 的半径范围内，将整个规划地区划
分为 4 个同心圆地区，如图 3-7 所示。

（1）城市内环。包括伦敦郡和部分邻
近地区。该地区现状特点是密度过大，规
划建议要从这里疏散出 40 ～ 50 万人口，
也迁出相应数量的工作岗位，进行全面的
城市更新，使居住用地的人口净密度降至
每公顷 190 ～ 250 人。

（2）郊区环。这里现状存有相当数量
在第一次和第二次世界大战期间建设的住
房，这一地区的人口密度不是很高，规划建
议今后不再在这里增加人口，但需要对该
地区进行重新组织，应提供合适的舒适环
境。居住用地的人口净密度控制在每公顷
125 人。

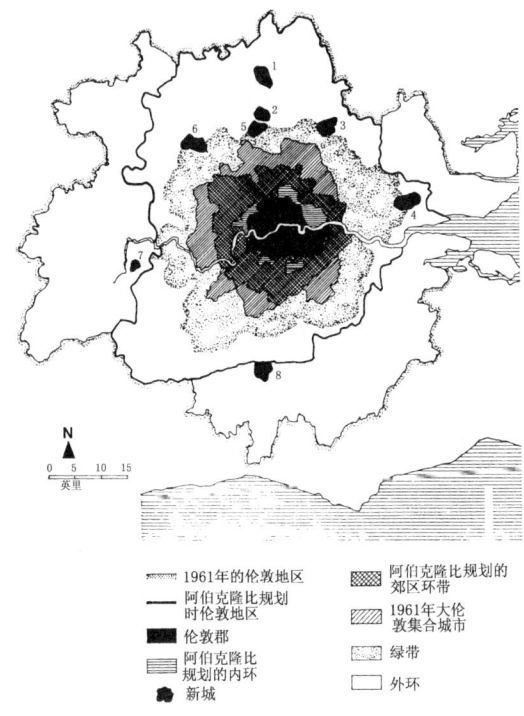

图 3-7 大伦敦规划
来源：黄亚平．城市空间理论与空间分析［M］．
南京：东南大学出版社，2002：135

图例：
1961年的伦敦地区
阿伯克隆比规划时伦敦地区
伦敦郡
阿伯克隆比规划的内环
新城
阿伯克隆比规划的郊区环带
1961年大伦敦集合城市
绿带
外环

（3）绿带环。这里是由国家 1938 年《绿带法》所规定的绿带用地，规划建议将围绕
原有城市的绿带进一步拓宽，在整个建成区外围将绿带环扩展至 16km 宽，规划设置森林
公园、大型公园绿地以及各种游憩运动场地，以阻止伦敦扩展到 1939 年达到的边界以外去，
同时为整个地区提供休闲活动场所。

（4）乡村环。这个地区要接受伦敦内环疏散出来的大部分人口。规划建议在这个地区
内开发新的中心，但开发的方式不应采用郊区似的居住区方式，而是要有计划地集中建设
一系列的卫星城。规划设置 8 个卫星城，可以安置迁入 50 万人口。每个卫星城人口规模
应在 6 ～ 8 万，使每个卫星城均具有一定的吸引力，满足其自身发展的需要，同时容纳伦
敦前来的人口。

整个城市的结构以新的快速道路网为基础，这些向外辐射的道路网覆盖了整个地区，
为整个地区提供了较好的通达条件。同时，这些放射路汇集在由内环和外环所形成的环形
地带内，处在绿带和乡村环之间，从而避免了外来交通流向城市中心地区的集聚。在城市
内部的交通组织中，运用了特里普的研究成果，按道路功能对道路网进行划区，使不同等
级的道路自成体系。

该项规划把城市的发展与区域的发展结合在一起，通过对城市交通的分区和社区的划
分而重组内部空间结构，对到此为止的城市规划理论进行了全面总结与运用，成为现代城
市规划史上一个重要的里程碑，标志着现代城市规划的成熟，同时也为战后城市规划提供

了可以参照的基本模式。后来许多国家包括日本东京，韩国首尔和中国上海、北京等城市争相效仿大伦敦规划，但最终都没有成功，具体分析，一是事实上并不是单纯的大伦敦规划在起作用，而是由一系列的法律体系和行动方案共同支撑了这个规划设想的实现；二是城市化的时段也是非常重要的，1950年前后，西方许多发达国家已经开始了明显的郊区化过程，这对城市空间结构的分散产生了明显的推力作用。这些保障因素都没有被那些模仿城市所关注或充分提供，因此都没有收到预期的效果。

大伦敦规划体现了20世纪初期以来西方国家城市规划的一些主要理论观点。规划中对所要解决的问题的分析和处理具有清晰的条理性。从实践看，这一规划对控制伦敦市区的不断扩展和改善环境起了一定作用。但同心圆封闭式的布局模式造成了人口疏散效果不佳，外围卫星城镇功能欠缺而缺乏引力，通勤距离过大，配套不足，新城投资巨大，环路交通负荷过大等。规划对20世纪60年代以后第三产业的发展估计不足，因此60年代中期开始编制新的大伦敦发展规划，试图改变1944年大伦敦规划中的同心圆式布局模式，让城市沿着三条主要快速交通干线向外扩展，形成三条长廊地带；在长廊终端的南安普敦—朴次茅斯、纽勃雷和勃莱古雷分别建设三座具有"反磁力吸引中心"作用的城市，以期在更大的地域范围内解决伦敦及其周围地区经济、人口和城市的合理均衡发展问题。

大伦敦规划也是西方发达国家有机分散主义思想在特大城市空间、功能优化中的经典实践。除了英国之外，西方许多特大城市在这一时期也根据自己的实际探索了各自有效的发展道路，如荷兰兰斯塔德地区的规划，丹麦大哥本哈根的指状规划，20世纪50～60年代华盛顿的放射长廊规划，1970年莫斯科总体规划，以及20世纪60年代开始的大巴黎规划。

大伦敦规划对大城市簇群式空间的形成也产生了深远的影响。它的许多做法，如将城市的发展与区域的发展结合在一起，通过对城市交通的分区和社区的划分而重组内部空间结构，绿带的规划等等都出现在了大城市都市区簇群式空间结构中。

3.2.3.3 紧凑城市

一个可持续发展的城市形态到底应该是集中的还是分散的这一问题一直是学术界关于城市形态讨论的焦点。"紧凑城市"概念在近年来却得到了越来越多的支持，成为西方不少国际组织和国家的一项可持续发展政策，这主要得益于"紧凑城市"两个最重要的理论依据。一是密集型的城市形态有助于减少城市对周围生态环境的侵蚀，从而降低人类活动对自然环境的影响；另一方面是空间紧凑型城市可以大大减少对道路交通，尤其是对私人轿车的依赖，从而减少石油消耗和大气污染，控制全球温室效应的影响[1]。

"紧凑城市"概念的提出是在20世纪90年代，是针对大城市边界的无限蔓延，用地效率低，城市中心衰败和多样性丧失，社区归属感减弱等状况提出。其中提倡紧凑城市的重要人物布雷赫尼（Breheny，1997）对紧凑城市的定义是：促进城市的重新发展，中心区的再次兴旺；保护农地，限制农村地区的大量开发；更高的城市密度；功能混合的用地布局；

---

① 陈海燕，贾倍思. 紧凑还是分散？——对中国城市在加速城市化进程中发展方向的思考［J］. 城市规划，2006（5）：61–69。

优先发展公共交通，并在节点处集中进行城市
开发。

提出紧凑型城市理念是为实现以下的目
标[①]：①控制城市的蔓延；②实现可持续发展
的城市形态；③减少小汽车使用的增长所带来
的交通和环境问题；④旧城改造和城市的复兴；
⑤保持城市中心的活力，防止或控制城市的衰
败；⑥减少由于城市的郊区化所带来的各种活
动和土地利用功能的物质性分割，例如城市中
心为贫民居住，郊区为中产阶级居住；⑦鼓励
公共交通的发展和使用；⑧将土地利用和交通
密切联系起来；⑨减少能源的消耗；⑩对农村
地区农田的保护。

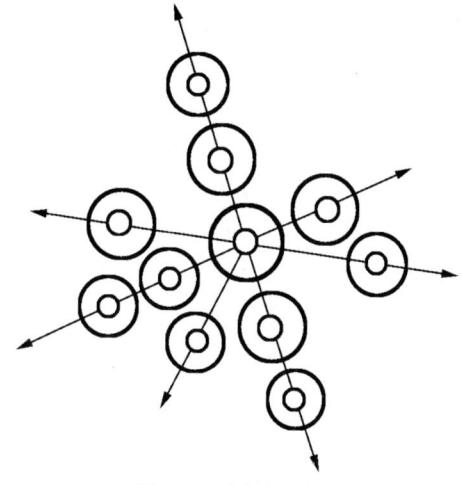

图3-8 分散化的集中
来源：赵莹.大城市空间结构层次与绩效——新加坡
和上海的经验研究［D］.上海：同济大学，2006

近年来"分散化的集中"成为紧凑城市理
念的热点和重要的组成部分。"分散化的集中"也就是发展相互之间通过完善的公共有轨
交通系统相联系、易通达的城市中心群，并以这些城市中心为核心高密度高强度进行发展
的城市空间组织形态（图3-8）[②]。"分散化的集中"在保留紧凑城市所倡导的高密度高强
度特点的前提下，跳出单中心结构，特别为特大城市和人口已经非常稠密的城市提供切实
可行的空间规划途径[③]。由此可见，紧凑城市的这种分散化集中的城市空间组织形态，是
大城市都市区簇群式空间结构的来源之一。分散化集中所倡导的空间组织形式与大城市都
市区簇群式空间结构基本吻合。

"紧凑城市"的概念表明了传统城市空间结构演化的途径已不可继续，受到质疑，焦
点集中在城市空间利用效率的低下，从经济领域上说，圈层式空间结构已无法支持边际收
益的进一步增加；从社会领域说，加剧了社会分异所导致的阶层冲突的危险；从环境上说，
加大了环境的压力，降低了生活品质。虽然"紧凑城市"仅停留在概念层面，城市结构形
态具体应该是怎样的才能称之为"紧凑城市"也没有定论，但探索可持续的紧凑的城市形
态仍是必需的。

3.2.3.4 多中心网络结构

多中心网络结构模式是目前被广泛讨论的一种大城市空间结构模式。在世界范围内，
随着大城市建成区的空间外拓，城市的边界以及城市与城市之间的界线变得模糊，以至于
几乎所有特大城市的传统单中心结构趋向于消融，更大的地域空间内逐步演化为多中心结
构[④]。弗雷（Frey，2001）将现有的城市宏观形态结构归纳为核状城市、星形城市、卫星城市、

---

① 于力.关于紧凑型城市的思考［J］.城市规划学刊，2007（1）：87-90。
② 赵莹.大城市空间结构层次与绩效——新加坡和上海的经验研究［D］.上海：同济大学，2006。
③ 韩笋生，秦波.借鉴"紧凑城市"理念，实现我国城市的可持续发展［J］.国外城市规划，2004（6）。
④ 韦亚平，赵民.都市区空间结构与绩效——多中心网络结构的解释与应用分析［J］.城市规划，
2006，（4）：9-16。

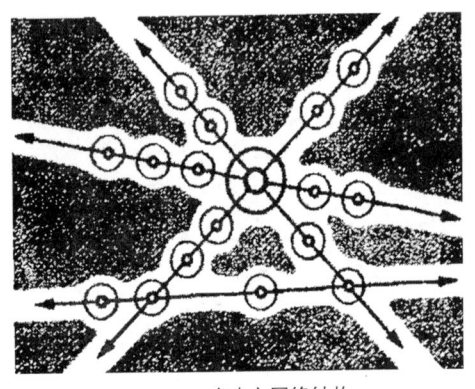

图3-9 多中心网络结构

来源：赵莹．大城市空间结构层次与绩效——新加坡和上海的经验研究［D］．上海：同济大学，2006

住区体系、线形城市和多中心网络城市六种模式[1]，通过对苏格兰格拉斯哥大都市地区的研究，认为城市现状更倾向于多中心网络结构。这种结构类似于分散化的都市形态，由综合的循环系统，并呈现三角形的网络结构，其中可以容纳不同的密度，在交通网络的交叉点上密度最高，在交叉点之间的主要通道上则形成线形的集聚带，在网络中或高密度的节点和线形发展空间以外，是大面积的低密度发展空间，这种模式是其他城市模式的组合形式，中心城市的活动被分散在网络中，并集中到连接整个系统的、具有不同密度和某种专门化功能的节点上，形成大小不一的中心，在主要节点之间，密集的线形城市可能沿交通线发展，远离这些密集的节点和发展空间，网络将依据地形变得稀疏。在节点和线形发展地区之外是开放的乡村和公园（图3-9）。

多中心网络结构模式的结构和特征表现为：可以提供大量不同中心和居住环境，公平性、选择性和多样性能够得到改善，汽车、步行、自行车和公共交通将为不同区域（低密度区域，核状或线形城市周围，交通网络附近）提供较高水平的交通可达性。因而，这是一种具有成长性的、可持续发展的弹性空间结构。[2]

多中心网络结构模式是大城市都市区簇群式空间结构的来源，也是大城市都市区簇群式空间结构未来发展的趋势。

发展什么结构形态的城市，是集中的还是分散的，是单中心的还是多中心的，一直是规划界广受争议的一个问题。在当前集中与分散思想统一背景下产生的簇群式的空间结构模式毋庸置疑属于多中心结构，但却不能简单定义为集中或分散型，它是一种"分散的集中"的发展模式，是微观紧凑、宏观疏密的多层次结构模式。

3.3 理性主义的应用从片面到多元并存

这个时代是理性的时代。现代理性主义始于以牛顿为代表的科学革命时期，经笛卡儿的哲学论述与启蒙时期思想家们的推进与普及化，最终成为现代社会最基本的社会价值观[3]。理性指能够识别、判断、评估实际理由以及使人的行为符合特定目的等方面的智能。理性通过论点与具有说服力的论据发现真理，通过符合逻辑的推理而非依靠表象而获得结论、意见和行动的理由。典型的理性主义者认为，人类首先本能地掌握一些基本原则，如几何法则，随后可以依据这些推理出其余知识。

---

① 赵莹．大城市空间结构层次与绩效——新加坡和上海的经验研究［D］．上海：同济大学，2006。
② 赵莹．大城市空间结构层次与绩效——新加坡和上海的经验研究［D］．上海：同济大学，2006。
③ 孙施文．现代城市规划理论［M］．北京：中国建筑工业出版社，2007：70。

3.3.1　工具理性与价值理性

合理性是理性主义思想的核心，合理性的实质是韦伯划分的价值理性与工具理性的统一，是康德划分的纯粹理性与实践理性的统一，也就是合规律性与合目的性的统一、实有与应有的统一[①]。

康德把我们从先天原理出发进行认识的机能称为"纯粹理性"[②]。他把"实践"概念引入哲学中，但康德明确将其称为"实践理性"。在康德看来，实践理性具有行动的能力或功能，即实践理性通过规范人的意志而支配人的道德活动进而使人达到自由[③]。

下面我们重点来看价值理性与工具理性。

3.3.1.1　工具理性（Instrumental Rationality）

价值理性（Value Rationality）和工具理性（Instrumental Rationality）为人的理性的不可分割的重要方面。法兰克福学派的代表人物霍克海默和阿尔多诺，将这种对人们的思维和行动的手段、工具、方法和途径的规范化、程序化、制度化和法制化倍加重视的思维方式，称为工具理性[④]。

工具理性就是通过实践的途径确认工具（手段）的有用性，从而追求事物的最大功效，为人的某种功利的实现服务。工具理性是通过精确计算功利的方法最有效达至目的理性，是一种以工具崇拜和技术主义为生存目标的价值观，所以"工具理性"又叫"功效理性"或者说"效率理性"[⑤]。工具理性基于目的合理性，对实现目的所运用的各种技术手段的评估，预测由此可能产生的后果，并在此基础上追求预定的目的。工具理性的核心是对效率的追求，所以资本主义社会在发展工业现代化的道路上，追求有用性就具有了真理性。

现代西方的理性主义更多地体现了对工具理性的追求，工具理性把人的注意力集中到外部世界的控制上，在这种工具理性为主导的理性精神的指引下，以工具、技术和自然科学为标志的人类驾驭自然的能力空前发展起来，这一点突出表现在作为人类自我控制的社会组织、经济组织、政治组织也日趋严密。

工具理性是启蒙精神、科学技术和理性自身演变和发展的结果，然而，随着工具理性的极大膨胀，在追求效率和实施技术的控制中，理性由解放的工具退化为统治自然和人的工具。由于工具理性取代了价值理性，一切事物都要求成为可度量的和可等级划分的[⑥]。工具理性对于数学化、定量化、功利化、最优化、实用化、工具化、技术化的追求，对于性能与功效的偏好，对于物欲性、占有性的强调，使得人类生存活动的另一维度，即体现人类生存和发展需要之非功利性、非实用性、非工具性和非技术性的方面受到了忽视和排斥，即人日益变成了非精神性、非生理性的动物。

---

① 　孙施文.现代城市规划理论［M］.北京：中国建筑工业出版社，2007：70。

② 　仰海峰.有限性：早期海德格尔形而上学的理论核心［J］.理论探讨，2001（5）。

③ 　马华芳.立足于实践思考物质观问题——兼谈马克思主义哲学本体论［J］.马克思主义研究，2003（5）。

④ 　哈斯塔娜.工具理性与实用主义之辨［J］.内蒙古师范大学学报，2005（4）。

⑤ 　百度百科.http://baike.baidu.com/。

⑥ 　刘荣增，崔功豪.社区规划中工具理性与价值理性的背离与统一［J］.城市规划，2000（4）：38-40。

3.3.1.2 价值理性（Value Rationality）

价值理性体现一个人对价值问题的理性思考。在特定的条件下，价值作为物与人的需要的一种关系，即体现为物的价值，也由此引申为"意义"。价值理性关怀人性的世界，价值理性视野中的世界是一个人文的世界，一个有意义的世界。它不是在人之外的冰冷的客观实体，而是和人水乳交融的主客体混一的世界。价值世界是以"合目的性"的形式存在的意义世界，在这个世界，人对价值和意义的追问，人的最终归宿和终极关怀成为重心所在。

价值理性是一种以主体人为中心的理性。它不在于求得对客体本质、属性的正确把握，尽管它不能脱离这种把握，它的旨趣在于为主体而忧虑、呐喊、谋划、服务，它恪守"人是万物的尺度"，它关注世界对于人的意义，客体对于主体的意义，执著于人的幸福。

价值理性是一种目的理性。它追求行为的合目的性。它并不反对满足人的当下需要，但它强调当下需要的合宜性，并兼顾人的长远需要。它并不反对个体的需要，但它并不囿于个体需要，而是谋求个体与整体的和谐、共赢。它并不否定人作为手段的意义，但它强调，"人本质上是目的而不是手段"，人作为手段，只有在以人为目的，以人为出发点和归宿的前提下才是合理的。由此可见，价值理性所诉求的合目的性，既是指合乎人的目的，更是指合乎人本身这个目的。在价值理性视野中，人是终极目的，人是各种努力的终极关怀。一切努力都是为了满足人的合理性需要，都是为了维护、发展、实现人的经济、政治、文化利益，都是为了维护人的尊严，提升人的价值，突现人存在的意义，促进人更好地生存、发展和完善，趋近自由而全面的发展。

价值理性是一种批判理性。人的自由而全面发展是个永无止境的历史过程，社会的发展也是一个永无止境的历史过程。处于任何发展阶段的社会都不可能是完美无缺的，而人又总是生活在一定的社会历史环境之中，因此，在任何特定的时空中，人总是有缺憾的，人的生存、发展状况都是不完满的。而这恰恰是与"不是力求停留在某种已经变成的东西上，而是处在变易的绝对运动之中"的人的本性相违背的[1]。因而，人总是面临着"是"与"应当"的矛盾，"是如此"与"应如此"的矛盾。价值理性对此有极其深刻的领悟，因此它总是要不失深沉地告诫人们：生活在其中的现存世界是不完善的，是需要改变的。面对现存世界，价值理性所扮演的不是辩护者、守护神的角色，而是批判者、超越者的角色。

价值理性是一种建构理性。价值理性对现存世界的反思、批判，蕴涵着对理想世界的渴望。它渴望通过反思、批判、变革，从而实现超越，建构一个理想的、应然的、合乎人的本性和目的的美好世界。价值理性总是要为人类设置实然与应然，现实与理想，是如此与应如此、是其所是与是其当是的矛盾，即在观念上建构一个理想的世界作为人类前行、趋赴的目标，给人以鼓舞、以引领。价值理性不只观念地建构超越于现存世界的理想世界，而且支撑、鼓舞、引领人通过实践去变革现存世界，建构应然的理想的世界，致力于使理想世界转变为现实世界。人正是在价值理性构建的理想的支持、鼓舞、引领下不断地实现对现实世界的改变、超越的，世界也由此而变得越来越美好，越来越使人得到更大程度的满足[2]。

---

① 百度百科．http：//baike.baidu.com/view/1134773.htm。
② 百度百科．http：//baike.baidu.com/view/1134773.htm。

3.3.1.3 价值理性与工具理性的统一

工具理性是指人们判断行为合理性所使用的标准是效率、效能、结果，而不管动机；价值理性则以动机的高尚、纯正作为衡量行为合理性的依据，关注的是人的行为的终极价值，而不是狭隘的功利目的。工具理性是指以能够计算和预测后果为条件来实现目的社会发展思想；价值理性则是主观相信行动具有无条件的排他的价值而不顾后果如何，条件怎样都要去完成这样一种思想。

工具理性的优先地位，至今在学术界不可动摇。价值理性的实现，必须以工具理性为前提。总体上说，价值理性的存在，就必须有相应的工具理性来实现这种价值的预设。没有工具理性，价值理性的实现就是水中捞月。价值理性比工具理性更为本质，工具理性是为价值理性服务的，二者缺一不可。

资本主义发展过程中对工具理性的过度追求，在当代日益引起人们的反思。如何实现价值理性与工具理性的统一，全今是学界的关注热点。在对城市空间发展问题上，工具理性与价值理性从分离到统一也经历了实践的考验。

第二次世界大战后，美国城市的郊区化阶段（Suburbanization），20世纪60～70年代郊区购物中心大规模化阶段（Mailing of American），加之20世纪80年代小汽车的快速普及而出现的一种郊外城市开发阶段，边缘城市（Edge City）随即出现。"边缘城市"绿色生态资源丰富，环境优美，为解决交通阻塞，住房拥挤，用地、用水紧张等传统的城市问题确实带来了光明。它在提供物质空间方面可以说是工具理性设计的典范。但从价值理性角度考虑，其又存在着以下弊端[1]：①由于其过度强调以小汽车为中心，未能很好解决交通混杂与大气污染问题；②由于步行空间少，住房间隔距离较大，加之过分依赖现代通信设施，缺乏人与人当面交流的机会，被认为在缺乏生活情趣意义上的生活质量低下；③由于边缘城市以低密度向城市郊外扩散蔓延，造成土地、能源等资源的大量浪费，增大了基础设施的投资成本。因此，社会学者认为"边缘城市"缺乏整体概念，过分依赖现代技术，忽视了人类生存的最基本需要，导致社区关系淡漠，缺乏凝聚力和归属感，没有人情味，社区恶性犯罪率上升等一系列社会问题。

20世纪90年代兴起的新城市主义（New-urbanism）思潮，在某种意义上是对近半个世纪的美国社区传统的复兴[2]。它并没有彻底否认边缘城市模式，而是提倡从传统的城市规划和设计思想中发掘灵感，与现代生活特征相结合，以具有地方特色，重视历史文化传统，居民具有强烈归属感和凝聚力的社区取代缺乏吸引力的郊区化模式。新城市主义思想的核心是以现代需求改造旧城市中心的精华部分，使之衍生出当代人需求的新功能，但是强调要保持旧的面貌，特别是旧城市的尺度。而在城市郊区，新城市主义则提倡采用一种有节制的、公交导向的"紧凑"开发模式。总之，新城市主义成功地把多样性、社区感、简朴性和人性尺度等传统价值标准与当今的现实生活环境有机地结合起来。

---

[1] 吴林海，刘荣增. 从"边缘城市主义"到"新城市主义"：价值理性的回归与启示［J］.科学技术与辩证法，2002（3）：16-18。

[2] 张京祥. 西方城市规划思想史纲［M］.南京：东南大学出版社，2005。

从过分依赖小汽车和现代通信技术的"边缘城市主义"到"新城市主义"思想的提出，虽然时间很短，但从哲学理念上看，是一次质的飞跃，是价值理性的回归 [①]。它告诉我们在重视科技发展的今天，应该重新审视什么是幸福，什么是人的情感，什么是人的需要等人生价值问题。

一个人合目的、合规律的社会实践活动的成功，即个人精神价值向社会价值的转化，取决于价值理性与工具理性的统一。工具理性即主体在实践中为作用于客体，以达到某种实践目的所运用的具有工具效应的中介手段。工具理性是一个系统，系统内又分为物质形态的工具与精神形态的工具；前者的存在好比一个人过河必搭桥，而桥身只有作为物质载体而存在，才能体现手段的价值。否则人过河的愿望只能是人的一种从精神到精神"自身画圆"的过程，即人永远实现不了过河的目的。两种形态的工具因各自工具效应的不同，使之各自又成为相对独立的系统。物态工具具有服务于主体需要的直接效益；精神形态的工具则借助主体的逻辑思维所投入的抽象劳动，形成物态工具构成的基础，体现了精神形态工具服务于主体的间接效应。二者结合所形成的合力，体现了工具理性能实现主体客体化的手段价值；反映了主体在实践活动中为实现自身本质力量对象化，提供自身所需手段的精神能动性。价值理性与工具理性的统一，不断确证"人是人的最高本质"。

因此，理想的城市空间发展模式不仅要满足空间发展的系统技术（工具）理性，而且应该反映人类主体的价值理性目标，在城市空间系统技术（工具）理性基础上叠加人类价值理性的物质环境空间是城市发展的最终理想模式 [②]。城市空间必须坚持全面、协调与可持续的发展观，强调在尊重自然的前提下以人为本的发展思路。城市新发展观是和谐，强调城市发展既要达到自然生态的和谐，也要达到社会生态与文化的和谐。

虽然工具理性在当前社会中仍将发挥重大的作用，但是，反映人本思想的价值理性也将在社会各方面发挥作用。人本思想强调历史文脉，强调人居中心，强调公众参与，强调多元性、复杂性和非理性。

在对一个事物的认识与研究中，应该将工具理性与价值理性统一。在工具理性与价值理性统一的思想的影响下，大城市都市区的空间发展不仅要满足空间发展的系统技术，而且应该反映人类主体的价值目标，如文化价值、生态价值、社会价值等等。特定城市所呈现的大城市都市区簇群式空间结构，可以说就是这一"统一"的体现。大城市都市区簇群式空间结构在满足交通与用地等合理发展后，还关注了空间的价值目标，利用区域自然条件建立系统的生态空间，体现了生态价值，提升了城市的竞争力，为良好的人居环境创造了条件。

3.3.2 理想与理性

作为人类生产生活的主要场所，城市空间直接影响着人类文明的发展和各项活动的品质。集聚经济和规模效应为城市的产生和存在提供了依据，而一个良好的城市空间结构不仅应能够支撑集聚经济和规模效应在整个城市体系中的进一步发挥，使其实现最大化，也

---

① 吴林海，刘荣增.从"边缘城市主义"到"新城市主义"：价值理性的回归与启示［J］.科学技术与辩证法，2002（3）：16–18.
② 朱东风.城市空间发展的拓扑分析——以苏州为例［M］.南京：东南大学出版社，2007：232.

应能满足人们对日常出行的需求，实现人们的社区归属感以及对城市的控制力，并提供与自然亲近的可能性。无论城市的人口规模和用地规模扩展到何种程度，人们对美好城市生活的最直观的追求总是以上述要求为标准的。

理想的城市空间应该始终具有可持续发展的结构和形态，合理的土地开发强度和人口密度分布，就业与居住相适应的用地结构，舒适高效的交通出行模式，以及与人类心理需求相适应的社区结构和环境，并实现人类住区与自然的和谐共生。

现代城市规划理论从产生之初就充满着浓重的理想主义色彩。对于霍华德、勒·柯布西耶这些规划先驱来说，理想的城市既要充分体现技术的力量与美感，同时又能具有最为文明的社会公正。其中，霍华德在《明日的田园城市》中首先明确提出了关心人民利益的城市规划指导思想，这一立论根本转移了城市规划的立足点，成为现代城市规划理论的奠基性著作。经典的城市模式，无不对城市和城市的未来充满理想，规划先驱们深信急剧的城市物质空间重构不仅能解决当时的城市危机，而且能解决社会危机。尽管这种理想主义在实践中没有取得预期的成功，但建设一个满足大众福利需求的城市社会空间，却始终作为一种价值信念在规划者心中得以代际传承[①]。

城市在其发展过程中，有许多因素是无法预先确定的，它们在整个过去、现在和未来的交互影响下和人类对城市发展不间断的参与和干预中生成和发展着，我们无法完全确切地预知城市社会的未来状态[②]。规划的这种社会关怀在行动上则表现为对理想城市状态的追求，或者说对美好城市蓝图的追求，但在蓝图如何绘制方面则越来越趋于理性。因为理性主义认为在目的和手段之间存在着因果关系，因而，通过理性分析可以找出相应的手段来达到理想城市状态。如"可持续"、"人本"、"精明增长"（Smart Growth）等都是着眼于理想的理性发展模式。

理性主义与理性思想是有区别的。理性思想是一种科学研究的精神和态度，它要求每一个研究者运用科学的、合乎逻辑的方法对事物进行全面的、透彻的研究，因此，同样可以对非理性的内容进行理性的思考与研究。而理性主义作为一种哲学思潮则只承认理性的正确性，一切从理性出发，将非理性的因素排除在外。城市是一个复杂的综合体，各方面的因素相互交织，我们既无法将它进行彻底的分解，也难以将分析后的各部分机械地予以整合，而且各因素之间的关系也并非是前后因果决定的，如果一味地强调理性，也就不可能真正认识现代城市的发展。然而理性思想所倡导的并推崇的科学精神和科学方法，依然是未来发展的重要支柱和方向[③]。

在规划理论的发展中，由于始终存在着理想主义的价值判断。我们不应仅以理性的思维来研究城市的自在规律，还应该用理性的手法去实现自己的理想。

大城市都市区簇群式空间结构也是一种理想模型。在分析研究中应充分发挥理性思想，以谋求转化为现实的种种使用措施与途径，无限地逼近这一理想模型。

---

① 韦亚平，赵民. 关于城市规划的理想主义与理性主义理念——对"近期建设规划"讨论的思考 [J]. 城市规划，2003（8）：49-55。
② 孙施文. 城市规划哲学 [M]. 北京：中国建筑工业出版社，1997：47。
③ 孙施文. 城市规划哲学 [M]. 北京：中国建筑工业出版社，1997：48。

3.3.3　功能理性至上与多元研究

理性主义思想改变了传统规划对城市形式和图案的过分关注以及对城市现实要素的忽视，从城市中人的活动和土地使用功能出发，对城市规划所涉及的内容进行了合理的探讨。

1933 年的《雅典宪章》确立的是一种以机器为原型的城市功能分区模式，实践证明城市分区功能的纯化使城市有机体丧失了自我调节的能力，失去了城市地域的多样性，加剧了城市的拥挤。正如凯文·林奇（Kevin Lynch，1981）所说的那样"勒·柯布西耶的阳光城市（the Radiant City）是异地文化的产物"，"这种分离、过度简单化以及单纯的机器美学，都似乎是非常冷酷和排斥的"。

1960 年代以后，规划界逐步强调城市社区的综合功能，认为每个社区都应该是一个单独的尽可能自治的社会和空间单元，每个社区都是由不同的人和场所构成的综合体，并强调人类社区和自然环境的融合。麦克哈格（Ian L.Mcharg，1969）倡导设计结合自然（design with nature），指出"我们不应把人类从世界中分离出来，要把人同世界结合起来观察和判断问题"。

1977 年国际建筑师协会拟定的《马丘比丘宪章》指出"在今天，我们不应该把城市当作一系列的组成部分拼在一起来考虑，而必须努力去创造一个综合的、多功能的环境"。这样，以生物有机体为原型的生态空间模式逐步取代了以机器为原型的城市功能分区模式[1]。

在当前工具理性与价值理性统一思想下，以及人们渴望通过理性思维无限逼近理想空间模式的影响下，在城市空间处理上逐步摒弃了传统的功能理性至上的方式，逐步发展了一种多元视角的城市空间研究。

3.3.3.1　芝加哥学派

20 世纪初，在人们认为科学技术能够解决一切问题时，有一批以社会学家为主体的学者开始关注社会文化等问题对城市发展的影响，从人文生态学等角度提出了新的认识。社会文化论批判物质空间决定论，物质空间只是影响城市生活的一项变量，而不能起决定性作用，起决定性作用的应该是城市中的各类群体的文化、社会交往模式和政治结构等等。

1925 年美国芝加哥大学伯吉斯（E.W.Burgess）分析了社会空间发展与城市物质空间发展的关系，在对芝加哥城市土地空间分布研究的基础上提出了同心圆模式（Concentric-zone Theory）[2]，如图 3-10。1939 年，美国经济学家霍伊特（H.Hoyt）提出了扇形模式[3]，如图 3-11。1945 年，美国学者哈里斯（C.D.Harris）和乌尔曼（E.L.Ulman）提出了多核心模式（Multiple-nucle theory）[4]，如图 3-12。它们并称为城市社会空间结构的三大经典模型。

这些源自城市社会空间研究的成果，后来被城市地理学、城市规划、土地经济学等所阐述并发展，成为一系列学科研究的基点及城市空间分布和土地使用配置的基础，对之后

---

[1]　李强，张鲸，杨开忠. 理性的综合城市规划模式在西方的百年历程 [M]. 城市规划汇刊，2003（6）：76-80。

[2]　E.W.Burgess. The Growth of the City [M] // R.E.Park et al（eds）.The City.1925.

[3]　H.Hoyt. The Structure and Growth of Residential Neighbourhoods in American Cities [M].Washington D C：Government Printing Office，1939.

[4]　C.D.Harris，E.L.Ullman.The Nature of Cities.The Annals of the American Academy of Political and Science，（242）：7-17.

的城市空间结构与发展方式产生
了巨大的影响，如同心圆模式一
直在今天都是大城市的主要演化
方式。大城市都市区簇群式空间
强大中心的圈层发展以及沿交通
轴向外拓展，可以说是芝加哥学
派研究成果的物质空间的表现。
同时，也应该认识到，大城市都
市区簇群式空间的这种发展特征
是多种力量综合作用下的结果，
对它的研究也不能仅仅停留在物
质层面，而应该扩展到社会、经
济等各个领域。

3.3.3.2　格迪斯的区域规划思想

格迪斯（Patrick Geddes）对
于现代城市规划产生重大影响的
是其于1915年出版的《进化中
的城市》（Cities in Evolution）。格
迪斯本人并不是城市规划领域的
专业研究者，但是作为一个生物
学家，他最早注意到了工业革命、
城市化对人类社会所产生的深远
影响。通过对于城市进行基于生
态学的研究，他强调人与环境的
相互关系，揭示了决定现代城市
成长和发展的动力。在《进化中
的城市》中，他把对于城市的研
究建立在通过周密分析地域环境
的潜力和限度，大胆突破了当时
常规的"就事论事"的城市框架，
提出将自然地区作为规划的基本
框架。提出原来局限于城市内部
空间布局的城市规划应当成为城
市地区的规划，即将城市与乡村
的规划纳入到同一体系之中，使
规划包括若干个城市以及它们周

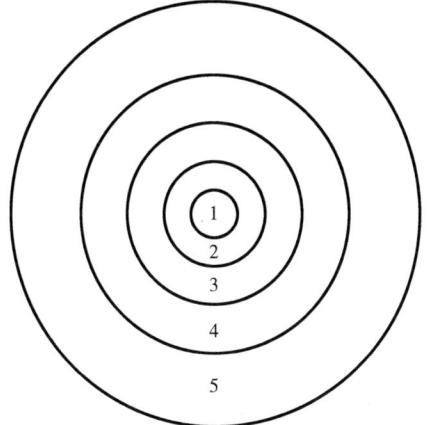

1- 商业中心区；
2- 过渡地带；
3- 工人住宅区；
4- 中产阶级住宅区；
5- 通勤带

图 3-10　伯吉斯的同心圆模式图

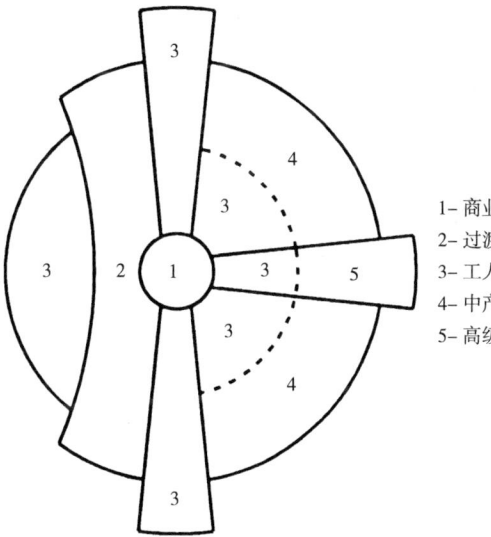

1- 商业中心区；
2- 过渡地带；
3- 工人住宅区；
4- 中产阶级住宅区；
5- 高级住宅区

图 3-11　霍伊特的扇形模式图

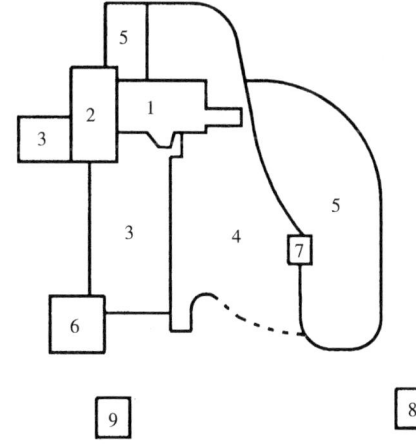

1- 商业中心区；
2- 过渡地带；
3- 工人住宅区；
4- 中产阶级住宅区；
5- 高级住宅区；
6- 重工业区；
7- 外围商业区；
8- 近郊住宅区；
9- 近郊工业区

图 3-12　哈里斯—乌尔曼的多核心模式

来源：L.S.Bourne，ed.Internal Structure of the City ［M］.Oxford：
Oxford University Press，1971：71

围所影响的整个地区。格迪斯在此基础上提出了区域规划的思想，认为只有在区域规模上，规划师才可能着手解决城市与乡村之间的冲突，而这种冲突本身是由于工业革命的生产力发展和社会潜力之间的关系出现了错位而产生的，成为了社会发展的障碍。

簇群式城市是一种城市区域化表现形态，是一种大城市都市区空间组织形式。在簇群式的城市空间中，外围簇群组团沿主要交通轴线向区域腹地拓展，而自然生态地区楔入城市发展轴线和簇群组团之间，中心城与其外围簇群组团的发展方式影响了其所在的整个地区。所以可以说，格迪斯的区域城乡一体化思想深深影响了大城市簇群式空间理论的形成。

3.3.3.3 Team 10 的"簇群城市"

在西方现代城市规划主体思想还被功能理性主义绝对垄断的时候，一些富有前瞻性的规划师已经注意到了其"非人性"方面对现代城市生活的简单对待与粗暴肢解，因此呼吁必须发展出一种新的注重社会文化和人类自身价值的城市规划思想，Team 10 就是其中的先驱和代表。1954 年，国际现代建筑协会（CIAM）中的第十小组（Team 10）在荷兰发表了《杜恩宣言》，明确地对《雅典宪章》的精神进行了批判，提出以人为核心的"人际结合"思想，指出要按照不同的特性去研究人类的居住问题，以适应人们为争取生活意义和丰富生活内容的社会变化要求[①]。

在城市环境仿生方面，Team 10 提出的"簇群城市"是比较有代表性的例子。1954 年欧洲第十小组（Team 10）在荷兰召开预备会时，英国建筑师史密森曾提出一种新的城市形态，称之为"簇群城市"，它是根据植物生长变化的规律而提出的一种新城市布局思想，如图 3-13 所示。他们设想把这种城市主干道设计成三叉形的道路系统，象征着植物"干茎"，使交通流量得以均匀分布。同时把城市"干茎"设计成自由弯曲的分叉系统，并且带有多触角地蔓延扩展的子系统，就

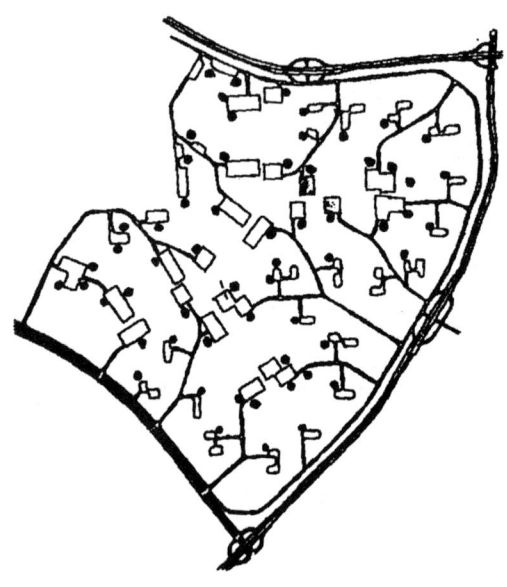

图 3-13 Team 10 的簇群城市
来源：孙施文．城市规划理论［M］．
北京：中国建筑工业出版社，2004：162

---

① 张京祥．西方城市规划思想史纲［M］．南京：东南大学出版社，2005：165。

像树枝分权一样，也兼有蛛网状的连接。这样既可避免车流泛滥，也可有利于各区之间的区分与连接。他们预言，这种城市布局一方面能保持现代城市功能的需要，又能重新获得昔日传统城市的自然气息。同时，这种城市是不断生长变化的，也可使城市与建筑物的分布获得有机的组合。目前许多小区的规划设计与"簇群城市"规划思想颇有异曲同工之处。

这种簇群城市的发展充分体现了流动、生长、变化的思想。他们认为，任何新的东西都是从旧机体中生长出来的，城市需要固定的记忆，并应该以此作为城市发展变化评价的基准参照，每一代人仅能选择对整个城市结构最有影响的方面进行规划和建设，而不是重新组织整个城市。

虽然本书所提的"簇群式"城市空间结构模式与 Team 10 提出的"簇群城市"在研究范围等方面不同，但 Team 10 提出的"簇群城市"的从旧城向外生长的思想也深深影响了大城市都市区簇群式空间结构。大城市都市区簇群式空间结构不仅是一种布局结构，也是一种空间生长方式、生长过程。

3.3.3.4 生态城市

苏联生态学家亚尼斯基（O.Yanitsy，1984）首次正式提出生态城市概念，认为生态城市是一种理想城市模式，其中技术和自然充分融合，人的创造力和生产力得到最大限度的发挥，而居民的身心健康和环境质量得到最大限度的保护，物质、能量、信息高效利用，生态良性循环。"生态城市"是在联合国教科文组织发起的"人与生物圈计划"研究过程中提出的一个重要概念。生态城市是一个经济高度发达，社会繁荣昌盛，人民安居乐业，生态良性循环四者保持高度和谐，城市人居环境清洁、优美、舒适、安全，失业率低，社会保障体系完善，高新技术占主导地位，技术与自然达到充分融合，最大限度地发挥人的创造力和生产力，有利于提高城市文明程度的稳定、协调、持续发展的人工复合生态系统[1]。

"生态城市"作为对传统的以工业文明为核心的城市化运动的反思、扬弃，体现了工业化、城市化与现代文明的交融与协调，是人类走向绿色文明的伟大创新。它在本质上适应了城市可持续发展的内在要求，标志着城市由传统的唯经济增长模式向经济、社会、生态有机融合的复合发展模式的转变。它体现了城市发展理念中传统的人本主义向理性的人本主义的转变，反映出城市发展在认识与处理人与自然、人与人关系上取得新的突破，使城市发展不仅仅追求物质形态的发展，更追求文化、精神上的进步，即更加注重人与人、人与社会、人与自然之间的紧密联系。

生态城市具有和谐性、高效性、持续性、整体性、区域性和结构合理、关系协调七个特点。生态城市应满足以下八项标准：

（1）广泛应用生态学原理规划建设城市，城市结构合理、功能协调；

（2）保护并高效利用一切自然资源与能源，产业结构合理，实现清洁生产；

---

[1]　百度百科 . http://baike.baidu.com/view/194698.htm#2。

（3）采用可持续的消费发展模式，物质、能量循环利用率高；

（4）有完善的社会设施和基础设施，生活质量高；

（5）人工环境与自然环境有机结合，环境质量高；

（6）保护和继承文化遗产，尊重居民的各种文化和生活特性；

（7）居民的身心健康，有自觉的生态意识和环境道德观念；

（8）建立完善的、动态的生态调控管理与决策系统。

当今世界一些发达国家，伴随着现代生产力的发展和国民生活水平的提高，尤其是对生活质量提出了更高的要求，其中最重要的是对生态环境质量的要求越来越高，使现代人对生态需求与消费比以往任何时期都显得重要。从某种意义上讲，下一轮的国际竞争实际上是生态环境的竞争。从一个城市来说，哪个城市生态环境好，就能更好地吸引人才、资金和物资，处于竞争的有利地位。因此，建设生态城市已成为下一轮城市竞争的焦点。

生态城市理论认为 [1]：城市发展存在生态极限，应当通过有效的生态城市规划促进城市的良性发展，规划要从自然和社会两方面去创造一种能充分融合技术和自然的人类活动的最优环境；以较小的规模建设高质量的城市，紧凑发展，避免城市的无序蔓延；满足就近出行的原则，城市设计中保证足够多的土地利用类型彼此邻近，促使城市复合功能区的形成；根据生态学中物种多样性有益于健康的原则，建立城市土地混合利用模式；建立以步行、自行车和公共交通为导向的交通体系，避免走汽车—高速公路—城市蔓延的发展道路；实现城市与自然环境的协调与配合，把握合理的规模和集聚度，重构循环利用的产业结构；利用自然条件，加强绿地系统建设，建立市区与郊区复合生态系统等思想与做法，都影响了大城市都市区簇群式空间的形成。

3.4 线性到非线性哲学思维转变

从简单到复杂，从线性到非线性，这是符合认识发展的规律的。

3.4.1 复杂性科学的出现与发展

近代经典科学思想，促成了"工业革命"，人类进步实现了一个飞跃。但近代经典科学思想影响下的传统工业生产模式，认为自然界拥有无穷无尽的资源，工业生产会生产出无穷无尽的物品，而无须考虑资源的最终枯竭和循环再利用问题。在这样一个线性模式中，所有问题都是某种明确定义的起始原因的结果，人们相信后果的范围类似于它的原因的范围 [2]。工业革命将人类社会与自然界结合得越来越紧密，复杂的自然平衡在线性的工业生产模式中遭到破坏，简单性思维在寻求世界的种种因果关系中，显得乏力，人们在自然生态环境面前陷入了失落。

---

① 熊国平.当代中国城市形态演变［M］.北京：中国建筑工业出版社，2006：37。

② 赵珂.城乡空间规划的生态耦合理论与方法研究［D］.重庆：重庆大学，2007。

随着科学技术的进步，系统论结合非线性科学演进为复杂性科学。复杂性成为探求世界真实途径的重要思想。

（1）复杂性与非线性有密切关系——有学者强调复杂性的本质就是非线性。

（2）复杂性与整体性有密切关系——整体不可以分析地还原为部分。

（3）复杂性意味着多样性和结构变异性。

（4）复杂性意味着组织、相关性和时空不对称性。

可以认为，复杂性科学就是研究复杂系统的科学[1]。复杂性科学是研究复杂开放巨系统的产生、发展、演化以及整体和部分关系的科学。对复杂性科学的研究还没有形成一体化的统一理论，而只是一个理论群。目前,学术界普遍认为复杂性科学建构于两大理论体系:组织系统范式和自组织理论[2]。

3.4.1.1　组织系统范式

复杂性科学的系统范式的基础是贝塔朗菲的系统思想，在系统思想基础上的信息论、控制论的诞生，实践了对系统思想的成功应用，使系统思想得到广泛传播，最终形成了现代科学技术中具有世界观意义的系统范式。

复杂性科学的系统范式不同于贝塔朗菲的"一般系统论"的显著特征在于它将系统与非线性问题联系了起来，从而使系统科学的图景更加精细、深刻，更接近于真实的世界，成为对大量自然与社会现象的新表述[3]。

系统论的核心思想是系统的整体观念。贝塔朗菲强调，任何系统都是一个有机的整体，它不是各个部分的机械组合或简单相加，系统中各要素不是孤立地存在着，每个要素在系统中都处于一定的位置上，起着特定的作用。要素之间相互关联，构成了一个不可分割的整体。

系统论的任务，不仅在于认识系统的特点和规律，更重要的还在于利用这些特点和规律去控制、管理、改造或创造系统，使它的存在与发展合乎人的目的需要。也就是说，研究系统的目的在于调整系统结构，协调各要素关系，使系统达到优化目标。

系统论的出现，使人类的思维方式发生了深刻的变化。以往研究问题，一般是把事物分解成若干部分，抽象出最简单的因素来，然后再以部分的性质去说明复杂事物。这是笛卡儿奠定理论基础的分析方法。这种方法是几百年来在特定范围内行之有效且人们最熟悉的思维方法。但是它不能如实地说明事物的整体性，不能反映事物之间的联系和相互作用，它只适应认识较为简单的事物，而不胜任于对复杂问题的研究。在现代科学的整体化和高度综合化发展的趋势下，在人类面临许多规模巨大、关系复杂、参数众多的复杂问题面前，就显得无能为力了。正当传统分析方法束手无策的时候，系统分析方法别开生面地为现代复杂问题提供了有效的思维方式。所以系统论，连同控制论、信息论等其他横断科学一起所提供的新思路和新方法，为人类的思维开拓新路，它们作为现代科学的新潮流，促进着各门科学的发展。

---

① 刘继生、陈彦光 . 城市、分形与空间复杂性探索［J］. 复杂系统与复杂性科学，2004（3）: 62–69。

② 赵珂 . 城乡空间规划的生态耦合理论与方法研究［D］. 重庆: 重庆大学，2007。

③ 赵珂 . 城乡空间规划的生态耦合理论与方法研究［D］. 重庆: 重庆大学，2007。

城市可以被视为一个系统，是由不同类型的土地使用功能空间所构成的，这些空间功能通过交通和其他通信媒介相互联结起来，形成用地和交通系统[①]。城市的各个部分可以分开，各部分之间的相互作用可以进行分析，当引入适当的控制机制后，城市内部的各种行为就会向特定的方向变化，以实现控制者制定的某些目标任务[②]。

伯恩（L.S.Bourne）就曾运用系统理论对城市空间进行研究，并试图用系统理论的语汇使城市空间结构的表达更为严密。他描述了城市系统的三个核心概念（图 3-14）：①城市形态是指城市各个要素的空间分布模式；②城市要素的相互作用是指城市要素之间的相互关系，通过相互关系，将个体要素整合成一个功能体，即一个子系统；③城市空间结构是指城市要素的空间分布和相互作用的内在机制，即将城市各个子系统整合为城市空间大系统的作用机制。

3.4.1.2　自组织理论

自组织是复杂性的特性之一，在开放、复杂的巨系统中，只有通过"组织"特别是自组织方式演化，体系才能发展出原来没有的特性、结构和功能，这意味着复杂性的增长。在一定意义上来说，自组织的实质就是创新。自组织理论群包括：耗散结构理论、协同学、突变论、超循环论、分形理论和混沌理论，它们之间相互联系形成了统一的自组织方法论。

耗散结构理论是解决自组织出现的条件环境问题。它研究体系如何开放，开放的尺度，如何创造条件走向自组织等诸多问题。运用该理论可以帮助我们了解什么条件下能够发生自组织的演化过程，帮助我们创造自组织的条件。在一定意义上，耗散结构理论方法又称为自组织的创造条件方法论。

协同学是解决自组织的动力学问题，它是体系自身如何保持自组织活力的重要方法，它所研究的重要概念和原理，如竞争、协同和

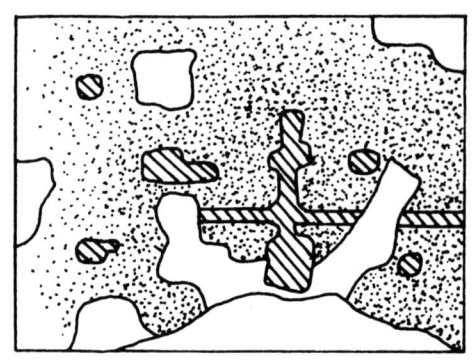

（a）城市形态

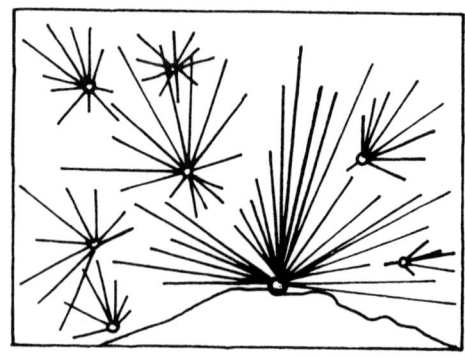

（b）城市要素的相互作用

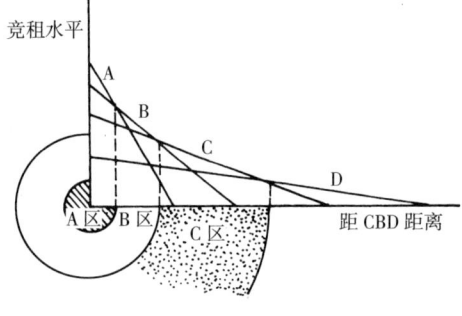

（c）城市空间的构成机制

图 3-14　城市空间结构的基本概念
来源：黄亚平.城市空间理论与空间分析［M］.
南京：东南大学出版社，2002：15

---

① 尼格尔·泰勒.1945 年后西方城市规划理论的流变［M］.李白玉，陈贞译.北京：中国建筑工业出版社，2006：59。

② 张京祥.西方城市规划思想史纲［M］.南京：东南大学出版社，2005。

支配（或役使）以及序参量等概念和原理，对系统自组织的演化以及使得自组织程度越来越高，都具有重要的指导意义。它告诉我们，制定一定的规则，以一定的参数进行调节，然后放手让子系统自己相互作用，产生序参量运动模式，从而推动整个系统演化，是系统非线性、自组织演化的最好管理方式。

超循环方法提供了一种如何充分利用过程中的物质、能量和信息流的方法，提供了一种如何有效展开事物之间相互作用以及结合成为更紧密的事物的方法。结合是复杂性演化的核心，它提供了自组织发展之"核"，因此，可以把超循环方法称为自组织的结合发展方法论。

突变论方法研究自组织的途径问题，是自组织的演化途径方法论。汲取突变论思想方法，使我们懂得何时采取渐变方式推动系统演化，何时该采取突变方式推动系统演化。

分形方法提供了一种事物由简单走向复杂的空间状态以及演化的方法，是事物自组织地表达复杂性空间结构及其生成的方法论。混沌理论方法研究了系统走向自组织过程中的时间复杂性问题，是表达时间复杂性的自组织的演化图景方法论。分形和混沌理论，从时间维和空间维共同研究了自组织的复杂性和演化问题。

城市是由许多子系统（社会、经济、生态、资源、环境等）构成的，并且城市及其子系统又有许多层次结构和要素（如城市系统从空间尺度来看存在着由人→建筑单体→小区→社区→城市区的层次结构，环境子系统包括大气圈、水圈、岩石圈、生物圈等孙系统），它们之间的关联关系很复杂，并且随时间及演化过程有极大的易变性和复杂性；同时城市与区域，城市与周围环境又无时无刻不在进行着物质、能量和信息交流[1]。因此城市是开放的复杂巨系统，具有动态性、非线性、不确定性等复杂性特征。

城市系统的复杂本质使城市空间结构也具有诸多复杂性特征。城市空间结构是一种复杂的人类社会系统和地理系统相互作用的表现形式，是城市功能组织方式在空间上的表征和时序上的动态演化，是以系统思维看待研究城市而形成的对客观存在的抽象。

首先城市空间发展的非线性。非线性是城市空间发展的核心特征，也是造成城市空间发展复杂性的根本原因[2]。城市空间发展是一个典型的复杂非线性动力学系统，城市空间发展中各个要素或子系统中存在着非线性的相互作用，它们之间的函数关系大多是非线性。城市空间发展任何一个要素的变化都不会只受另外一个因素的单一影响，而是受到了多种因素的综合作用。这些因素中，有的对该要素的变化起促进作用的正反馈效应，有的恰恰相反。即使是同一因素，也可能对某一要素的变化同时起到刺激和抑制作用，因而即便是一个要素的变化，也会引起一连串的连锁反应。城市空间发展的非线性是普遍存在的，非线性一方面使远离平衡态的系统形成有序结构，另一方面，非线性的作用也使得系统的演化具有多样性和不确定性，非线性决定了城市空间发展的复杂特性。

其次城市空间发展的不确定性。城市空间的发展是一个不确定的复杂系统，造成城市空间发展不确定性的原因有两个方面[3]。一方面，城市空间发展是一个自然、社会、经济

---

① 房艳刚，刘鸽，刘继生.城市空间结构的复杂性研究进展［J］.地理科学，2005（6）：754—761。
② 张勇强.城市空间发展自组织与城市规划［J］.南京：东南大学出版社，2006：36。
③ 张勇强.城市空间发展自组织与城市规划［J］.南京：东南大学出版社，2006：37。

各要素相互作用的综合体系，在这个系统中由于充满了各种随机因素的扰动，而造成了城市空间运动发展的不确定性，因而，虽然城市空间发展有规律可言，但要精确地描述和预测它的运动是不合实际的，或者是不可能的。但同时我们应当看到，这种随机性并不是完全的随机，而是在规律性基础上的涨落和扰动，并不能因此而否定城市空间发展的规律性，而得出城市空间发展是不可预测的，甚至是不可知的错误结论。另一方面，城市空间发展是一个非线性动力学系统，确切地说是一个混沌动力学系统。混沌与秩序，是一种对事物发展状态的认识。混沌是一种未分化的，既有确定性又有随机性的特殊两重状态，是一种不可预测的随机性行为。我们无法精确写出它的动力学方程，即使我们得出了这样一个动力学方程，它的运动也是不确定的混沌行为，这是混沌动力学的核心特征。同样，混沌不是"混乱"，不能因此否认城市空间发展的规律性，恰恰相反，混沌是我们认识城市空间发展复杂性规律的有效工具。总之，城市空间发展是一个既非完全随机、毫无规律的杂乱系统，又非完全确定的系统，它是一个随机性与规律性，确定性与非确定性共存的复杂动力学系统。

3.4.2 复杂性科学的哲学思维

复杂性科学对世界的革命性推动，不仅仅在于它是一次科学革命，最重要的是它使人们的思维方式开始由线性思维转向非线性思维，从还原论思维转向整体思维，从实体思维转向关系思维，从静态思维转向动态思维，使人们对复杂开放巨系统的认识有了哲学思维和方法论的指导，见表3-2。非线性思维、整体思维、关系思维、过程思维共同构成了复杂性思维，成为对复杂开放巨系统研究的主要特征。复杂系统探究方式的基本出发点是非线性思维，而关系思维、整体思维和过程思维则是进行具体考察的三种基本手段和方式。

复杂性科学与经典科学的哲学思维对比　　　　　　表3-2

		复杂性科学		经典科学
哲学思维	非线性思维	强调多样性，正是多样性构成了复杂性，复杂性决定了非线性关系的普遍性，线性关系只是非线性关系中的特例	线性思维	两个量之间是一种比例，存在一个比例常数，线性相互作用在时空中是均匀、对称的
	整体思维	强调不能从整体本身开始，是从有条件的存在，到它们相互依存的各种组合可能，再从中找到稳态，最后这些稳态中的部分才对应现实中的整体	还原思维	相信客观世界是既定的，存在一个由所谓"宇宙之砖"构成的基本层次，只要把研究对象还原到那个层次，搞清楚最小组分即"宇宙之砖"的性质，一切高层次的问题就迎刃而解了
	关系思维	认为事物的演化是实体与其周围的环境要素所组成的一种组织模式。"适应性"是考察事物之间关系的重要概念	实体思维	对事物的考察总是从某一孤立的实体性的事物出发
	动态思维	将时间维加到空间维上，形成与动力学相联系的空间—时间结构。这种结构包含着系统组织以及系统与环境的关系，并在这种相互作用过程中表现出一种自组织的协同原理	静态思维	将连续的运动轨迹分隔为不连续的、静止的质点。将时间排除在科学的视野之外

来源：赵珂.城乡空间规划的生态耦合理论与方法研究［D］.重庆：重庆大学，2007

3.4.2.1 非线性思维

近代经典科学是线性思维，它认为在线性相互作用的系统中，两个量之间是一种比例关系，即存在一个比例常数，而这一常数的存在表明这种线性相互作用在时空上是均匀、对称的，在性质上是等价的，即具有某些相同的性质。这种性质上的等价性的重要特征，就是可加性和可分性，在相加和相减的过程中不会产生也不会丧失某些原来性质，即不会产生新的东西。

非线性思维认为首先存在着多样性，正是多样性构成了复杂性，复杂性决定了非线性关系的普遍性，而线性关系只是非线性关系中的特例。近代经典科学企图通过"线性化"的方法，来解决非线性世界中的问题，其能力有限，同时也造成了一系列不好的后果。所以，在复杂的非线性世界中，必须采取非线性思维。

首先，全面的认识事物本质状态的基础，应当是从认识的不同层次、不同角度、不同途径提出问题，而不是满足于线性关系的一因一果的简单解释。非线性思维坚持有限的预测观。它认为"未来既是可以预测的，也是不可预测的"。由于系统的行为对初始条件具有敏感依赖性，因而其长期行为是不可预测的，但其短期行为却是可以预测的。例如，天气系统，可以对短期几天内进行预测，远期则能力有限。了解这一点，对于发挥我们的主观能动性，搞好各类预测和决策，具有重要意义。

总而言之，如果说非线性思维和有限预测构成了复杂系统探究方式的基本出发点的话，那么整体思维、关系思维和动态思维则构成了进行具体考察的三种基本手段和方式 [①]。

3.4.2.2 整体思维

近代经典科学是分析性的、还原论的，这种思维方式是把自然还原为机械运动，进而分解为基本的零部件来认识其构成和功能。但还原的每一步，实际上都是对整体、过程、复杂性的抽象和切割，都丧失着原有的部分关系和属性。

复杂性科学思想认为系统的整体性是不足的和不确定的。传统系统观往往忽略了整体性中的多样性和复杂性，事实上，"在整体性中有黑洞，有盲点，有暗区，有断层。整体性内部的分区不仅仅是不同部分的分区，那是一些分裂、冲突和分化之源"，所以，真正的整体性永远是不完整的，是有缝隙和裂痕的。整体的不确定是因为整体的边界难以划定，一个系统中的整体又是另一个更大系统的一部分，真正的整体应是含混的、多样的和不定的。正是因为多样性和复杂性的存在造成了整体性是不足的和不确定的。

复杂性科学思想的整体思维强调不能从整体本身井始，因为从整体本身谈本身是不可证实的空洞概念。但如果以事物性质和存在的条件性作为出发点，那么整体就可以归结为一批事物的集合，它们的性质和存在是互为条件的。

整体思维的基础必须遵循的一条独特思路就是从有条件的存在，到它们相互依存的各种组合可能，再从中找到稳态，最后这些稳态中的部分才对应现实中的整体。这样的整体思维本质上是发展的。因为我们在探讨任何现实存在的问题时，一定要考虑可能性的海洋，只有在可能性背景下的整体才是有意义的。

---

① 赵珂.城乡空间规划的生态耦合理论与方法研究［D］.重庆：重庆大学，2007。

3.4.2.3 关系思维

传统思维对事物的考察总是从某一实体性的事物出发，但事实上，演化的单元并不是孤立的实体。复杂性科学思想认为事物的演化是实体与其周围的环境要素所组成的一种组织模式。整体性和多样性作为复杂性的基本特征，其统一是通过联系和组织来获得的。联系在整体性与多样性之中，或是僵化固定的依赖关系，或是互动关系，或是起调节作用的反馈，或是信息的交流。而组织则是联系的联系，它将不同的联系组合在一起，使部分之间产生的联系变成一个整体，使部分与整体相联系，整体与部分相联系。组织将分散的多样性改造为一个完整的形式，由于复杂性和多样性的存在，组织的这种改造活动既是封闭的又是开放的，这种组织活动是一种回环的活组织活动，开放是为了封闭（以保存它的复杂性和多样性），封闭是为了开放（交换、交流等）。一个系统越复杂，多样性越丰富，它开放的程度就越大，封闭的程度就越强。组织是在复杂性和多样性基础上的开放和封闭的高度统一。

"适应性"是考察事物之间关系的重要概念。适应性就是指复杂系统具有对于外在的刺激与干扰，自身发展变化出现的内在不协调，能够通过自我内在机制和功能进行自我调整的性质。具有适应性的主体经历发生、形成和发展的过程，从而具有动态的生命的特征。从而能通过功能耦合把宏观和微观有机地结合起来，通过主体和环境的相互作用，使得个体的变化成为整个系统变化的基础，统一地加以考虑。所以，不管世界如何复杂，追求适应然后创新就是我们的目标。

3.4.2.4 动态思维

复杂性科学思想的系统范式认为任何组织的形式不是存在着，而是发生着，动态思维是将时间维加到空间维上，形成与动力学相联系的空间—时间结构。这种结构包含着系统功能，因而也包含着系统组织以及系统与环境的关系，并在这种相互作用过程中表现出一种自组织的协同原理。所以，在动态的过程中探寻耦合关系，建构新的功能耦合网，促进组织内稳态，是保持事物不断进化的关键。

综上，复杂性科学的哲学思维，让我们认识到，首先对城市空间发展的预测是不断修正的，因为城市空间发展是在演化过程中逐渐形成的。其次，城市各要素不是简单叠加在一起，而是在社会、经济等因素作用下相互综合形成的，它的形成与发展是多种因素耦合作用的结果。最后，动态的思维方式也提醒了我们，大城市都市区簇群式空间不仅是一种空间布局形式，也是一种空间演化方式。

其中值得注意的是，分形方法提供了一种事物由简单走向复杂的空间状态以及演化的方法，为我们理解客观世界的复杂性提供了新语言和新工具。复杂性在分形中表现为某种意义上的对称性的无限和有限的自我嵌套，反映了事物结构内在的统一性，从大尺度到小尺度保持一致的分支行为，从而通过递归、嵌套来把握由分支产生的整个结构。大城市都市区簇群式空间也应具有分形特征，由此入手，可以更加透彻地剖析大城市都市区簇群式空间结构的理论模式。因此，分形方法的运用，对大城市都市区簇群式空间发展研究提供了新的思路。

　　整体而言，对城市空间的研究经历了思想探索—实践—反思—修正的过程，在这样的过程中，集中与分散思想从割裂到统一，从片面强调工具理性到关注价值理性，从线性思维到非线性哲学思想的发展，对大城市空间组织方式、价值目标、思维方式产生了深远的影响。这一系列思想深刻影响着当今社会，在综合因素的作用下造成了特定城市的特定类型的空间结构，即融合集中与分散相统一的整体分散舒展、组团紧凑集约的空间组织形式，拥有多元价值目标的理想城市模式，以及城市空间复杂性分形认识为一体的大城市都市区簇群式空间结构。

4

大城市都市区簇群式空间发展的过程特征

　　近些年，中国城市区域化及区域城市化趋势，从根本上改变了城市的空间尺度，促使了都市区的形成，并在都市区尺度上形成了与传统地域空间不同的空间特征。特别是一些大城市空间发展受到土地资源条件、自然环境条件、区域交通条件的影响，都市区空间借助强大的中心成长、依托交通走廊、形成外围"簇群式组群"的扩展形态，如武汉、南京、长沙[1]等（图4-1）。当代一些大城市在都市区尺度上形成的簇群式的空间，是客观存在的现象。本书用"簇群式"来解释当前都市区空间出现的这种新现象。

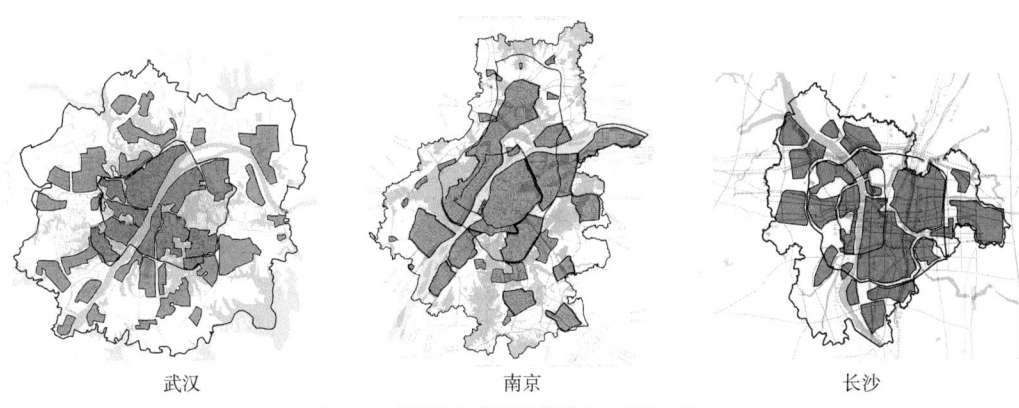

武汉　　　　　　　　南京　　　　　　　　长沙

图4-1　案例城市都市区簇群式空间形态示意

　　用"簇群式"来解释都市区空间结构的新发展，面临的首要问题就是什么是都市区簇群式空间结构以及为什么会形成这种结构。对中国大城市的研究，借鉴西方相关理论一直是学界的传统，它有助于从多方面、多角度考量中国大城市发展现象，探讨内在逻辑。但中西方无论在城市发展的背景、历程还是内在机制方面都存在显著差异，作为特定时空范畴内的复杂人类活动集合，对城市空间发展的认识，在城市空间的组织模式、空间形态演变的成因机制等各研究领域内都存在差异性。由此，基于中国特定背景条件，我们不可能仅从国外的都市区发展经验与理论中，就能获得一套适用的、完整的都市区空间发展理论与方法。

　　本书首先从都市区空间呈现簇群式发展态势的大城市的实证入手，揭示其空间发展过程特征。并在此基础上参考相应理论揭示大城市都市区簇群式空间的成长机理，总结其空间模型，建立解释大城市都市区簇群式空间的整体框架。

　　武汉为湖北省省会，是中部唯一的副省级城市，华中地区最大都市及中心城市，中国长江中游特大城市。世界第三大河长江及其最长支流汉江横贯市区，将武汉一分为三，形成武昌、汉口、汉阳三镇跨江鼎立的格局。武汉是长江中下游地区重要的产业城市和经济

---

① 武汉都市区包括中心城区（江岸、江汉、硚口、汉阳、武昌、青山、洪山），以及外围东西湖区、汉南区、蔡甸区、江夏区、黄陂区、新洲区的部分用地，总面积约3261km²。南京都市区包括城区、近郊区和六合区大部，以及溧水柘塘地区，总面积约4388km²。长沙都市区包括市区，长沙县星沙镇、暮云镇、椰梨镇、黄花镇、望城县高塘岭镇、坪塘镇、丁字镇、雷锋镇、星城镇、含浦镇、黄金乡，总面积1450km²。划分组团时主要依据为：1）自然地理条件，如长江、汉水以及主要湖泊；2）已有规划和相关研究；3）现状路网及规划路网；4）历史沿革。

中心，中国重要的文教中心，也是全国重要的交通枢纽。如今武汉努力构建中部地区支点城市，并致力发扬"敢为人先，追求卓越"的武汉精神，为建设国家中心城市，复兴大武汉而努力。

南京，是江苏省省会，华东第二大城市，中国科教第三城，中国国家区域中心城市，国家重要的政治、军事、科教、文化、工业和金融商业中心，综合交通枢纽。南京历史悠久，有超过2500余年的建城史和近500年的建都史，是中国七大古都之一，有"六朝古都"、"十朝都会"之称。南京位于长江下游，是承东启西的枢纽城市，国家重要门户城市，华东地区中心城市和重要产业城市，长江航运物流中心，滨江生态宜居之城，联合国人居署特别荣誉奖获得城市。

长沙为湖南省省会，位于湖南省东部，湘江下游长浏盆地西缘。

20世纪末以来，国家陆续提出西部大开发、中部地区崛起、东北老工业基地振兴等区域发展战略。自国家"十一五"规划实施的5年以来，国内各界对改革开放30年所出现的地区发展差距拉大、粗放增长、环境透支、社会分异等问题进行反思和大讨论。2007年党的十七大明确提出了"推动区域协调发展，优化国土开发格局"的科学发展要求。随后，国家以上海浦东新区、天津滨海新区、长株潭城市群、武汉城市圈、重庆和成都等综合配套改革试验区为试点，全方位尝试突破体制束缚，加大我国区域协调发展力度。自2009年至今的短短两年多时间内，应对世界金融危机后我国外部冲击和内部矛盾日显突出的问题，国家以加快对内开放与提升区域整体竞争力为目标，先后批准珠三角、江苏沿海地区、海峡西岸经济区、关中—天水经济区、辽宁沿海经济带、黄河三角洲高效生态经济区、皖江城市带承接产业转移示范区和长三角等十余个区域的发展规划[1]。

武汉、长沙建设"两型社会"的总体发展目标，重点的产业发展性质、自然生态系统保护都与城市空间的组织有着密切的联系。2010年5月国务院批准了《长江三角洲地区区域规划》，对南京作为长三角区域中心城市的定位有所提高，要求南京加强区域协作，强化服务和辐射功能，带动中西部地区发展。这些都要求城市空间规划作出响应。

因此武汉、南京和长沙都处于理论与实践发展的前沿，中国当前的政策导向，长株潭城市群、武汉城市圈、长三角发展规划的批准，为这三个城市发展提供了新的机遇，同时也提出了挑战，这三个城市亟待走出自己的特色。因此，城市空间上呈现出典型"簇群式"的这三个城市在理论研究中具有代表性。

4.1 武汉都市区簇群式空间发展分析

从图4-1可以看出，武汉都市区空间由强大的中心和多个外围组团组成簇状形态，外围组团与中心在空间上接近但互相独立，其间存在紧密的联系，形成共生与竞争的双重内在关系；由于山体、水体的阻隔，武汉城市各组团之间保留着一定的空间间隔，但同时组

① 官卫华，刘正平，叶菁华.基于区域协调的城市总体规划编制方法的新探索——以南京市城市总体规划修编为例[J].城市规划学刊，2010（6）：22-30。

团间又有非常紧密的联系，城市用地沿轴线分布；城市组团内部空间适度的密集化，组团外部保留有较大范围良好的生态基质，形成了都市区尺度上的簇群式空间形态。

当前，城市土地开发是城市空间形态塑造的重要营造力。武汉城市土地开发过程就是城市空间扩展与城市成长的主要过程，可以说在武汉城市空间发展的过程中，土地开发起着主导作用。因此在武汉实证部分以土地开发案例的时空分布来分析武汉都市区空间的发展变化状况。

4.1.1 数据来源与研究方法

4.1.1.1 实证数据来源

本书最主要的数据来自 20 世纪 90 年代以来的武汉市主城区和外围组团的土地开发案例资料[①]（图 4-2）。原始数据中所包含的信息有地块位置、地块面积、用地性质、出让时间、

图 4-2　1992 ～ 2008 年武汉都市区土地开发空间分布

① 数据的采集过程历经 3 年时间，最早开始于 2006 年，本书所属自然科学基金项目团队在进行武汉市土地开发经营相关研究时，从武汉市国土规划局信息系统采集了 1992 ～ 2005 年的武汉市主城区土地开发案例库，在武汉市沌口国家级经济技术开发区、江夏区国土规划局、东西湖区国土规划局采集了自 2000 年以来的土地开发资料，通过 CAD 和 Excel 进行汇总，总计 3231 宗地。2009 年研究团队又进行了补充调研，搜集的资料主要是 2006 ～ 2008 年主城区的土地开发案例和都市发展区外围组团 2000 年之后的土地开发资料。在这些原始资料的基础上，自然科学基金项目团队使用 Arcgis 软件制作了武汉都市发展区的土地开发案例资料库（简称案例库），共包含 1992 ～ 2008 年间的土地开发案例 6000 余宗。

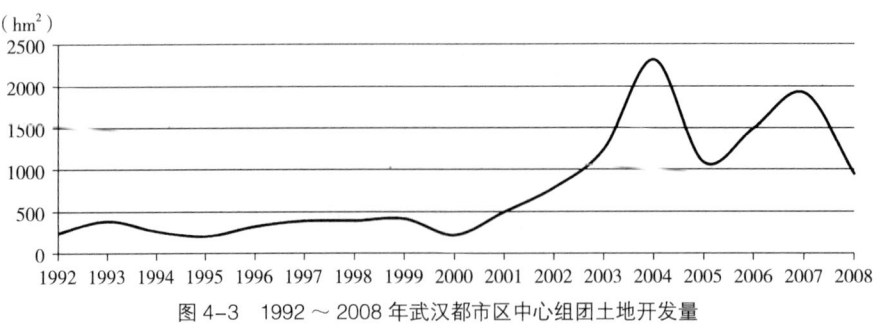

图 4-3　1992 ~ 2008 年武汉都市区中心组团土地开发量

规划容积率、单位面积出让费用和建筑限高等许多内容，在案例库的制作过程中，对所搜集的信息进行了统一，只保留了地块位置、用地面积、用地性质、出让时间 4 项。在案例库中，地块位置和用地面积通过图形信息保存，用地性质和出让时间通过属性表进行保存，Arcgis 地理信息系统将每个地块资料的图形与属性表一一对应，使本书能够从空间上直观地对武汉都市发展区的土地开发状况进行描述。

根据以上获取的资料，将开发案例进行整理。在数据整理时，为了更加直观，采用以组团[①]为单位进行数据统计，这样既可以与地理空间联系更加紧密，也可与上述所建立的模型统一起来，增加说服力。

1992 ~ 2008 年中心组团历年的开发量形成三个峰值，1992 ~ 1995 年是第一个波峰，1996 ~ 2000 年与 2001 ~ 2008 年分别形成第二、第三个波峰（图 4-3）。鉴于以上外围组团的资料有限[②]以及中心组团历年土地开发量的特征，并结合国民经济发展计划，将 1992 ~ 2008 年划分为 1992 ~ 1995 年、1996 ~ 2000 年与 2001 ~ 2008 年三个时间段进行分析，以便将中心组团与外围城区放在同一平台上整体研究。

4.1.1.2　实证研究方法

武汉都市区实证研究建立的土地开发模型，采用网格系统（Grid System），以固定大小的正方形[③]作为空间的基本单元，对每个开发案例的空间实际位置作统计和分析，以此真实地反映土地开发的空间实态（图 4-4）。并且在建立模型时使用 Golden Software Surfer 8.0[④]软件，可以对所建立的模型提供一系列的统计指数，量化城市土地开发空间的变化，提高研究的准确性。

---

① 将武汉市城区划分为 38 个组团，分别定义汉口旧城组团、建设大道、二七、后湖谌家矶、站北、古田、汉阳旧城、十升、四新、武昌旧城、中南、徐东、青山、武钢、珞瑜、白沙、南湖等 17 个组团基本在中心城区范围内的为中心组团，而属于外围城区的金银湖、吴家山、蔡甸、新农、后官湖西、沌口、常福、军山、纱帽、金口、黄家湖、纸坊、流芳、关山、九峰豹澥、左岭、化工新城、阳逻、武湖、横店、盘龙城等 21 个组团为外围组团。
② 数外围组团的数据资料的来源有限，仅沌口组团的资料自 1992 ~ 2008 年最全，而其他组团由于近年来才大规模开发，所以仅有 2001 ~ 2008 年这一时间段的土地出让资料。
③ 正方形四个顶点坐标为（494195，348605）、（494195，417595）、（565168、417595）、（565168、348605）。
④ Golden Software Surfer 8.0 可以提供多种模型方式，如 3D Surface、Wireframe Map、Post Map，本书将根据分析的需要有所选取。总体而言此软件可以提供二维与三维的图形，这些图形便于更加直观地分析开发案例。Wireframe Map 可以提供二维拓扑图和三维图，二维平面拓扑是由数据空间矩阵生成的二维等高线图，不同的高度代表土地开发的不同规模；三维图是由数据生成的膜状表面，三维图像的高峰表示此处开发的地块规模较大；台地表示整体开发较大。Post Map 只生成二维（X，Y）图像，主要是标记输入的数据（即每个开发案例）在网格中的实际位置。

图4-4　武汉地理信息网格系统

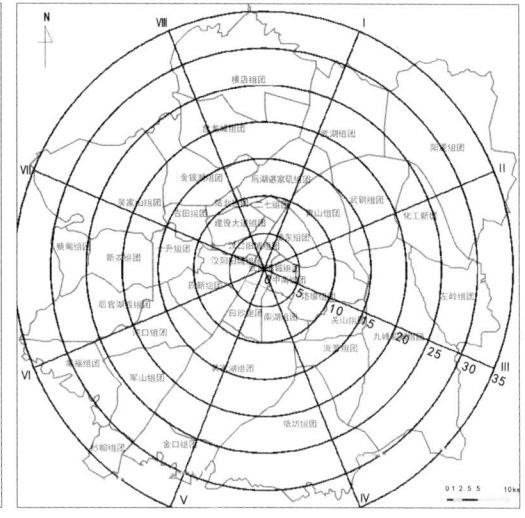

图4-5　武汉地域扇形圆周系统

　　虽然以每个开发案例的空间实际位置建立 Wireframe Map 模型较接近城市土地开发的空间实态，但城市土地开发的案例数目较多，整体的开发模型是以每个开发案例的空间实际位置模拟的，给研究带来了一定的困难。为了使土地开发整体空间布局更加直观、明晰，在实证研究时也建立以组团为单位的土地开发模型，其中各组团的 (X, Y, Z) 坐标值分别以各组团的重心[①]的坐标值 (X, Y) 和该组团的土地开发量为 Z 值表示，各组团的重心详见附表1。

　　为了更加全面地分析 20 世纪 90 年代以来武汉城市空间轴线发展的情况，本书以武汉 20 世纪 90 年代以来的土地开发重心[②]为圆心，分别以 5km、10km、15km、20km、25km、30km、35km 为半径，将研究范围划分成 7 个同心圆带。然后再按 N、NNE、E、SSE、S、SSW、W、NNW 八个方向将同心圆割成八个均等的扇形，建立扇形圆周系统（图4-5）。依据扇形圆周系统，旧城的范围基本上在以 5km 为半径的圆内，中心城区在以半径为 15km 的圆内，外围组团位于半径 15 ～ 35km 的圆环内。

4.1.2　武汉城市土地开发的整体空间分布分析

4.1.2.1　数据分析

　　由图 4-6 可以看出，1992 ～ 2008 年间，土地开发量最大的是沌口组团，其次就是流芳、纸坊、金银湖、阳逻、关山组团，均是外围组团。

　　建设大道组团、后湖谌家矶等组团是开发的热点地区，但其开发量与外围组团相比并不大。外围组团开发量也远远超出中心各组团，可见边缘区是开发量最大的地区。

4.1.2.2　三维曲面图（3D surface）分析

　　由以组团为单位建立的三维模型可以清楚地看出，关山—流芳、沌口和吴家山—金银湖、阳逻形成外围的四座高峰，中心仅有个别小"凸起"，如建设大道、徐东、后湖谌家矶等，

[①]　二维图中黑点即表示每个组团的开发重心。

[②]　因武汉没有明确的市中心，所以用 20 世纪 90 年代以来武汉城市土地开发的重心来替代市中心。

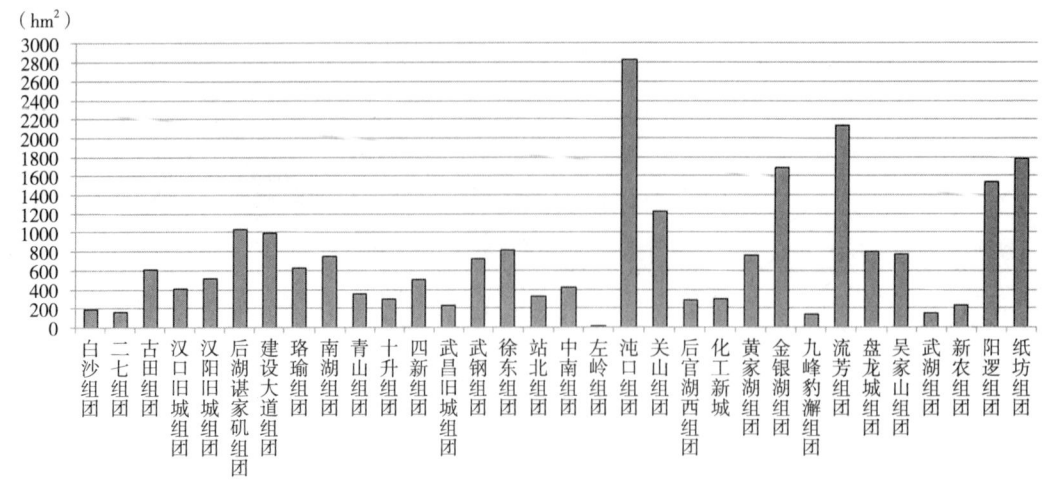

图4-6 1992～2008年武汉都市区各组团土地开发量

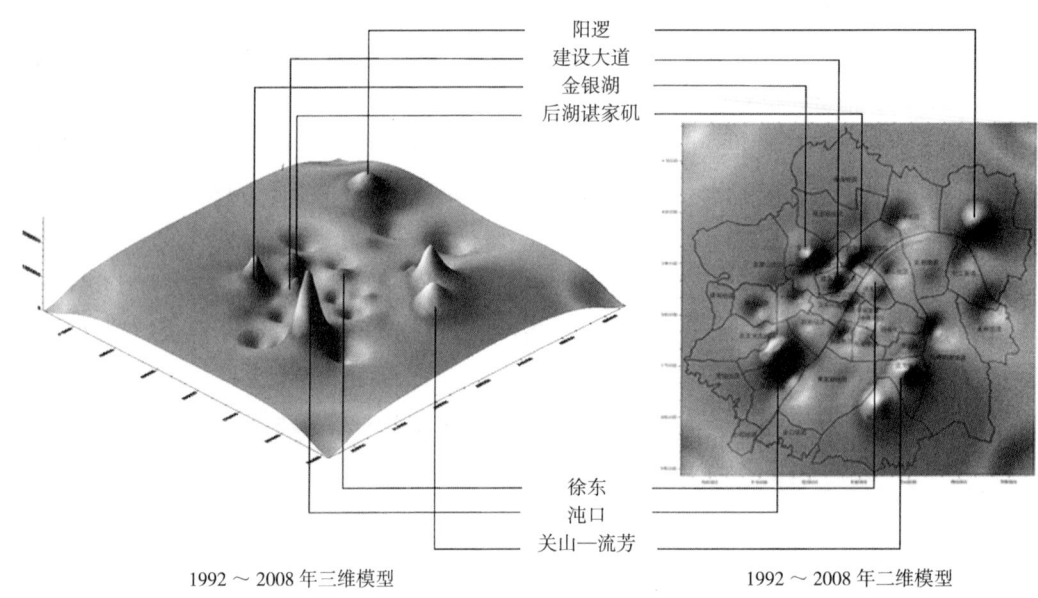

1992～2008年三维模型   1992～2008年二维模型

图4-7 1992～2008年武汉都市区土地开发空间形态三维模型

整体上形成外围高而中间低的"盆地"式城市土地开发空间形态（图4-7）。武汉外围组团形成极核，簇群式的多中心结构已初具规模。但同时也可以看出武汉城市土地开发的主导方向不明。

4.1.2.3 点位图（Post Map）分析

为了更加清晰地分析武汉城市土地空间分布情况，将 Post Map 与 Wireframe Map 二维图叠合，武汉城市土地空间分布便一目了然（图4-8）。

由这张叠合图可以清楚地看出，武汉城市17年来的土地开发地域基本呈大"十"字形，"一横"基本沿汉水、武珞路一线，"一竖"即沿长江两岸。

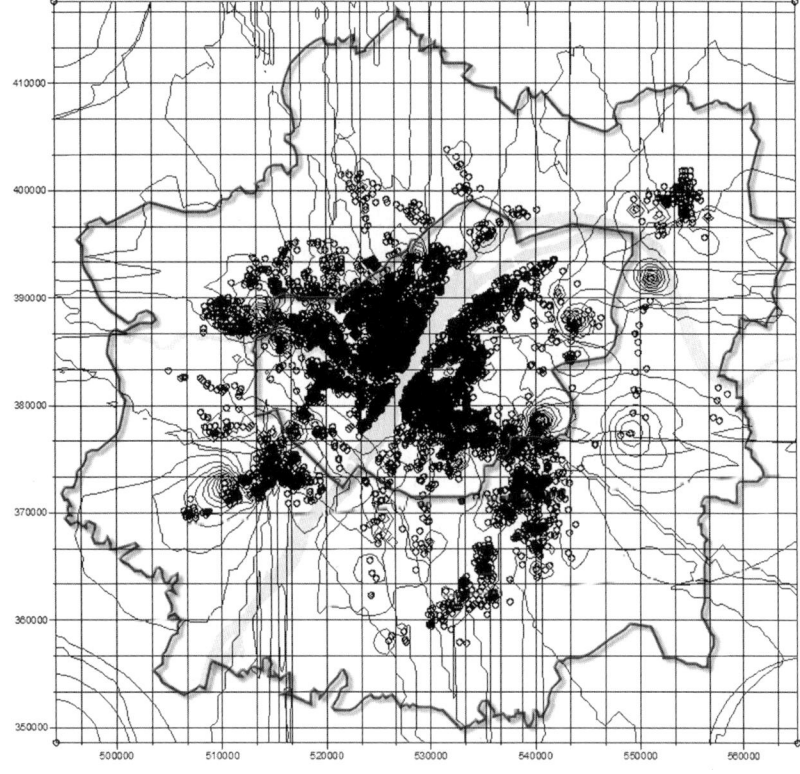

图 4-8　1992～2008 年武汉都市区土地开发二维叠加

具体而言，主城内汉口的汉口旧城、建设大道、二七、后湖谌家矶等组团开发案例较多，即在沿长江和汉水发展的同时，汉口已经向西北的腹地发展。近年来，吴家山、金银湖进一步开发，与中心组团的土地开发相连，共同形成规整的开发平面形态。

中心城区的汉阳与外围组团的土地开发呈现出明显的两部分，可以用"上下脱节"来形容。旧城部分以钟家村为支点沿长江、汉水分布，但沿长江的一轴在四新断裂，沿汉水的一轴在新农终止。外围大规模开发的地域是沌口，以及后官湖以西、以北地域。沌口的开发基本是沿 318 国道，后官湖的开发地块分布在汉沙公路两侧以及后官湖周边，虽具一定规模，但均独成一体，造成断裂带的形成。

长江以南的土地开发呈拉长的"S"形，基本沿长江及武珞路。沿长江一线由北面的武钢组团到南基本终止于雄楚大道，而雄楚大道以南土地开发则较为零散；沿武珞路一线由武昌旧城发展至关山土地开发经历"由密及疏再到密"，并在关山组团转向南发展至流芳、纸坊组团，这一地域地块开发案例多而且开发量大，成为整个武汉城市开发量的高峰。

外围的阳逻组团发展自成一体，也成了武汉城市开发量的高峰之一。

综上分析可以看出武汉城市土地开发整体空间分布有以下几个特点。

（1）各地域发展不均衡，边缘区是开发的热点地区，外围组团初具规模，形成簇群。

（2）土地开发受自然地理条件影响较大，空间沿轴线分布。

（3）空间发展的主导方向不明。

4.1.3 武汉城市土地开发的演变过程分析

4.1.3.1 数据分析

武汉城市土地开发 1992～1995 年、1996～2000 年两个时间段，主要以中心组团的开发为主，且两个时间段的开发规模基本持平；2001～2008 年外围组团开发增长速度飞快，整体开发规模迅速增大，导致城市土地开发由中心向外围转移（图 4-9）。

由图 4-10 可以看出：

1992～1995 年，中心组团土地开发的重心在建设大道组团、汉口旧城组团，徐东组团、珞瑜组团也有一定规模的土地开发；外围的沌口组团已有大规模的开发。

1996～2000 年，中心组团开发的中心仍在汉口，如建设大道组团、后湖谌家矶组团，但汉口旧城有所下降。徐东组团、中南组团、珞瑜组团、武钢组团的开发已比上一时间段略有增加。汉阳的几个组团开发量变化并不大，十升组团反而有下降趋势。

2001～2008 年，中心组团汉口的后湖谌家矶组团增加幅度最大，古田也有一定量的

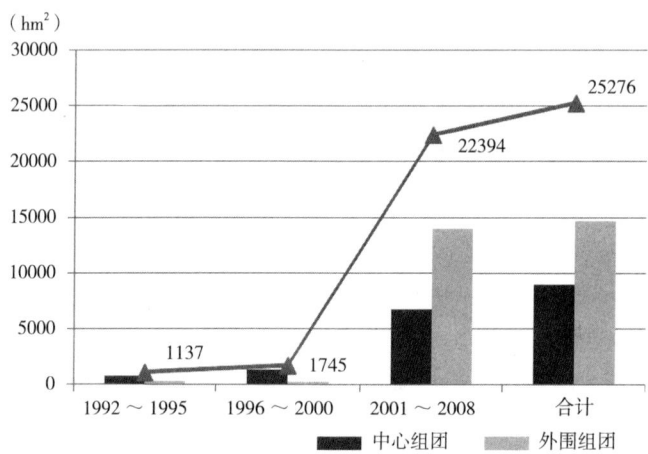

图 4-9　不同时间段武汉都市区土地开发量

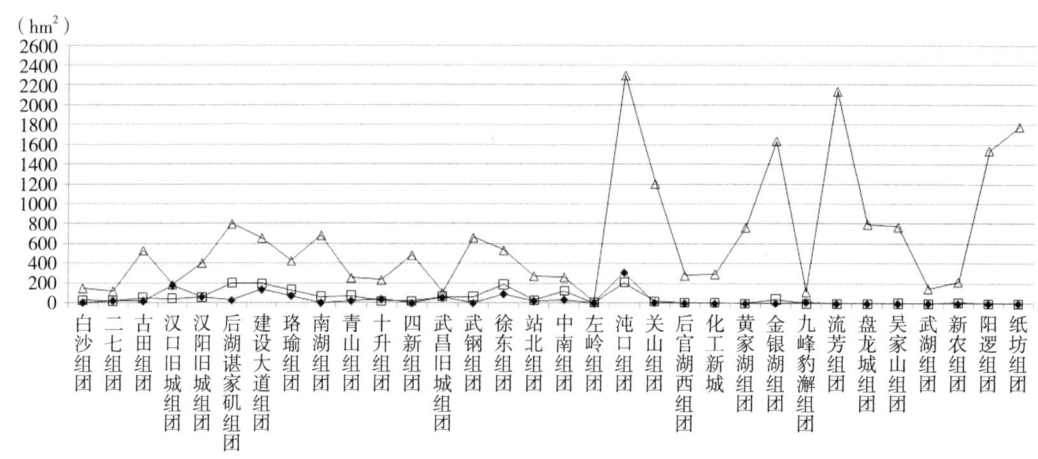

图 4-10　不同时间段武汉都市区各组团土地开发量比较

增加，武昌的武钢组团、南湖组团也有较大规模的土地开发增长，汉阳地区的四新组团的开发力度较前两个阶段均有大幅度提高，与此同时，关山组团、流芳组团、纸坊组团、沌口组团、吴家山组团、金银湖组团以及阳逻等外围组团的土地开发势头强大，开发量与开发热度均大于城市中心组团。

由图可以看出，各组团基本遵循每个时间段开发量同步递增的特征，且2001～2008年增幅最大，以外围组团最为明显。

由上文的分析可以看出，武汉城市土地开发每个时间段均有所侧重。白沙、二七、汉口旧城和武昌旧城组团在17年间的土地开发量一直没有大幅度的变化，且开发量一直不高，没有较大的发展（这三个组团均在"十"字的横轴以南）。

4.1.3.2 点位图（Post Map）分析

在单独分析了每个时间段开发情况的基础上，考虑城市土地开发的时间延续性，随时间的变化将各个时间段的开发用地叠加，即1996～2000年的土地开发在1992～1995年开发案例的基础上再叠加，这样就可以更加清晰地分析武汉城市土地空间分布的发展变化情况。在此仍旧采用将Post Map与Wireframe Map二维图叠合的方法。

由图4-11可以看出武汉城市土地开发的时序发展：

1992～1995年，沿汉水、长江、武珞路发展，呈集中的带状，除此之外，沌口沿318国道开发，汉口已经沿多向腹地轴线开发。在轴线以及整体开发地域之外，有部分零星分布的开发地块，但整体形态棱角比较分明。

1996～2000年，仍沿汉水、长江、武珞路（雄楚大道）发展，由集中的带状逐渐向外发散，整体形态变化不大。上一阶段零星分布的地块与原有轴线相连使轴线得以延伸，或使轴线整体加宽。

2001～2008年，城市土地开发形态变化较大，土地开发向外围扩散速度较快，在上一阶段轴线延伸的基础上已形成外围用地的聚集，即原有轴线发展的基础上形成了吴家山—金银湖、关山—流芳以及独立成团的阳逻地域的开发。原有轴线更加强化，但向腹地发展的一面边缘继续模糊。初步形成"大中心小组团"的土地开发形态。

综合三个时间段，武汉城市土地开发，即这种"大中心小组团"的土地开发形态基本随时间按照离岸—轴向、轴向—发散、大规模扩散填充、聚集的方式发展。

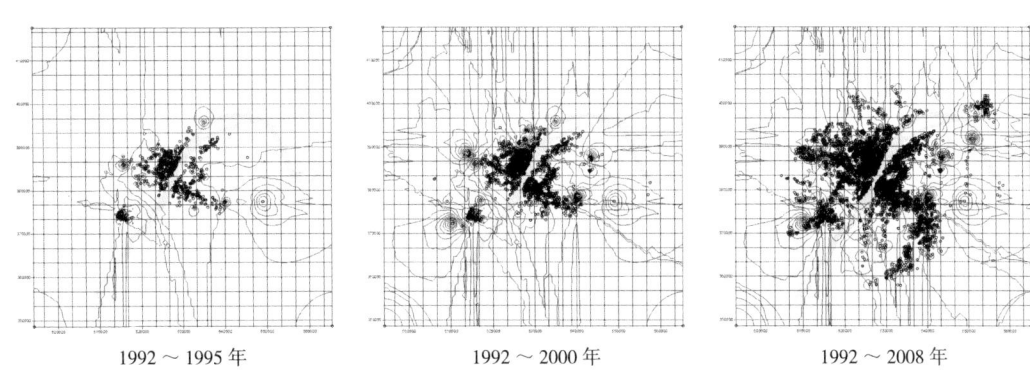

| 1992～1995年 | 1992～2000年 | 1992～2008年 |

图4-11　不同时间段武汉都市区土地开发空间二维叠合

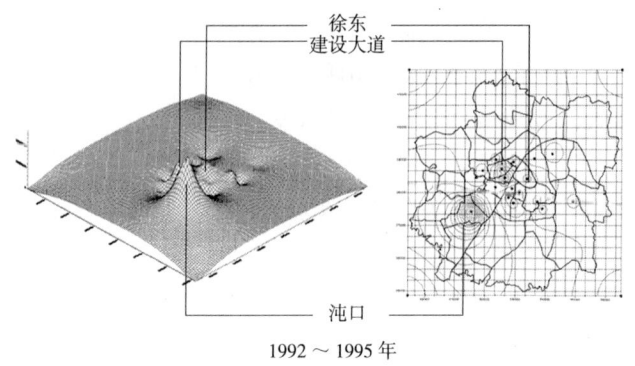

1992～1995 年

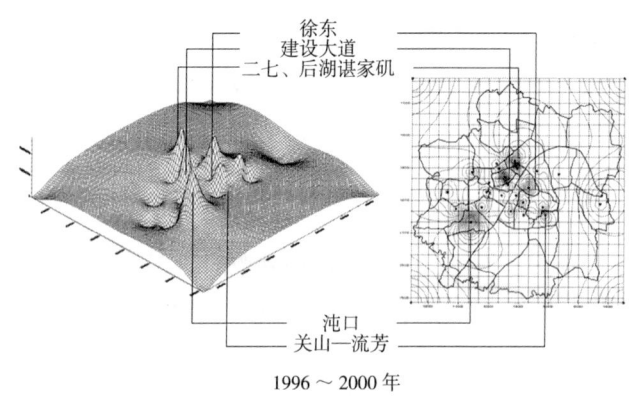

1996～2000 年

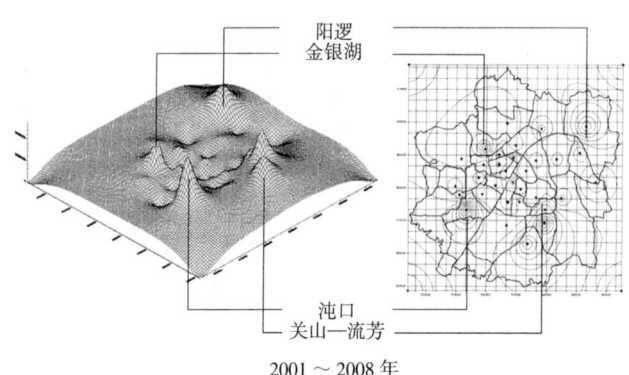

2001～2008 年

图 4-12　不同时间段武汉都市区土地开发空间模型

图 4-11 说明各时间段武汉城市土地开发都呈现一定的方向性，表明在一些因素的影响下，城市土地开发存在一定的开发轴线。20 世纪 90 年代以来武汉城市土地开发空间分布整体沿长江、汉水—武珞路一线形成"十"字形的空间态势；具体而言武汉城市土地开发主要向西南、西、西北、北、东北、东、南等几个方向沿轴线发展，也几乎涵盖了所有的方向。

4.1.3.3　网线图（Wireframe Map）分析

利用公式算出各个时间段每个组团的开发重心，建立每个时间段武汉城市土地开发模型。重心坐标详见附表 2～附表 4。

同样运用 Golden Software Surfer 8.0 软件对武汉都市区 1992～2008 年不同时间段的土地开发数据建立模式分析。重心的坐标基本呈现由沿江至离岸发展，随着时间的变化，开发规模最大的组团在向外推进（图 4-12）[①]。2000 年之前，土地开发的峰值基本位于中心城区的建设大道、徐东一带；而至 2008 年，以关山—流芳、沌口、吴家山—金银湖和阳逻形成外围的四座高峰，土地开发的峰值由中心向外转移。

1992～1995 年城市土地开发的峰值集中在沌口、建设大道、徐东等组团，基本在长江以北发展。

1996～2000 年城市土地开发的峰值集中在建设大道、徐东、二七—后湖谌家矶组团，沌口依然有大规模的土地开发，外围的关山—流芳也开始有了一定规模的城市土地开发。

———————————

① 二维图中黑点表示每个组团的开发重心。

　　2001～2008年城市土地开发的峰值外移，原先几乎没有什么开发的阳逻、金银湖、纸坊组团等成为集中开发区域，关山—流芳的开发力度加大，沌口依然有较大规模的开发。

　　可以看出历年土地开发均有一定的侧重地域，即峰值在一定地域聚集，并且随着时间的推移，峰值逐渐向外围转移。

　　以上分析可以得出：

　　（1）城市土地开发空间形态随时间由中心集中到向外扩散。

　　（2）城市土地开发沿一定的轴线由内向外推移，具有明显的时序性，外接圆半径逐渐增大。

　　（3）整体开发量逐年递增，且外围组团的增长尤为明显，整体开发规模峰值随时间由中心向外围移动。

　　（4）土地开发规模空间分布不均衡，城市土地开发规模在旧城中心区的边缘与外围组团形成开发高峰。

4.1.4　武汉城市土地开发类型的时空分布分析

4.1.4.1　整体空间分布分析

　　在武汉城市土地开发整体分析的基础上，将庞大的数据进行分类，选取在市场经济体制下土地有偿出让中最多的类型，同时考虑到土地利用中最为活跃，并对城市发展及空间格局变化产生重要影响，主要有居住、商业、办公、服务业、工业及高新技术产业等[①]，所以将整体数据分为居住、商住综合（包括办公楼、商业服务等与居住的混合用地）、商业、工业、其他用地，

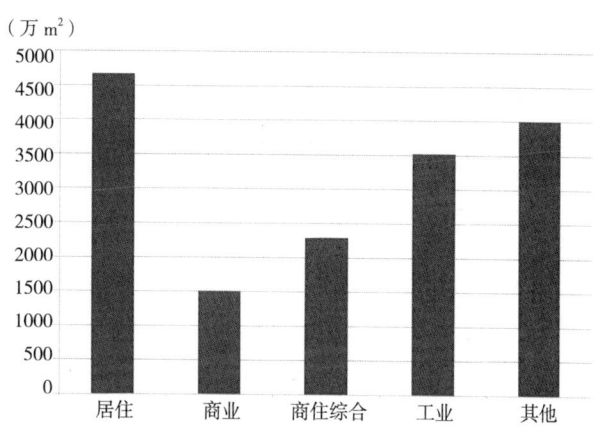

（万m²）

图4-13　武汉都市区不同类型用地性质城市土地开发量比较

并抽出居住、商住综合（包括办公楼、商业服务等与居住的混合用地）、商业、工业这四类进行具体分析。由图4-13可以看出，1992～2008年间，居住用地的开发居榜首，其次是工业用地的开发，其他用地位居第三（其他用地包括关山、流芳的教育用地[②]）。武昌土地开发的外推以及关山—流芳的大规模开发均部分归因于教育用地在外围的大规模选址与建设。

---

① 黄亚平. 城市空间理论与空间分析［M］. 南京：东南大学出版社，2002：227.

② 自1999年起，我国高校连年大幅扩招，1999年较1998年实际增幅达47%，2000年招生200多万，更是连创新高。在此基础上，2001年再扩招13%。武汉市许多高校也纷纷扩招，并修建新校区。华中科技大学武昌分校于2000年8月试办，选址武昌南湖之滨，占地面积1000余亩，建筑面积48万m²；2001年武汉工程大学（原武汉化工学院）在江夏区新征718亩办学用地（不包括学生公寓及生活用地）建立分校。众多高校都在南湖周边、流芳等地修建分校，促使这些区域用地增长。

1）数据分析

由图 4-14 可以看出，居住用地开发量最大的是金银湖组团，商住综合用地开发量最大的是建设大道组团，商业用地开发量最大的是沌口组团，其次是建设大道组团，工业用地开发量最大的是沌口组团。

居住用地分布较为均匀，开发量分布较为均衡；商住综合集中在中心组团；商业用地集中在中心组团外，已经有相当规模的向外扩散，如沌口组团、阳逻组团、纸坊组团、金银湖组团；工业用地的开发主要集中在武钢组团以及外围的沌口组团、关山组团、流芳组团、阳逻组团。距武汉城市土地开发重心较远的外围组团以及武钢组团基本以工业、居住开发为主，相对而言较为均质。总体上看各类用地开发不均衡。大量的工业、居住用地开发造成了城市空间的外推。

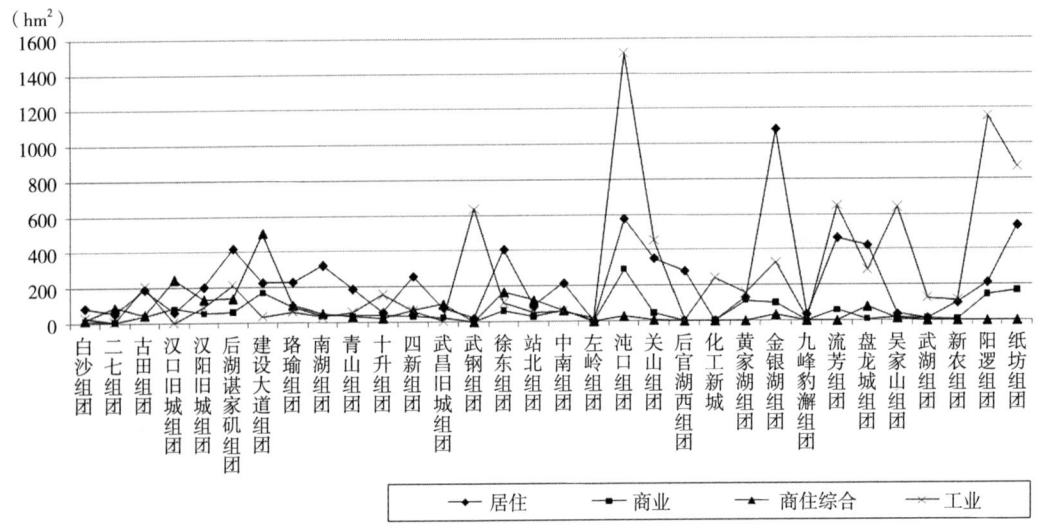

图 4-14　武汉都市区各组团不同类型用地性质城市土地开发量比较

2）点位图（Post Map）分析

运用软件对居住、商住综合（包括办公楼、商业服务等与居住的混合用地）、商业、工业这四类具体分析，分别建立 Post Map 与 Wireframe Map 二维叠合图（图 4-15）。

由图 4-15 可以看出：

居住用地：分布较为均匀，中心组团开发案例较多但规模不大，外围组团有一定的城市土地开发案例且规模均较大，与整体城市土地开发空间呈相同的"十"字形。

商住综合用地：集中在中心组团，有较明显的沿长江开发的趋势，而东西两翼开发不足。外围城区仅沌口有部分开发。大量土地开发地块沿长江分布，且汉口的汉口旧城、建设大道、二七组团开发最为密集。此类用地空间分布是四类中分布最为集中的。但在集中的同时，也有零星的扩散，主要是汉水与武珞路一线，而以武珞路沿线扩散最为明显，最远到达关山组团的鲁巷。

商业用地：除汉口的中心组团呈整体的面状发展外，商业用地的开发呈现出明显的沿轴线扩散趋势，并在沿轴线扩展至外围组团的过程中，在珞瑜—关山组团、纸坊、金银

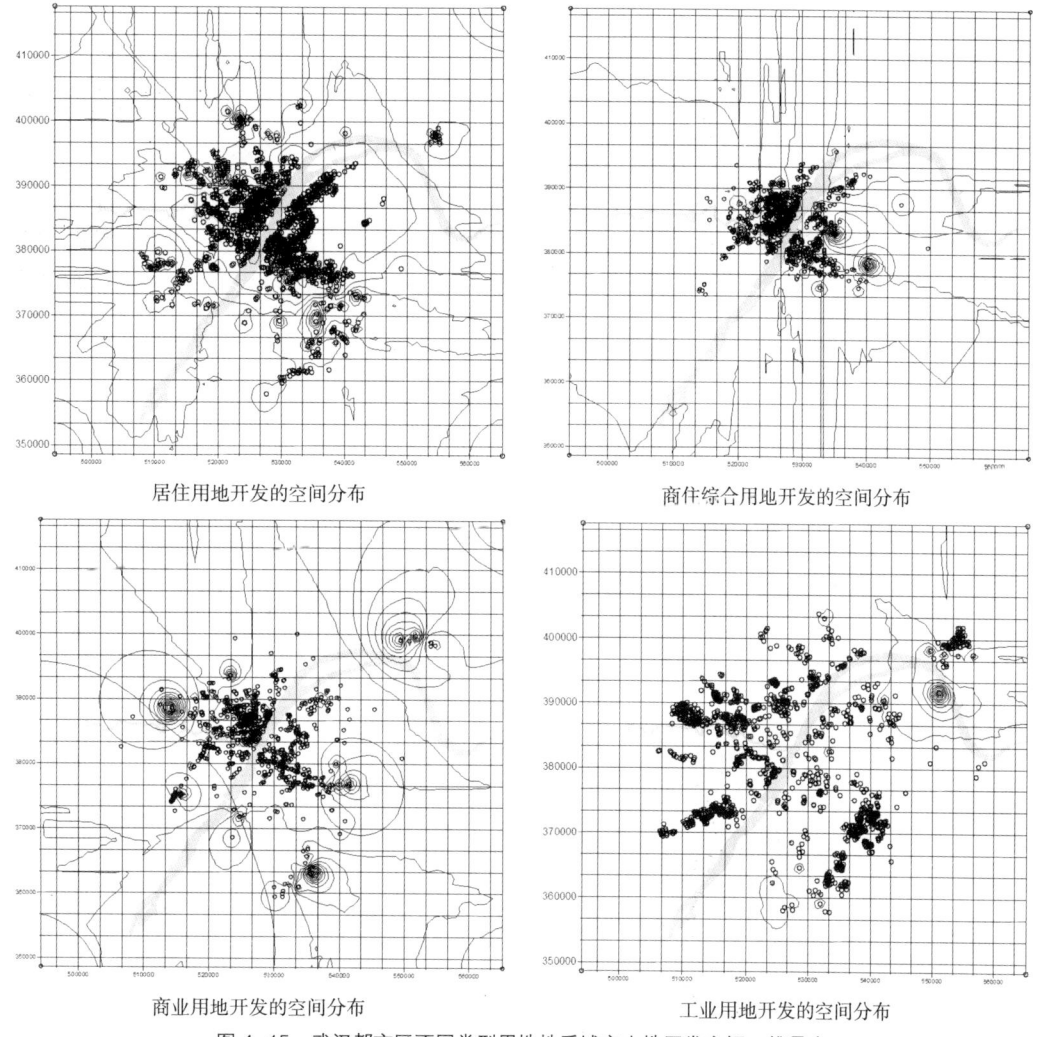

居住用地开发的空间分布   商住综合用地开发的空间分布

商业用地开发的空间分布   工业用地开发的空间分布

图 4-15 武汉都市区不同类型用地性质城市土地开发空间二维叠合

湖—吴家山、沌口以及阳逻形成次级中心,整体形成以汉口中心组团为中心,沿轴线在西北、西南、东北、东南有四个次中心的空间形态。

工业用地:分布"疏密"有致,中心组团开发案例分布均匀且规模不大,从中心到外围逐渐变密,在西北吴家山、金银湖,西南的沌口,东北的武钢、阳逻以及东南的关山、流芳、纸坊四个方向集中。

由上文分析可以得出 20 世纪 90 年代以来各组团不同类型用地开发在空间上分布也是不均衡的,并且居住用地开发的空间分布与整体开发空间分布相似,商住混合用地集中在中心,商业呈现分散趋势,而工业用地集中分布在外围,不同类型用地在空间上的分布不同,相同性质用地的开发在空间区位选择上趋于一致。

3)网线图(Wireframe Map)分析

在对武汉城市土地开发整体规模分析的基础上,将庞大的数据分类,再按照用地性质分为居住、商住综合(包括行政办公、商业等与居住的混合用地)、商业、工业用地四类进行具体分析，按组团建立模型。各组团不同用地性质的重心详见附表5。

如图4-16可以更加清晰地看出，各类用地的开发规模在空间上的分布不尽相同。

居住用地的空间模型高低起伏，错落有致，其开发规模虽在汉口的外围形成高峰，但同时在汉阳、武昌也存在着小高峰，并且中心城区与外围城区均有开发。

商住综合用地开发规模高峰集中在中心，以汉口旧城、建设大道为最高峰。

商业用地的开发规模在汉口、汉阳、武昌形成三个高峰，但同时开发峰值由中心延伸到外围。在珞瑜—关山组团、纸坊、金银湖—吴家山、沌口以及阳逻形成四个次级中心。

工业用地开发规模峰值分布最为简单明了，四个高峰在外围分别位于西北、西南、东北、东南四个方向上，中心地域几乎没有开发。

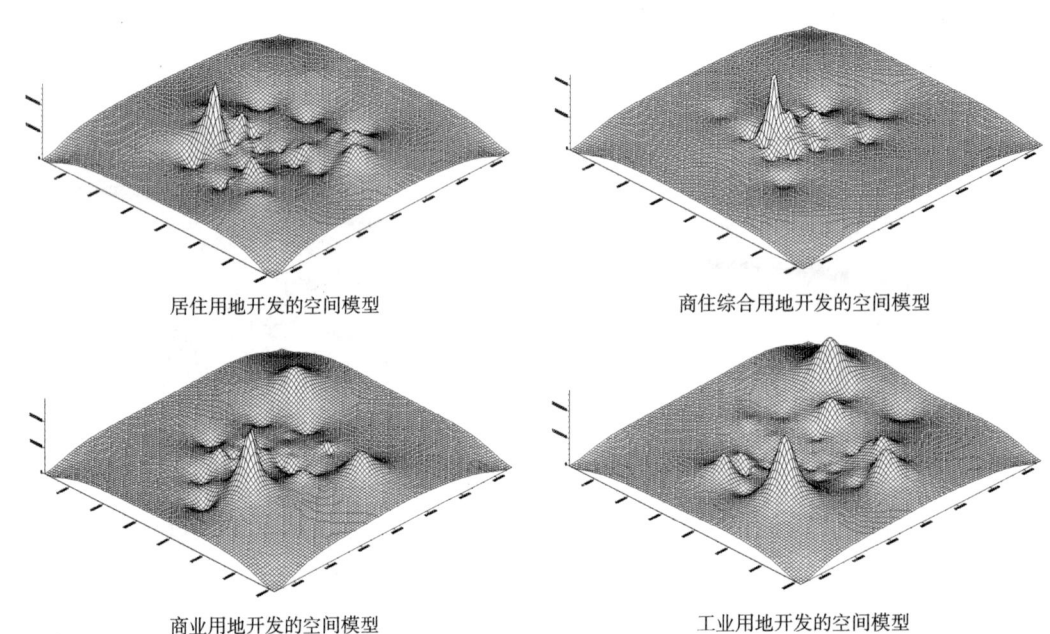

居住用地开发的空间模型　　　　　　　　　商住综合用地开发的空间模型

商业用地开发的空间模型　　　　　　　　　工业用地开发的空间模型

图4-16　不同时间段武汉都市区不同类型用地性质土地开发空间模型

4.1.4.2　演变过程分析

1）数据分析

由图4-17可以看出，1992～1995年，城市土地开发主要以商住综合用地开发为主，中心城区汉口旧城组团、建设大道组团以及武昌旧城组团等城市中心开发力度大，外围沌口组团开发规模较大。

1996～2000年，城市土地开发主要以居住用地开发为主，各类用地均有一定规模的增长，但商住综合用地开发量却有一定幅度的减少。

2001～2008年，城市土地开发主要以工业用地和居住用地开发为主。工业用地的开发势头强大，在阳逻组团、武钢组团、关山组团、纸坊组团以及吴家山组团、沌口组团形成高峰，尤以沌口为最。居住用地开发在金银湖等外围组团形成高峰。

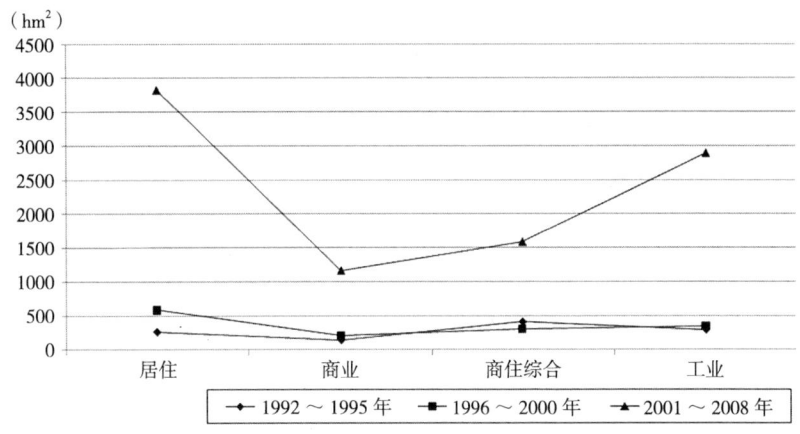

图4-17　不同时间段武汉都市区不同类型用地性质土地开发量比较

由图4-17可以看出，1992～1995年、1996～2000年各类用地开发较均匀，规模上下起伏不大，基本保持在一条直线上，而2001～2008年居住与工业用地陡然升高，规模远远大于其他两类用地。商住综合2001～2005年增长大。商业用地基本保持在一定的增长幅度。

2）点位图（Post Map）分析

（1）居住

在四类用地中分布最为均衡，并且随时间变化逐步向外扩散（图4-18）。

1992～1995年，城市土地开发的空间形态基本呈现"十"字形，即沿汉水—武珞路一线以及以汉水—武珞路一线为界的长江以北的两岸发展，只是其外接圆半径相对较小。汉口已经开始向西北方向发展，并且沿长江的轴线较粗，沿汉水一线居住开发较弱；武昌地区的居住开发基本沿武珞路以及武珞路以南的长江沿岸发展，向腹地扩散的力度不及汉口并且轴向较细；汉阳地区的居住开发相对比较落后，仅在两江交汇处的旧城有发展。

发展到2000年，在上一阶段的基础上向轴向外扩散。但外接圆的半径并没有太大的变化。汉口地区向腹地方向的居住开发规模加大，汉口地区的居住开发基本形成"块状"，几乎无法识别原先的轴线；武昌地区较上一阶段有一定规模的沿轴线向外扩散，旧城的开发规模增加，轴向增粗；汉阳地区仍然只有在两江交汇处的旧城的居住用地有一定量的开发，而其他地域仍旧没有较大的居住开发。

到2008年，居住用地开发在上一阶段的基础上沿轴线向外延伸，外接圆半径变大，但基本形态仍为"十"字形。汉口地区的居住开发跳出原有的基础，在外围形成大片的居住用地；武昌地区向腹地发展的力度更大，轴线更粗更长，并且在关山、流芳一带向南发展；汉阳地区较前两个阶段均有较大规模的居住开发，沿长江、汉水发展的力度加大，并且在西南方向的外围也有较大规模的居住用地开发。

（2）商住综合

商住综合用地的开发基本位于中心组团，并有一定规模的外扩，但总体呈集中分布（图4-19）。

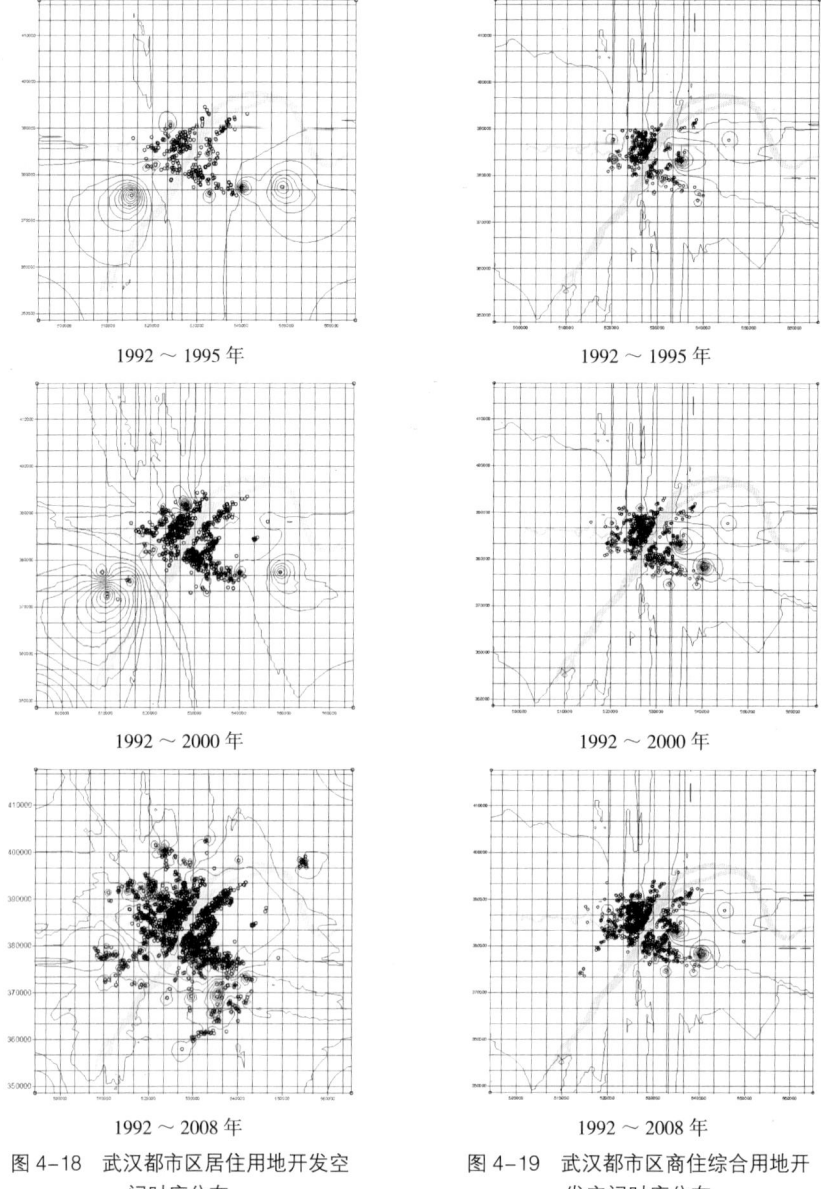

1992～1995 年   1992～1995 年

1992～2000 年   1992～2000 年

1992～2008 年   1992～2008 年

图 4-18　武汉都市区居住用地开发空   图 4-19　武汉都市区商住综合用地开
间时序分布   发空间时序分布

　　1992～1995 年，商住综合用地大部分分布在汉口地区的两江交汇处，基本上形成"块状"，沿长江、汉水并在两条轴线间有大部分的填充。武昌地区依旧沿武珞路以及武珞路以南的长江沿岸发展，以旧城为支撑点沿轴线向外延伸并逐渐稀疏，武珞路轴线比较连贯，而沿江发展的轴线断断续续。汉阳地区的商住综合开发在汉阳旧城以及沿汉江分布。

　　到 2000 年，与上一时间段没有太大的变化，这一时期的商住综合用地的开发沿原有轴线继续向前零星发展，或形成新轴线，或是在原有形态基础上向外有一定程度的发散，扩散的规模也并不大。汉口地区沿长江、汉水有零星的线状延伸，腹地的开发与上一阶段相比没有较大的变化；武昌地区的商住综合用地开发在以旧城为基点沿武珞路及沿江发展的同时，沿中北路—中南路形成了一条新的开发轴线；汉阳地区的商住综合用地变化不大。

发展到 2008 年，形成较为整体的空间形态，除沌口的部分开发以外，基本形成"长方形"，沿长江形成"长方形"的长边。汉口地区沿长江向北一线有较大的发展，并且已向腹地延伸，与上两个阶段开发用地连成整体；武昌的商住综合用地在这一时间段发展最快，旧城的开发地块增多，基点增大的同时向长江、中北路—中南路、武珞路轴线两侧发展，强化了原有轴线。汉阳的沌口开发力度较大。

（3）商业

商业用地开发较之居住、商住综合用地开发较少，基本分布在中心组团，并向东西两翼发展，在外围组团也有少量的开发（图 4-20）。

1992 ～ 1995 年，商业用地的开发较为明显地沿轴线分布。汉口沿长江、汉水选址，并在沿长江一侧向西纵深发展，形成"带状"；武昌基本沿武珞路一线，中南也有一定量的商业用地开发；汉阳的商业用地开发除旧城外基本沿龙阳大道 –318 国道分布。

2000 年，在上一阶段的基础上沿轴线延伸。汉口沿汉水一线向西发展，同时沿长江轴线没有继续向北，而是以长江为界向西纵深发展，此时建设大道组团发展较快，形成沿江的"块状"发展形态；武昌依旧沿武珞路发展，同时在中南、徐东也有"斑块"状的发展，并在长江一线开始置换原有工业用地进行商业开发；汉阳的商业用地发展不大，仍沿龙阳大道 –318 国道分布。

2008 年，在轴线发展的基础上向外扩散。汉口仍以长江为界向西进一步纵深发展，并在形态较为整体中心

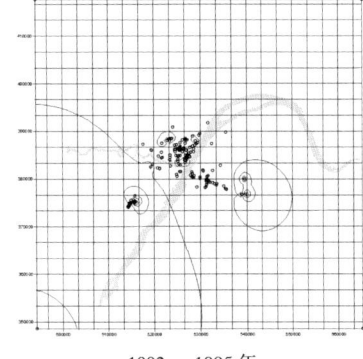

1992 ～ 1995 年

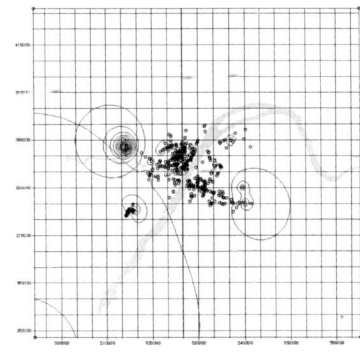

1992 ～ 2000 年

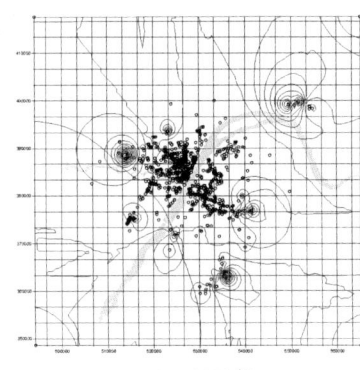

1992 ～ 2008 年

图 4-20　武汉都市区商业用地开发空
间时序分布

组团以外的金银湖也有商业用地的开发；武昌继续沿武珞路延伸，在鲁巷形成小高潮，同时中北路—中南路形成新的发展轴，而且在长江一线也有了较大规模的商业用地开发；汉阳沿汉水一线有一定规模的商业用地开发，但大量用地依旧沿龙阳大道—318 国道分布，并在沌口的规模最大。最外围的阳逻、纸坊也有较大力度的开发，形成若干副中心。

（4）工业

工业用地一般分布在外围组团，中心零星，外围聚集（图 4-21）。

1992 ～ 1995 年，工业用地的开发很少，除汉口有少量工业用地开发以外，其余工业用地的开发基本集中在沌口。

发展到 2000 年，中心组团较上一阶段在较大的面积上零星分布一定规模的工业用地，

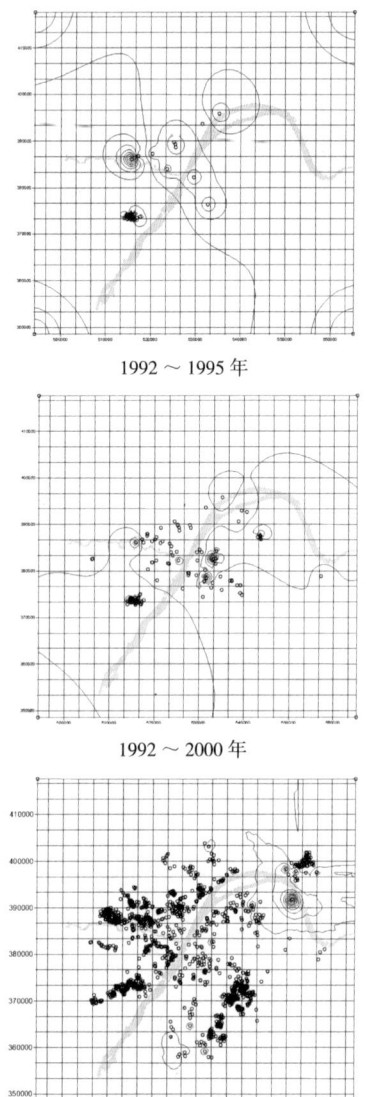

1992～1995年

1992～2000年

1992～2005年

图4-21 武汉都市区工业用地开发空
间时序分布

集中的区域也不仅仅局限于沌口，在徐东、武钢也集中分布了一定规模的工业用地。

2008年，工业用地开发如"雨后春笋"，比前两个阶段有突飞猛进的发展，中心城市的工业用地开发分布更广更密，而外围形成"四足鼎立"的工业开发集中区域。

（5）周期性

根据以上对四类用地的时序模型分析即可得出，这四类用地的时序发展具有一定的周期性。

居住的周期一般为沿轴发展→发散→轴向延伸、发散；商住综合的发展周期一般为轴向、形成轴线→轴向延伸→发散、纵深发展；商业的发展周期一般为沿轴发展→轴向、纵深发展→扩散、跳跃；工业用地的开发并不沿轴向发展，而是随时间变化集中分布在某些区域，其周期较难把握。

由以上分析可以得出武汉城市土地开发类型特点：

a. 总体上工业用地、居住用地的开发是1992年以来土地开发的主导。大量的工业、居住用地的开发是目前造成城市开发向外转移的主要原因。

b. 各类用地随不同时间变化有不同的发展形势，呈现不同的空间形态，同种性质用地逐步聚合，不同用地性质土地开发逐步分离。各类用地对目标地点有一致的选择，最终形成了组团聚集的结果。

c. 不同时间段开发的主导类型不同。土地开发由以工业、商住开发为主导转变为以居住、商住为主导，继而又转变为以工业、居住开发为主导。工业是历年开发的主导。

4.2 南京都市区簇群式空间发展分析

南京都市区在"一城三区"（河西新城区、东山新市区、仙林新市区和江北新市区）政策的有力推进下，主城已经基本完成开发，且城市发展跳出主城迈向都市区发展，以主城和仙林、东山、江北为中心城区的都市区雏形已经显现。同时规划提出构建以主城为核心，以放射性交通走廊为发展轴，以生态空间为绿楔，"多心开敞、轴向组团、拥江发展"的现代都市区空间格局，形成主城—副城—新城—镇的多中心空间布局。南京都市区当前的空间结构已经具备了簇群式空间的特征，未来亦呈现出簇群式的发展趋势（图4-1）。

4.2.1 南京都市区整体空间分析

4.2.1.1 主城边缘区发展最快

南京在"一城三区"的积极引导下,主城周边的河西新城区和三个新市区在发展速度、规模、功能建设等方面进展加快(图4-22)。2007年主城建设用地达到225.9km²,三个新市区建设用地达到164.8km²,分别占到都市区现状建设用地的33.1%和24.2%。[①] 河西新城区和新市区的快速发展,承担了老城功能疏散和新增城市功能的吸纳作用,一定程度上缓解了老城压力。

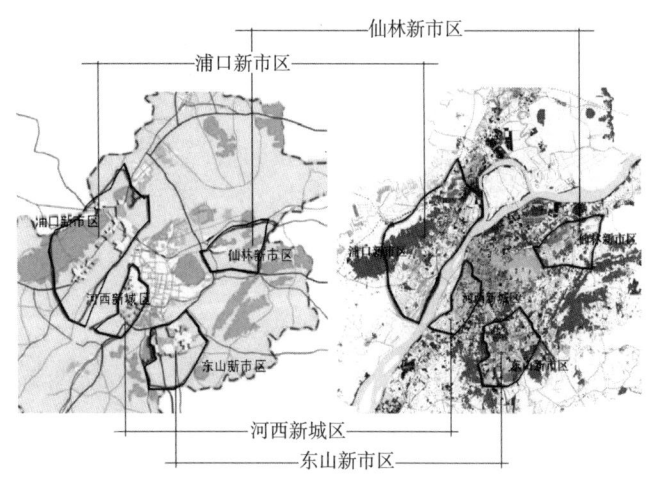

图4-22 2007年南京"一城三区"空间分布

借助十运会的契机,河西中部地区基本建设完成,南部地区正在启动。东山新市区建设也基本完成,已经进入了功能完善的结构调整阶段。仙林新市区开发逐渐加快,白象片区随着南京仙林国际高校园区的建设也正在加速,新市区形象已经形成。浦口新市区在"跨江发展"政策的积极引导下,随着过江交通条件的改善,城市基本框架拉开。

主城边缘区的加快建设虽然一定程度上减缓了主城进一步集聚的趋势,但是,由于主城完善的服务设施和充分的就业机会,主城依然处于向心集聚中。这从另一个角度来看,可以算是更大范围的向心集聚。

4.2.1.2 外围组团初具规模

在主城和新市区迅速发展的同时,外围组团已经形成了一定的建设规模,形成了都市区外围的若干组群,如图4-23所示。

雄洲新城、大厂新城和新尧新城都有一定发展,功能也有所提升。板桥新城发展迅速,龙潭新城也在谋划启动。江宁区利用优越的区位条件和交通资源优势条件,在滨江、禄口和汤山加快建设。秣陵、淳化等功能组团也突破原有规划发展起来。

---

① 若无特殊说明,此节数据来源均为南京城市总体规划纲要(2007—2020)说明书。

图 4-23 2007 年南京都市区外围组团分布　　　　图 4-24 2007 年南京都市区用地现状空间分布
来源：根据南京城市总体规划修编（2007—2020）绘制

以汤山新城、禄口新城和滨江新城为例。其发展的动力一方面是由于区划调整带来的新动力，2000 年江宁撤县建区，为江宁区的进一步发展创造了新的机遇，2005 年江宁区又进行了区内行政区划调整，对发展资源进行了重新整合，为汤山、禄口和铜井集中了大量的优势资源。另一方面是由于这三个地区均拥有独特的发展条件，汤山新城拥有便利的交通条件和独特的温泉资源，现代休闲产业发展的需求促使其地位得到提升。禄口新城依托禄口国际机场的带动和江宁开发区的入驻，产业发展动力增强。滨江新城主要是在江苏推进沿江大开发的背景下，由于良好的港口条件和便利的交通条件，同时又成立了省级开发区，其发展的地位也得到提升，因此这三个组团发展并形成了一定的规模。

4.2.1.3　受自然条件影响较大

南京都市区空间发展受地形条件影响较大。南京城市三面环山，一面临江，中间为构造盆地，基本形成"襟江—依山—抱湖"的地域自然景观特征，城市用地也基本形成沿江、环山，并被绿楔分隔的态势。

南京独特的山水环境格局、江河湖泊的阻隔，制约了都市区用地的圈层扩展，用地布局呈现轴线分布的特点（图 4-24）。

4.2.2　南京都市区空间演化过程分析

4.2.2.1　城市空间逐步向外扩展

通过对改革开放以后 1982～2006 年南京市规划局每年批出用地的统计（不完全统计），南京城市空间逐年增大，年度城市建设用地增量的差距很大，呈波浪状周期起伏。尤其是

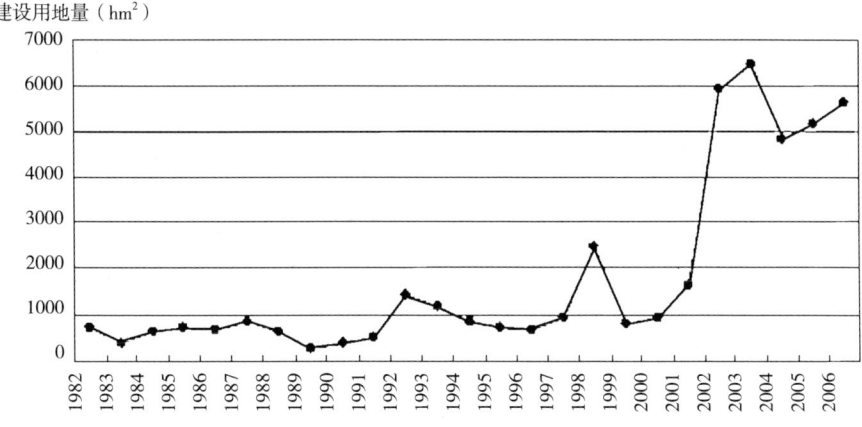

图 4-25　1982～2006 年南京城市批出建设用地量
来源：南京总规划专题报告：南京城市空间演变与发展布局研究

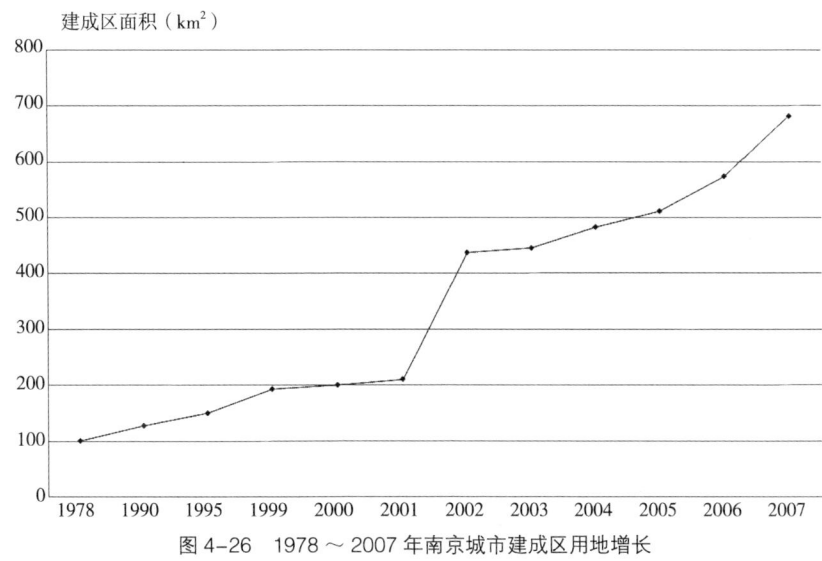

图 4-26　1978～2007 年南京城市建成区用地增长

进入 20 世纪 90 年代以后，如 1992 年批出建设用地量达到了 1441hm²，同比较 1991 年增长近 3 倍，而到 1995 年则降到了 695hm²。从 1996 年后到 1998 年南京城市建设用地持续增加，1998 年批出建设用地达 2478hm²，但是此后到 2000 年则降到了 933hm²，从 2001 年后城市建设用地又开始急剧增长，至 2003 年达到历史最高峰，为 6445hm²。此后虽然每年批出建设用地有所减少，但是仍然处在一个较高的水平之上，每年平均批出 5000hm²以上（图 4-25）。

改革开放以来，南京建成区用地持续增长。2001 年前南京城市建成区用地增长均较为缓慢，年均增长 4.8km²，2001 年后随着城市建设重心由老城向外围转移，城市建成区面积稳步扩大。为了满足城市空间日益扩展的需求，南京先后进行两次行政区划调整。这样，南京市区面积由原来的 975km² 拓展到 4730km²，城市建成区面积得到大幅度的增加。所以，从图 4-26 可以看出，2001～2002 年，南京城市建成区的面积急剧增加，而 2002 年后南京城市建成区进入了快速的持续扩张阶段，年均增长 34 km²，达到南京城市空间扩张的历史最快速度。

2007 年，城市用地扩展强度升至 18.79%，这一阶段，老城区周围仍然保持着一定的外延扩展，开发区跳跃式扩展及老城区与开发区之间的连接式扩展表现突出，成为这一阶段主导的扩展方式。

4.2.2.2 都市区空间以近郊区和新三区增加最快

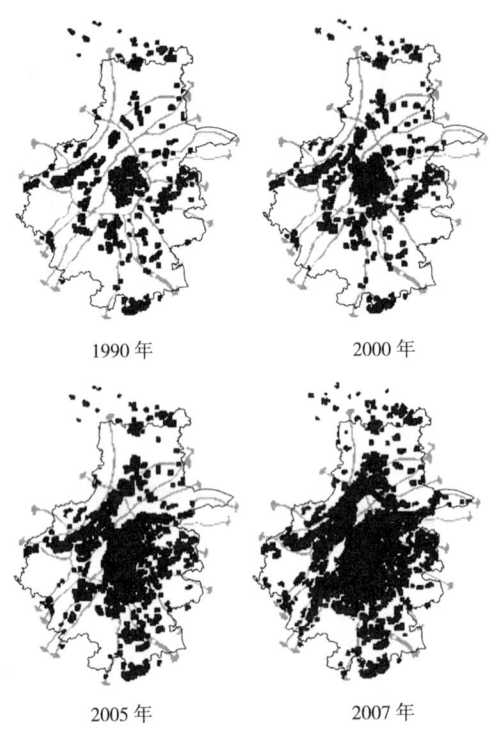

1990 年　　　　2000 年

2005 年　　　　2007 年

图 4-27　1990 ～ 2007 年南京都市区空间演化

根据历史数据显示，2000 ～ 2007 年间城市建设用地年均增长达到 40km^2，是南京历史上增长最快的时期。尤其在"十五"期间，以"迎接十运会，建设新南京"为契机，大力推进"一城三区"的实施，实现了建城 2480 多年来的历史性突破，"一城三区"成为了南京市建设开发的热土，新市区规模迅速增大，都市区的框架已经初步显现，城市发展逐步跳出老城，河西新城、仙林新市区、东山新市区、浦口新市区成为城市发展的重心。

从图 4-27 可以看出，2000 年南京城市空间扩展已经跳出了老城范围，一方面在主城内，主要是沿老城边缘向北、向东的外溢式扩张，而到了 2005 年时，主城内主要是沿老城外围向西、向南扩展，其中河西北部和中部地区开发建设尤为迅速。其中，江北地区从雄洲新城、大厂新城到浦口新市区一线呈现沿江带状的城市发展格局，江南地区局部已经出现建设超越主城边界向外溢出的现象，特别是在主城南部与东山新市区、主城北部与仙林新市区之间的绿化隔离已不十分清晰，呈现连片发展的态势，都市区以近郊和新三区发展最快。

总体来说，"一城三区"的城市空间发展框架基本拉开，南京城市空间跳出主城向都市区发展，呈现多中心发展格局。"一城三区"的形成也是南京中心城区的形成，近年来中心城区的不断壮大，在一定程度上加大了中心与外围规模的差距。

4.2.2.3 外围组团轴向发展

都市区在拉开框架，加快新区建设的同时，城市空间出现沿轴线拓展的态势，出现了外围功能组团（图 4-28）。2000 年，在中

图 4-28　2007 年南京都市区空间轴向发展示意

心城外主要集中于新尧、板桥、六合、大厂、泰山、江浦以及江宁经济技术开发区、南京高新技术开发区、南京经济技术开发区等组团发展。2005 年，外围除了 2000 年时形成的一系列城市组团外，又出现了滨江、禄口、汤山、龙潭以及南京化工园等新城市组团，以及秣陵、淳化、江宁大学城、上坊、麒麟等位于生态保护区内的组团。江北的外围组团主要沿江发展，江南的外围组团也主要沿长江，以及沪宁、宁杭、宁高等高速公路、铁路线发展，形成沿以中心城为核心的放射状交通走廊组团布局。

4.2.3 南京都市区地域职能空间分析

南京都市区 2007 年城市建设用地 682.34km^2，人均建设用地约 125.85m^2/ 人。从用地构成来看，对照国家相关技术标准，都市区现状用地构成基本合理，其中工业用地比例略高于国家标准（15%～25%），这也在一定程度上反映了南京目前尚处于工业化后期的阶段性特征（表 4–1）。

序号	用地类别	用地面积（km^2）	占城市建设用地比例（%）	人均建设用地面积（m^2/ 人）
1	居住用地	158.08	23.17	29.16
2	公共设施用地	94.31	13.82	17.39
3	工业用地	178.04	26.09	32.84
4	仓储用地	13.56	1.99	2.50
5	对外交通用地	40.43	5.93	7.46
6	道路广场用地	94.38	13.83	17.41
7	市政公用设施用地	16.45	2.41	3.03
8	绿地	62.37	9.14	11.50
9	特殊用地	24.72	3.62	4.56
	城市建设用地合计	682.34	100.00	125.85

2007 年南京都市区现状城镇建设用地汇总　　　　表 4-1

注：本表建设用地数据含都市区建制镇以上用地。
来源：南京城市总体规划修编（2007—2020）

20 世纪 90 年代以来，南京成为生产性服务中心和地区金融、信息、科技中心。表现在城市空间扩展上就是主城区由城市混合中心向以第三产业为主的商业、金融、信息咨询、文化娱乐中心转变，城市建设用地中第三产业和居住的比重上升。城区原来的其他功能向郊区扩散，郊区大量农村土地被征用，承载外迁的城区人口和企业，是城市空间的新拓展，如图 4–29 所示。

主城建设用地中公共设施用地和居住用地的量不断增加。1999 年南京主城公共设施用地为 25.5km^2，居住用地为 44.58km^2；到 2004 年主城公共设施用地达到 30.39km^2，居住用地达到 55.25km^2；2007 年，主城的公共设施用地与居住用地已经分别达到 37.23km^2 和

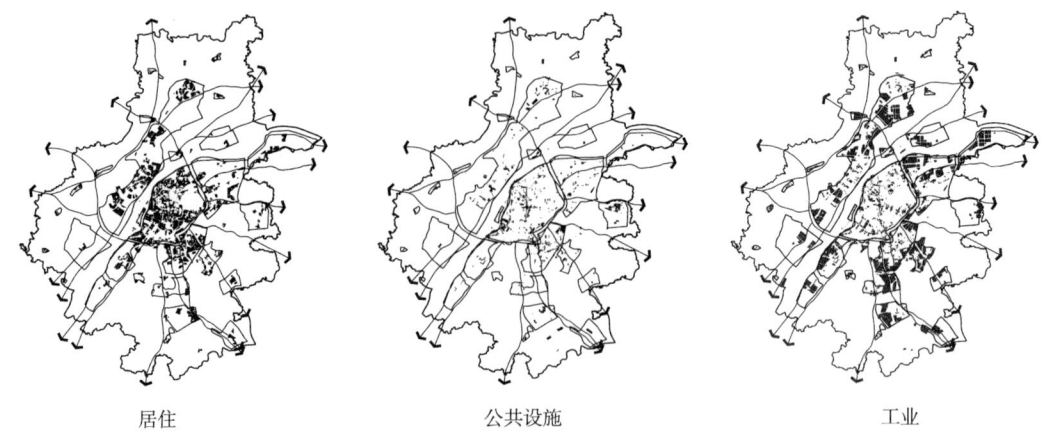

居住   公共设施   工业

图 4-29 2007 年南京都市区不同性质用地的空间分布

68.49km²。公共设施用地与居住用地的总量与比例上升很快，这已经明显反映了南京城市功能的变化情况。

另一方面，在主城外围加快东山、仙林、江北三个新市区建设。2004 年江宁、浦口、六合等主城外围的新三区工业用地达到 75.04km²，占市区工业用地总量的一半，2007 年新三区的工业用地更是达到 106.4km²，占市区工业用地总量的 60.17%，标志着外围新三区已经成为南京工业的主要承载地区。

各类用地随时间发生变化，居住、公共设施基本分布在中心城区，而工业则聚集在外围。同种性质用地逐步聚合，不同用地性质土地开发逐步分离。各类用地对目标地点有一致的选择，最终形成了组团聚集的结果。

4.3 长沙都市区簇群式空间发展分析

独特的自然条件形成了长沙城市一江两岸的格局。合理利用山体和河流等自然分隔，形成由中心城区（包括主城区、岳麓核心区、高新区、星沙组团）和暮云、丁字镇、高塘岭、星城、雷锋镇、含浦、坪塘等周边组团组成的"多中心，分散组团式"城市布局。在长沙市城市总体规划（2003—2020）中，采用的是"一主、两次、四组团"[①] 的空间结构。从"城市主体＋新城＋走廊"的城市空间布局形态来看，长沙都市区呈现出簇群式的空间形态，具有簇群式空间发展的趋势（图 4-1）。

4.3.1 长沙都市区整体空间分析

长期以来，长沙都市区用地主要集中在湘江中段两岸地势平坦、广阔的区域，空间形态呈团块状集中发展。

---

① 根据 2003 版总规的界定范围，主城区即城市主体，指河东城区集中联片发展区域，北、东至浏阳河，西至湘江，南至绕城线；星马新城包括浏阳河以东的芙蓉区、星沙镇、黄花镇、榔梨镇；河西新城包括岳麓区、雷锋镇（现状数据缺失）；暮云组团北至绕城线，西至湘江，东南至都市区边界；捞霞组团东北至都市区边界，西至湘江，南至浏阳河；高星组团包括高塘岭镇、黄金乡和星城镇；含浦组团包括含浦镇和坪塘镇。

4.3.1.1 轴线放射形的空间形态

如图4-30所示，长沙都市区空间发展最早沿湘江东岸进行。1990年以来，随着城市空间的扩散，长沙都市区空间开始沿湘江轴线带状拓展。跨江大桥建成以后，长沙城市空间开始向西跳跃式发展，河西组团逐渐发展起来。近几年来，城市用地东西向拓展力度逐渐强大。在城市内部，由于岳麓山、谷山等山体呈放射状插入城市内部，长沙都市区空间形态在轴线拓展的同时，也在进行着填平补齐、见缝插针的拓展。空间形态受自然地理因素、交通廊道的限制，呈现指状放射形的布局形态。

4.3.1.2 主城区布局紧凑

长沙市主城区的空间扩展十分迅速，随着城市环线的建设，尤其是近几年来，城市集中建成区沿城市环线高速圈层蔓延。受主城区优越的地理区位条件和设施资源需求的影响，主城区用地经济效益较高，强大的中心集聚力使得主城区用地的发展迅速、紧凑。随着主城区可建设用地逐渐减少，长沙主城区空间发展接近饱和，与此同时，主城区的强大吸引力也带动了其近郊地区的快速发展，城市主城区的用地开始逐渐向近郊拓进（图4-31）。

4.3.1.3 外围组团用地松散

目前，长沙正处于工业化中期阶段，城市经济和产业发展正进入快速增长时期，城市用地空间仍处于大集中小分散的布局状态，城市空间的集聚力大于扩散力。与此同时，对于大城市而言，主城区对于外围组团的吸引力相对较小，且长沙主城区外围组

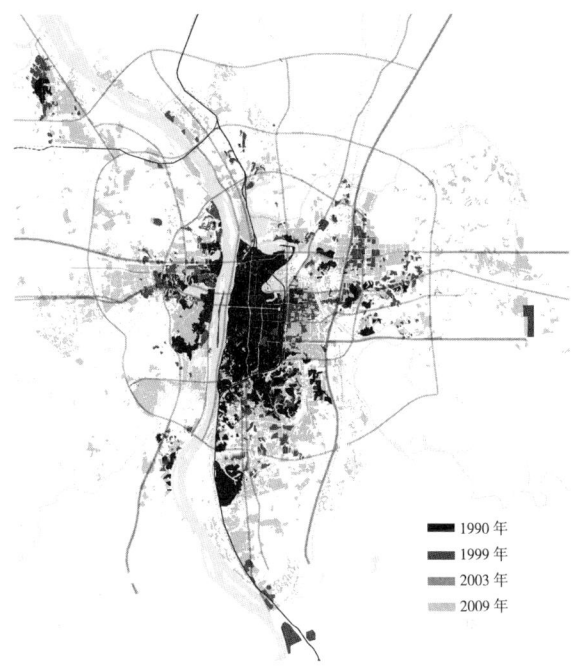

图4-30　1990年以来长沙都市区空间拓展
来源：刘瑾.长沙都市区簇群式空间发展过程、机理及其趋势研究［D］.武汉：华中科技大学，2011

图4-31　1990年以来长沙主城区空间拓展
来源：刘瑾.长沙都市区簇群式空间发展过程、机理及其趋势研究［D］.武汉：华中科技大学，2011

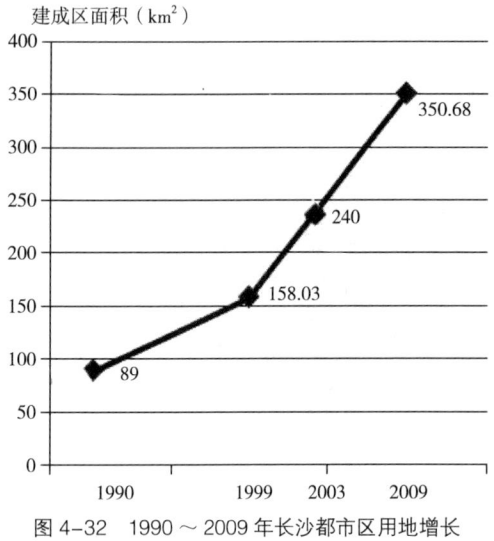

图 4-32　1990～2009 年长沙都市区用地增长

团仍处于发展初期，组团内部的凝聚力不强，因此，目前，长沙主城区外围组团一直处于松散的轴向发展阶段。从图 4-30 中可以看出，长沙主城区外围组团，尤其是北部组团，组团的向心集聚力不强，用地发展较为松散。

4.3.2　长沙都市区空间演化过程分析

1990 年以来，长沙都市区建设用地总规模保持平稳的增长态势。从 1990 年的 89km² 增长到 2009 年的 350.68km²，长沙都市区 19 年间共增加用地面积 261.68km²，与 1990 年相比增加了 294%，年均增长 15.47%（14km²），增长率总体呈加速的趋势（图 4-32）。[1]

4.3.2.1　都市区空间沿轴线拓展

长沙都市区 1990 年城市现状建成区用地主要在城市内环线以内。1990～2009 年的近 20 年间，长沙城市空间的发展主要沿湘江南北向轴线拓展，近几年，开始沿 319 国道东西向轴线拓展。在不同的历史时期，长沙都市区的轴线拓展也呈现出不同的特征（图 4-33、图 4-34）。

1990～1999 年间城市空间东南向松散蔓延。此阶段，长沙城市用地拓展速度比较缓慢。城市空间主要在湘江东岸向东、向南拓展。其中，南部用地的扩张主要集中在南环线以北蔓延，东部用地主要在京珠高速以东星沙镇地区零散增长。

1999～2003 年间，长沙都市区用地发展速度较快。随着城市外环线的建设，湘江西岸，随着金洲大道的建设，城市集中建成区向西发展的趋势日益明显。该阶段，长沙都市区空间沿湘江轴线南北拓展的趋势比较明显，尤其是湘江东岸，城市空间形态呈现轴线带状发展的模式。

2003～2009 年东西向扩展迅速。在此期间，长沙城市用地扩张突飞猛进。都市区旧城区内部结构的重新组合和完善，外围组团建设稳步发展，星沙组团、河西组团迅速扩张，城市用地基本沿湘江、319 国道发展。

整体而言，长沙空间沿主要轴线湘江、319 国道成大"十"字布局。

4.3.2.2　中心城区发展壮大

如图 4-35 所示，1990～2009 年间，长沙主城区用地扩展迅速，尤其是 2003 年以来，主城区用地向西、向南圈层式扩展趋势十分明显。20 世纪 90 年代，随着长沙星沙国家经济开发区的建立和发展，长沙中心城区开始大规模东拓。在捞刀河和内环线范围内，与星沙镇发展紧密相连。2000 年后，随着湖南省政府的南迁，行政中心的南移带动了城市建设的发展，长沙市中心城区南部发展迅速。天心区的发展，带动了长沙中心城区的南拓。

---

① 本节数据若无单独标注，均来自：刘瑾. 长沙都市区簇群式空间发展过程、机理及其趋势研究 [D]. 武汉：华中科技大学. 2011。

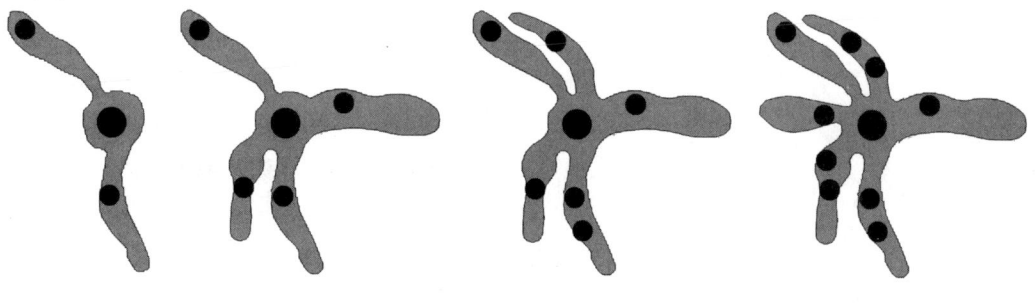

1990 年　　　　　　1999 年　　　　　　　2003 年　　　　　　　2009 年

图 4-33　1990 ～ 2009 年长沙都市区空间轴向发展示意

来源：刘瑾 . 长沙都市区簇群式空间发展过程、机理及其趋势研究［D］. 武汉：华中科技大学，2011

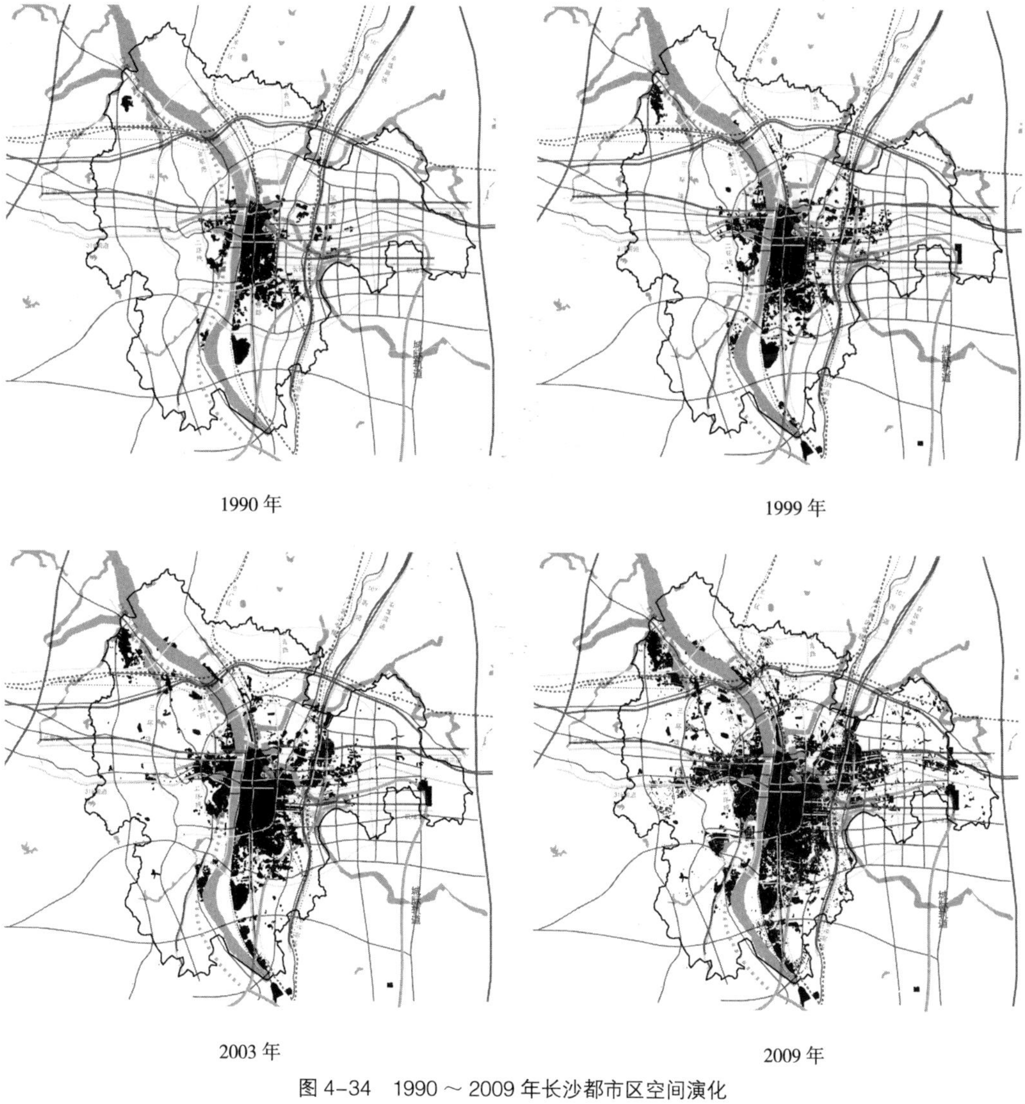

1990 年　　　　　　　　　　　　　　　　1999 年

2003 年　　　　　　　　　　　　　　　　2009 年

图 4-34　1990 ～ 2009 年长沙都市区空间演化

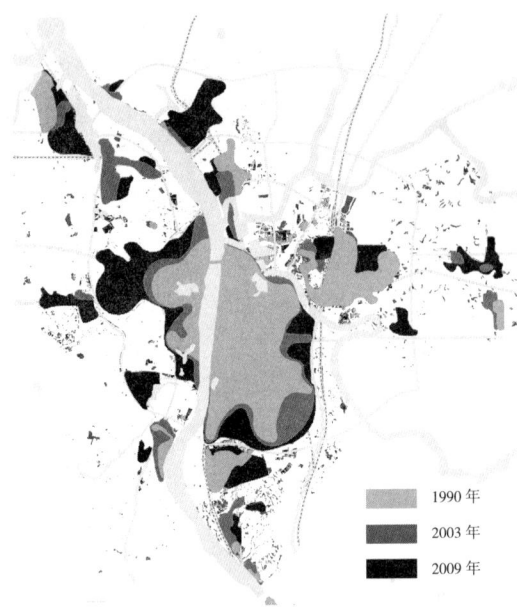

图4-35 1990～2009年长沙都市区空间拓展示意

近年来，随着长沙大河西先导区的开发建设和金洲大道产业带的规划实施，长沙河西地区的开发建设势头迅猛。河西区空间拓展沿金洲大道带状蔓延，在中心城区范围内，岳麓区的发展在河西的开发和长沙市政府西迁的带动下成长迅速，中心城区向西发展迅速。

4.3.2.3 近郊组团依托主城区迅速发展

长沙旧城区起源于湘江东岸，至今为止有着较为稳固的发展，逐步成长为长沙市区的集行政、文化、商业于一体的综合服务中心。近年来，受到城市发展近郊地区和工业外迁政策的影响，长沙主城区外围组团逐渐发展起来，其中，以主城区边缘的近郊组团发展最为迅速。由于长沙城市发展处于工业化中期阶段，主城区外围组团的发展对城市中心有较强的依附作用，主城区的中心吸引力仍然大于扩散力，城市区域化发展仍处于内聚型扩张阶段，近郊组团受到来自主城区的辐射力较大，在资源设施共享和交通通勤等方面享有更多的有利条件，因而依托主城区的优势，近郊组团发展较快。在城市主城区外围形成岳麓核心区、高新区、星沙组团，共同构成中心城区。现阶段长沙的中心城区仍处于大规模建设阶段，外拓动力不足，在一定程度上，周边组团对主城区仍然存在较大的依赖性。因此，长沙都市区空间形态是一种内聚式的发展方式。

4.3.2.4 外围组团依托中心发展

近年来，长沙都市区用地开始跳出中心城区在都市区范围拓展，其中，高塘岭组团和坪塘组团较为明显。1999年以来，伴随着长沙城市产业结构的调整和土地功能置换，长沙都市区建设用地尤其是工业用地开始跳出中心城区，在中心城区外围综合发展水平较好的地区率先集聚发展起来。1999～2003年间，星沙组团和含浦组团逐渐发展起来。2003～2009年间，都市区建设用地沿湘江向东北捞霞拓展，南部的暮云组团也发展起来。但整体而言，这些外围组团与中心城区的距离并不远，而且规模并不大，其主要依靠中心城区的强大集聚力发展。但可以肯定的是这种外拓的趋势已经积极地体现了出来，外围组团也具备了一定的规模。

4.3.3 长沙都市区地域职能空间分析

1990年，长沙都市区建设用地面积8458.3hm^2；1999年，长沙都市区建设用地面积15802.6hm^2。9年间，用地面积增长了7344.3hm^2，增长率为86.8%。如表4-2所示，在该阶段用地扩展过程中，居住、道路广场和绿地的增长幅度较大，在市中心的外围，居住用地也呈圈层式质密状水平扩大，并开始在暮云、捞霞、高塘岭、坪塘形成各居住组团，居住用地向外发展。

1990 年、1999 年与 2009 年长沙都市区用地构成一览 表 4-2

	1990 年		1999 年		2009 年	
	用地面积（hm²）	比例（%）	用地面积（hm²）	比例（%）	用地面积（hm²）	比例（%）
居住	1930.2	22.8	4613.9	29.2	13126.5	37.4
公共设施	2106.6	24.9	3061.7	19.4	5775.4	16.5
工业	2213.7	26.2	2804.0	17.7	4259.2	12.1
仓储	390.9	4.6	433.7	2.7	863.2	2.5
对外交通	360.6	4.3	740.8	4.7	1059.8	3.0
道路广场	487.7	5.8	1371.5	8.7	5435.6	15.5
市政设施	225.5	2.7	613.4	3.9	947.0	2.7
绿地	380.0	4.5	1300.0	8.2	2478.4	7.1
特殊用地	363.1	4.3	863.6	5.5	1123.4	3.2
合计	8458.3	100.0	15802.6	100.0	35068.6	100.0

来源：长沙市城市总体规划（2009—2030 年）

2009 年，长沙都市区建设用地面积 35068.6hm²。与 1999 年相比，10 年间用地面积增长了 19266.0hm²，增长率为 121.9%。该阶段，年均增加建设用地为 9.84km²，是长沙城建史上发展最快的时期。如表 4-2 所示，在用地的扩展过程中，道路广场用地和居住用地的增长幅度较大。该阶段，居住用地面积增长迅速，其规模的增加主要体现在组团内部和湘府路、金星大道、岳麓大道等新建道路的两侧。随着城市空间的发展，河西和城南地区也成为市民入住、企业入住、楼市开发的热门地段。与此同时，位于城市主城区的原有公共设施用地则呈现出集聚发展的趋势，并且逐步向外发展，河西组团、星沙组团等内部的公共设施用地增长较快。工业用地仍采取园区集聚发展的模式在经济开发区内发展，增长的区域主要在主城区的外围，工业郊区化的现象开始突显出来。

1）居住用地

呈"十"字形状沿湘江向南北，沿岳麓大道、三一大道向东西方向发展趋势。北部捞霞组团内，浏阳河以北，三环线以南的用地性质已由原来的工业用地转化为居住用地；南部暮云组团及其周边地区，随着长株潭一体化的加速，芙蓉南路、新韶山路的南延带动了房地产市场的繁荣，居住用地比例大为增加；含浦组团内，居住用地沿湘江向南发展（图 4-36）。

2）公共设施用地

主要分布在"一主两次"内。以五一广场，以及河西、星马两个次中心和若干个居住区级中心的零售商业中心体系初步形成，暮云、捞霞、星马物流配送中心、省市行政中心、新世纪影视博览区、圭塘体育文化产业区初具雏形（图 4-36）。

居住　　　　　　　　公共设施　　　　　　　　工业

图 4-36　2007 年长沙都市区不同性质用地的空间分布
来源：根据长沙市城市总体规划（2003—2020）实施评估绘制

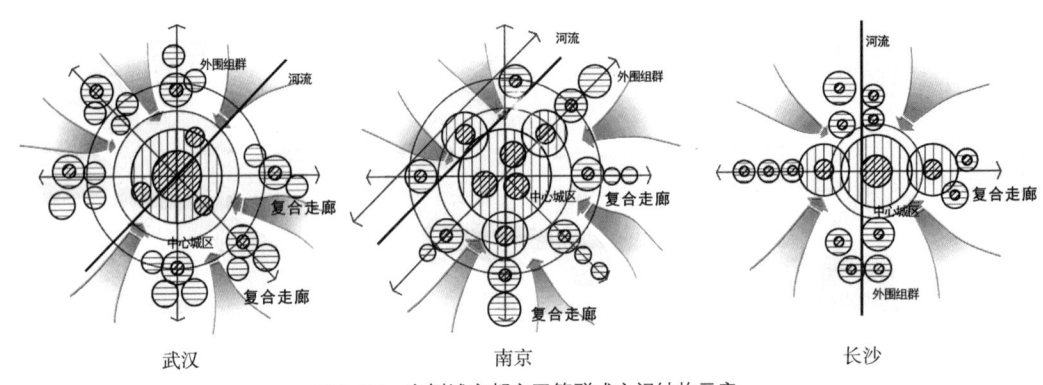

武汉　　　　　　　　南京　　　　　　　　长沙

图 4-37　案例城市都市区簇群式空间结构示意

3）工业用地

所规划的四个工业发展区均有较好的发展，主要分布在二环线以外的高新区、经济开发区、高星片、坪塘镇、天心雨花环保工业园、暮云工业园。但二环线以内仍有部分工业用地，需要进行外迁或置换。工业用地河西、星马两个次中心依托高新区和经济开发区发展，还没有大规模地跳出中心城区发展，如图 4-36 所示。

尽管武汉、南京和长沙都市区空间的发展过程不尽相同，但它们在空间演变的过程中形成其特有的相似的空间演变特征，无论是现状还是未来发展趋势都呈现出了簇群式的空间态势（图 4-37）。

4.4　大城市都市区簇群式空间发展特征

4.4.1　大城市都市区簇群式空间发展阶段性特征

当代，城市空间结构的发展有一定的阶段性，城市空间结构由单中心发展为多中心，城市空间由无序蔓延发展为多极紧凑有序。

同样的，由上文武汉、南京、长沙的实证可以看出，大城市都市区簇群式空间的发展也具有一定的阶段性，主要可以分为以下三个阶段。

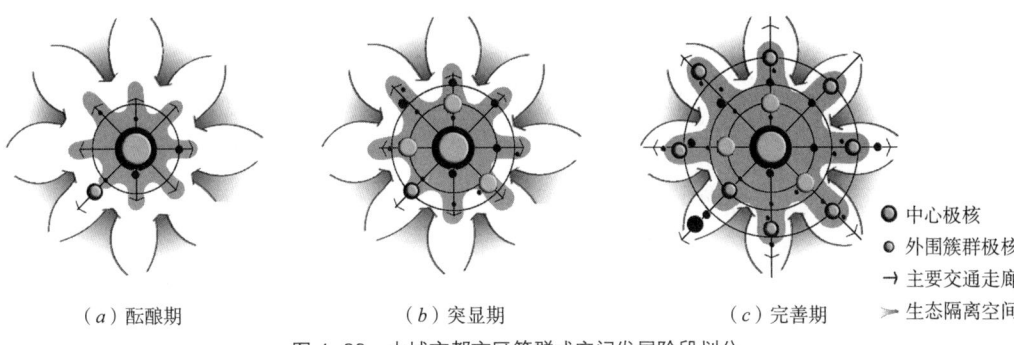

○ 中心极核
● 外围簇群极核
→ 主要交通走廊
➤ 生态隔离空间

（a）酝酿期　　　　　　　　　（b）突显期　　　　　　　　　（c）完善期

图 4-38　大城市都市区簇群式空间发展阶段划分

4.4.1.1　酝酿期集中向心发展

簇群式空间的酝酿阶段，大概是在 20 世纪 90 年代中期。这个阶段的城市规模较小，城市空间形态比较集中，即用地主要集中在中心城区，这为簇群式城市都市区今后强大的中心形成奠定了基础。在整体开发地域之外，有部分零星分布的开发地块，但对城市的整体空间影响不大（图 4-38a）。

4.4.1.2　突显期初步外扩形成

簇群式空间的突显阶段，在 20 世纪 90 年代中期至 2000 年间。这一时间段中心仍在不断扩大，外围组团还没有大规模出现，都市区还没有完全形成，但外围已经显现出较大的开发趋势，为都市区的形成奠定基础，为簇群式空间结构的形成提供了前提。外围的绿色生态开敞空间系统完好的保护为城市环境提供了保证，同时也限制了都市区用地的发展（图 4-38b）。

4.4.1.3　完善期相对分散集聚

这一时期的空间结构是在突显期的基础上发展而成，这个阶段的城市开始向整个区域范围扩张，除强大的中心外，外围地区出现了众多新生的组团，基本形成了簇群式的空间形态。

这一时期的大城市都市区簇群式空间中，有一个强大的圈层发展中心城和向外扩散的次级中心，外围分布着产业区与大规模居住区，但与中心规模相比相差甚远。外围与中心之间存在着若干产业、居住功能上的联系，产生了大量的交通，向心的交通压力增大。外围的绿色生态开敞空间限制了都市区用地发展的同时也提供了良好的环境，但面临的挑战也大。因此需要进一步的优化（图 4-38c）。

4.4.2　大城市都市区簇群式空间发展内聚式特征

城市空间发展的本质是城市社会经济要素运动过程在地域空间上的反映。在城市空间的演化中，始终贯穿着两种显著的机制，这就是一对矛盾而又统一的空间过程：集聚与扩散。集聚与扩散的组合方式导致了城市形态与结构多样性的出现。

集聚可能是空间的集中过程，也可能是包含分散或扩散的过程，即所谓大范围的集聚与小范围的扩散；从城市空间某个限定的区位看，这种集聚可能是集中的不断加剧，是从土地开发强度到建筑密度及城市功能的不断叠加，集聚的持续最终必然引起城市空间从形态到功能布局的重新配置与更新。因此，从空间结构的演化过程看，集聚的密度与强度已经决定了扩散的力度与幅度，也决定了小范围集中与大范围分散，或者更大范围集中与小范围分散等种种可能。然而，集聚与扩散是无法划定时间界限的，集聚中有扩散，扩散中也有集聚，集聚与扩散是交织在一起的。从一般的集聚走向高度甚至过度的集聚的过程，就是极化效应，它是集中过程在某一区位空间中的发生与发展；当极化过程累积到一定程度后就向外扩散，形成扩散效应，是集聚过程在某一区位空间中的必然结果。

虽然当今大城市空间存在着集聚与扩散并存的现象，但从宏观角度来看，众多大城市都市区空间的扩散是从属于集聚过程的，是大集中中的小扩散，是以内聚型发展为主导的。簇群式大城市表现得尤为明显。大城市都市区簇群式空间呈现出向外的发展态势，但中心城区并未因城市的大规模外扩而受到削弱，而是以城市内涵更新的方式在进行。如武汉的中心城不断发展壮大，南京的"一城三区"的发展以及长沙主要集中在"一主两次"发展，各城市均有强大的中心，外围各组团中心无法与之抗衡，最终形成不均衡的结构。

外围组团大规模开发从另一方面也正说明中心城区强大的向心集聚作用。簇群式城市都市区空间的扩散现象，是一种紧贴原有城区的发展，而并不是因为外围强大生长点的吸引作用而呈现出的分散。集聚中有扩散，扩散中有集聚，是大集中中的小扩散。内聚式的发展主要包括用地和人口的内聚。

4.4.2.1 用地的内聚

受城市地形条件的影响，长沙都市区用地主要集中在湘江两岸地势平坦、广阔的区域，空间形态呈团块状集中发展。自1990年以来，长沙都市区空间形态的发展呈现出集聚分散并存的特征。一方面，随着长沙主城区工业用地的外迁和发展近郊政策的实施，长沙主城区外围逐渐形成具有特色职能且相对独立的组团（主要为工业组团）。这些组团在一定程度上起到了对主城区的疏散作用。随着外围组团的规模和数量不断扩大，其对主城区的疏散作用将越来越明显。另一方面，现阶段，长沙主城区外围组团与主城区的分散并不是绝对的，在交往活动需要、交通可达性、资源设施共享、区位经济效益等因素的影响下，主城区对外围组团的吸引力远远大于扩散力，在一定程度上，外围组团对主城区仍然存在较大的依赖性。因此，长沙都市区空间形态呈现出外围组团向心集聚的状态。

为了更加直观地描述武汉城市都市区空间发展方式的特征，利用扇形圆周系统作纵切图（图4-39），并进一步与整体空间相结合，作出图4-40。由1992～1995年、1996～2000年、2001～2008年三个时间段土地开发峰值变化曲线可以看出，旧城中心区边缘（5～9km）的土地开发规模在逐步增加；外围组团的土地开发规模也在飞速增加，土地开发峰值的范围从15km扩展到30km，由此可以清晰地看出武汉城市土地开发的峰值由中心向外转移。武汉城市土地开发的峰值在1996～2000年有一定程度的外推，而真正意义上的峰值外推应归结为2001～2008年外围城区的大规模开发，这种外推形式不仅是

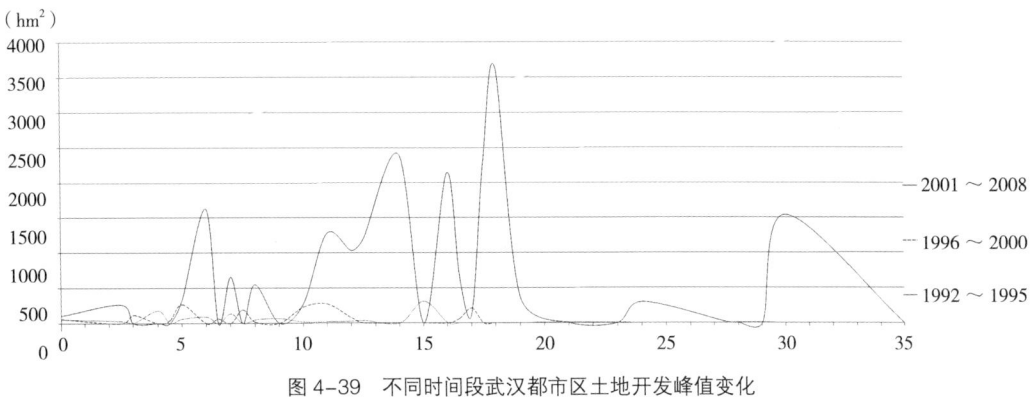

图 4-39　不同时间段武汉都市区土地开发峰值变化

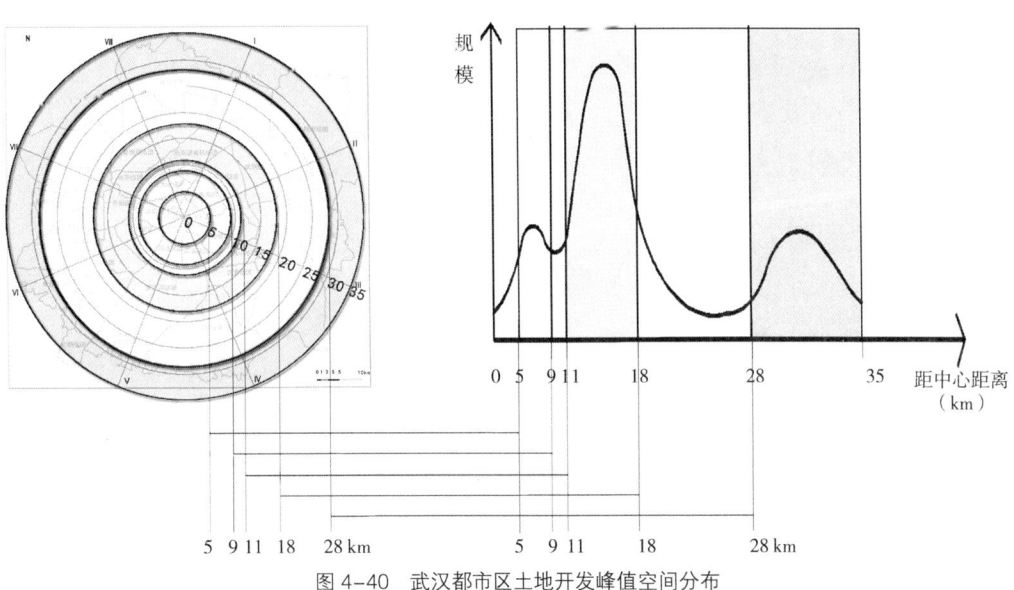

图 4-40　武汉都市区土地开发峰值空间分布

空间距离上的增加，而且是开发规模上的突飞猛进。城市土地开发选址与城市中心的距离关系随着时间的推移而增大，说明城市的规模在逐步扩大。但这种城市的拓展，依靠的是中心强大的集聚作用。

聚峰出现的外围组团（11～18km、28～35km）是土地开发的重点地域。外围组团11～18km 左右的空间区位出现城市土地的大规模开发，主要是因为其处于中心城区的极化核与外围郊县的极化核的作用范围的空间交集部分，成为城市空间形态变迁最为活跃的地区，也成为武汉城市空间形态变迁中的主角。而 28～35km 区间的大规模开发则体现了武汉城市空间的外拓，但这种外拓的动力并不强大。

武汉城市空间形态变迁中外围城区的大规模发展是依靠了中心强大的集聚作用，外围组团开发势头越强大，就越说明了中心城区的强大的集聚作用。

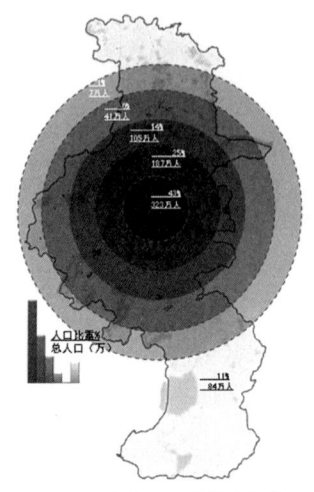

图 4-41 南京人口现状空间格局
来源：根据南京城市总体规划
（2007—2020）绘制

4.4.2.2　人口的内聚

南京的人口集聚在中心城区。南京总人口近 90% 集中在市区，超过 40% 集中于城区。

按城镇单元来分析人口增长情况，增长最快的城镇单元为主城和三个新市区。1990～2007 年，主城人口增长超过 150 万人，三个新市区人口增长都在 10 万人以上，人口规模分别达到 35 万、27 万和 15 万人；其次是新尧、板桥和大厂，三个城镇单元人口分别增长了 9.18 万、7.51 万和 5.02 万人，其余城镇单元人口增长相对较少。

从人口分布密度看，南京人口空间分布呈明显的圈层式特征（图 4-41、表 4-3），人口密度分布从城市中心向外围逐级递减，人口过度集中在 10km 半径以内的主城，一、二圈层人口密度的差距达到 5 倍左右。

南京市人口圈层分布状况　　　　　　　　　　　　　　　　表 4-3

离中心距离（km）	总人口（万人）	人口比重（%）	人口密度（人 /km^2）
0～10	323	49	10750
10～20	187	28	2076
20～30	105	16	700
30～40	41	6	343
40～50	7	1	343

来源：南京城市总体规划（2007—2020）修编资料

2005 年，南京市老城区平均常住人口密度为 3.2 万人 /km^2 左右，虽略低于上海市在 2000 年的水平，但高于与南京发展历史和经济条件比较相似的杭州市，也高于人口密集的北京市和东京市。老城区中，有 9 个街道的常住人口密度超过 4 万人 /km^2，其中朝天宫、建康路等街道的常住人口密度超过 5 万人 /km^2，与国内外典型城市相比，这些街道人口密度明显偏高（表 4-4）。

南京与国内外典型城市的老城区常住人口密度比较（单位：人 /km^2）　　　表 4-4

地区	1990 年	2000 年	2005 年
南京	26329	30684	32160
北京	26826	24278	
上海	39569	33347	
杭州	30309	25408	
东京		13342	

来源：本表中上海、东京两市数据引自《大城市人口分布变动与郊区化》（高向东，2003）；北京数据引自《转型期中国城市内部空间重构》（冯健，2004）

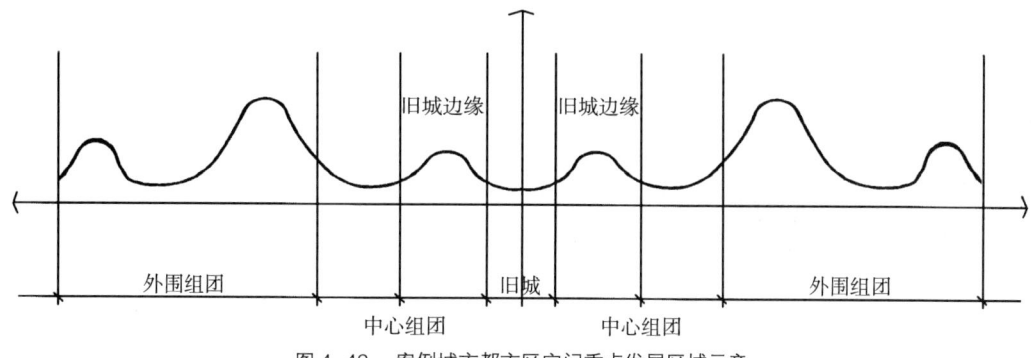

图 4-42 案例城市都市区空间重点发展区域示意

4.4.3 大城市都市区簇群式空间扩展方式特征

大城市都市区簇群式空间发展过程是一个依托中心城区多轴线边缘生长的过程。大城市由于有着较为悠久的发展历史，因此中心城区有了较为稳固的发展，靠近建成区的土地在下一个空间发展期比远离建成区的土地更有可能被开发。由上文的分析可以看出，外围城区的发展是依托原有的中心城区，特别是中心城区强大的集聚作用下，武汉、南京、长沙等城市都市区空间在中心城区的边缘发展较快（图 4-42）。

当一定数量的空间类型聚集于城市中的某一区位点，并对该点某些特定的资源（如交通优势，低地租，优美的环境等）有着共同的需求时，生长点就生成了。原有建成区由于空间区位供给的有限性，城市空间向外扩散，由于原有建成区优越的资源条件，空间上新的生长点基本上均紧贴原有城区产生。随着密度逐渐增加，规模逐渐变大，空间逐渐增长，城市逐步向外扩展。这一过程主要依靠生长点沿交通等轴线的发展完成。各种用途的土地为了克服空间摩擦而支付的交通成本倾向于最低，一般可以通过两种方式：一是使相关活动在空间上的距离减小，二是利用交通体系使时间距离减小。因而，在外部交通及地理环境条件相对均匀时，会采用一种紧贴发展的模式；当外部交通及地理环境条件不均匀时往往会沿着交通或发展阻力最小的方向蔓延。由于城市对外交通能吸引大量人流、物流，沿路建设在短期内可以获得较好的经济效益，为追求利益最大化，城市周边区县建设不可避免地会选择沿道路建设，与此同时加快了外围组团的建设。结合上文武汉、南京和长沙的例子可以说明大城市都市区簇群式空间发展依托中心，城区边缘－轴线生长的过程。

利用扇形圆周系统作出图 4-43，可以清晰看出Ⅰ－Ⅴ、Ⅱ－Ⅵ、Ⅲ－Ⅶ、Ⅳ－Ⅷ四条划分扇形的直线基本落在了武汉都市区空间发展的轴线上。

1992～1995 年，城市土地开发沿汉水、长江、武珞路发展（沌口沿 318 国道开发），轴线最远处距中心约 15km。旧城土地开发较为密集，基本上呈现依托旧城向外沿轴线发展的态势。1996～2000 年，依然呈现依托旧城向外沿轴线发展的态势，轴线有一定程度的延伸，并且轴线之间用地开发较多，即由旧城开发转向旧城外边缘用地的开发。2001～2008 年，城市土地开发形态变化较大，土地开发向外围扩散速度较快，轴线进一步向外扩展，最远处距中心约 30km，这一时期，呈现的是依托中心城区向外沿轴线发展的态势。整体而言，

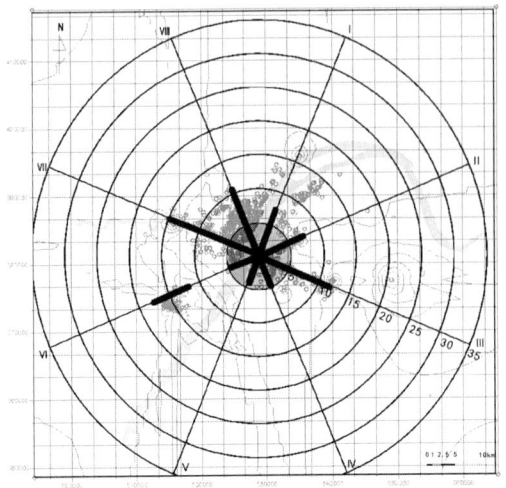

1992～1995 年

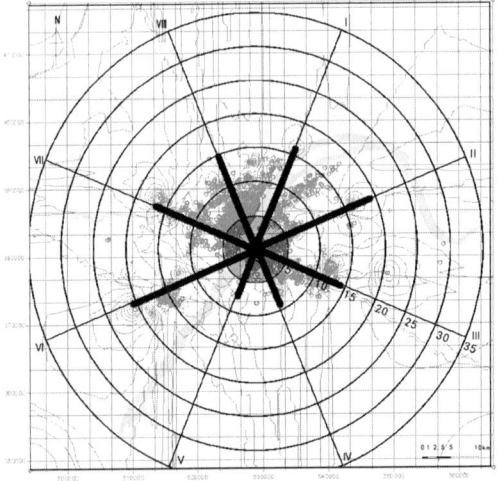

1992～2000 年

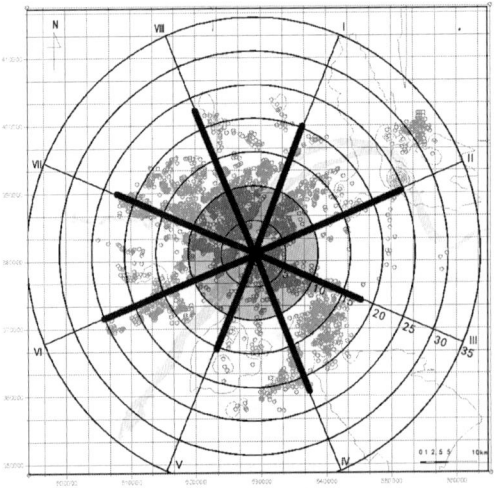

1992～2008 年

图 4-43　不同时间段武汉都市区土地开发轴线分析

1992～2008 年，武汉城市空间向外拓展，呈现轴线—圈层—轴线的发展态势，也就是说，武汉的城市空间发展在不同的时期均是依托原有城区轴线发展。

4.4.4　大城市都市区簇群式空间职能分化集聚特征

城市地域在职能分化的过程中表现出来的一种保持等质，排斥异质的特性。本书所指的职能空间分化集聚是空间中异质空间的分离与同质空间的聚合。在不同用地开发空间分化的过程中，各种用地的开发规模的时空耦合曲线也是各不相同（图 4-44）。

居住用地的开发规模曲线峰值基本布满整个空间。它在中心组团的空间密度达到一定阶段后，逐渐向外发展，距中心的距离也逐渐拉大，但其始终都是城市空间形态的基面。

商住综合用地基本分布在中心城区。但仍可以明显地看出商住综合用地的规模峰值也有一定程度的外推。商住综合用地受到中心可达性制约，它的规模分布曲线证明了大城市中心城区范围的扩大。

商业空间在发展到一定程度后，随交通可达性的提高以及中心开发的饱和而向外围发展，商业用地的发展说明了大城市空间多中心建立的趋势与前景。

工业空间则由中心逐步外迁，并且在距离中心一定距离处达到高峰，工业空间的发展说明了武汉城市空间的外扩。

簇群式大城市都市区在整体空间生长的同时，各类用地也在进行着空间调整，居住作为基础大面积铺开，工业在外围，加速了城市的扩大；商业、商住空间增加了中心的密度，各种不同职能用地分化，选择适合自身发展的空间，造就了城市的

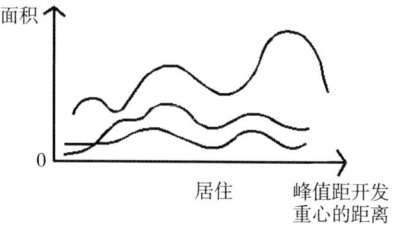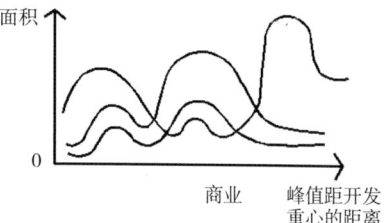

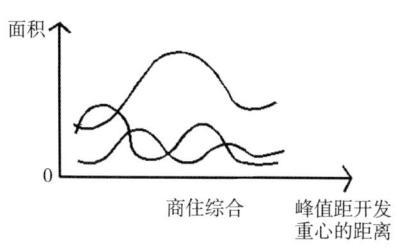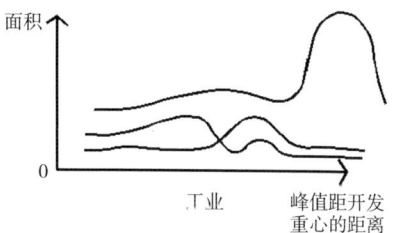

图 4-44　不同类型用地的时空耦合曲线

空间组团集聚，形成了中心组团不断强大，外围组团快速发展的态势。虽然存在着向外扩散的特征，但各类用地对目标地点有一致的选择，最终形成了组团聚集的结果。外围各个组团与强大的中心一起形成了都市区簇群式空间发展态势。

为了进一步证明武汉都市区空间职能分化的空间分布，本书用一个地域（组团）的优势类型来阐述。据此设计出类型熵指数 q^{s}_{ij} 以确定地域优势类型。

$$q^{s}_{ij}=p_{ij}/p_{i},$$

公式中 i 表示类型编号，j 表示组团编号，p_{i} 表示 i 类型的整个研究范围内平均占地比重，p_{ij} 表示 j 组团 i 类型的占地比重，p_{ij} 反映整个研究范围平均比重的 x 倍时，即 $q^{s}_{ij} \geq x$ 时，表示该种类型呈现优势。

计算 20 世纪 90 年代以来武汉城市各类用地开发的类型熵指数，详见表 4-5。本书规定 $q^{s}_{R} \geq 1$，$q^{s}_{CR} \geq 2$，$q^{s}_{C} \geq 1.2$，$q^{s}_{M} \geq 1$ 时，表示该种类型呈现优势。由图 4-45 可以看出，外围工业占优势，中心商住综合占优势，商业的优势空间已经从中心向外发展，居住的优势地域较大。

武汉城市各类用地开发的类型熵指数　　　　　　　　　　表 4-5

	q^{s}_{R}	q^{s}_{C}	q^{s}_{CR}	q^{s}_{M}
白沙组团	1.59	0.98	1.12	0.49
二七组团	1.13	0.42	6.58	0.13
古田组团	1.09	0.90	0.95	1.03
汉口旧城组团	0.52	2.79	7.36	0.02
汉阳旧城组团	1.34	1.44	3.18	0.51

续表

	q_R^*	q_C^*	q_{CR}^*	q_M^*
后湖谌家矶组团	1.40	0.83	1.63	0.62
建设大道组团	0.79	2.41	6.20	0.11
珞瑜组团	1.25	1.97	1.93	0.31
南湖组团	1.47	0.76	0.84	0.13
青山组团	1.84	1.51	1.18	0.49
十升组团	0.66	1.96	1.00	1.62
四新组团	1.76	0.94	1.67	0.38
武昌旧城组团	1.24	1.50	5.40	0.05
武钢组团	0.09	0.04	0.00	2.65
徐东组团	1.72	1.06	2.50	0.40
站北组团	0.90	1.22	4.46	0.46
中南组团	1.75	1.94	1.84	0.41
左岭组团	0.00	0.00	0.00	2.84
沌口组团	0.70	1.45	0.12	1.62
关山组团	0.99	0.51	0.07	1.11
后官湖西组团	3.38	0.00	0.00	0.03
化工新城	0.00	0.00	0.00	2.41
黄家湖组团	0.59	2.08	0.00	0.62
金银湖组团	2.21	0.83	0.25	0.59
九峰豹澥组团	0.92	0.00	0.02	0.29
流芳组团	0.75	0.39	0.00	0.92
盘龙城组团	1.82	0.12	1.22	1.08
吴家山组团	0.16	0.31	0.21	2.50
武湖组团	0.30	1.03	0.00	2.53
新农组团	1.49	0.31	0.00	1.48
阳逻组团	0.48	1.32	0.00	2.25
纸坊组团	1.03	1.32	0.00	1.47

注：q_R^* 为居住类型熵指数，q_{CR}^* 为商住综合类型熵指数，q_C^* 为商业类型熵指数，q_M^* 为工业类型熵指数

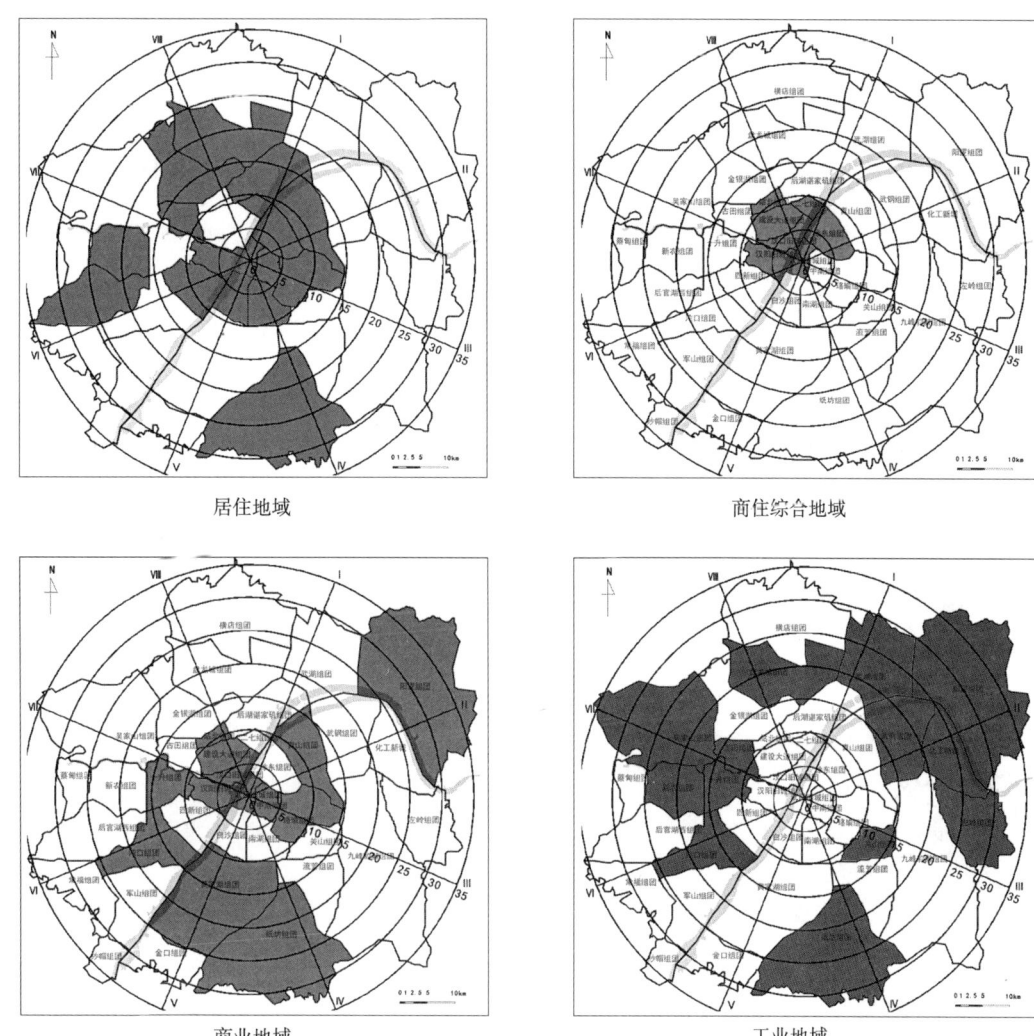

图 4-45 武汉市不同类型用地的优势地域分布

武汉城市土地开发的结果就是各类不同用地开发在地域空间上形成分化，并最终选择在一定地域集聚。

在空间形态上，分化集聚的时空耦合特征表现为环带形格局与扇形格局周期性交替变化。这种变化过程同交通轴的出现与强化，以及各种资源中心点及相对优势点的形成与数量相关。这与各类用地对目标地点有一致的选择，最终形成了组团聚集的结果是一致的。实际上，这也是各种职能用地空间选择最佳区位的一种表现。

居住、商住综合、商业职能在空间格局上呈现扇形放射状与环带状的交替变化。可以认为环带状分布的空间即为不同职能的优势空间。居住随轴线扩散距离较远，空间优势点较多。商住综合职能空间、商业职能空间与交通的关系更为紧密。工业职能的空间无法作出解释，可能因其更多地受到政策的影响。这样不同的职能类型在时空耦合选择中位于自身最佳区位，并在最佳区位处发展起来，形成一定的规模，形成了外围的若干组群。图4-46以武汉为例正说明了这一过程。

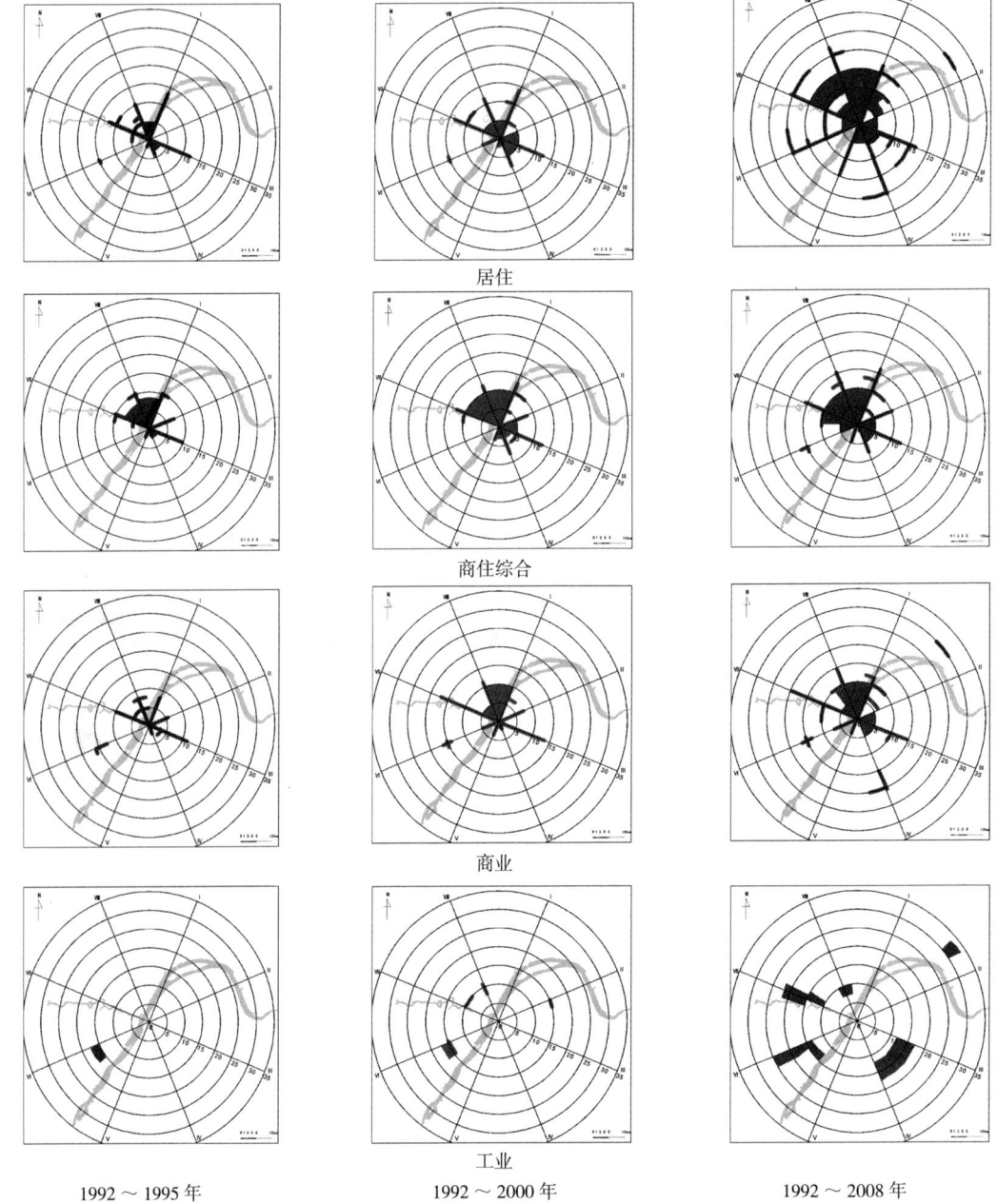

居住

商住综合

商业

工业

图 4-46　20 世纪 90 年代以来武汉城市不同职能空间形态变化示意

5

大城市都市区簇群式空间的成长机理

机理是指为实现某一特定功能，一定系统结构中各要素的内在工作方式以及诸要素在一定环境条件下相互联系、相互作用的运行规则和原理①。城市本身是一个复杂的、综合的大系统，这样就会出现不同的城市由于受到不同因素影响或者受到作用的因素相同但作用力不同等一系列问题。尽管有一些普遍性规律，但这些规律由其他条件改变而发生变异，因此并不存在完全普适的机理解释。由上文的分析可以看出，当代众多大城市的空间均呈现出一种都市区尺度上的簇群式发展态势。但为什么这些大城市会向都市区"簇群式"空间形态发展？其空间发展的基本动因是什么呢？它们与东部沿海城市、西南山地城市在城市区域化路径、空间结构形成的动力机制方面有何不同呢？

从上文簇群式城市都市区空间的形成过程来看，各时间段都市区空间发展存在一定的轴线，都市区中心较为强大，外围的发展主要是依托中心进行，且向各个方向均有发展。因此可以说紧贴中心建设的周边组团（群）以交通为轴呈"簇状"布局是其较为突出的特征，本章就簇群式空间的成长机理作具体论述，试图回答上述问题。

5.1　相关理论

成长机理解释部分，主要基于结构主义理论、政体理论等来进行具体分析。

5.1.1　结构化理论（Structuration Theory）

吉登斯（Giddens）的结构化理论在当代的社会学领域产生了巨大的影响。他建构的结构化理论，其目的是试图克服客观主义和主观主义、整体论与个体论、决定论与唯意志论之间的二元对立，用结构的二重性去说明个人与社会之间的互动关系，是指在一定时空条件下社会再生产过程中反复涉及的规则和资源，结构二重性表现为社会结构既是由行动者的行动建构起来的，同时，它又是人们的行动得以可能的桥梁和中介。而规则主要指行动者在行动时所依赖的各种正式制度、非正式制度以及有意义的符号；资源可以划分为配置性资源和权威性资源。权威性资源是指行动者所拥有的权威、社会资本等，而配置性资源则是指各种物质实体性资源。吉登斯认为，结构二重性概念以及结构化理论的提出可以解决社会学方法论中二元论问题，同时，运用这个理论还可以解释社会转型过程中所产生的现代性与自我认同问题。简而言之，结构二重性就是指人们在结构的制约中再生产了制约他们的结构，结构兼具使动性和制约性。

吉登斯（Giddens，1993）对于传统二元论进行批判，他认为，个体和社会都应该被解构（Deconstructed），个体（Individual）不仅仅指一个主体（Subject），也指一个能动者（Agent）；而行动作为核心概念不仅仅是个体的特征，也是社会组织或集体生活的要素。同时，所谓的结构只是具有结构性特征的社会系统或集体，两种主要的二元论因此转化为社会系统与个体行动的一对关系。他的进一步分析认为，结构作为整体依然对社会行动者及其行动具有某种强制性和某种意义上的不可选择性；但在另一方面，前者并没有对后者的决定性约束作用。为此，他提出以结构二重性（Duality of Structure）概念代替二

① 百度百科. http://baike.baidu.com/view/925888.htm?fr=ala0_1。

元论（Dualism），认为不能简单地认为结构是对人类能动性的限制，它实际上也是对人类能动性的促进。这样，人类的能动性与结构不再对立，而是具有积极建构的能力。

由此，吉登斯将关注的焦点集中到能动（Agency）和行动（Action）上，并且特别强调连续流概念的行动（Action）特指人的行为中具有持续意识的过程，具有时间性的一面，并明确与作为其固化的和空间化的举动（Act）相区别，并由此将 Action 作为理解"结构化"的关键。吉登斯结构化理论的另一个重要概念，就是"有意图举动的未预期后果"（Unintended Consequences of Intended Acts），认为正是由于这种未预期的后果构成了下一步行动的未被认识到的条件。由此，行动得以连通具有"改造"（Transformation）含义的"实践"（Praxis）概念，并在这种改造与再建构过程中完成了结构化的使命。

5.1.2 ASD 理论（the Theory of Actor–System–Dynamics）

伯恩斯（Burns，2000）领导的团队坚持行动者—系统—动态学的理论（the Theory of Actor–System–Dynamics）主张。在认同吉登斯的结构化理论等相关理论研究进展基础上，ASD 理论认为不应局限于对能动者和社会结构的考察，"绝大多数社会科学家倾向于忽略自然环境和技术对于社会生活的影响，但这意味着社会科学主动放弃研究并解释当代科学技术飞速发展，科技对环境的影响，以及由此引发的全球问题"。因此，ASD 理论在认同吉登斯关于结构既是社会行动的中介又是其结果，以及结构化源于社会行动者有目的行动的同时还是人类活动无意识的结果等核心主张，又指出各种外在的自然因素和社会因素作用也会导致结构化和重构的发生。显然，ASD 理论为更具体分析特定地域和时期环境中的社会发展提供了更直接可操控的研究工具。

ASD 理论认为，各类行动者在行动时要受到物质、政治、文化条件的限制，同时他们又具有能动的且常常是创造性的力量，能够塑造和再塑造物质环境和社会结构、社会制度，因而行动者能够有意或无意地改变活动与交易的条件。在此基础上，该理论提出社会系统的 3 个层次：其一是行动者，行动者的角色与地位；其二，社会行动与互动的场景和过程；其三，内生限制因素，包括物质因素、制度因素和文化因素。在这样的社会系统层次架构中，在外生因素和内部社会活动的推动下，社会系统处于动态过程中，如图 5-1 所示。

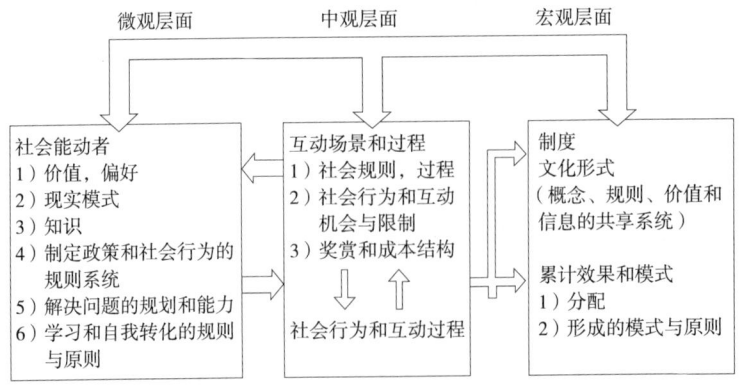

图 5-1　伯恩斯的不同层面社会系统的模式

来源：汤姆·R.伯恩斯，等.结构主义的视野——经济与社会的变迁［M］.

北京：社会科学文献出版社，2004

在这样的理论框架中，还有一些重要的主张对于我们的理解和运用具有重要的启示作用。如：不同行动者拥有的用以实现其目的与利益的资源与机会的不均等；行动和互动的可能性（包括资源控制）在行动者之间的分配状况不仅决定了他们在不断变动的情境中的相对权力，还决定了他们影响未来发展的能力；通过行动与互动，社会行动者支配并改变他们周围的物质环境、制度环境和文化环境；精英通常把规则体系视为一个将受到支持的系统或者一个应当服从操纵与革新目标（至少部分如此）的系统，但另一方面，较弱行动者更愿意把规则体系当作某个既定的处于他们影响范围之外的事物，他们的行动要么充分利用系统框架内的机会，要么避免或逃避系统最严厉的惩罚。

实际上，无论是结构化理论，还是 ASD 理论都从根本上扬弃了传统结构主义学派认为存在超越性的社会结构的理论基础，在改变了"结构"内涵本意的同时将关注的焦点集中到社会结构的变迁方面，创造性地推动了理论研究的新进展，并为本书提供了新的理论基础。

5.1.3 城市政体理论

城市政体理论在西方已经兴起十余年了，它有着十分复杂的理论来源，但总体上仍可以归为结构性（Structuring）的理论[①]。

在城市政体理论的发展中，洛根和莫洛（Logan & Molotch，1987）在城市是增长机器（Growth Machine）的论述中将精英从居住和工作在城市的普通人中分离出来，认为是这些掌握权力的精英推动着城市的增长，而城市中的人们对于增长普遍持肯定的态度，它们的争论只是集中在增长应该发生在哪里，以及新收益将如何分配。而斯通的研究则呼应了吉登斯的结构二重性概念[②]，提出了"社会生产的权力"（Power as Social Production）概念，并置其于系统和"先得权力"（Pre-emptive Power）之间。而所谓的先得权力，斯通认为就是"社会控制的范式"（Social Control Paradigm）。在此基础上，斯通指出西方城市政体的实质是"社会生产模型"（Social Production Model），并由此发展形成了城市政体理论，推动了 20 世纪 90 年代以来学术界广泛开展的关于城市政体的相关研究。

总体而言[③]，城市政体理论需要两个前提：其一，在市场经济下，社会资源基本上是由私人部门（包括私有企业和个人）所控制；其二，在发达国家，政府经由全体市民选举产生，并必须代表全体选民的利益。处于此前提下的国家，城市的权力分散在地方政府和私人部门手中，它们分别拥有控制城市的不同资源，地方政府拥有立法和政策制定的权力，而私人部门拥有资本。在这样的情况下，为了继续赢得选举，地方政府就必须表现出政绩，最主要是促进城市发展，提供就业机会，增加税收，以便用税收改善城市面貌，提高公共服务的质量。但是所需的资本大部分在私人部门的控制下，地方政府的支配能力有限，因

[①] J Davies.Urban Regime Theory：A Normative-Empirical Critique [J].Journal of Urban Affairs，2002（24）：1-17.

[②] J Davies.Urban Regime Theory：A Normative-Empirical Critique [J].Journal of Urban Affairs，2002（24）：1-17.

[③] 张庭伟.1990 年代中国城市空间结构的变化及其动力机制 [J].城市规划，2001（7）：7-14；J Davies.Urban Regime Theory：A Normative-Empirical Critique [J].Journal of Urban Affairs，2002（24）：1-17.何丹.城市政体模式及其对中国城市发展研究的启示 [J].城市规划，2003（11）：13-18.

此不得不借助于私人部门——工商业和房地产公司的财力，为此就必须作出让步来满足这些公司的要求以得到他们的投资。这样，掌握着权力的地方政府就必须和控制着资本的私人部门结盟。这种结盟代表了城市社会统治群体的共同利益，但又受制于社会的约束，因为如果这种结盟牺牲了过多的社会利益，或者发展带来的利益未能被市民所分享，市民可以在选举时更换掌握权力的人来拆散当前的这种结盟，由此导致新的结盟形成，而这种结盟也正是其所谓的城市政体。并且，由于社会政治经济的背景，以及地方政府的战略选择不同，一般可以形成四种不同类型的政体，而不同的政体直接影响着城市的发展。

城市政体理论的兴起和发展引发了广泛的关注，它坚持了结构在城市发展中的作用，同时又回应了结构二重性主张；并且将研究的视野引入到对利益集团的分析中，改变了被认为过于极端的对阶级关系的关注；它改变了以往将政府直接认为是资产阶级代表的观点，将政府置于一个重要的独立位置，并特别关注了政府在城市发展中的作用。城市政体理论的这些研究视野的新突破，以及在解释研究中的适用性，导致其应用的迅速扩大，甚至已经远远突破了它原来的概念意义和前提条件。

城市政体理论的应用和研究迅速扩大的同时，也不断经受着新的批判[1]，包括认为其缺乏对制度力是如何形成的关注，而只是将关注的重点放在它是如何在政府的管制中得以维持的；以及城市政体理论不能解释经济趋势如何影响城市政体，也无法提供预测功能等方面。也正是由于存在着这些显著的缺陷，有观点认为从严格的意义上讲，城市政体只是一个概念或者分析的框架，并因此称之为城市政体模型（City Regime Model）。

对于城市政体理论的另外批判源于对西方社会发展的经验观察。法因斯坦和坎贝尔（Fainstein & Campbell，1996）的研究指出，地方政府将由于它们所在地区的不同（是处于增长的地区还是衰退的地区）面临完全不同的处境，并且有可能在地区发展衰退趋势中毫无作为；由于对地方政府在引导社会发展方面的失望，有观点将研究的重点转向市民社会（Civil Society），认为城市转变（Urban Change）的源泉来自市民社会，而不是作为国家机器的地方政府，但是这样的理论转变显然更多地出于批判主义的立场，而并非解释研究的自身进展。

所有的这些分析表明，城市政体理论尽管在西方发达国家得到了相当的推崇，但它作为解释理论不仅具有无法克服的缺陷，更为重要的是它根植于特定的社会经济背景。这无疑提示我们，作为与西方发达国家无论是政治、经济、文化，还是社会发展都存在着显著差异的中国，在决定借鉴之前必须保持足够的谨慎。

5.2 大城市都市区簇群式空间成长机理的解释框架

所谓"解释"，就是用理论把某事物置于一个与其他事物相互联系的整体的结构或概念模式之中[2]。它不是发现新事实或新现象，而是对原先已经知道的一类或一组现象以新

---

[1] J Davies.Urban Regime Theory：A Normative-Empirical Critique［J］.Journal of Urban Affairs，2002（24）：1-17.

[2] 曹志平.理解与科学解释——解释学视野中的科学解释研究［M］.北京：社会科学文献出版社，2005。

的方式作出新的系统化的解释，是对某种经验描述的解释，是"说明原因"与"提出理由"的辩证统一。"单凭观察所得的经验，是决不能充分证明必然性的"（恩格斯），只有在一个作为理论整体的框架中，在理论与经验的耦合关系中，我们才有一个关于现象解释的确认。

一个解释框架的建构，完全可以借鉴已有理论研究的基础，运用社会学科和地理学科相结合的方法提出更为基础性和全面性的关于解释的框架。

应该明确一点，寻求一种解释，就是寻求理论[①]。在解释框架设计时，也应考虑到作为理论研究的元素、概念、变量及陈述等形式构成的体现。

社会过程是影响城市空间结构的内在机制，社会关系则是导致社会过程的根本动因[②]。结构主义学派有关城市发展的解释性研究在近年来颇受关注，理论已经具有完整的体系。近年来，结构学派中的"城市政体理论"等关于城市政治和城市发展的理论一直占据西方发达国家的研究主流，更有具有开创性的结构化理论和 ASD 理论研究的新进展，为机理研究提供了充实的理论基础；同时，近年来国内也相继出现了借鉴西方理论研究成果来研究城市空间发展的动力机制等问题，为本部分的研究提供了有益的启示。

在伯恩斯关于社会系统层次的论述中，也就是他所提出的 ASD 理论，将社会系统分为三个层次：①行动者，行动者的角色与地位；②社会行动与互动的场景和过程；③内生限制因素：物质因素、制度因素和文化因素。真正外生的因素是那些附条件的建构行动者与社会行动，它促进社会系统的发展，而其自身却不受影响（至少从短期看来如此）的因素。长期看来，社会系统中的行动者能够控制这些外生因素，从而使其内生于社会系统[③]。行动者—系统动力学理论将社会系统分为三个层次，其中前两个层次都直接与社会行动者有关，而最后一个则是对社会结构、社会行动与互动形成限制作用的因素。

正如结构主义学派的后期发展所指出的，对于任何城市空间发展演变的机理研究都必须深入到特定的时空范畴中去，并且不仅需要关注那些主要能动者的社会关系与社会过程，还必须深入到对特定城市结构性因素的讨论中，因为作为人类社会系统的必需资源和限制条件，这些以前被忽视的"非社会性因素"实质对于任何社会结构的形成和发展都具有不可忽视的影响作用。而另一方面，社会的发展进程，特别是改革开放以来的中国社会发展进程，已经反映出显著的演变趋势特征，不仅包括主要能动者的变迁，更包括主要能动者间关系的显著变迁进程[④]。

基于吉登斯的范式连续发展说，大多关于城市空间结构形态机理的既有解释性理论，无需进行颠覆性的批判和改写，只是需要根据概念框架的启示进行前提性定位即可[⑤]。所以遵循这样的原则，在已有理论研究的基础上，大城市都市区簇群式空间结构的机理分析

---

① 转引自：D.Harvey. 地理学中的解释［M］. 高泳源，刘立华，蔡运龙译. 北京：商务印书馆，1996。
② 唐子来. 西方城市空间结构研究的理论和方法［J］. 城市规划汇刊，1997（6）：1–11。
③ 汤姆·R.伯恩斯等，结构主义的视野——经济与社会的变迁［M］. 周长城等译. 北京：社会科学文献出版社，2004：172。
④ 栾峰. 改革开放以来快速城市空间形态演变的成因机制研究——深圳和厦门案例［D］. 上海：同济大学，2004：45。
⑤ 栾峰，王忆云. 城市空间形态成因机制解释的概念框架建构［J］. 城市规划汇刊，2008（5）：31–37。

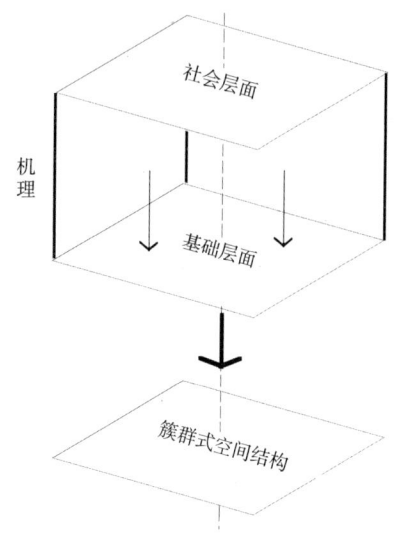

图 5-2　大城市都市区簇群式空间成长
机理的分析层面

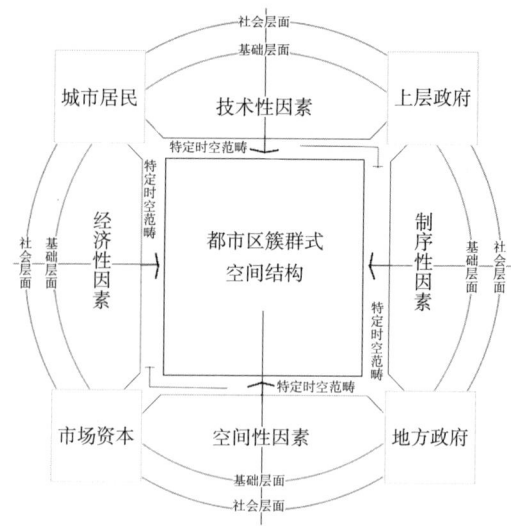

图 5-3　大城市都市区簇群式空间成长机理的解释框架

就被划分为两个层次，基础层面（内生性限制因素）[①]和社会层面（社会主要能动者）[②]两个层面。两个层面对都市区空间的作用方式如图 5-2 所示。

社会层面的主要能动者基于不同目的和相互关系，通过社会行动与互动，有意无意地作用于并改变着不同的内生性限制因素；基础层面的内生性限制因素既是城市发展和城市空间形态结构演变的必需资源和限定条件，同时又是主要能动者作用的限定条件和作用对象，两者的关系是复杂的。但根本上，社会层面通过基础层面将作用力落实在空间上，就促使了大城市簇群式空间的形成。

总之，在基础层面、社会层面各因素的综合作用之下，导致了部分大城市都市区簇群式空间的形成与发展。各因素的相互作用可能有多种，在特定的时空范畴内，将社会过程反映在物质空间层面上，逐步形成了都市区簇群式空间。这就是都市区簇群式空间机理的解释框架，如图 5-3 所示。

---

① 伯恩斯（2000）的论述认为，内生限制性因素主要包括两大类型，其一是制度、文化形式和总的社会结构，是体现在科层制、经济与政治体制、宗教中的社会规则体系，他们建构并支配社会交易；其二是物质和技术条件，它们既限制社会行动和互动，又创造一系列的机会。胡皓和楼慧心（2002）在关于人类社会的自组织研究中指出，除了自然资源因素之外，人类社会的基本构成因素还包括人口资源、物质资源和文化资源。人口资源不仅包括各种完整的人类个体，还包括以各种分解方式提供的体力资源和心灵资源；物质资源包括通常所说的各种物质的生活和生产资源；文化资源包括各种形式和水平的科学技术成果、伦理道德观念和规范以及文学艺术产品等等。鉴于上述研究，也许可以将非社会因素根据在人类社会系统基本构成中的作用，归纳为 5 大组成因素，分别是制序性因素、经济性因素、文化性因素、技术性因素、环境性因素。转引自：栾峰，王忆云.城市空间形态成因机制解释的概念框架建构［J］.城市规划汇刊，2008（5）：31-37。

② 对于正处转型时期的国内城市而言，社会能动者大多正在经历着显著的变迁。自改革开放至今，大多城市社会能动者经历了从早期的"政府—城市居民"典型二元结构，到目前"上层政府—地方政府—市场资本—城市居民"的结构模式变迁，而城市居民本身，也同样出现了显著的分化。社会能动者的变迁，以及社会能动者地位及其相互关系的变迁，成为国内城市空间形态成因解释框架中社会层面的典型特征和重要因素，影响到社会能动者的行动能力和社会互动，并因此直接影响到城市空间形态。但是具体到特定城市，社会能动者的变迁过程及现实状况又有着显著差异，需要进行特定的分析。转引自：栾峰，王忆云.城市空间形态成因机制解释的概念框架建构［J］.城市规划汇刊，2008（5）：31-37。

最后，虽然当代众多大城市在一定程度上均呈现出"簇群式"的空间发展态势，但其发展机理却不尽相同，加之当前的城市化发展背景复杂，虽然可能总结出一种在不同环境下都适用的城市空间结构模式，但其具体结构以及形成机理只能以某一具有代表性的区域为研究对象进行总结研究，为其他地区的发展提供理论参考。

5.3　基础层面的主要作用

基础层面的相关因素既是城市发展和城市空间形态结构演变的必需资源和限定条件，同时又是主要能动者作用的限定条件和作用对象。根据已有的相关理论研究，可以将基础层面的主要因素归纳为制序性因素、经济性因素、技术性因素、空间性因素。

5.3.1　制序性因素的控制力

制序[①]性因素，特指能动者在社会行动和互动中形成并遵守的常规性约定，既包括自发形成并依靠能动者自觉遵守的非正式约定，也包括那些正式的强制约定[②]。伯恩斯（Burns，2000）的社会规则系统理论中的社会规则包括宪法原则、法律、行为规范、道德准则、行政规则与规定、技术规则与指导原则等等。本书引用的制序性因素与伯恩斯的社会规则是同义的。规则体系决定了群体、组织或社会内部权力资源的分配和统治关系，在某种程度上，它决定特定社会领域内行动者之间的权力分配。所以制序性因素决定了不同社会能动者拥有的用以实现目的和利益的资源及机会的不均等性，不仅反映了它们间的相对权力关系，而且决定了它们影响未来发展的能力差异[③]。就影响城市空间结构方面而言，制序性因素反映并约束着社会不同能动者掌控城市空间资源所必需的权力关系，而且决定了影响城市空间未来发展的能力。

制序性因素的作用主要是指在分权过程中形成的各种发展制序（制度或政策）对于都市区空间发展变化的影响。其中重要的一方面在于通过提供优惠政策，设立开发区或者基础设施先行等一系列政策的手段，将重大项目选址在城市特定区域，引导城市空间向该区域方向发展，促进了都市区外围多个簇状组团的建立，促进了城市的大规模扩张。政策最终表现为对投资施加经济上的影响，使政府希望领域方向的投资较为顺畅，效益回报更高，相反投向政府不支持领域的投资较为困难，而且成本、风险较高。

5.3.1.1　政策变迁的作用

正如一些学者所指出的，中国城市的发展及其空间结构的演变，在很大程度上是制度

---

① "制序"一词系韦森（2001）在《社会制序的经济分析导论》中创建的名词，其实质是融合了海克（Hayek）的"Social Orders"和诺思（North）的"Socialinstitutions"两个英文概念，一般可以认为是概括了秩序和制度两个方面的内容，并且既可以指两者全部，又可以指两者其一。显然，这样的概念与伯恩斯的社会规则体系有着相似的内涵，并且作为新的专业词汇，较中文词汇"规则"的通常内涵在表述上更为明确，固采用。转引自：栾峰.改革开放以来快速城市空间形态演变的成因机制研究——深圳和厦门案例［D］.上海：同济大学，2004。
② 栾峰，王忆云.城市空间形态成因机制解释的概念框架建构［J］.城市规划汇刊，2008（5）：31-37。
③ 汤姆·R.伯恩斯等.结构主义的视野——经济与社会的变迁［M］.周长城等译.北京：社会科学文献出版社，2004。

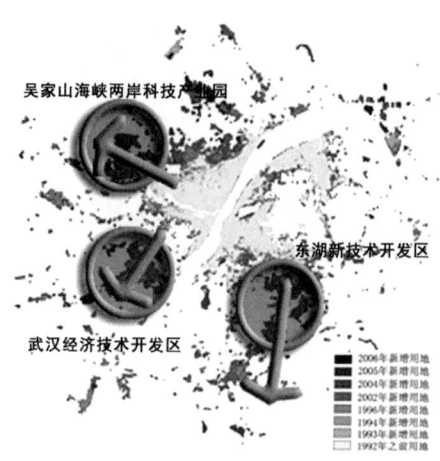

吴家山海峡两岸科技产业园

东湖新技术开发区

武汉经济技术开发区

2006年新增用地
2005年新增用地
2004年新增用地
2002年新增用地
1996年新增用地
1994年新增用地
1993年新增用地
1992年之前用地

图 5-4　武汉都市区空间发展方向分析

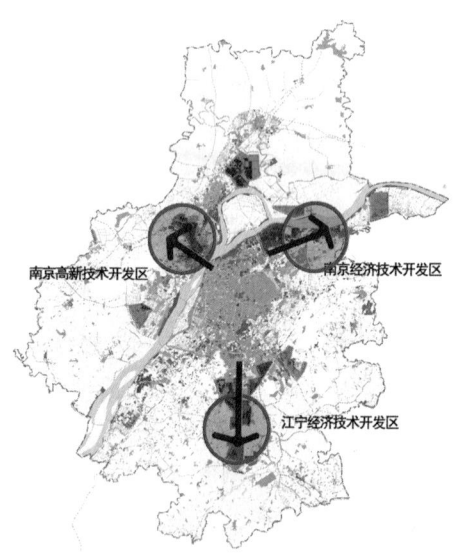

南京高新技术开发区

南京经济技术开发区

江宁经济技术开发区

图 5-5　南京都市区空间发展方向分析

变迁而诱致的结果 [①]。政策对城市的空间结构有重要影响，例如对中心城市的倾斜性投资政策阻碍多中心城市的形成，对郊区的倾斜性投资政策有助于多中心组团城市的形成。

1）突显期控制都市区的空间发展方向

政策支持下国家级开发区的设立，对城市空间的影响较大，基本上奠定了都市区空间发展的主要方向，引导了城市的大规模外拓，促进了外围工业集聚区的成立，加速了外围组团的发展。

1992 年，武汉市被确立为沿江开放城市，实施"开放先导"的城市发展战略以及 1997 年的"科教立市"的发展战略，使其经济发展较快，这一时期城市空间发展活跃。在国家政策影响下武汉经济技术开发区、东湖高新技术开发区，以及吴家山海峡两岸科技产业园纷纷成立。三大国家级开发区的建立，突破了中心城区空间发展的框架，使中心城周边成为发展的热点区域，并逐步引导都市区空间向西南、东南、西北发展（图 5-4），从一定程度上控制了都市区的发展方向。1997 年之后，国家将战略中心放在了西部开发、振兴东北。这一阶段基本没有有利于武汉城市空间大发展的政策出台，因此武汉都市区空间整体形态较上一阶段没有太大的变化。但武汉蔡甸区、江夏区、黄陂区、新洲区四个郊县相继"撤县改区"，使城区范围扩大，区级经济发展日益重要起来，为武汉都市区外围大规模发展奠定了基础。

20 世纪 90 年代初，随着改革开放带来的发展机遇，南京被命名为沿海开放城市和副省级城市。在全国 15 个副省级市中，南京的经济总量处于前五强的位置 [②]。为了贯彻落实中央关于加快沿海发展战略，促进科技改革的方针，江苏省人民政府作出了"科技兴省"的决策。南京高新技术产业开发区成立，引导城市跨江发展。但南京高新技术产业开发区的建设未能充分发挥推动跨江发展的促进作用。同时期南京经济技术开发区、南京江宁经济技术开发区的成立引导城市向东、南发展，城市空间更多的是东拓与南延（图 5-5）。1995 年，南京进行行政区划调整，六个城区的面积由 76.3km² 扩大为 186.7km²，为城市的扩展提供了空间，为都市区的形成奠定了基础。

①　张京祥 . 西方城市规划思想史纲［M］. 南京：东南大学出版社，2005。
②　张落成，朱天明 . 南京城市发展与布局思路探讨［J］. 城市规划，2005（6）：76-79。

20世纪90年代初长沙市政府提出了变"消费型城市"为"生产型城市"的目标,实行"退二进三"的产业政策,恰逢国家级高新技术开发区(望城坡经济开发区)也在此时设立。同时长沙都市区东部地区主要结合长沙县星沙镇的高新技术产业的引进和发展,在国家政策和投资的引导下,形成国家级经济技术开发区。一东一西两大国家级开发区的建设,引导了都市区向东西两翼发展(图5-6)。

2)完善期导致外围组团依托—环绕布局

完善期,城市发展政策发生改变,体现在城市空间上,就是各区级开发区紧贴中心城区的建设,形成了工业集聚区的环绕布局。

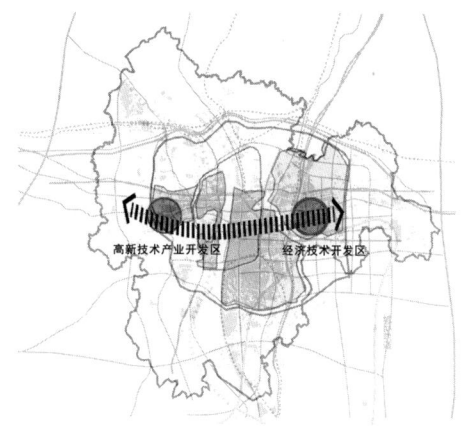

图5-6 长沙都市区空间发展方向分析

这种依托关系或是依托中心城区良好的基础设施,或是依托国家级开发区。大部分国家级开发区均设在中心城区周边,控制都市区发展方向的同时也使周边区县的开发区围绕其设立,各区县开发区或纳入到国家级开发区中,形成外围簇状分布的若干组团。

(1)依托中心城环绕布局

21世纪初,"中部崛起"、"构建武汉都市圈"战略的提出,2007年武汉城市圈 "全国资源节约型和环境友好型社会建设综合配套改革试验区"的批准,提升了武汉在国家城市中的地位,带给了武汉较大的发展机遇。2007年武汉市提出两型社会建设试验区战略,目的是真正把武汉建设成为更大范围内的区域经济中心。因此武汉城市在这一时期的战略主题均是围绕城市经济发展展开,武汉中心城区以内涵式的方式壮大。

2009 年武汉分区国内生产总值 表 5-1

	城区	2009 年国内生产总值(亿元)	2009 年比上年增长(%)
中心	江岸区	363.62	16.6
	江汉区	430.08	14.0
	硚口区	278.93	12.1
	汉阳区	356.67	16.2
	武昌区	421.72	13.4
	青山区	400.20	-2.6
	洪山区	402.16	14.7
	小计	2653.39	/
外围	东西湖区	187.53	15.0
	汉南区	44.86	15.8
	蔡甸区	115.88	15.9
	江夏区	199.06	15.8
	黄陂区	215.50	15.9
	新洲区	201.56	15.9
	小计	964.40	/

注:本表数据为初步核算数
来源:根据 2010 年武汉统计年鉴资料绘制

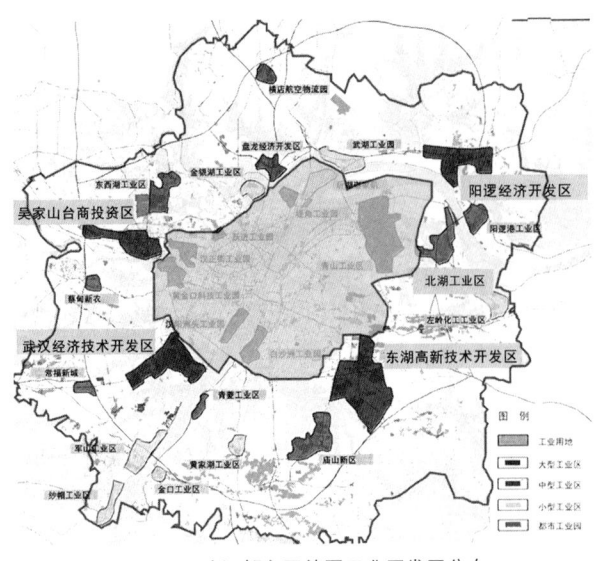

图 5-7 武汉都市区外围工业开发区分布

在经济大发展的背景下，武汉远城区与主城区经济实力相差较大。表 5-1 显示，2009 年武汉 6 个远城区的经济增长速度较快，但其生产总值的总和仅占主城区经济总量的 36%。同时，中心城的发展也受制于地理空间，出现了一系列问题，需要在更大的范围内统一协调。因此一系列有利于外围各区发展经济的政策在此时成了重点。各区政府也均以发展经济为目标，逐步成为拉动全市经济增长的重要力量之一，武汉都市区范围内由市政府和各区级政府形成了多元利益的格局。基本上武汉市各区级政府都拥有工业开发区，主城区范围之外的各远城区的区政府也不例外。远城区纷纷在贴近中心城建工业开发园区，而且大多数均围绕在中心城区边缘，以便接受其经济辐射（图 5-7）。

长沙周边的望城县、长沙县与主城的实力也相差较大（表 5-2），为了积极发展自身实力，最有效的办法就是依托主城区建设，与主城紧邻的南北向组团发展成为一体，形成了沿湘江组团南北分布的态势。与东西两翼一起形成了长沙外围簇群式组团分布。

2009 年长沙区县（市）生产总值（单位：亿元） 表 5-2

	地区生产总值	第一产业	第二产业	第三产业
芙蓉区	499.00	1.74	86.14	411.12
天心区	341.85	1.37	134.33	206.15
岳麓区	350.10	15.40	176.98	157.72
开福区	334.54	4.00	82.09	248.45
雨花区	724.65	2.83	437.46	284.37
小计	**2250.14**	**25.34**	**917.00**	**1307.80**
长沙县	514.87	39.77	352.90	122.20
望城县	193.38	17.93	133.03	42.41
小计	**708.25**	**57.70**	**485.94**	**164.61**

来源：根据 2010 年长沙统计年鉴绘制

（2）依托国家级开发区环绕主城发展

《国务院关于进一步推进长江三角洲地区改革开放和经济社会发展的指导意见》中提出进一步提升南京等特大城市的综合承载能力和服务功能，扩大辐射半径。21 世纪以来，南京以"十运会"为契机，开展了新一轮城市的扩张。以"一疏散、三集中"（疏散老城人口，工业向园区集中，建设向新区集中，大学向大学城集中）作为城市近期发展的主导策略，以"一城三区"（河西新城区、仙林新市区、东山新市区和浦口新市区）作为近期南京新区建设的重点区域，使中心城区的规模迅速扩大。

同时期南京通过两次行政区划调整，即 2000 年撤销江宁县，设立江宁区，2002 年撤销浦口区和江浦县，设立新的浦口区，撤销大厂区和六合县，设立六合区，使市区面积由原来的 975km² 拓展到 4730km²，促进城市的新扩张，加快建设的大投入和资源的再整合。城市空间急速发展的同时

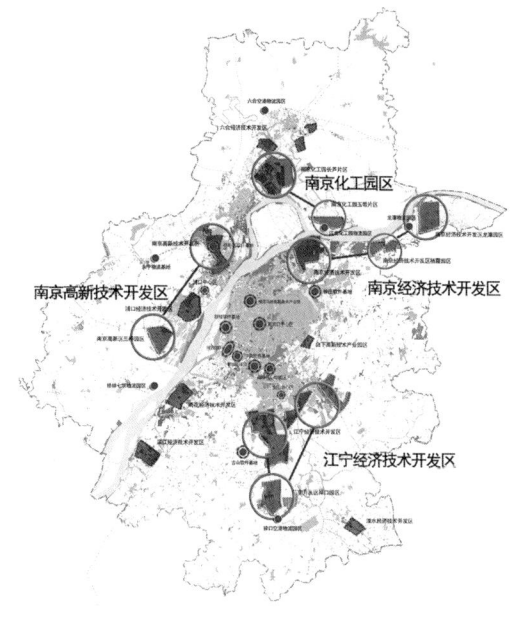

图5-8 南京都市区外围工业开发区分布

也带来了郊区（县）的空间发展问题。乡村及远郊地区由于远离极化中心，自身发展实力较弱，与主城及新兴城区的差距日益扩大，处于边缘化地位，发展困难。南京市政府鼓励周边地区发展，最有力的方面就是支持设立各种开发区，通过提供服务、税收、补贴、行政收费等种种优惠措施，形成政策上的盆地，对资金的流入有很大吸引力。南京4大国家级开发区，8个省级开发区和32个市级工业功能区吸引了大量投资，近10年来外围城镇的建设主要集中在包含开发区的城镇，这表现了设立开发区的成效。形成了南京主城外四大簇状组团（图 5-8）：江北依托南京高新技术产业开发区形成的南京高新技术产业开发区、浦口经济技术开发区、三桥经济开发区、桥林工业园区；东部以南京经济技术开发区为依托，南京经济技术开发区、栖霞经济开发区、龙潭物流园和三江口工业园为主体的沿江产业带；北部利用国家级石化基地品牌优势和区位优势，建设长芦、玉带两大片区，并整合六合红山工业区；南部形成以江宁经济技术开发区为龙头，江宁科学园、空港工业园、滨江开发区为重点的"一区三园"的发展平台。[①]

长沙在这一时间段，为了加快长株潭区域一体化协调发展的进程，推进河西地区产业发展，市政府和湖南省政府先后分别向河西岳麓区和南部郊区迁移，带动了城市空间向西和向南拓展。1996 年，长沙市行政区划进行了调整，长沙县及望城县的部分乡镇划入市区，市区面积由 1978 年的 352km² 扩大到了 556km²，同时，长沙市调整了原有的行政建制，撤销了郊区，新设五区——芙蓉区、雨花区、天心区、岳麓区、开福区。2008 年 6 月，望城县含浦、坪塘、莲花、雷锋和雨敞坪等 5 镇划归岳麓区管辖。在一系列政策方针的指引下，长沙市区面积不断扩大，市区周边的郊区及边缘区通过新的区划纳入长沙市区范围，长沙城市建设的发展空间得到了极大的拓展，为长沙都市区簇群式空间创造了条件。都市区框

---

① 数据来源于《南京城市总体规划纲要（2007—2020）》各专题研究。

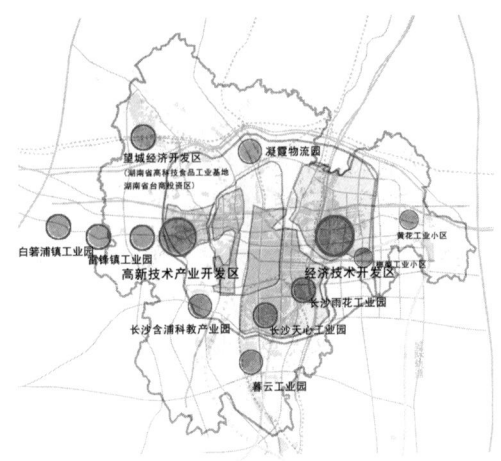

图 5-9　长沙都市区外围工业开发区分布

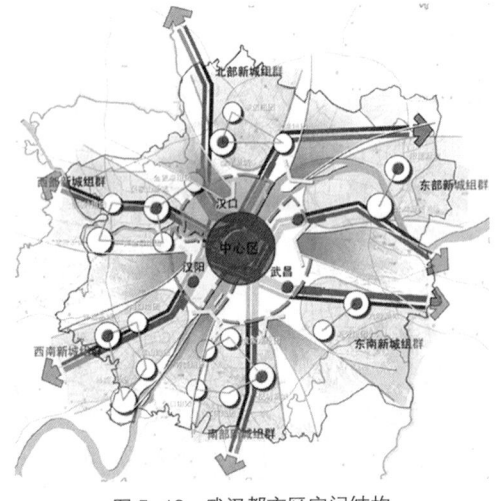

图 5-10　武汉都市区空间结构
来源：武汉城市总体规划纲要（2006—2020）

架的显现，为外围工业组团的建立创造了条件。在两大国家级开发区的带动下，东西两翼依托高新技术产业开发区和经济技术开发区周边形成若干工业园区，即形成东西两大"簇"，如高新区包括麓谷建成区、望城坡经济开发区和东方红镇、雷锋镇。望城经济开发区（湖南省高科技食品工业基地与湖南省台商投资区）也纳入国家级长沙高新技术产业开发区序列。东翼的长沙县近年来以长沙经济技术开发区为龙头，初步形成了"一区带六园，园区带全县"的格局，在都市区范围内，长沙经济技术开发区一区带三园，其中包括暮云工业园、榔梨工业小区、黄花工业小区。长沙市政府的行政区划调整政策扩大了主城的实力，但外围望城县、长沙县也不甘示弱，紧紧围绕两大国家级工业区建设，形成了外围东西两簇的空间形态（图 5-9）。

5.3.1.2　作为空间政策的总体规划的优化整合作用

城市规划作为政府的空间政策，是其宏观调控的手段之一，以保证城市建设的整体效益的最大化。规划通过对城市开发的控制和引导，进而促进城市空间的合理扩展和用地结构的优化。

　　19 世纪末期至 20 世纪初，武汉已经开始利用城市规划工具，对城市空间的发展作出规划和引导。2000 年之后，主城区之外各组团纷纷发展起来，呈现近郊圈层式蔓延的发展态势。如果不加以管理和引导，外围组团很容易就会形成低效益的无序蔓延状态，并制约城市未来的空间拓展。新版武汉城市总体规划（2006—2020）针对现状空间发展的特点，认为继续圈层扩张对城市的可持续发展极其不利，提出都市发展区内应采取轴向拓展、组团推进的空间发展模式，构筑形成六条以复合公共交通走廊为依托的"TOD"发展轴，引导外围新城组群沿该交通走廊轴向发展，各组群间以武湖、长江、府河、东湖、汤逊湖、青菱湖、后官湖等生态绿楔和开敞空间相隔离，共同构成都市发展区以交通为导向的有机生长的"轴向组群式"城市空间拓展形态。总体上 2006 版城市总体规划[①]形成"主城区 + 外围六大新城组群"的空间布局结构，如图 5-10 所示。由此可见，新版规划更是在引导都市区空间结构向簇群式发展过程中发挥着巨大的作用。2006 版城市总体规划从各方面

---

① 为了与以往总体规划相区别，《武汉城市总体规划纲要（2006—2020）》在本书统一称为 2006 年版城市总体规划。

引导了城市各组团的发展（表 5-3），并描绘了 2020 年都市发展区各簇群式组团的完善发展状态，是一种较为完善的簇群式结构（包括布局结构合理，设施配套完善，产业发展良好，环境优美等方面）。由此我们认为该版规划将引导都市区向成熟的簇群式结构发展。

武汉都市区六大组群现状情况与规划定位的对比 表 5-3

六大簇群式组群	组团名称	现状用地（km²）	规划用地（km²）	现状主导功能	规划功能定位
东部组群	阳逻组团	15.45	54	工业基地、港口建设缓慢	国际集装箱转运枢纽，武汉市重要的对外通商口岸，工贸并举的现代化港口新城
	化工组团	3.04	30	国家级化工项目落户地	武汉化工工业基地、工业型港口城市
	左岭组团	0.16			
东南组群	豹澥组团	1.21	45	少量工业	高新技术产业基地、现代化科技新城
	流芳组团	21.69	20	教育研发、工业基地	以教育研发、高新技术产业和现代物流为特色产业为主的新市镇
南部组群	纸坊组团	17.89	45	工业和居住	江夏区政治中心，二、三产业并重的、具有较强综合服务职能的新城
	黄家湖	9.59	23	少量教育和工业	以教育、制造业为重点，包括物流和居住配套的综合组团
	金口组团	1.97	9	港口尚未建设少量工业	地区性水陆联运枢纽
西南组群	常福组团	0.5	32	少量工业	以汽车制造为主，具有较强综合服务职能的新城
	纱帽组团	1.2	11	工业、居住	汉南区的政治、经济、文化中心，滨江工业新城
	沌口组团	28.71	50	工业	武汉市经济技术开发区
	军山组团	0.32	6	少量工业	以汽车配套、机电产业为主导的港口新市镇
	后官湖西	2.84		居住	都市区六大生态绿楔之一
西部组群	吴家山	21.5	45	工业和居住	东西湖区的政治、经济和文化中心，现代化工业新城
	蔡甸组团	9.7	22	工业和居住	武汉西部的轻工业发展区和农副产品集散地
	新农组团	2.3	5	居住	食品制造和住宅产业化生产的工业组团
	金银湖	25.55	20	居住、休闲、少量工业	汉口北部的滨水型居住新区和体育休闲游乐区
北部组群	盘龙城	7.99	32	少量工业和物流	黄陂区南部的经济中心，武汉的航空物流基地和临空工业园
	横店组团	0	10	少量物流	全市重要的航空物流基地和临空工业园
	武湖组团	1.49	10	居住	以农副产品加工业和生态旅游业为主的现代化小城镇

来源：根据武汉 2006 年版城市总体规划说明书整理

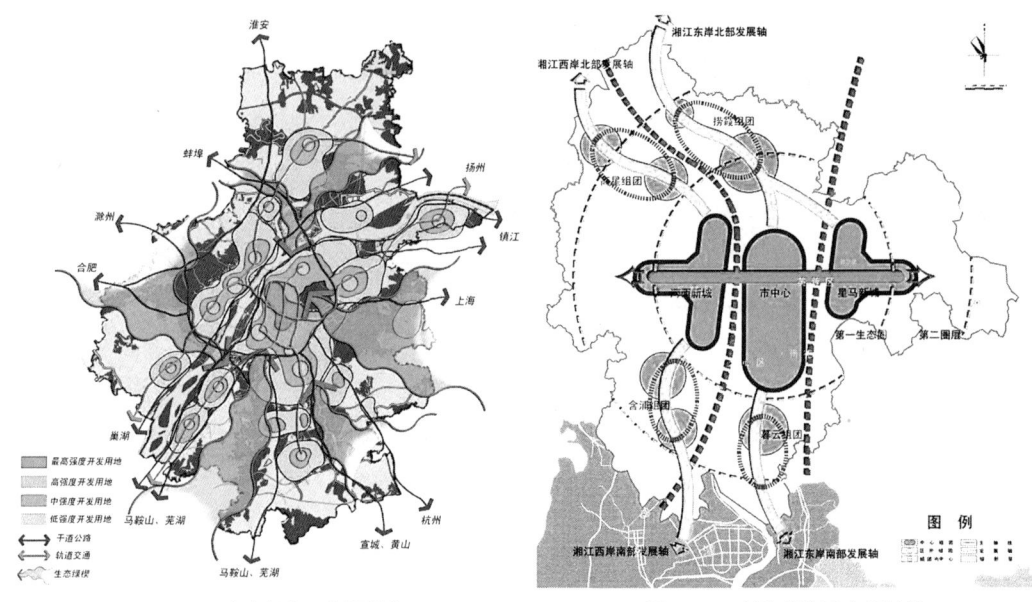

图 5-11　南京都市区空间结构
来源：南京城市总体规划纲要（2007—2020）

图 5-12　长沙都市区空间结构
来源：长沙城市总体规划（2003—2020）

　　南京规划提出构建以主城为核心，以放射性交通走廊为发展轴，以生态空间为绿楔，"多心开敞、轴向组团、拥江发展"的现代都市区空间格局，形成由城市中心、城市副中心、新城（地区）中心组成的公共活动中心体系（图5-11）。规划形成六大生态绿楔。都市区内由主要城镇沿快速交通走廊形成 "一带五轴"的结构。"一带"是指江北沿江城镇发展带，主要布局有桥林新城、江北副城；"五轴"是指江南以主城为核心形成的五个放射性的城镇发展轴，即由仙林副城和龙潭新城形成的沿江东部发展轴；仙林副城和汤山新城形成的沪宁城镇发展轴；东山副城、淳化、湖熟新市镇形成的宁杭城镇发展轴；东山副城、禄口新城形成的宁高城镇发展轴；板桥新城和滨江新城形成的沿江南部发展轴。各组团按照串珠模式，沿以主城为核心的放射状交通走廊呈组团间隔分布，形成了独具特色的簇群式空间结构形态。

　　2000年，长沙市委、市政府着手组织了新一轮城市总体规划（2003版总规）修编，于2003年经国务院审批通过。2003版总规结合城市发展实际情况，提出了"一主、两次、四组团"的结构（图5-12）。"一主"为城市主体，"两次"为河西新城和星马新城，"四组团"为暮云、捞霞、高星、含浦组团。2003版规划指导了城市从单中心集中式布局模式转变为多中心多组团的分散布局模式，引导城市向簇群式空间发展。

5.3.2　经济性因素的限制力

　　经济性因素，特指人类社会所必需的除自然资源以外的物质资源。经济性因素指向人类社会必需的人造物质资源，它们的生产与固化为城市空间形态及其演变提供了重要的物质基础[①]。城市空间形态及其演变也因此与人类社会的生产活动建立起紧密联系。在日益开放的国家发展背景中，大城市经济的增长，伴随其间的资本投入及其来源，以及自身特

---

① 栾峰.改革开放以来快速城市空间形态演变的成因机制研究——深圳和厦门案例［D］.上海：同济大学，2004：113。

有的经济现象，都以不同方式影响着都市区簇群式形态的形成与演变。经济性因素虽然推动了城市规模的扩大，但却决定了城市空间发展是一种依托主城向心的增长方式，是大集中、小分散。它限制了都市区空间的外拓程度，中心强大的集聚力造成了外围组团依托中心的建立，外围组团不得不紧贴中心城区形成簇群。

5.3.2.1　城市经济增长与产业结构调整的作用

1）经济水平的差距，致使都市区空间结构存在差异

城市建设用地规模的增长与城市经济规模的增长有明显的关联性。当经济处于高速发展阶段时，带来城市建设投资和收入水平的增加，土地开发量也相对较大，推动都市区空间快速扩张，城市空间整体外推。经济快速发展可促使大城市空间向都市区范围扩展，逐步形成了都市区空间发展框架。但经济水平的差距，致使都市区空间结构上存在一定的差异。

20世纪90年代以来，上海、武汉、南京、长沙四个城市的经济总量均经历了持续的增长历程，而且武汉、南京、长沙三个城市的国内生产总值基本处于同一水平，但与同时期的上海之间的差距越来越大（图5–13）。

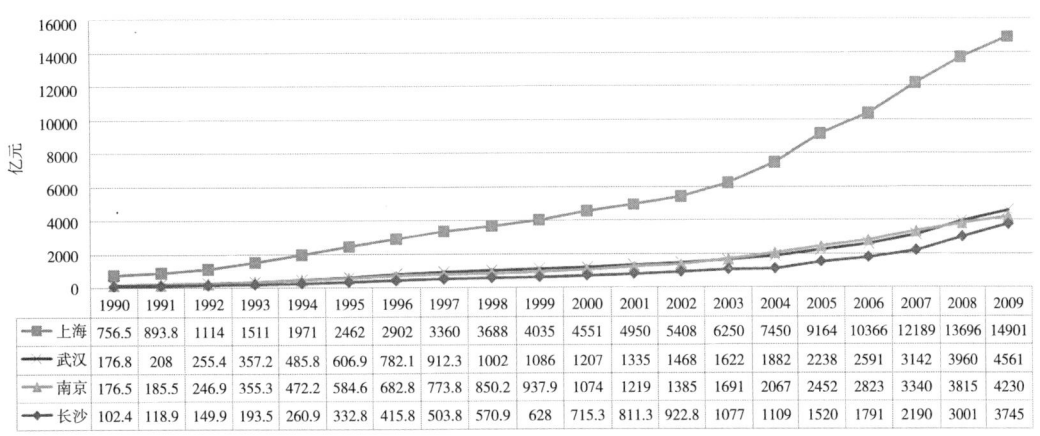

	1990	1991	1992	1993	1994	1995	1996	1997	1998	1999	2000	2001	2002	2003	2004	2005	2006	2007	2008	2009
上海	756.5	893.8	1114	1511	1971	2462	2902	3360	3688	4035	4551	4950	5408	6250	7450	9164	10366	12189	13696	14901
武汉	176.8	208	255.4	357.2	485.8	606.9	782.1	912.3	1002	1086	1207	1335	1468	1622	1882	2238	2591	3142	3960	4561
南京	176.5	185.5	246.9	355.3	472.2	584.6	682.8	773.8	850.2	937.9	1074	1219	1385	1691	2067	2452	2823	3340	3815	4230
长沙	102.4	118.9	149.9	193.5	260.9	332.8	415.8	503.8	570.9	628	715.3	811.3	922.8	1077	1109	1520	1791	2190	3001	3745

图5–13　上海、武汉、南京、长沙历年（1990～2009年）国内生产总值
来源：根据2010年上海、武汉、南京、长沙统计年鉴资料绘制

从南京市与部分副省级城市经济规模、工业规模的比较的数据可以看出：南京与上海的差距是相当大的，2007年南京GDP总量、财政收入、出口总额、社会消费品零售总额仅分别相当于上海的27.3%、15.7%、6.3%和35.9%。在副省级城市中，南京与广州、深圳两市的发展也存在着十分明显的差距，2007年，南京GDP总量、财政收入、出口总额、社会消费品零售总额分别相当于广州的46.4%、63.3%、54.5%和53.2%，相当于深圳的48.4%、50.2%、12.3%和72.1%（表5–4）。

2007年南京与部分城市经济规模与效益比较　　　　表5–4

城市	GDP		地方财政一般收入		出口总额（亿元）	社会消费品零售总额（亿元）	人均GDP（元）	地均GDP（万元/km²）
	总量（亿元）	增速（%）	总量（亿元）	增速（%）				
南京	3275	15.6	330.2	34.0	206.5	1380.5	44852	4963.6

续表

城市	GDP		地方财政一般收入		出口总额（亿元）	社会消费品零售总额（亿元）	人均GDP（元）	地均GDP（万元/km²）
	总量（亿元）	增速（%）	总量（亿元）	增速（%）				
上海	12001.2	13.3	2102.6	31.4	3284.8	3847.8	65348	18927.8
广州	7050.8	14.5	523.8	22.6	379.0	2595.0	69750	9484.0
深圳	6765.4	14.7	658.1	31.4	1684.9	1915.0	79221	33492.1
杭州	4103.9	14.6	391.6	29.9	299.7	1296.3	52638	2472.8
成都	3324.4	15.3	286.6	38.4	57.1	1357.2	27255	3926.3
武汉	3141.50	15.6	221.7	31.5	47.5	1518.3	35925	2589.4

注：人均GDP按各城市2007年统计公报常住人口计算而得

来源：南京市城市总体规划修编（2007—2020）专题研究报告之四——南京市工业产业发展战略及布局规划研究

　　武汉、南京、长沙的外围组团采用的都是紧贴模式，而上海周边的各个组团已经完全跳出了中心的范围，能够较为独立地发展；广州和深圳则呈网络式多中心结构。经济发展水平在一定程度上决定城市空间仍以向心为主的增长方式。

　　2）产业结构调整使不同职能用地在不同地域集聚

　　总的来说，随着当代众多大城市产业结构的转变，城市各功能用地的空间分布发生了积极的变化，从而导致了都市区空间结构的重组：主城区向高端服务业集聚的现代服务中心转化，外围组团则向以工业产业为主导的功能平衡的城镇发展区转化。中心逐渐增大，外围组团逐步建立，不同职能用地在不同空间集聚，形成了簇群式的空间形态。

　　近20年来，武汉城市产业结构从"二三一"型逐渐转向"三二一"型（图5-14）。产业结构的优化导致武汉城市功能转变的同时，其空间结构也发生了相应的变化。

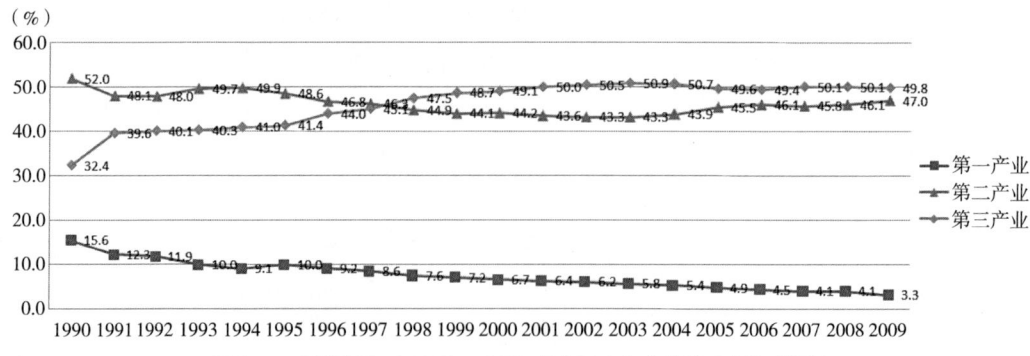

图5-14　武汉历年（1990～2009年）国内生产总值三产构成特征

来源：根据2010年武汉统计年鉴资料绘制

具体来讲，第二产业用地向主城区外围组团转移，促进了外围簇状组团的成立。主要表现为两个方面：

一方面，中心城区内的工业企业向外围组团搬迁（图 5-15）。随着城市产业结构的升级和中心城区"退二进三"战略的实施，主城区内以国营工厂单位群为主的包围旧城区的工业带，如国棉一厂、武锅、武重等大型企业逐渐迁移到都市区外围组团内，原有用地置换为其他用途。

另一方面，20 世纪 80 年代以来武汉市新建的工业企业大部分位于主城区边缘或者外围组团内，如位于关山组团的东湖高新技术开发区，位于吴家山组团的吴家山开发区，位于沌口组团的沌口开发区和位于阳逻组团和武钢组团的钢铁化工集聚区等。

第三产业用地总体来说呈现向主城区集聚的趋势，使中心城更加强大（图 5-16）。包括高附加值的第三产业，如金融贸易等生产性服务业向主城区中心集聚。房地产空间依然以主城区为主。近几年在吴家山、金银湖、沌口、流芳、盘龙城、后湖等组团也形成了相对集中的居住板块。

3）处于中后期的工业化难以产生强大的向外扩张势能

都市区的空间拓展方式也深受工业化发展水平的影响。综合表 5-5，可以初步判断武汉、南京、长沙目前仍处于工业化中期阶段，但已初步显露出向工业化后期过渡的特征。

1990～2008 年间，武汉市经历了工业化的初期，并已经历工业化中期，正步入工业化后期。其工业发展经历了一个由资源密集型向技术密集型、资本密集型转变的过程，这一过程既是工业结构的不断高级化的过程，也是工业发展艰难的转型

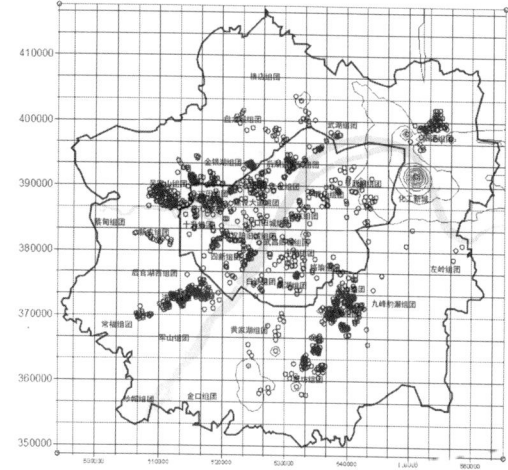

图 5-15　1992～2008 年武汉都市区工业用地开发空间分布

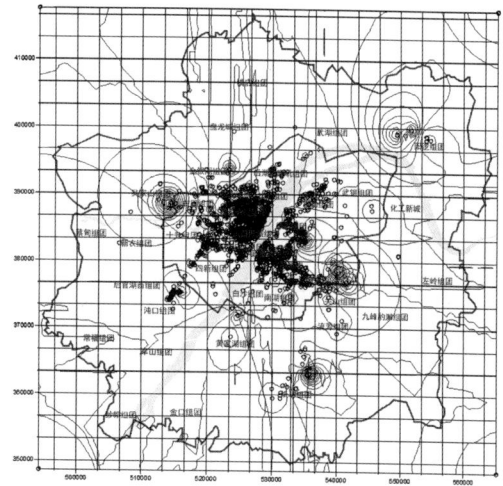

商住综合、商业

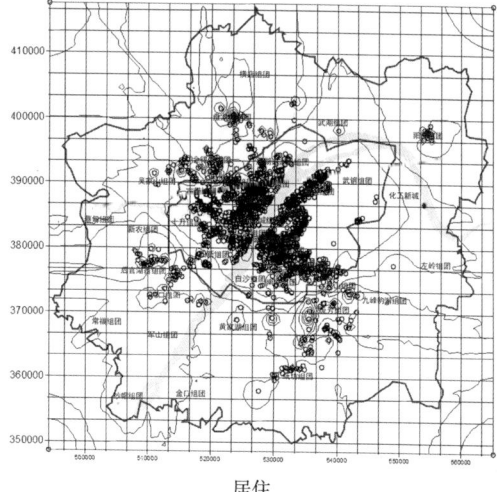

居住

图 5-16　1992～2008 年武汉都市区商住综合、商业及居住用地开发空间分布

过程。由国家投资的原有的重型工业区中，除青山工业区等少数几个工业区仍保持正常运转外，武锅、武重、武纺等一大批国有企业生产举步维艰，而新兴的工业企业却正处于萌芽、成长阶段；同时，由于"退二进三"是依靠生产要素在产业间的进退转换实现的，而武汉在实施过程中，产业发展战略滞后，使很多企业由中心城退出后没有出路，大量倒闭，甚至一些尚有一定生产能力，没有进入退出阶段的企业，也在"退二进三"的浪潮中被淘汰。因此全市工业发展难以产生向外扩张的强大势能，造成其用地拓展呈现紧贴主城近域扩散，规划新城工业发展动力不足的现象。

案例城市工业化发展水平分析　　　　　　　　　　　表 5-5

世界一般水平	工业化初期	工业化中期	工业化后期	后工业化时期	武汉市（2009 年）	南京（2009 年）	长沙（2009 年）
人均 GDP（2005 年美元）	1490～2980	2980～5960	5960～11170	＞11170	6334	8848	6590
三次产业结构	一产大于20%，二产比重高于一产	一产小于20%，二产比重高于三产	一产小于10%，二产比重高于三产	一产小于10%，三产比重高于二产	4.1∶46.1∶50.1	3.1∶46.4∶50.5	5.7∶52.2∶42.0
非农劳动力占社会劳动力比重(%)	40～55	55～80	80～90	＞90	69.1	87.7	60.0
重工业产值占工业总产值比重	轻工业占优势	重工业占优势	轻重工业比重相对稳定	/	重工业占77%	重工业占85%	重工业占51%
城镇化水平（%）	30～50	50～60	60～75	＞75	64.5	76.8%	61.3%

来源：武汉、南京、长沙市 2010 年统计年鉴，中国工业化进程报告（1995—2005 年）

表 5-6 是南京与国内典型城市工业规模的比较。在工业总产值、工业增加值等工业规模指标上，南京在表 5-6 所列城市中排倒数第二，只比武汉高，与上海的差距巨大，也远低于苏州、深圳、宁波、广州、杭州等城市，表明南京工业经济规模较小。南京的工业投资产出率非常低，在所列的 9 座城市中是最低的，尤其与深圳、广州等城市相比，存在着十分明显的差距。工业全员劳动生产率虽然高于广州、杭州、宁波、武汉等几座城市，但与上海、苏州、无锡三市有较大差距，仅相当于苏州市的 31.4%。由此可见，南京的工业经济效益虽然总体来看在同类城市中属于中等偏上的水平，但是与先进城市之间仍存在着较大的差距。

2007 年南京与其他城市工业规模与绩效指标　　　　　　　　　　　表 5-6

城市	工业总产值（亿元）	工业增加值（亿元）	工业增加值率（%）	产品产销率（%）	工业投资产出率（%）	工业全员劳动生产率（元/人）	高新技术产业销售收入占工业总产值比重（%）
南京	5788.2	1412.2	24.40	98.3	6.2	520290	41.4
广州	9870.6	2600.2	29.2	98.4	25.1	394697*	30.0

续表

城市	工业总产值（亿元）	工业增加值（亿元）	工业增加值率（%）	产品产销率（%）	工业投资产出率（%）	工业全员劳动生产率（元/人）	高新技术产业销售收入占工业总产值比重（%）
深圳	13832.5	3270.1	23.6	96.6	37.2	—	52.9
杭州	8350.7	1854.5	22.2	98.3	15.8	417076	—
武汉	3523.6	1197.5	34.0	98.4	8.3	279482	39.1
上海	21938.6	5295.9	24.1	99.0	15.7	743505	25.6
宁波	9513.6	1716.4	18.0	97.8	13.1	313948*	6.8
苏州	15908.9	3442.2	21.6	98.5	13.0	1658037	33.0
无锡	8939.9	2134.7	23.9	97.9	10.1	962789	38.6

注：广州和宁波为 2006 年数据；表中空缺为数据无法获得。
来源：南京市城市总规专题报告：南京市工业产业发展战略及布局规划研究

从表 5-7 中可以看出，南京的几个郊县区，除江宁的地均产出略高于宜兴外，在经济规模以及单位产出等方面均远远低于省内经济比较发达的几个县（市）。以人均 GDP 为例，2007 年江宁、六合、浦口、溧水和高淳的人均 GDP 仅分别相当于昆山的 22.6%、14.0%、18.3%、18.5% 和 19.4%。郊县作为工业经济的主要载体，其经济水平将直接影响到全市工业经济的发展。

2007 年南京各城市郊区县工业情况   表 5-7

	GDP（亿元）	人口（万人）	土地面积（hm²）	工业总产值 工业产值（亿元）	人均 GDP（元）	地均产出（亿元/km²）
江宁区	339.54	87.94	912.33	459.29	38610	0.37
六合区	210.57	87.96	1572.87	282.13	23939	0.13
浦口区	162.05	51.68	1467.12	196.26	31356	0.11
溧水县	128.56	40.73	1067.26	215.20	31618	0.12
高淳县	139.45	42.05	791.98	185.46	33187	0.18
江阴	1190.56	119.77	988	3257.66	99541	1.21
张家港	1050.02	89.3	772	2702.67	117927	1.36
昆山	1151.80	67.98	865	3689.96	171068	1.33
吴江	618.00	79.32	1093	1900.10	78149	0.57
常熟	971.83	106.14	1094	2013.07	95173	0.89
太仓	440.27	46.38	620	858.82	91847	0.71
宜兴	505.06	106.05	2177	1269.99	47627	0.23

来源：南京市城市总体规划专题报告：南京市工业产业发展战略及布局规划研究

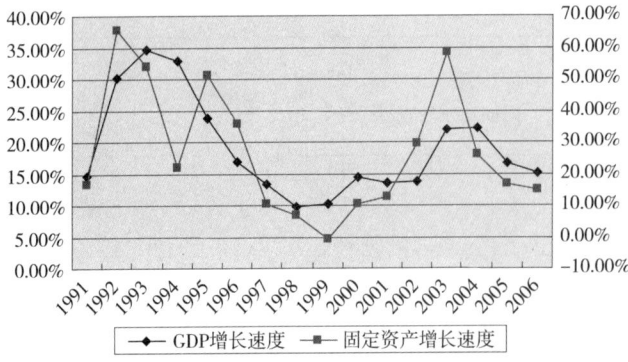

1991 年以来南京 GDP 及固定资产投资增长情况

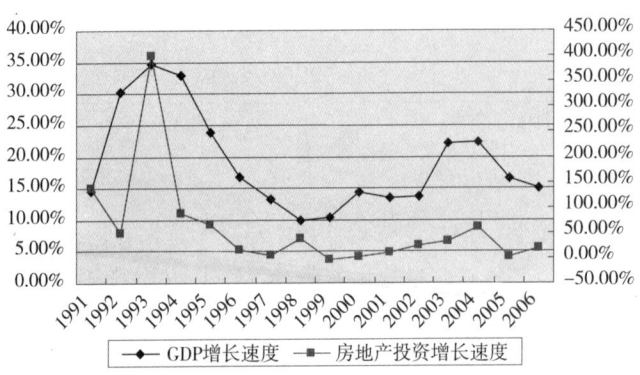

1991 年以来南京 GDP 及房地产投资增长变化情况

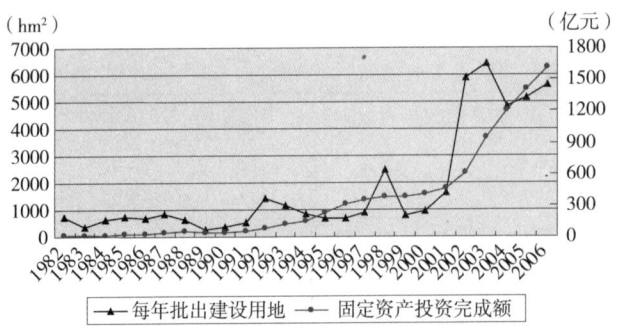

1982 年以来南京每年批出建设用地及固定资产投资总量变化情况

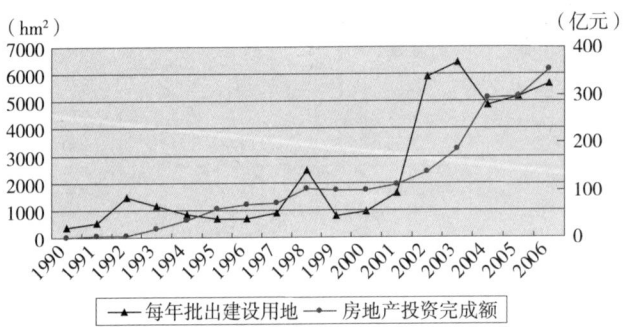

1990 年以来南京每年批出建设用地及房地产投资总量变化情况

图5-17　20 世纪90 年代以来南京固定资产投资、房地产投资的变化
来源：南京市城市总规专题报告：南京城市空间演变与发展布局研究

因此总的来说，处于中期阶段的大城市工业化难以产生强大的向外扩张的势能，同时中心城之外的基础设施建设滞后也加剧了这一现象。从区域的宏观空间尺度上看，这些大城市都市区的空间发展仍然呈现向心集聚的特点，城市空间发展的集聚作用大于扩散作用。

5.3.2.2　资本投入中房地产开发推动了城市空间的外拓

不同类型的固定资产投资同样与城市整体和内部功能空间形态的扩张与演变间有着紧密的联系。固定资产投资率的变动趋势揭示了它与城市空间形态演变间的关系变迁。

改革开放以来，南京经济发展一直保持良好的发展势头。从图 5-17 可以看出，南京固定资产投资、房地产投资的增长速度的变化大致与 GDP 的周期性波动情况相吻合，这说明城市建设与城市经济发展水平呈较强的正相关。其中房地产投资与 GDP 间的这种变化关系尤其显著。

从图 5-17 中可以看出，南京固定资产投资量、房地产投资量基本上与新增建设用地的增长态势保持一致。自 20 世纪 90 年代以来随着固定资产投资量、房地产投资额的逐年扩大，城市建设用地的供给量也随之扩大，至 2003 年新批建设用地达到历史最高的 6445hm²，但是 2004 年以后国家实行宏观调控政策，抑制投资过热，紧缩土地供给，至 2004 年新批建设用地骤然降低至 4834hm²，但随后又呈现平稳增加的态势。

　　总之，随着经济的快速发展，对城市空间的需求量大大上升，房地产开发的火热也为城市建设提供了强大的资金保证。

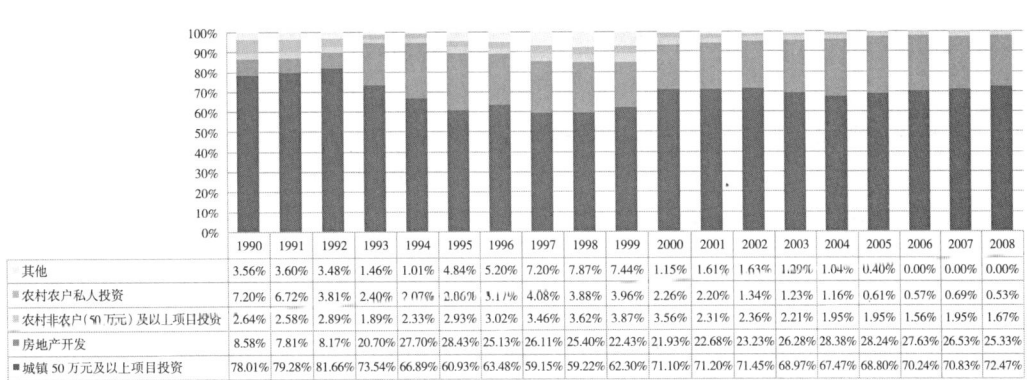

	1990	1991	1992	1993	1994	1995	1996	1997	1998	1999	2000	2001	2002	2003	2004	2005	2006	2007	2008
其他	3.56%	3.60%	3.48%	1.46%	1.01%	4.84%	5.20%	7.20%	7.87%	7.44%	1.15%	1.61%	1.63%	1.29%	1.04%	0.40%	0.00%	0.00%	0.00%
农村农户私人投资	7.20%	6.72%	3.81%	2.40%	2.07%	2.06%	3.17%	4.08%	3.88%	3.96%	2.26%	2.20%	1.34%	1.23%	1.16%	0.61%	0.57%	0.69%	0.53%
农村非农户(50万元)及以上项目投资	2.64%	2.58%	2.89%	1.89%	2.33%	2.93%	3.02%	3.46%	3.62%	3.87%	3.56%	2.31%	2.36%	2.21%	1.95%	1.95%	1.56%	1.95%	1.67%
房地产开发	8.58%	7.81%	8.17%	20.70%	27.70%	28.43%	25.13%	26.11%	25.40%	22.43%	21.93%	22.68%	23.23%	26.28%	28.38%	28.24%	27.63%	26.53%	25.33%
城镇50万元及以上项目投资	78.01%	79.28%	81.66%	73.54%	66.89%	60.93%	63.48%	59.15%	59.22%	62.30%	71.10%	71.20%	71.45%	68.97%	67.47%	68.80%	70.24%	70.83%	72.47%

图 5-18　武汉历年（1990～2008 年）全社会固定资产投资构成情况
来源：根据 2010 年武汉统计年鉴资料绘制

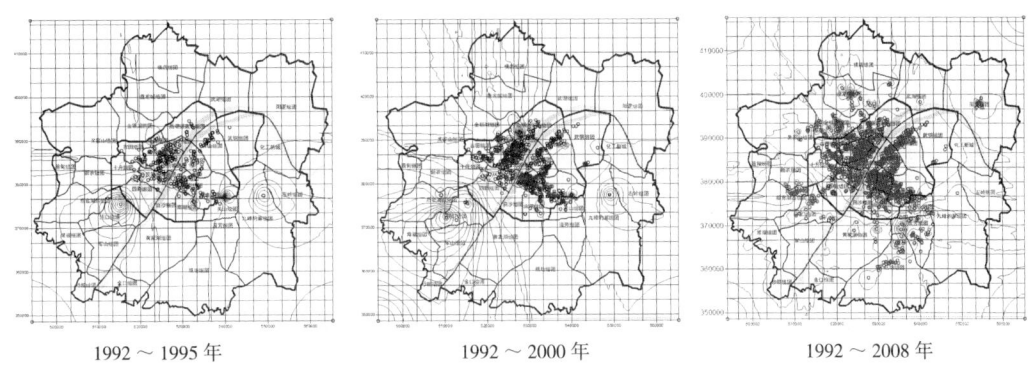

1992～1995 年　　　　　1992～2000 年　　　　　1992～2008 年

图 5-19　1992～2008 年武汉都市区居住用地开发空间演变

　　通过武汉市历年来全社会固定资产投资的构成变迁分析表明（图 5-18），20 世纪 90 年代消费性的房地产投资比重显著上升，特别是在 1993 年之后，房地产基本占到了 20% 左右。武汉进入 20 世纪 90 年代后居住功能空间扩展对于城市经济增长的作用显著上升，对于城市空间形态演变的推动作用也显著加强。居住用地的开发在 20 世纪 90 年代以来居于榜首，且主要在中心城开发，使中心内涵式发展的同时更提升了其吸引力。同时，居住用地在周边组团也在成规模开发，推动了武汉城市空间的外扩（图 5-19）。

5.3.3　技术性因素的引导力

　　交通、基础设施条件的进步与建设为城市结构演化提供了技术保障，引导城市圈层轴向扩展，使城市结构向簇群式发展成为可能。市政工程建设为城市运行提供技术保障的同时，也支持并促进了生长点的形成。交通条件的进步为城市发展提供了骨架和轴线，引导城市圈层轴向扩展，使都市区空间结构向簇群式发展成为可能。

5.3.3.1 基础设施工程技术促进城市生长点的形成

基础设施工程建设，为城市运行提供技术保障的同时，也支持并引导了城市空间形态的演变趋势。武汉市中心地区由于基础设施建设较为完备，所以在1992年以来一直是开发的热点地区，且开发强度也较大，今后也仍然会是开发的热点地区。紧邻旧城的一些组团今年土地开发量较大，这也是与旧城共享基础设施区位选择的一种发展结果。因此基础设施工程技术可以促进城市生长点的形成。

5.3.3.2 城市交通工程技术引导城市圈层轴向扩展

交通通过改变空间的可达性从而影响城市土地的利用方式，进而影响城市功能结构的改变直至地域空间结构的变化。因而，交通的发展对城市形态的变化有决定性的影响。尤其对于武汉、南京和长沙这样因江而隔的特殊城市来说，交通对城市用地的扩展影响十分明显。

交通网络为城市发展提供了骨架和轴线，使交通线两侧及周围用地逐渐被开发出来，为城市用地扩展提供了机遇。道路是城市空间发展的骨架，武汉城市土地开发整体空间形态呈"十"字形，其中沿武珞路、318国道等发展轴的开发更加贴切地说明了交通对城市土地开发的巨大影响。

长沙随着技术的进步，交通建设的发展，尤其是近年来，几条主要交通干线的建成通车，使城市空间跳出江河湖泊、山体林地的阻隔集簇式拓展成为了可能。先是五一大道的跨江而建，使长沙城市用地向河西拓展，打破了湘江的束缚。接着，随着潇湘路、芙蓉路等南北主要交通干道的拓宽延长，中心城区外围南北方向的组团开始建设起来，并沿交通轴线向中心城区集聚延伸。东西方向上，金洲大道、人民路等干道的建设，也大大促进了城市空间的向西、向东拓展。在中心城区圈层蔓延发展的过程中，由于交通技术的发展，城市外围组团与中心城区得以紧密联系，从而使外围用地依托中心城区资源优势得以不断发展壮大，并沿主要交通廊道向中心城区集聚、靠拢，从而加速了簇群式空间结构形态的发展。

同时交通方式的发展对簇群式空间的影响也十分重要。南京快速化城市轨道交通引导下的城市用地扩张，如地铁1号线的开通，大大加速城市空间往南北方向尤其是向南方向的扩展速度与扩展量。未来随着1号线南延线的建设，还将引导城市空间向南发展。可以预计未来地铁2号线及其东西延线的开通，必将引导城市空间向东、向西外延扩展的同时，加速外围组团的发展，加快主城功能的优化和城市品质的提升，主城空间也将向内涵扩展转变。另外，沿着纬七路、纬三路过江通道、京沪高速铁路过江通道建设，将根本改善江北地区的交通服务条件，缓解过江交通的紧张状况，加速江南地区对江北地区的产业转移。

快速化发展的城市道路交通引导城市功能演替。近年来南京城市道路建设的重点就是对总体规划中"经六纬九"道路主骨架的落实，主城"井字加外环"快速路系统已经基本建成，促进了中心城的外延扩展。今后道路建设的重点将由中心城区逐步向中心城区以外转移，改善客流分布，引导新区发展。仙林新市区和东山新市区的城市空间沿着宁溧路、机场高速、栖霞大道等道路不断延伸。未来还将加强主城外围新市区、新城各功能组团之间的联系通道，可以预计城市交通的日益发展必然促进城市簇群式空间的形成，促进各城市组团间功能的互补和协调发展。

总体而言，交通工程技术的发展，加速了都市区外围组团的发展，使外围组团与中心城区的联系更为密切，有效地疏散了中心城区的用地和人口。同时，中心城区与组团之间，组团与组团之间的联系也更为紧密，从而有力地构筑和促进了都市区以主城区为中心，以交通廊道为纽带的簇群式城市空间结构形态的形成、发展和成熟。

5.3.4 空间性因素的约束力

空间性因素，主要指城市所在地域的自然环境，主要包括城市所在地域的自然资源及其空间分布状况，它们形成了城市空间形态的限定因素，影响着城市总体发展趋势。它制约了城市向某几个方向发展，使城市空间呈现轴向延伸发展。空间性因素是簇群式形态结构产生的基础条件。

设想武汉若没有两江及湖泊的分隔，正处于内聚式空间拓展阶段的武汉都市区，其用地必然紧贴原有城区发展，形成圈层蔓延的发展状态，而不会形成"簇群式"的发展状态。武汉丰富的山水资源不仅造就了独特的城市空间环境特色，而且其独特的山水环境格局是簇群式结构形态形成的基础。武汉独特的山水环境格局，江河湖泊的阻隔，有利于都市区的不同组团之间形成生态隔离地带，有利于主城区之外的各组团用地不相连，呈现出虽然聚集在一起但没有粘在一起的状态（图5-20）。

在现阶段长沙城市建设的技术水平和设施条件下，长沙城市自然地理条件所造就的城市空间格局特征可以概括为"一江两岸，四面环山"（图5-21）。受到湘江、浏阳河、捞刀河的阻隔，长沙城市用地被分割成河西区和河东区两部分。历史上，河东区率先发展成为中心城区，且中心城区用地面积较大，浏阳河、捞刀河在河东区穿过，将城区用地分割得较为零散，逐渐形成中心城区和浏阳河以北（北部组团）、以东（东部组团）、以南（南部组团）地区。长沙地势四周高，中间低，是典型的丘陵盆地城市。岳麓山、谷山等山脉楔形嵌入城市，将城市用地分割成从中心城区放射发散的扇形区域。因此，可以说，在现有的技术条件下，长沙城市空间受自然因素的影响和制约较大，城市发展仍然无法摆脱地形地势的束缚而呈现出江河湖泊、山体林地阻隔下的用地的不完整性，从而使簇群式空间结构形态的形成成为可能。

南京境内山脉纵横，低山占土地总面积的3.5%，丘陵占4.3%，岗地占53%，河流湖泊占11%，而平原、洼地等适宜建设地区仅占土

图5-20 武汉都市区自然地理要素分布

图5-21 长沙都市区自然地理要素分布
来源：刘瑾.长沙都市区簇群式空间发展过程、机理及其趋势研究［D］.武汉：华中科技大学，2011

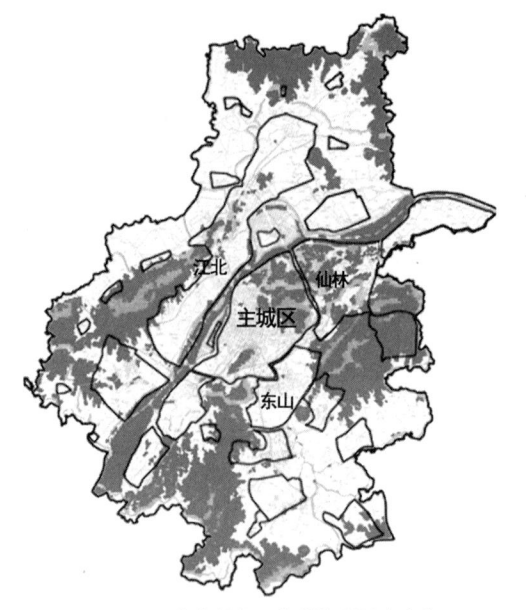

图 5-22　南京都市区自然地理要素分布

地总面积的 28.2%。这使得南京的城市空间发展不可能像平原城市那样无限蔓延，受自然环境的约束性较大。山水环的阻隔，使组团之间形成生态隔离地带（图 5-22）。受自然环境影响的用地形态使南京簇群式空间结构形态的形成成为可能。

根据地质构造形成的地貌特征，南京城市三面环山，一面临江，中间为构造盆地，基本形成"襟江—依山—抱湖"的地域自然景观特征。

基础层面的控制力、限制力、引导力、约束力这四种力共同作用于都市区空间结构，四种力缺一不可。空间性因素是充分必要条件，而制序性、经济性和技术性因素的作用力由大到小。控制力控制都市区空间向多个方向外拓，促进了外围多个组团的建立；限制力推动城市规模的扩大，并决定了城市空间发展是一种依托中心城（主城）内聚式的增长方式；引导力引导城市圈层轴向扩展，使城市结构向簇群式发展成为可能；约束力制约了城市向某几个方向发展，使城市空间毫无余地地轴向延伸，四种力作用于都市区空间，共同影响大城市都市区簇群式空间结构的形成（图 5-23）。

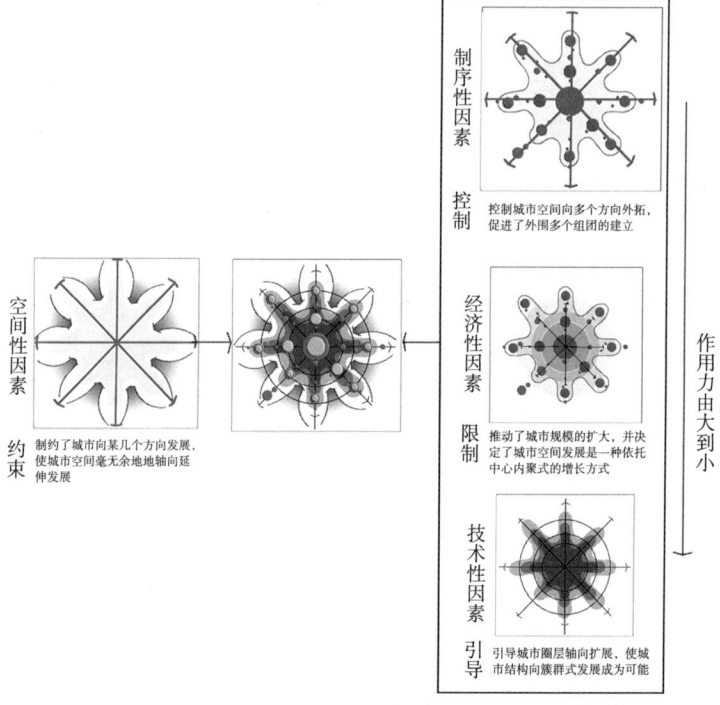

图 5-23　基础层面作用下大城市都市区簇群式空间的形成

5.4 社会层面的主要作用

社会层面的主要能动者通过社会行动与互动，有意无意地作用于并改变着这些不同的内生性限制因素，在推动着城市社会发展的结构化进程的同时，也推动着城市空间形态结构的演变进程。

在关注城市发展的社会能动者结构关系的研究中，西方国家的城市政体理论（Urban Regime Theory）提供了关于城市发展权的颇具解释力和吸引力的框架，引起了国内研究者们的广泛关注和借鉴。然而，中国社会与西方社会的差异是显而易见的，现阶段中国城市政体在一定程度上是社会控制模式（Social Control Model）运行的结果，而不是如斯通分析所采用的社会生产模式[①]。中国城市与西方城市的这一差异极大地限制了在国内直接移植西方式城市政体理论框架的可能性。所以在利用政体理论时，不能简单地利用或者直接借鉴西方城市政体理论所提供的概念框架，而应适当地进行改造。

栾峰（2008）认为改革开放后，无论是社会能动者，还是能动者之间的根本关系，都发生了显著调整。

其一，在政府范畴内，随着中央的逐步放权和分权，此前单一的政府能动者出现了明显的对应国内行政管理层次的分化趋势。地方政府在地方事务中的自主权力和作用日益显现。总体上，在当前的国内行政管理模式下，上层政府（特别是中央政府）更多地承担起关注宏观层面的民生和长远发展的责任，而地方政府相对更加关注特定时段内的地方总体经济发展问题。

其二，随着政府的逐步权威分权，经济范畴内的新社会能动者，也就是市场资本开始出现并日益显现，但其具体行动的方式和社会互动，却又受制于特定的社会定位和社会能动者之间的关系。

其三，城市居民作为重要的社会能动者，在自身分化演化的同时，社会地位也同样由于权威分权而出现了明显变迁进程。在总体层面上，尽管社团组织资源仍然处于政府的绝对权威与新的计划管理方式下，但是个人的发展权利和自由空间得到了一定的扩大，城市居民的社会地位整体上正在明显改善。

自改革开放至今，大多城市社会能动者经历了从早期的"政府—居民"典型二元结构，到目前"各级政府—市场资本—城市居民"的结构模式。

由此借鉴西方的城市政体理论，并针对国内20世纪90年代以来不同社会能动者的自身分化和权力关系，将社会层面主要分为上层政府、地方政府、市场资本、城市居民四种类型。

5.4.1 上层政府的主要作用

5.4.1.1 制定政策

在上层政府政策调整进程中，各大城市的政策环境经历了显著的演变历程，这在上文

[①] 何丹. 城市政体模式及其对中国城市发展研究的启示［J］. 城市规划，2003（11）：13–18。

的秩序性因素中已经详细论述。尽管来自上层政府的极化推动并不能直接改变城市发展及城市空间形态的演变进程。但其作为显著外因，引发并推动了城市发展进程中的主要能动者及其相互关系的显著变迁，同时也因为改变了城市在国内发展进程中的地位，并因此获得了推动城市经济发展和城市空间形态演变的直接动力。如 2004 年国家首次明确提出促进中部地区崛起的战略，对武汉的优惠政策相继出台。由武汉数据库的资料可得，2004 年的城市土地开发量为 2319hm²，为 1992 ～ 2008 年间的最高值，可见上层政府制定的相关政策对城市空间的发展具有较大的推动作用。

5.4.1.2 规划审批

上层政府（主要是在中央政府层面）对城市总体规划审批同样不同程度地影响着城市的发展和重大空间布局等方面的演变进程。规划本来就是一项公共政策，而对城市空间布局等的审批通过技术性因素作用于城市空间结构，在此就不一一论述，而主要从城市性质和人口的控制方面来分析。

上层政府通过审批调整着城市性质以及相应的产业和职能发展方向。以武汉 2006 年版城市总体规划为例。武汉现行规划从 2004 年开始编制，2006 年编制完成，2010 年获国务院批准，2006 年版城市总体规划推动城市向簇群式发展。针对最新版总规，国务院确立武汉为中部的中心城市。2010 年 8 月 23 日，国务院在《关于郑州市城市总体规划的批复》中指出郑州是"我国中部地区重要的中心城市"。郑州成为中部地区继武汉之后国家认可的又一座"中心城市"。随着国务院批复的下发，中部地区武汉、郑州双中心城市的格局正式形成。这也在一定程度上削弱了国家优惠政策对武汉的倾斜。同时上层政府重视武汉作为工业基地的发展壮大，武汉外围的新工业城组群更加蓬勃发展起来；肯定了科教基地这一提法，肯定了光谷的地位，加快了城市向东的扩展。在城市整体空间规划布局和拓展进程方面，国务院基本上肯定了武汉总规的方案，将"两江三镇、多轴多心"改为"多轴、多中心、开放式"，推动城市空间向簇群式发展。

在城市人口和用地规模审批中，中央对于规模控制由紧到松。从 1996 年版的严格控制城市的人口和建设用地规模改为 2006 年版合理控制城市规模。根据武汉市主城区标准分区划分，主城居住人口合理分布，人口疏散及居住用地合理布局研究中可知，总体规划确定的 502 万人的分布见表 5-8 所列。

武汉人口疏散分布（单位：万人）　　　　　　　　　　　　　　　　　表 5-8

圈层		总规人口	分区人口	现状人口（民政）	现状可容纳人口	新增或疏散人口
中央活动区		165	200	249.6	147.3	-49.6
其中	滨江活动区	55	90	123.5	50.3	-33.6
	其他片区	110	110	126.1	97	-16
其他组团		337	302	180.2	170.9	121.8
总计		502	502	429.8	318.2	72.2

来源：武汉市主城区标准分区划分，主城居住人口合理分布，人口疏散及居住用地合理布局研究

中央活动区向外疏散约 50 万人，其他组团增加 121.8 万人，主城可新增 72 万人。中央活动区减少居住用地总量，增加公共服务设施、公园绿地及办公、商业等功能。外围承接中央活动区疏散 50 万人，吸引外来人口 75～80 万人，即新增 130 万人需要住宅。外围结合中央活动区部分功能外移，重点保障职住平衡，鼓励发展物流、市场、都市工业等职能。

中央对武汉人口规模的肯定势必造成大量人口的向外围疏散，加速了外围大规模的开发，组团的逐步壮大形成了武汉都市区簇群式的空间形态。

另一方面，滞后的规划审批是不可忽视的一方面。滞后的规划审批使得这些通过了审批的总体规划陷入了严重滞后于城市实际建设发展进程的尴尬境地，地方政府在审批期间无依可据。尽管上层政府通过审批直接干预了城市整体空间布局和拓展进程，并且也确实在相当程度上引导和干预着城市空间布局和扩张进程，但是这种约束性的引导和限制作用显然受到了城市实际发展进程的显著冲击，规划审批的滞后又实质上进一步削弱了规划批复的约束能力和可能性。

以武汉 1996 年版城市总体规划的执行情况为例。该版总规于 1993 年开始编制，1996 年编制完成，1999 年获国务院批准。到 2002 年，现状用地已经远远超出规划用地范围了。从现状发展情况看来，主城区空间拓展最大的特点就是紧贴主城发展，这些用地中，金银湖、金银潭、盘龙城、藏龙岛、汤逊湖、黄家湖均位于主城边缘的生态绿地范围内，属于规划禁止开发的范围，规划用来控制主城发展规模的城市外围生态绿地并未能有效地阻止城市的扩张。由此可见，在主城空间拓展上，现实空间发展并未能够按照规划预期的那样，控制在外围生态绿带范围内，跳过绿带发展外围的新城。同时规划的七个新城也发展不足，目前还处于刚启动或者缓慢自然增长阶段（表 5-9）。

1996 年版武汉城市总体规划的重点镇发展情况 　　　　　表 5-9

重点镇	发展设想	现实情况
阳逻	集装箱转运枢纽、现代化港口城镇	集装箱港口建设缓慢
北湖	以大型化工项目和港口建设为先导，形成化工型港口城镇	无大型化工企业落户，港口未建设
纸坊	区政府所在地，发展机电、轻工和高技术产业	自然增长
金口	以港口建设为先导，建设地区性水陆联运枢纽	金口港尚未建设
常福	发展与汽车相配套的机电工业	刚启动
蔡甸	区政府所在地，发展电子、轻工、服装加工等	自然增长
宋家岗	发展高新技术工业、轻工业和商贸旅游业	刚启动

来源：武汉 2006 年版总规专题：现实空间解读——总体规划的回顾与实施分析

在规划审批时，人口规模未定，在从主城疏散人口方面也造成了困难。无论是人口增长率还是人口数，南京主城都远远高出周边城镇。1990～2007 年南京浦口、东山和仙林人口增长最快，人口增长都在 10 万人以上，人口规模分别到达 35 万、27 万和 15 万人；其次是新尧、板桥和大厂，分别增长了 9.18 万、7.51 万和 5.02 万人，其余城镇人口增长相对较少（表 5-10）。审批期限的延长更加剧了主城的人口负担，给地方政府疏散人口，发展外围组团增加了压力。

南京市各城镇单元人口增长与分布状况　　　　　　　　　　表 5-10

类型	名称	人口数量增长（1990～2007）		人口分布现状（2007）	
		增长量	增长率	人口规模	人口密度
		万人	%	万人	人 /km²
主城	南京	155.33	78.68	360	12790
新市区	浦口	12.27	57.12	35	1263
	东山	13.61	134.49	27	1980
	仙林	10.83	135.38	15	1848
新城	雄州	2.36	13.73	16	2693
	大厂	5.02	26.66	24	3076
	玉带	-0.34	-5.69	4	882
	龙潭	-0.65	-9.26	7	739
	新尧	9.18	114.61	12	2243
	汤山	1.30	19.52	6	1087
	禄口	1.15	17.67	8	1377
	桥林	-0.74	-10.54	5	988
	板桥	7.51	141.70	10	1561
	滨江	-0.57	-5.51	7	1460
	溧水	4.87	68.02	10	1658
	高淳	2.81	23.09	10	1955

注：本表中数据根据城镇单元空间范围与街镇单元界线叠加结果，并兼顾城镇居住用地分布情况计算得出
来源：南京市城市总体规划修编（2007—2020）专题研究报告之九——南京市人口规模与结构预测

规划的审批滞后是普遍存在的问题，但规划的审批滞后在一定程度上纵容了城市的依托主城圈层式蔓延发展，而且由于审批的滞后，外围组团的发展定位不明朗，以至于发展缓慢，外围无法彻底跳出主城发展，形成了依托主城轴向发展的态势，加速了簇群式空间形态的生成。

5.4.2　地方政府的主要作用

5.4.2.1　调整行政区划

行政区划调整是通过行政边界变更或行政管辖范围的重新分配，以达到优化空间结构，促进要素流通等目标的政府调控手段[1]，它对城市空间演化产生直接的干扰或引导作用。它可以使城市空间发展进程能在更大的空间范畴内统一协调，并能不断加强城市在地域范围内的权威地位，扩大城市地域范围。通过行政区划调整，地方政府可以迅速而有效地增强控制城市与区域经济发展的资本、土地、劳动力、技术、信息等生产要素流向的能力，从而获得更丰富的发展资源，更多的发展机遇和更大的发展空间[2]。地方各级政府均制定相应政策发展经济，通过秩序性和经济性因素直接作用于城市空间结构。

5.4.2.2　调控城市土地供应[3]

1992年开始的土地市场化改革将土地开发的控制权由中央政府下放到地方政府。由此，地方政府成为城市土地开发和城市空间扩展的管理者。地方政府通过利用土地级差地价来重新配置用地，推动了中心城内部空间结构的重组；通过改善市政基础设施带动新区开发，以吸引投资，收取土地费，从而引发了城市向外扩展[4]。所以说，实际上推动城市土地开发的主要力量并不是市场，而是政府，特别是地方政府，这对于推动城市空间扩展，形成簇群式空间结构具有重要意义。

自1995年开始，南京开始推行"以地补路"政策（对市政建设项目给予补偿用地，以此带动城市基础设施建设），至2002年才完全废止。以地补路政策缓解了当时市政府建设资金不足的困难，通过这一政策，为城市建设筹集了大量资金，对当时城市建设工作发挥了重要作用。但是这一政策的实施，引起建设的分散布局。2002年南京发布了《关于全面实行招标拍卖挂牌出让国有土地使用权的通知》，土地招拍挂制度的实施利于政府利用土地杠杆对城市空间发展的有效调控，有利于南京"一疏散三集中"、"一城三区"城市发展战略目标的实现，促进城市空间结构的调整与优化，促进了中心城区的进一步发展，也整合了外围分散化的布局，形成了集聚规模的若干外围组团。

然而自土地使用制度改革以来，我国城市土地供应及使用出现了许多问题，归纳起来有两个重要方面：一是城市土地失控带来无序的城市发展，导致土地资源的浪费；二是政府土地收益的流失带来基础设施投入不足，导致寻租和腐败现象出现。显然，城市土地供应失控和政府土地收益流失的问题是"市场失灵"和"政府失灵"共同作用的结果，而且这是我国计划经济向市场经济转型时期，市场机制不完善的"市场失灵"和计划经济、政府管理实施不到位的"政府失灵"。与其说土地供应失控和收益流失问题是市场机制未发挥作用，倒不如说是政府干预未发挥切实有效的作用[5]。

---

[1]　叶玉瑶.城市群空间演化动力机制初探——以珠江三角洲城市群为例 [J].城市规划，2006（1）：61–66。

[2]　张京祥，殷洁，罗小龙.地方政府企业化主导下的城市空间发展与演化研究 [J].人文地理，2006（4）：1–6。

[3]　本书主要指通过市场有偿出让方式的城市土地供应。

[4]　张庭伟.1990年代中国城市空间结构的变化及其动力机制 [J].城市规划，2001（7）：7–14。

[5]　李红卫.中国城市土地供给管理研究 [D].广州：中山大学，2002：102。

正因为土地与地方经济直接挂钩，致使房地产行业飞速发展，土地市场也表现得十分抢眼，但大规模的土地供应致使城市土地存量锐减，成为促进房价快速上涨的重要诱因。并且，无规划的供地也使得城市建设的节奏和方向显得杂乱无章，城市土地失控带来无序的城市发展，导致土地资源的浪费，城市发展目标也随之不断调整。

土地资源的浪费会影响城市土地的增值收益，土地开发活动带来的地价升值无法通过后续供应土地获得。如 1992～1998 年间，武汉市批租土地 1393hm²，收入 13.3 亿元，平均每平方米土地收入仅 95.48 元。2000～2005 年中心城区共出让土地 1784.02hm²，政府净收益 240638.80 万元，每平方米土地政府净收益只有 134.89 元，最高的 2005 年也只有 275.21 元。土地收益的流失，必然带来城市基础设施建设资金的困难，导致城市基础设施的缺乏影响主城的发展（表 5-11）。

2000~2005 年武汉市中心城区土地出让收益　　　　　　　　　　　　表 5-11

年份	出让土地面积（hm²）	政府净收益（万元）	单位土地净收益（元/m²）
2000	183.28	6742.11	36.79
2001	210.61	13135.39	62.37
2002	360.69	28569.75	79.21
2003	323.94	48815.62	150.69
2004	603.84	115398.47	191.11
2005	101.66	27977.46	275.21
合计	1784.02	240638.80	134.89

注：此处土地批租面积与本书调查数据有所不同，这是由于不同统计渠道以及统计范围不同所造成的，但反映的情况是一致的，本书原文引用，未加改动。

来源：北京大学城市与区域规划系.武汉市土地市场培育及规划对策研究.2005

20 世纪 90 年代以来武汉主城区土地开发最大的特点就是紧贴主城，其中金银湖、金银潭、盘龙城、藏龙岛、汤逊湖、黄家湖均位于主城边缘的生态绿地范围内，属于 1996 年版规划限制开发的范围，规划用来控制主城发展规模的城市外围生态绿地并未能有效地阻止城市的扩张，反而遭到一定程度的蚕食。由此可见，在主城空间拓展上，由于经济利益的驱使，现实空间发展并未能够按照规划预期的那样，控制在外围生态绿带范围内，同时跳过绿带发展外围的新城，而是最终形成了外围若干依托中心发展的簇状组团。虽然紧贴中心发展是由于调控不力而出现的问题，但是却改变了城市空间结构。在既定事实面前制定未来优化措施才是重中之重。所以，城市土地供应必须实行强有力的政府干预，这是地方政府影响城市空间发展的重要作用。城市土地的使用在空间上如何配置，这是城市规划的主要任务和研究主题，作为用来干预和组织城市空间发展的直接外部手段，是对城市空间形态发展的"特定"干预。它的实效在于通过控制以创造达成新空间结构（形态）的外部条件和环境，加强城市空间结构（形态）向新结构（形态）转变的优势，最终导致更有序空间结构（形态）的自创性 ①。地方政府主导下，以城市规划为目标的城市土地供应必定会引导城市空间向簇群式发展。

5.4.2.3 推动和引导公共投资（政府投资）

政府的大规模公共投资行为，包括重大功能开发或者重大基础设施开发等，都同样对城市发展，特别是城市空间形态的演变进程发挥了显著影响作用。随着地方政府在推动发展进程中的投融资方式日趋多样性，地方政府主导或推动大规模开发建设的能力日益增强，在主动控制和引导城市空间形态方面的作用也明显加强。

政府的公共投资影响城市多中心模式类型。21 世纪以来，在"一城三区"的城市空间发展战略的指引下，城市建设重心逐步跳出主城转向外围新区。从表 5-12、表 5-13 中可以看出在南京城市建设投入逐年不断扩大的同时，新市区的建设投入比例还较低，造成新市区的城市设施配套水平还大大低于主城，新市区的吸引力还远远低于主城，必须依托主城发展。2003 ～ 2006 年南京城市建设计划投资量达到 1321.7 亿元，但其中位于"一城三区"内的建设投资量仅占 18.66%。从另一方面考虑，分散化的各级政府投资在一定程度上也促进了外围组团的建设。由于行政区划的影响，各区受各自经济实力和政绩考核机制的影响，使得主城外围的城市次级中心功能发育不完善，无法与强大的中心相比，形成了金字塔形的中心层级结构。

近年来南京市城市建设计划投资总量情况　　　　　　　　　　　表 5-12

年份	1996	1997	1998	1999	2000	2001	2002	2003	2004	2005	2006
城市建设计划总投入（亿元）	69	69	71	69	73	95	181	351	401	304	266

来源：南京市城市总规专题报告：南京城市空间演变与发展布局研究

近年来南京市"一城三区"城市建设计划投资量情况一览　　　表 5-13

年份	2003	2004	2005	2006	合计	
					总量（亿元）	比重（%）
河西新城区	45.93	50.29	15.56	19.16	130.94	9.91
仙林新市区	12.1	19.27	10.8	17.12	59.29	4.49
东山新市区	15	13.67	6.5	3.62	38.79	2.93
浦口新市区	4.2	3.47	7.85	2	17.52	1.33

来源：南京市城市总规专题报告：南京城市空间演变与发展布局研究

5.4.3 市场资本的主要作用

市场资本参与城市发展和城市空间形态演变的目的相比政府简单得多，因为它追逐利润最大化的本质从来没有改变 ②，在本质上，市场资本追逐利润的行动与流动过程无疑遵

---

① 张勇强.城市发展自组织与城市规划［J］.武汉：东南大学出版社，2006：43.
② 栾峰.改革开放以来快速城市空间形态演变的成因机制研究——深圳和厦门案例［D］.上海：同济大学，2006.

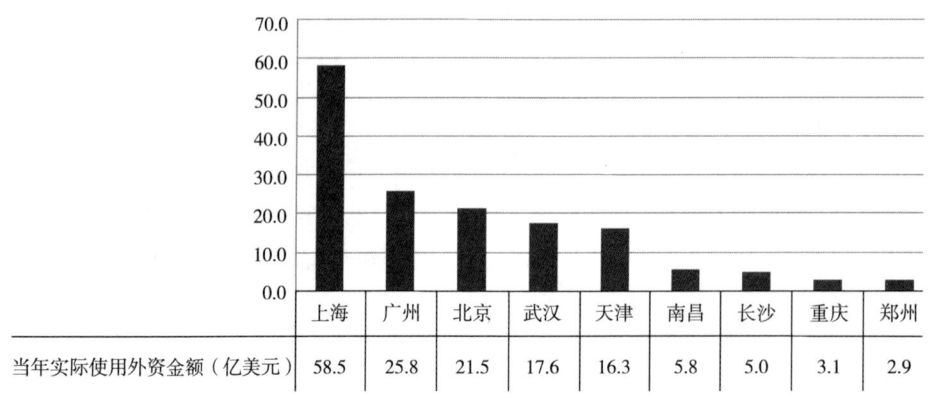

图 5-24　2003 年中国九个城市当年实际利用外资额比较
来源：武汉总规前期研究：武汉在中部地区崛起的机遇和策略研究 . 国家发改委经济体制与管理研究，2006

循着市场竞争规律。随着市场经济的迅速发展，市场资本已经逐渐在地方经济增长中占据了主导地位，但同时，各级政府主导下的包括各种制序变迁和宏观调控，甚至特殊情况下的直接管辖仍然在整体上影响着城市经济的变迁。在经济范畴内仍然显示出地方政府的强大作用。

5.4.3.1　流动中有限地推动城市空间的增长

市场资本不仅在城市经济总量中发挥着显著的作用，对于城市的产业结构演变也同样发挥着重要的影响作用。市场资本的流动改变了工业经济时代单中心圈层式的空间结构，促使了多中心空间结构正在形成。但同时，市场资本在城市的流动中的利用率还不高，市场资本在流动中的作用无法完全发挥，无法显著推动经济增长，因而城市建设动力不足，都市区空间仍然呈现内聚式的发展方式。

全球产业布局调整和沿海产业加速向内地转移，推动武汉产业结构升级，加速了武汉经济的发展。武汉近几年吸引外资能力显著提高，武汉吸引外资的增幅明显高于全国其他城市。就 2003 年的总量看，武汉除了与上海有较大差距外，与广州、天津、北京均具备较强的竞争力，并远远优于中部的南昌、郑州等其他城市（图 5-24）。

但是，武汉经济外向度相对较低，参与国际竞争的能力还不够强。国际市场依存度尚处在较低的状态下，2004 年仅为 15.51%，与上海、北京和广州相比，武汉对国际市场的依赖程度很小。2004 年，全市外贸依存度为 18%，低于全国平均水平 51.4 个百分点。全市利用外资虽然在中西部城市中位居第一，但与沿海同类城市相比差距较大。2004 年，武汉实际利用外商直接投资 15.2 亿美元，广州、南京、青岛、深圳、大连、宁波分别为 24.01 亿美元、25.66 亿美元、38 亿美元、23.5 亿美元、22.03 亿美元、21.03 亿美元。武汉境外办企业的数量很少，企业参与国际竞争的能力较弱。自允许对外投资 20 年来，武汉获国家正式审批赴境外投资的项目仅 99 个，平均每年不到 5 家企业赴境外投资。2000 ～ 2004 年，武汉获批境外投资的企业有 30 家，同期全国累计批准境外投资企业达 7700 多家，武汉企业的占比不到 4‰ [①]。作为工业化龙头城市，武汉在引进大公司、大

---

① 武汉市人民政府政策研究室 . 武汉总规前期研究：武汉在中部地区崛起的机遇和策略研究 [R].2006。

企业上优势并不明显，这将严重限制武汉经济对外拓展的空间，也是武汉城市空间内聚发展的原因之一。

国内资本流动方面，2007 年内资在武汉新办注册资金 500 万元以上企业 523 家，比上年增长了 51.59%。按注册资金额排序，北京 12.70 亿元（包括中央在汉机构），上海 5.56 亿元，福建 5.55 亿元，广东 5.54 亿元，河南 2.41 亿元，浙江 2.36 亿元。资金基本上来源于沿海地区。资金来源区域扩大，表明国家促进中部地区崛起战略和武汉承接沿海地区产业转移工作取得了实质性进展，武汉的资本积聚功能进一步增强[①]。

综观全局，市场资本的流动还是给武汉的经济发展注入了强大的活力，带动了武汉市近几年基础设施和服务业的高速发展。特别是国际大型房地产公司的进入，正在使武汉的城市功能和区位特征发生变化，并带动相关的产业在近几年内形成快速发展。产业的成功转移与资本积聚功能的增强，使武汉二产逐步外移形成规模聚集，三产大分散小集中，多中心结构形成。市场资本的流动改变了工业经济时代单中心圈层式的空间结构，一个新的多中心空间结构正在形成。但同时，市场资本在武汉的流动中的利用率还不高，与上海、广州、北京仍有较大的差距，市场资本在流动中的作用无法完全发挥，无法显著推动经济增长，因而城市建设动力不足，武汉都市区仍然呈现向心集聚的发展方式。

5.4.3.2 竞争带来显著扩展

在日趋竞争激烈的环境下，市场资本，特别是土地市场开发显著影响着城市空间形态的演变进程。1992 年，武汉市开始实行土地有偿使用制度，既为地方政府提供了新的财政来源，又为以市场经济方式引导城市开发建设提供了可能。

中国的改革、转型与经济全球化进程几乎是同步发生的，全球化带来的资本流动在地方政府之间营造了一个高度竞争的环境。在分权化过程中地方政府失去了大量来自中央的直接投资，市场化改革又使地方政府失去了对许多经济资源的直接控制权，因此吸引外资就成为推动地方经济发展、彰显政绩的一个重要载体。由此带来了抢夺外资的激烈竞争，地方政府几乎出让了一切可以自己掌控的"优惠"政策[②]。对于迫切希望引进外来资本的地区，市场资本显然占据了主动的地位[③]。

首先，为了争取市场资本，尽可能低廉的土地成本成为地区间争夺市场资本的重要现实选择。在经济增长和以效益为中心的指引下，武汉采取了积极的土地供给方式。自 20 世纪 90 年代初中期以来，随着国内改革开放进程加快，武汉与周边地区间吸引市场资本竞争的进一步加剧，使得武汉地方政府在以经济总量增长为核心目标的工作中更加缺乏了提高城市空间使用效率的动力，城市空间形态也因此在建设用地显著粗放的使用状态下迅速扩张蔓延。武汉在招商引资加快经济增长的同时推动了城市规模的显著扩张，导致都市区外围的大规模开发，在一定程度上加速了外围组团的形成。

其次，市场经济规律在推动城市功能空间的演变趋势方面的作用。由上文的武汉土地开发的实证研究可以看出，自 20 世纪 90 年代以来，武汉出现了大规模的居住功能发展。

① 数据均来自新华网。
② 张京祥.城镇群体空间组合［M］.南京：东南大学出版社，2002。
③ 张庭伟.1990 年代中国城市空间结构的变化及其动力机制［J］.城市规划，2001（7）：7-14。

中心组团的城市用地功能显著向高级第三产业、高新技术产业、高端居住等功能转变，并且中心地区主要由商业、金融和商务办公等功能占据，外围则分布着大量的工业用地。显然，不同市场资本在谋求利润的过程中对于城市空间的选址有着各自不同的要求，竞争的过程使得城市功能空间布局演变合理化。各种不同职能用地分化，选择适合自身发展的空间，造就了城市的空间组团集聚，形成了中心组团不断强大，外围组团快速发展的态势。虽然存在着向外扩散的特征，但各类用地对目标地点有一致的选择，最终形成了组团聚集的结果。外围各个组团与强大的中心一起形成了武汉都市区簇群式空间发展态势。

5.4.4 城市居民的主要作用

5.4.4.1 追求个人福利

改革开放以来，随着城市经济的发展，在城市人口不断增长的同时，市民生活水平也不断提高，其对住宅、娱乐和休闲度假等方面的要求均有提高，使得城市住宅建筑面积增长迅速，并使得居住及文化娱乐设施等用地随之增长。根据亿房网 2006 年的调查发现，武汉市民有购房需求的占 80% 以上。其中有购买经济房需求的人占总调查的 32%，有购买商品房需求的人占总调查的 49%；而仅有 6% 的人愿意租房，以刚毕业的大学生为主。

武汉市民对住房等设施的刚性需求增长刺激了房地产市场的活跃。随着市民需求的增长，房地产市场的活跃，主城区居住用地面积也随之增长。2004 年与 1994 年相比，居住用地增加了 59.1km^2，增加主要集中在六片四轴。六片：古田产业新区、常青花园周边、百步亭花园周边、南湖花园周边、南湖周边青山武汉科技大学周边；四轴：汉阳大道沿线、龙阳大道沿线、东湖东北沿线、北湖西南沿线。居住用地增长总体趋势是向二环和三环之间扩张，主要沿重要道路沿线，环境宜人的湖滨地区扩张 [1]。

5.4.4.2 导致居住分异

市民对城市空间的发展也有约束的作用。市民的择居意向，不同收入群体的市民选择适宜的居住空间，导致居住空间产生分异，从而约束了城市空间的发展。

自 1984 年国家改革住房分配制度以来，住房由实物分配改为货币分配，市民在选择住宅时有了极大的自主权。家庭收入、文化教育程度等不同的市民群体，在选择住房时必然有所区别，由此导致了居住空间分异现象。

从武汉市对 2002 年及以前建成的商品房的调查结果来看，武汉市居住空间可以划分为七类：最高收入市民群体（占城市人口比重约为 1.4%）大多都在郊区滨湖的、交通便利的高级别墅区置业，如汉口后湖、金银湖板块，武昌的光谷南湖板块、汤逊湖板块等；较高收入市民群体（如高收入白领阶层等）在城市核心景观区和滨江滨湖地段的高层住宅区置业，如长江两岸的核心区临江地块的高档楼盘；中高收入的市民群体所居住的小区大多位于城市核心区内或者紧邻核心区的地段，如银海华庭、世纪家园等楼盘；中等收入市民群体所居住的小区与上一层次的相邻，多数位于距核心区有一定距离的地段，以多层、小

---

① 数据均来自武汉总体规划（2006—2020）。

高层住宅区为主，代表的有光谷的学府家园、万科四季花城等；中低收入的市民群体（工薪阶层）中相当部分居住在武汉旧城以内，而且没有购买商品房的能力，他们只能选择经济适用房或者等待旧城改造时的拆迁安置。值得一提的是武汉市经济适用房建设卓有成效，其规模保持在全市住房建设的 15% 左右。至 2000 年为止，武汉市经济适用房累计竣工面积达 500 余万平方米，改善了近 6 万中低收入市民的居住条件。其地理位置大多位于城郊结合带，如后湖、南湖、古田等地段；低收入市民群体一部分位于原单位住房或者租赁房，另一部分位于武汉市区边缘的农户住房、建筑工棚中。

总的来说，武汉市居住空间分异格局逐渐凸现：中高级居住区多位于城市核心区，核心区外 5km 以内地域以及国家级"两区一园"的滨湖地区；而中低级居住区位于内环线和三环线之间。

5.5 基础层面与社会层面作用的耦合机理

由上文基础层面和社会层面对大城市都市区空间的综合作用可以得出大城市都市区簇群式空间的成长机理（图 5-25）。

社会层面的主要能动者，上层政府、地方政府、市场资本和城市居民基于不同目的和相互关系，通过社会行动与互动，有意无意地作用于并改变着制序性、经济性、技术性和空间性等内生性限制因素；基础层面的制序性、经济性、技术性和空间性因素既是城市发展和城市空间形态结构演变的必须资源和限定条件，同时又是主要能动者作用的限定条件和作用对象，两者的关系是复杂的。但根本上，社会层面通过基础层面将作用力落实在空间上，促使了大城市簇群式空间的形成。

基础层面制序性因素的控制力，控制都市区空间发展方向，促进簇群式组团的建立。制序性因素的作用主要是指在分权过程中形成的各种发展制序（制度或政策）对于都市区

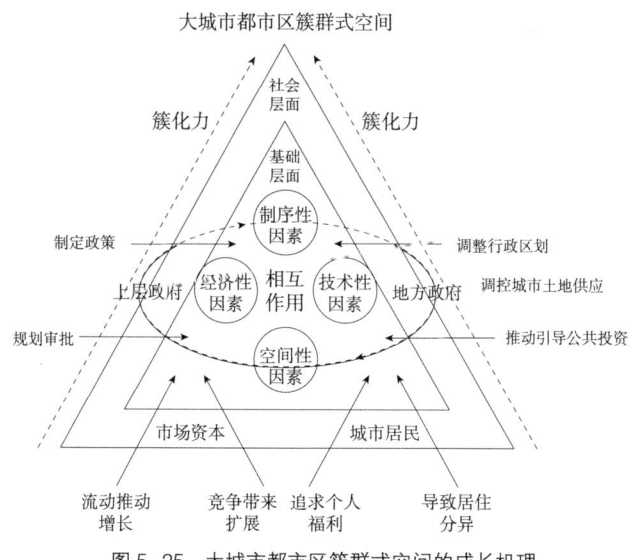

图 5-25 大城市都市区簇群式空间的成长机理

空间发展变化的影响。其中重要的一方面在于通过例如提供优惠政策，设立开发区或者基础设施先行等一系列政策的手段，将重大项目选址在城市特定区域，引导城市空间向该区域方向发展，促进了都市区外围多个簇状组团的建立，导致城市的大规模扩张。政策最终表现为对投资施加经济上的影响，使投向政府希望领域的投资较为顺畅，效益回报更高，相反投向政府不支持领域的投资较为困难，而且成本、风险较高。

经济性因素的限制力推动城市规模的扩大，促进了城市空间"大集中—小分散"格局的形成。经济性因素虽然推动了城市规模的扩大，但却决定了城市空间发展是一种依托主城向心为主的增长方式，是大集中、小分散。它限制了都市区空间的外拓距离，中心强大的集聚力造成了外围组团依托中心的建立，外围组团不得不紧贴中心城区形成簇群。

技术性因素的引导力，促进生长点形成，引导城市圈层轴向扩展。市政工程建设，为城市运行提供技术保障的同时，也支持并促进了生长点的形成。交通条件的进步为城市发展提供了骨架和轴线，引导城市圈层轴向扩展，使都市区空间结构向簇群式发展成为可能。

空间性因素的约束力，约束城市空间发展，塑造大城市都市区簇群式空间形态。空间性因素，主要指城市所在地域的自然环境，主要包括城市所在地域的自然资源及其空间分布状况，它们形成了城市空间形态的限定因素，影响着城市总体发展趋势。它制约了城市向某几个方向发展，使城市空间毫无余地地轴向延伸发展。空间性因素是簇群式空间形态产生的基础条件。

基础层面的控制力、限制力、引导力、约束力这四种力共同作用于都市区空间结构，四种力缺一不可。空间性因素是充分必要条件，而制序性、经济性和技术性因素的作用力由大到小，四种力作用于都市区空间，共同影响大城市都市区簇群式空间结构的形成。

社会层面位于第二个层面，上层政府通过制定政策、规划审批，地方政府通过调整行政区划，调控城市土地供应，推动和引导公共投资，市场资本在流动、竞争中的作用，以及城市居民通过追求个人福利，导致居住分异等手段作用于上一层的基础层面，并分别通过基础层面的四个内生限制性因素表现出来。在都市区空间发展过程中，政府占有绝对的话语权，不仅在政治范畴，在经济以及社会范畴中，仍显示出了地方政府强大的作用。

社会层面各因素通过与基础层面各因素在整个动力磁场中的相互作用，以完成大城市都市区空间由无序上升到有序的空间演化过程，造就了大城市都市区簇群式空间的形成。

5.6 "簇化力"作用下大城市都市区成长的空间效应

基础层面和社会层面共同作用下的这种耦合的成长机理表现为一种力——"簇化力"。下文就着重探讨在"簇化力"的作用下大城市都市区所呈现的空间效应。

5.6.1 "双城"发展

中国 1978 年以来的经济体制改革的实质就是在行政分权（Administrative Decentralization）

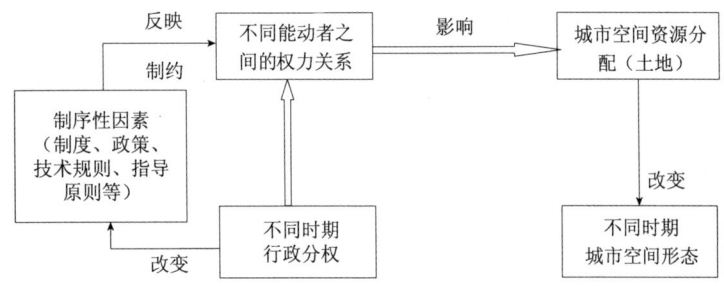

图 5-26 基础层面制序性因素作用关系

的框架下引入市场机制，通过对外开放与国际经济接轨，通过权力下放即行政分权推行经济自由化和市场化 [1]。认识行政分权框架的特征是研究中国城市空间发展的切入点（图5-26）。

从高度中央集权向权威主义管理模式的转变过程中，一方面是中央政府向地方政府的逐渐放权和分权过程，一方面是政治范畴向经济和社会等其他范畴的逐渐分权过程 [2]。分权化最显著的结果就是赋予了地方以相对独立的利益，并强化了地方政府管理经济的职能，从而使之兼具了公共行政主体与经济利益主体的双重身份——地方政府既追求所在地区经济利益最大化，也追求地方政治利益最大化 [3]。分权化对于城市空间发展的影响实质上就是分权化过程中形成的各种发展制序（制度或政策）对于城市空间发展变化的影响。这在上文的秩序性因素中已经详细论述过。随着地方政府从中央政府手里获得了更多的权力，相应地也从中央政府那里承接了更多的责任，扮演着主导城市空间发展的角色。同时随着经济实力与城市化水平的迅速提高，县（县级市）一级政府谋求更多发展权力的要求日益增加，市、县之间争夺发展空间与资源的博弈日趋激烈 [4]。

5.6.1.1 市政府撤县（市）设区体现中心城 [5] 利益最大化

罗震东（2007）在研究中发现，中国1978年以后的分权化改革大致在1997年前后形成两个阶段。1997年前，中央向地方层层下放权力的过程在城市制度上主要体现出三方面的发展与变化：市管县体制逐步确立，由城乡分治走向城乡合治，形成梯度分权的城市格局。这三个方面的变化直接推进了中国都市区的形成。1997年以后，随着中央再集权化和分权规范化，在城市层面即体现为撤县（市）设区和扩权强县两个方向的行政区划变更。在全球区域竞争日益激烈和中央再集权化的过程中，为了扩大城市政府发展的空间权力与资源，上级城市政府必须通过集权的手段消除市县之间的管理体制障碍，撤县（市）设区也就成为市政府破解市管县体制迫切而必然的选择。

因此可以说撤县（市）设区的行政区划调整，使城市空间发展进程能在更大的空间范畴内统一协调，并加强了中心城市在地域范围内的权威地位。撤县（市）设区的目的就是发展中心城市，解决中心城市发展的问题，突出了中心城利益的最大化。

---

① 罗震东.分权与碎化——中国都市区域发展的阶段与趋势［J］.城市规划, 2007（11）: 64-70。
② 栾峰.改革开放以来快速城市空间形态演变的成因机制研究——深圳和厦门案例［D］.上海: 同济大学, 2004。
③ 张京祥, 殷洁, 罗小龙.地方政府企业化主导下的城市空间发展与演化研究［J］.人文地理, 2006（4）: 1-6。
④ 罗震东.分权与碎化——中国都市区域发展的阶段与趋势［J］.城市规划, 2007（11）: 64-70。
⑤ 在此指的是城市行政边界中的中心。

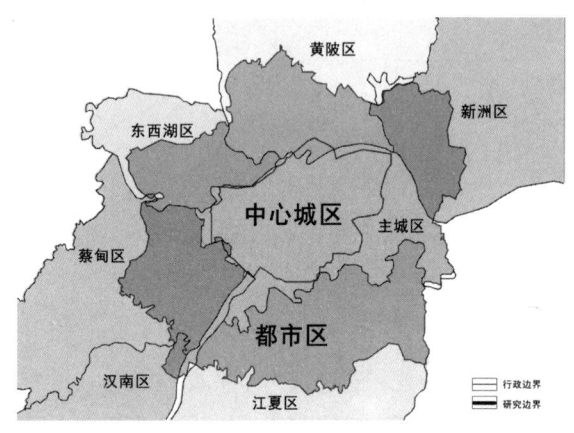

图 5-27　武汉都市区行政边界与研究范围的关系

上文已经分析过，武汉蔡甸区、江夏区、黄陂区、新洲区四个郊县相继"撤县改区"（图 5-27）。南京 2000 年撤销江宁县，设立江宁区，2002 年撤销浦口区和江浦县，设立新的浦口区，撤销大厂区和六合县，设立六合区，使市区面积由原来的 975km² 拓展到 4730km²。1996 年，长沙市行政区划进行了调整，长沙县及望城县的部分乡镇划入市区，市区面积由 1978 年的 352km² 扩大到了 556km²，同时，长沙市调整了原有的行政建制，撤销了郊区，新设五区——芙蓉区、雨花区、天心区、岳麓区、开福区。2008 年 6 月，望城县含浦、坪塘、莲花、雷锋和雨敞坪等五镇划归岳麓区管辖。撤县（市）设区的行政区划调整使武汉、南京和长沙城区范围扩大，促进了城市的新扩张，加快了建设的大投入和资源的再整合，中心城的地位更加强化。

其实无论中心城的范围有多大，市政府的主要目标都是发展中心城，突出其在区域范围内的地位。这在上文的实证以及基础层面的制序性因素作用中都已经进行了较为详尽的论述。正是由于处处以体现中心利益最大化为目的，才使簇群式城市的中心逐步强大。

5.6.1.2　外围区政府借助中心"双城"发展

行政区划变更意味着空间支配权力的调整，而撤县设区则意味着区级政府相比较原先权力减少，而市政府在全市域统一领导加强，并可以对全市域发展进行权威协调。簇群式城市周边地区在中心强大的引力之下，由于撤县设区而使区政府权力减少后，争取不到较好的发展机会，但其又迫切需要发展，唯一可行的办法就是依托中心城开发建设。若城关镇距中心较远，则该区在发展自身城关镇的同时，紧贴中心分别建立以经济技术开发区、住宅区为主的组团，形成"双城"的发展态势；若城关镇紧邻中心，那么其势必成为市区级政府共同开发的重点，在总体规划中纳入中心城统一考虑。

武汉行政区划调整　　　　　　　　　　　　　　　　　　　　　　　　表 5-14

蔡甸区	1992 年	经国务院批准撤销汉阳县设立武汉市蔡甸区，其行政区域不变，区治设蔡甸街
江夏区	1995 年	撤销武昌县，设立武汉市江夏区至今
黄陂区	1998 年	国务院同意撤销黄陂县，设立黄陂区，以原黄陂县的行政区域为黄陂区的行政区域，区人民政府驻前川镇
新洲区	1998 年	国务院（国函 [1998]77 号）批准：撤销新洲县，设立新洲区，以原新洲县的行政区域为新洲区的行政区域，区人民政府驻株城镇
东西湖区	1958 年	1958 年经国务院同意，湖北省编制委员会正式行文批准成立"武汉市国营农场管理局"，同年 10 月，武汉市增设东西湖区行政建制，实行区局合一的体制
汉南区	1984 年	1984 年 1 月，设立武汉市汉南区，辖四个国营农场，四个人民公社

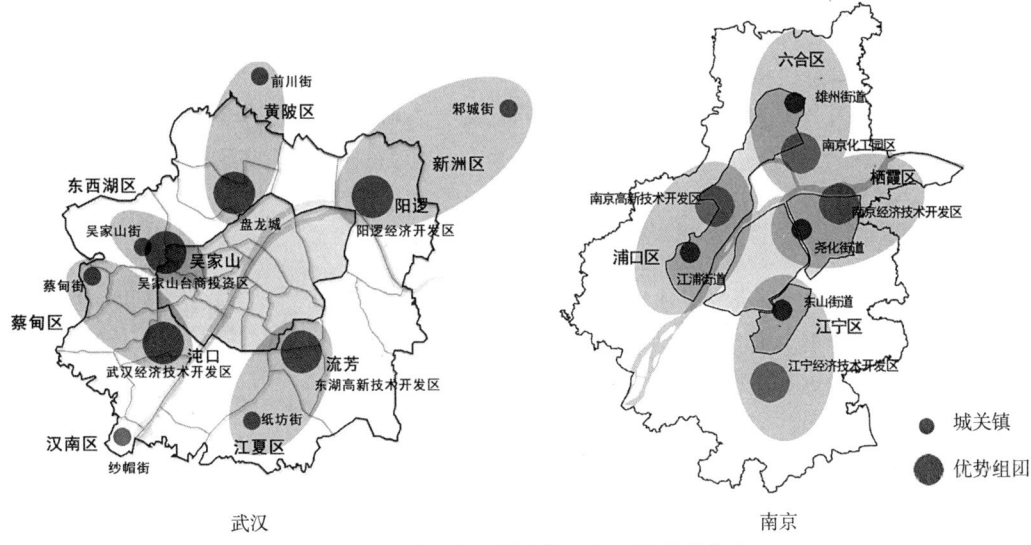

图5-28　武汉、南京都市区外围城区"双城"发展方式

由表5-14可以看出，武汉周边的县在2000年之前均进行了县改区。按照城关镇总体规划，到2020年，武汉6个城关镇的城镇人口将由现在的48.6万发展到127.6万，城镇建设用地由目前58.3km²扩大到126.8km²；城镇化率由现在平均57%提高到80%左右[1]。

同时由上文的实证可以看出，在城关镇发展的同时，20世纪90年代以来，武汉贴近中心城的各优势组团，包括东西湖区借助台商投资区的吴家山组团，蔡甸依托武汉经济技术开发区的沌口组团，江夏区依托东湖高新技术开发区的流芳组团，新洲的阳逻经济技术开发区以及黄陂区的盘龙城均有较大规模的土地开发，造成了武汉都市区外围土地开发的高峰，这正是外围城区依托中心发展的结果。因此可以说，武汉外围城区表现出明显的"双城"（城关镇与市区边缘新城）发展方式（图5-28）。

而南京外围城区的城关镇基本在主城区周边，因此像东山、江浦、尧化等均得到了较大力度的投资，各区在大力发展城关镇的同时，依托四大国家级经济技术开发区发展外围新城（新区），在一定程度上也可以说是"双城"模式（图5-28）。

由此可以看出，只有借助中心的吸引力，并利用远城区的优势，如较低的地价，优美的环境，共享中心的基础设施，便利的交通等才能吸引多方投资，发展经济。区县政府在与市政府的博弈过程中采取的这种类似"双城"发展方式，借助上文论述的秩序性因素中政策变迁的作用，形成了都市区外围优势组团环绕中心的布局方式，为形成独具特色的簇群式空间创造了先期条件。

5.6.2　均衡镶嵌

簇群式城市在自然条件的约束下各级政府与市场资本的联盟造成都市区空间的均衡镶嵌，也进一步巩固了"簇群"的发展模式。

---

① 东湖社区论坛．http://bbs.cnhubei.com/thread-178479-1-1.html。

在经济全球化、市场化、分权化的不断作用下，政府角色与作用正经历着转型。地方政府在权力不断扩大的过程中，利用自己对行政、公共资源的垄断性权力转变为经济人，将行政资源直接移植到新的城市竞争体系之中。地方政府"追逐特定利益集团的经济与政治利益，即表现为强烈的'政府企业化'特征"①，促使政府与市场资本的结盟。市场资本的本质是追逐利润最大化，一旦政府与资本结盟，那么追逐利益最大化也将成为这一联盟的目标指向。

5.6.2.1 政府作为准市场主体投资城市建设

由于以经济增长为核心的发展目标对于国家战略和大城市自身发展具有的特殊意义，因此众多大城市采取了积极推动经济增长和产业结构升级的城市发展策略，即促进增长的战略（Pro-growth）②。

改革开放以来的分权化最显著的结果就是赋予了地方以相对独立的利益，并强化了地方政府管理经济的职能，从而使之兼具了公共行政主体与经济利益主体的双重身份——地方政府既追求所在地区经济利益最大化，也追求地方政治利益最大化。在良好宏观经济发展形势下，近年来地方政府投资额不断上升，地方政府对城市空间扩展与结构演变的影响力越来越突出。地方政府利用其对土地资源、规划用途、信息发布等的垄断权力，在市场经济中同时扮演着"裁判员"和"运动员"的双重角色，实际上已成为具有独立利益和行为目标的准市场主体。

1997 年武汉市成立了城市建设投资开发集团有限公司。该公司在武汉市委、市政府的领导下，通过城建投融资手段，拓宽了城市建设资金的来源，加大了城市建设的力度。武汉城市建设投资资金主要用于城市交通基础设施建设，城市市政公用事业服务，城市土地整理储备，城市重大公共设施建设，经营性项目以及相关桥隧资产的运营管理。其中武汉市政府投资建设的桥梁、铁路、快速路、地铁等交通基础设施对城市空间发展的作用重大。2002 ~ 2008 年，武汉城投公司累计协议融资 3102 亿元，实际到位 820 亿元，累计完成城市基础设施项目投资 501 亿元，先后实施了 14 大类 220 个城市基础设施建设项目③。武汉地方政府投资建设为形成簇群式的空间形态提供了发展的骨架，积极引导了城市的轴向发展。同时地方政府投资的重大功能开发项目指向外围城区，积极地促进了外围组团的形成，为形成簇群式空间结构打下了良好的基础。

另一方面，政府以土地所有者的身份，将城市土地作为生产要素投入，通过城市土地利用规划，土地使用权属合理转移，科学地进行城市土地开发、利用、整治和保护等措施，实现土地资产配置并取得国有土地资产收益的经营管理活动，即我们所说的城市土地资产经营。

1999 年 11 月 18 日，武汉市土地整理储备供应中心挂牌成立，武汉市真正意义上的土地资产经营正式开始。2000 年 11 月 25 日，武汉市土地整理储备供应中心加挂"武汉市土地交易中心"牌子，进一步完善了武汉市土地有形市场。2005 年，在国务院七部委出台

---

① 张京祥，殷洁，罗小龙.地方政府企业化主导下的城市空间发展与演化研究 [J].人文地理，2006（4）：1-6.
② 张庭伟.1990 年代中国城市空间结构的变化及其动力机制 [J].城市规划，2001（7）：7-14.
③ 王洁心.武汉都市区簇群式空间发展的动力机制研究 [D].武汉：华中科技大学，2010.

宏观调控系列政策的大背景下，武汉全年土地交易金额就超过百亿元大关，中心城区土地资产经营（土地一级市场）总成交额 124.59 亿元；实现土地供应收入 110.46 亿元，上缴财政 56.91 亿元；实现土地收益 42.21 亿元，上缴财政 28.55 亿元；实现土地增值收益 26.16 亿元，上缴财政 13.6 亿元；二级市场土地成交面积 216.02 亩，成交金额 1.90 亿元。武汉市日趋完善的土地市场和良好的市场秩序及发展态势，吸引了香港和记黄浦、瑞安、世茂、新加坡仁恒等一大批国际知名财团及深圳万科、金地、天津顺驰、上海大华等排名居国内前列的开发企业来武汉投资，为武汉市社会经济全面发展作出了贡献 [①]。如上文经济性因素中分析的，房地产开发促进了都市区空间的外拓，促使簇群式空间的形成。

5.6.2.2 经济要素均匀化、政府决策分散化

由上文空间性因素的分析可得簇群式大城市拥有独特的自然山水环境格局。如武汉新版总体规划整合市域山体、湖泊、湿地、森林、城市绿地、农田、风景区等生态要素，提出"两轴两环、六楔入城"的生态框架；南京总体规划结合现状自然环境，提出"一带、两廊、三环、六楔、十四射"绿色生态空间体系；长沙城市自然地理条件所造就的城市空间格局特征可以概括为"一江两岸，四面环山"（见图 5-19～图 5-21），较为准确地归纳了簇群式大城市周边自然环境的特色。簇群式大城市的山水自然环境中的绿楔对城市外拓影响较大，而簇群式大城市的绿楔在城市外围分布较为均衡，即每个方面都有山水的分布。自然环境制约了城市的圈层蔓延，使城市空间毫无余地地轴向延伸发展，加之簇群式大城市各方向均有发展空间且较为均等，使得外围的发展较均衡。

都市区空间若各个方向发展较为均等的条件下，外围区政府获得的机会也会较为均等，因此纷纷与资本结盟，各自为政发展。撤县（市）设区虽然为市级政府解决了发展空间的问题，并能够通过强制的手段在有限范围内（市域内部）进行区域发展协调，但这种"集权—分权"过程并未从根本上改变都市区内各级政府主体基于自身利益的分散化决策倾向，反而随着经济要素空间分布的日益均匀化呈现出不断加强的趋势。各级政府与市场结盟造成了城市空间的均衡镶嵌，但从另外角度来思考，正是各级政府的发展追求才导致了都市区空间外围各个组团簇群式的分布。

如武汉外围的东西湖、新洲、蔡甸和江夏四个区在交通、产业用地布局、发展政策与发展机会较为均等，在缺乏有效的区域治理机制下，各级政府纷纷从各自利益出发"千方百计"地进行招商引资，扩大产业规模，选择靠近中心城的生长点，促进了如金银湖、黄金口、北湖化工新城、黄家湖、军山等的独立发展，形成了都市区外围沿主要交通轴线均衡镶嵌的若干优势组群（图 5-29）。这也与上文制序性因素分析的结果相吻合。

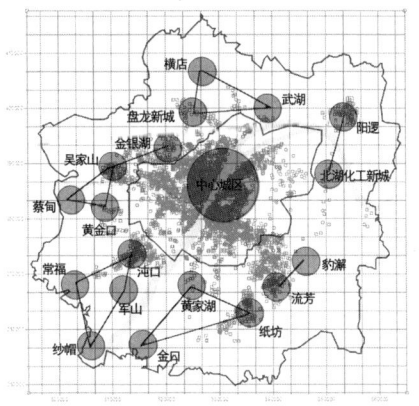

图 5-29　武汉都市区外围均衡镶嵌的组群

---

① 武汉市国土规划局.武汉市土地资产经营近期（2006—2010）规划研究［R］.2006。

5.6.3 "簇化"的延续

改革开放以来，上层政府逐渐下放了不同领域的管理权限。但本质上，上层政府向下放权的同时又保留了同样管理范畴的最终管理权限，使得在研究簇群式空间结构机理时，地方政府与上层政府的关系成为研究的必需。

"双城"发展结合均衡镶嵌使大城市都市区外围依托中心建立了若干组群，都市区空间被"簇化"。若内外环境没有较大的变动，簇群式的空间态势仍会继续下去。

5.6.3.1 上层政府的倾斜度不变

簇群式城市空间结构在很大程度上受到上层政府的左右，上层政府的政策倾斜度、资金投入额以及对城市规划的审批，都影响了下层政府的决策行为。地方政府进行的行政区划调整，大规模的城市建设都需要上层政府的多方支持。呈簇群式的城市地方政府在这样的过程中对上层政府具有依赖性，上层政府在城市整体发展战略上具有绝对的掌控权，体现在制序性因素方面，并进一步作用于都市区空间结构。

上层政府针对城市制定的若干政策确定了其在国家城市中的地位，进而确定了都市区的空间发展结构。天津的空间结构因为滨海新区而改变。天津滨海新区是全国唯一聚集了天津高新区、港口、国家级开发区、保税区、海洋高新技术开发区、出口加工区、区港联动运作区和大型工业基地的地区，正在成为继深圳经济特区，上海浦东新区后，带动中国区域经济增长的第三极。滨海新区的大规模发展得益于上层政府的大力肯定与支持。党的十七大明确指出，要"更好发挥经济特区、上海浦东新区、天津滨海新区在改革开放和自主创新中的重要作用"。国务院在《关于推进天津滨海新区开发开放有关问题的意见》中，明确了滨海新区开发开放的指导思想、功能定位和主要任务，并批准滨海新区为全国综合配套改革试验区。2008 年 3 月 13 日，国务院批复《天津滨海新区综合配套改革试验总体方案》，支持天津滨海新区在企业改革、科技体制、涉外经济体制、金融创新、土地管理体制、城乡规划管理体制、农村体制、社会领域、资源节约和环境保护等管理制度以及行政管理体制等十个方面先行试验重大的改革开放措施。2009 年国务院批复同意天津市调整部分行政区划，撤销天津市塘沽区、汉沽区、大港区，设立天津市滨海新区，以原 3 个区的行政区域为滨海新区的行政区域。天津滨海新区地位的提升，致使其空间大规模发展，形成了能与天津中心城相抗衡的新城，因此城市结构转化成为双心结构，形成了与簇群式城市完全不同的空间结构。

近年来，随着国家政治经济体制改革的深入，从国家批准浦东新区和滨海新区成为综合配套改革试验区开始，武汉城市圈和长株潭城市群也被批准为全国资源节约型和环境友好型社会建设综合配套改革试验区。城市政府之所以热衷于申请成为国家综合配套改革试验区，固然有其以改革促发展的意愿，但其中包括土地使用政策等在内的一系列政策优惠才是城市政府真正追逐的利益所在[①]。然而，三年来武汉城市圈推进"五个一体化"建设

---

① 洪世键，张京祥.土地使用制度改革背景下中国城市空间扩展：一个理论分析框架［J］.城市规划学刊，2009（3）：89-94。

有了新局面，但武汉中心城强大的集聚力并没有改变，城市圈的整体发展中心城的实力更大了。然而上层政府也并没有制定具体的优惠政策，而是给地方更大的机会自我规划，武汉没有明显空间结构的改变。

对长沙而言，2008年1月，长沙市决定在河西的大片区域建设"两型社会"综合配套改革试验区的先导区。河西先导区依然是依靠长沙中心城选址。以金洲大道为轴心，以高新技术产业开发区为主体，以金洲开发区和望城经济开发区为两翼，以科研院校为依托，最终也将引导了长沙西部、南部簇群的发展与壮大。

由此可见，簇群式城市的空间发展在很大程度上依赖上层政府的政策的制定，从上文的秩序性因素的分析中也可见一斑。可能由于上层政府制定的政策的倾斜力度不够，簇群式大城市地方政府被束缚在一定框架中发展，具体优惠政策的部分缺失成为城市大规模外跳发展的绊脚石，也因此形成了独具特色的簇群式的都市区空间结构。

5.6.3.2　资金投入不足影响城市经济发展

20世纪90年代初期，国家对南京进行了大规模的重点投资，投资方向主要为重工业，在空间布局上集中于城北和沿江地区。这样，使得南京城市空间的扩展呈现快速发展，表现为工业用地增长较快，工业用地扩展以城区外缘和郊区的外延扩展为主。

近年来国家先后调整或布局了高速铁路、西气东输、西电东送、80万t乙烯（2007年）等一批重大基础设施项目，对武汉的城市布局产生重大影响。80万t乙烯项目的落户，使武湖化工组团面临大规模的开发。

然而相对东北地区的老工业基地第一批100个改造项目就投资达610亿元而言，这种资金投入是有限的，并且在逐步减少。上海浦东开发的头5年间，就直接从中央政府以各种名义获取了总额为45亿元人民币的财政支持[①]。而且许多关系到城市整体发展的大型基础设施项目和国际项目如北京的奥运会和上海的世博会都与中央政府的投入密切相关。武汉、南京和长沙就缺少这样的机遇，在各方资本来源相对而言并不充裕的情况下，对上层政府的资金投入还是存在一定的依赖性的。地方政府对这有限资金投入的依赖也在一定程度上束缚了手脚。

5.6.3.3　自身发展没有突破

同时上文经济因素的分析也在另一方面说明了武汉、南京、长沙三地簇群式大城市整体经济实力不够强，这也是它依赖上层政府政策倾斜的根本所在。20世纪90年代以来，上海、武汉、南京、长沙四个城市的经济总量均经历了持续的增长历程，而且武汉、南京、长沙三个城市的国内生产总值基本处于同一水平（见图5-12）。武汉、南京、长沙与同时期的上海之间的差距越来越大。武汉、南京、长沙的外围组团采用的都是紧贴模式，而上海周边的各个组团已经完全跳出了中心的范围，能够较为独立地发展。同样，身为经济特区的深圳能吸引大量的海外和国内其他城市的城市外部资本来支撑城市的快速发展，因而深圳的空间则呈网络式多中心结构。上海、深圳等城市正由于政策的大力支持，才形成了不同于簇群式大城市的空间形态。若在短期内没有较大的政策变动，簇群式的空间态势仍会继

---

① 何丹. 城市政体模式及其对中国城市发展研究的启示［J］. 城市规划，2003（11）：13-18。

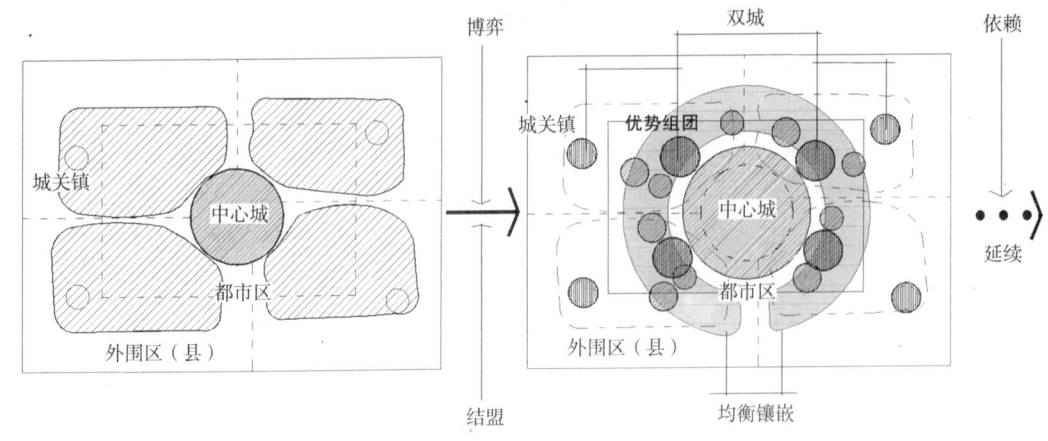

图 5-30　大城市都市区空间的"簇化"过程

续下去。

　　分权过程中各能动者之间的博弈、结盟、依赖关系，以"双城"、"均衡镶嵌"、"延续"等方式存在，体现了社会过程的空间属性特征。它作用于都市区空间，使原有较为均质的都市区空间被"簇化"，导致了簇群式空间的形成（图 5-30）。这也就是社会层面通过基础层面作用于大城市都市区空间综合产生的结果。

　　总而言之，在都市区空间发展过程中，政府有绝对的话语权，不仅在政治范畴，在经济以及社会范畴中，也显示出了地方政府强大的作用，中国政府实际上仍居于各种资源配置的中心地位。同时这样一类城市由于经济水平相比较而言不高，城市发展动力不足，加之自然环境格局的限制，形成与其他城市不同的空间格局，但这种在多种因素综合影响下形成的簇群式空间反而具备了一定的地域适应性，它符合了簇群式大城市都市区空间发展的要求，可以作为其都市区未来继续优化的空间结构模式。

6

大城市都市区簇群式空间结构要素特征

上文已阐述了大城市都市区簇群式空间的过程特征与形成机理，揭示了簇群式空间这一客观存在的现象。然而这种特有的城市空间各要素是如何组织的，即它的结构特征是什么呢？下文就采用城市地理学由整化零再聚合的分析思路，将都市区簇群式空间结构划分为若干要素，各要素的特征再汇总为都市区簇群式空间的整体结构特征。要透过这些要素在不同的背景之下所表现的特征，进而发掘出这些特征与原型之间，以及各类要素之间的相互作用关系。

确定解析要素的方法和原则主要考虑到以下几点：

应根据研究目标和范畴选择具有针对性和代表性的要素。研究大城市都市区簇群式空间结构，应该在城市可持续发展、紧凑城市等目标的指引下，选择可以对城市空间结构进行表述且最能体现都市区空间结构特征的要素。要考虑到要素的可测度性，选择的要素应该可以通过量化计算或图形叠合进行对比分析。所选的要素应该属于对研究对象发展可以操作和控制的范畴，经过分析得出的结构可以在一定程度上更加明确地阐明大城市都市区簇群式空间结构的内涵。本书主要从城市物质空间结构这一角度出发，关注物质空间可以把握和操作的方面，以最能体现大城市都市区簇群式空间结构的特征为原则，确定都市区簇群式空间结构的解析要素主要涵盖公共中心结构、道路网络结构、绿色生态开敞空间结构和用地组织结构等四个方面。

因此为了能更加准确地描述都市区簇群式空间结构，本书首先选取公共中心结构作为要素之一。城市公共中心空间是城市公共活动功能的聚集，是城市空间结构的重要组成部分，并且是核心部分，公共中心结构是城市空间结构核心要素。

城市道路网络的发展对城市空间格局具有引导作用，交通方式的改进和交通线网的建设是引起城市空间格局演变的主要原因，每一次交通方式的改进和交通线网的建设都会推动城市空间格局的演化[①]。因此选取道路网络为解析要素之一。

城市绿色生态开敞空间结构主要以山林、水体、基本农田、人工防护林，城市内部的绿地系统作为连接体而共同构成。大城市空间结构中的绿色生态开敞空间结构通常有合理引导、控制城市发展的功能。常见的生态绿地系统有楔形结构，常常是结合城市周边的山体、水体、绿地（农田）而形成。楔形主导的生态绿地的形成，决定着城市发展的形态，在一定程度上限制了城市用地无限制圈层蔓延。如果未来控制得好，可以提高城市的紧凑度、舒展度，维持城市的可持续性、多样性，有利于城市生态自然生态空间的延续。因此选取绿色生态开敞空间结构为要素之一。

城市用地组织反映的是人及其群体在城市土地上所从事的活动，各类活动都有一定的目的，并接受外界的影响，同时又对外界产生作用。城市用地组织在城市范围内形成了特定的空间关系，当其与道路交通网络相结合时，即构成了城市的空间结构。城市空间结构是城市社会经济关系在城市土地上的投影，所以用地组织建立了城市范围内的一种空间秩序和关系。对城市空间结构和形态的描述，关键在于把握各类城市用地的形成过程，实际

---

① 毛蒋兴，闫小培.城市交通系统与城市空间格局互动影响研究——以广州为例［J］.城市规划，2005（5）：45-49。

的空间状态以及发展的方向。因此选取用地组织结构为解析要素。

随着大城市的飞速发展，城市外围工业聚集区的发展往往成为城市发展重心外移的先导和基础。中国大城市的工业发展近 20 年来主要呈现从中心城区走向郊外相对集聚发展，工业聚集区的重组对簇群式空间结构与形态的形成起着重要的推动作用。它接纳了中心城区"退二进三"产业布局调整的外迁工业企业，同时还吸引了大批外来投资，导致了城市外围组团的大规模开发，引导了城市空间的外扩，对城市空间结构的发展影响较大，因此在城市用地组织中，选取工业集聚区布局结构作为重点加以论述。

值得一提的是，由于城市空间是一个复杂的系统，公共中心结构、道路网络结构、绿色生态开敞空间结构和用地组织结构等四个子系统难以严格地区分，并且存在相互作用。四个子系统绝不是孤立存在的，它们通过非线性相互作用和自组织过程而在更大尺度上"突现"出非叠加的功能、结构、行为和秩序，综合形成大城市都市区簇群式空间结构。

6.1 大城市都市区簇群式空间公共中心结构特征

6.1.1 空间的层级性

簇群式大城市都市区建立了服务于不同区域和地区的梯度中心，形成由城市中心、城市副中心、组团（地区）中心组成的层级性公共中心结构。通过建立等级明确的公共中心结构，形成高覆盖和高度可达的社会服务设施体系，提升都市区服务水平，同时减少交通量，避免单中心城市带来的核心区交通拥挤问题。

武汉大部分的公共服务设施（商业、综合）集中分布在三环线以内，呈向心集聚分布特征（图 6-1）。中心城区是公共设施主要分布区域，内环线以内一直是其布局的重点区域，土地开发规模最大，新版总规称之为中央活动区。中央活动区现状已形成较大规模，它以两江四岸为核心，主要承担服务全市，面向中部或全国的区域性公共服务功能，公共中心大量集聚，形成强大的中心。同时可以看出近年来内环线与三环线之间也有了较大的发展，四新、鲁巷、杨春湖已初具规模，城郊结合部、城市郊区等外围的公共中心设施也有一定规模的开发，如阳逻柴泊湖、汤逊湖、常福、吴家山形成公共中心分布的第三层次高峰。但这三个层次的公共中心规模逐层递减，呈现出明显的层级性。

南京公共中心结构采用的是建立服务于不同区域和地区的梯度中心服务体系。

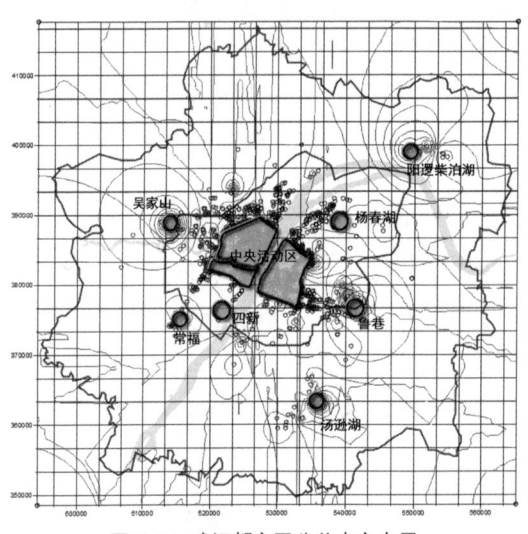

图 6-1　武汉都市区公共中心布局

城市中心由"新街口—河西—南站地区"共同构成。新街口中心功能不断完善，是南京发挥区域辐射功能的主中心，是南京都市圈乃至更大范围的区域中心。河西中心区今年建设加快，在"一城三区"战略下已经初具规模，综合服务功能正在逐步形成，公共服务水平也在迅速提升，形成与新街口中心功能互补的城市中心。南京铁路南站地区汇集了高速铁路、城市轨道等多种交通方式，成为南京重要的城市门户，发挥辐射功能的重要窗口。二级中心体系结合三个副城设置，形成江北（浦口）、东山和仙林三个城市副中心。三个副城中心分别服务于江北地区、东部地区、南部地区和周边更大区域。其中江北副中心更加强调公共服务设施配置的完善；东山副城中心依托机场—南站城市中心强大的功能和良好的交通条件，形成在功能上互动，行政管理、商务金融、文化休闲、商业服务综合功能完善的"反磁力"服务中心，分担城市中心的压力，缓解主城中心与交通压力；仙林副城中心不仅要考虑服务仙林副城，还要考虑龙潭新城和汤山新城服务功能的需求。三级中心体系以服务主城、副城和新城若干居住片区为主，如禄口、桥林等。因此南京都市区形成"城市中心—城市副中心—新城中心（地区中心）"三级的公共中心结构（图6-2）。

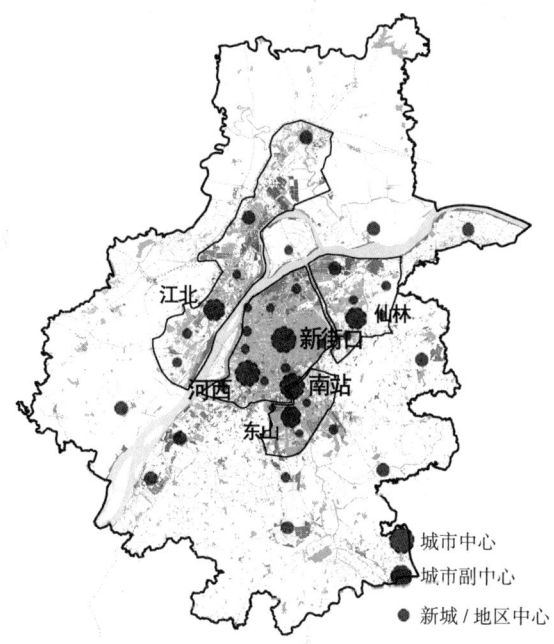

图 6-2 南京都市区公共中心布局

图 6-3 长沙都市区公共中心布局

长沙都市区公共中心也呈现三级体系。在都市区范围内，主城区仍然是长沙最大的综合中心，主要集中于五一广场周边，为长沙市区及其近郊和外围组团提供公共服务。未来一段时间，长沙都市区公共服务设施配套体系将逐步完善，在主城区综合服务中心的支撑下，逐渐在河西组团和星沙组团内部形成两个次级公共服务中心，以缓解和疏散主城区的人流和需求压力。此外，在主城区南北部的外围组团，即高塘岭组团、星城组团、捞霞组团、含浦组团、坪塘组团和暮云组团等组团内部，基本形成了居住区级的公共服务中心（图6-3）。

6.1.2 布局的相对分散性

随着经济的发展，城市发展到一定规模，当代中国大城市逐渐开始由单中心圈层式空间结构向多中心扩散式空间结构发展。中心城区向高端服务业集聚的现代服务中心转化，公共中心已经向外围组团扩散，在外围组团形成若干城市副中心与组团中心。

近十几年来，簇群式大城市都市区公共服务设施用地在中心城区发展，在空间分布日趋均衡的同时，也开始向外围局部地域发展，呈现出向外围城区扩散的趋势。虽然次级中心开始在外围地区发展，但规模不大，次级公共中心与主中心仍保持着紧密的联系。

由上文武汉实证数据作出 1992～2008 年武汉商业用地空间分布图，如图 6-4 所示，20 世纪 90 年代以来商业用地开发基本分布在中心组团，并依托中心逐步向东西两翼发展，在外围组团也有一定量的开发。

1992～1995 年，商业用地的开发较为明显地沿轴线分布。汉口沿长江、汉水选址，并在沿长江一侧向西纵深发展，形成"带状"；武昌基本沿武珞路一线，中南也有一定量的商业用地开发；汉阳的商业用地开发除旧城外基本沿龙阳大道—318 国道分布。

2000 年，在上一阶段的基础上沿轴线延伸。汉口沿汉水一线向西发展，同时沿长江轴线没有继续向北，而是以长江为界向西纵深发展，此时建设大道组团发展较快，形成沿江的"块状"发展形态；武昌依旧沿武珞路发展，同时在中南、徐东也有"斑块"状的发展，并在长江一线开始置换原有工业用地进行商业开发；汉阳的商业用地发展不大，仍沿龙阳大道—318 国道分布。

2008 年，在轴线发展的基础上向外扩散。汉口仍以长江为界向西进一步纵深发展，并在形态较为整体的中心组团之外的金银湖地区也有商业用地的开发；武昌继续沿武珞路延伸，在鲁巷形成小高潮，同时中北路—中南路形成新的发展轴，在长江一线也有了较大规模的商业用地开发；汉阳沿汉水一线有一定规模的商业用地开发，但大量用地依旧沿龙阳大道—318 国道分布，并在沌口的规模最大。最外围的阳逻、纸坊也有较大力度的开发，形成若干副中心。

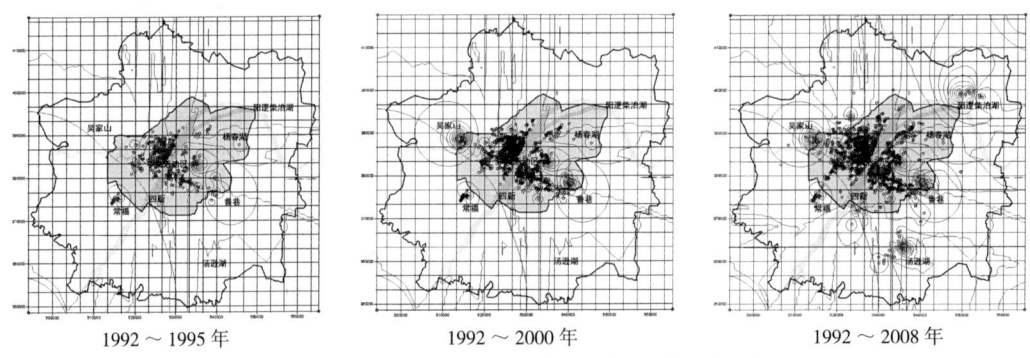

| 1992～1995 年 | 1992～2000 年 | 1992～2008 年 |

图 6-4　1992～2008 年武汉都市区商业用地时空分布

同样，南京的江北（浦口）、东山和仙林三个城市副中心，除江北（浦口）有一定程度的外拓以外，东山和仙林与市中心的距离很近。长沙的河西和星沙更是依托市中心发展。大城市都市区簇群式公共中心城体现的这种分散是相对的。

6.1.3 次级中心的综合性

簇群式大城市都市区市中心商务、商业逐步分离，而次级中心仍具有综合性，并具有相对独立性。

武汉都市区四新、鲁巷、杨春湖三个城市副中心具有综合性。四新依托沌口经济技术开发区汽车整装和相关机械制造产业，积极发展国际机电博览、商务办公等辐射中部地区的生产性服务中心，布局市级商业、文化、医疗卫生和体育等综合性服务设施。鲁巷结合东湖新技术开发区光电子等高科技产业和科研教育设施，积极发展高新技术产品交易、信息服务等区域性专业服务设施，形成中部地区的高新技术产业生产服务中心，布局市级商业、文化、医疗卫生等综合性服务设施。杨春湖依托京广高速铁路客运站建设，在杨春湖形成中部地区的综合性客运枢纽和旅游服务中心，布局服务青山及周边地区的市级商业和体育设施。

同样南京的江北（浦口）、东山和仙林三个城市副中心也具有综合性。江北副城中心位于浦口区泰山街道，应按照不低于主城服务水平的要求进行功能配置与建设，对高端服务功能适度控制以保证高标准，高水平。东山副城依托机场—南站城市中心强大的功能和良好的交通条件，形成在功能上互动，行政管理、商务金融、文化休闲、商业服务综合功能完善的"反磁力"服务中心。仙林副城不仅要考虑服务仙林副城，还要考虑龙潭新城和汤山新城服务功能的需求，中心定位仍具有综合性。

总结上述分析可以得出武汉、南京和长沙都市区公共中心结构，如图6-5所示。大城市都市区簇群式空间公共中心是一种层级性的多中心结构，是一种"金字塔"式的结构，是特定历史城市发展阶段的产物。目前簇群式大城市仍处于内聚发展阶段，外围的中心处于发展初期，各种资源要素向都市区集聚，中心的作用依然强大，强大的中心和外围组团中心初步形成，多呈现出一主多副的公共中心形态。虽然簇群式大城市都市区外围若干中心将成为重要的城市功能增长核，在一定程度上也会引导城市空间向外扩展。但外围公共中心规模与中心城还相差较大，公共中心结构仍体现出强大的中心集聚特征。因此，大城市都市区簇群式公共中心结构是多中心结构中不均衡发展的特殊类型。

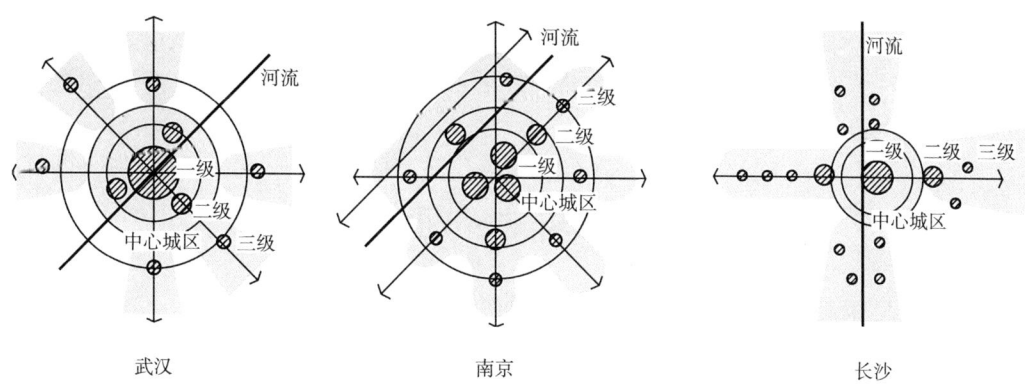

图6-5 案例城市都市区簇群式公共中心布局示意

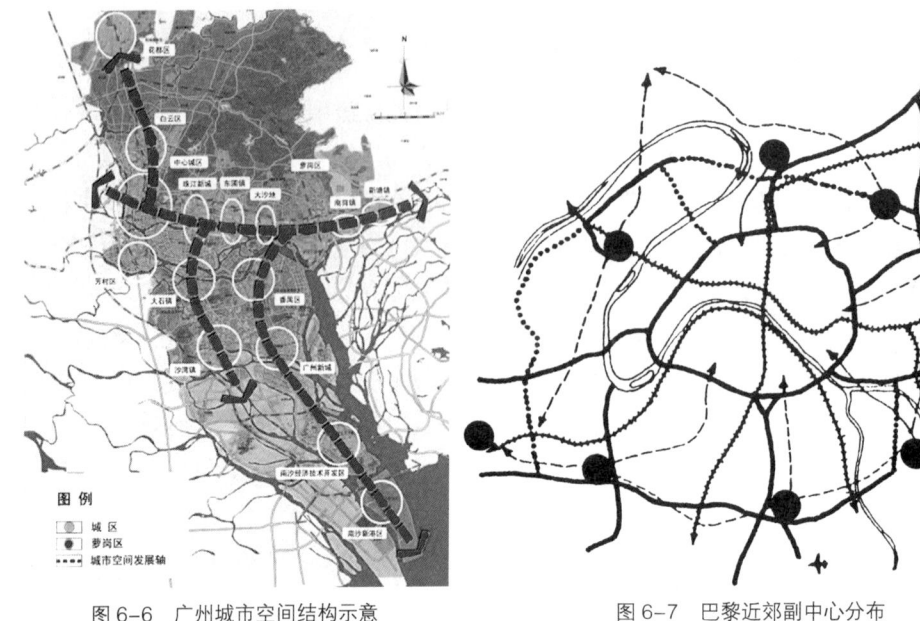

图 6-6　广州城市空间结构示意
来源：广州市城市总体发展战略规划

图 6-7　巴黎近郊副中心分布
来源：黄亚平.城市空间理论与空间分析［M］.
南京：东南大学出版社，2002：142

大城市都市区簇群式公共中心结构与网络式空间结构的公共中心结构完全不同。网络式空间结构的中心与外围极核的发展规模已相差不大，没有强大的中心，公共中心为多极分散网络式结构，不具有明显的层级结构，在整个地域范围内形成较为均衡的发展形态，如广州（图 6-6）。

巴黎多中心结构模式也强调整体发展均衡，这种结构中心与外围极核中心的发展规模已相差不大，没有强大的中心，不具有明显的层级结构，在整个地域范围内形成较为均衡的发展形态。1965 年巴黎的发展规划，市区中心基本上原封不动地保留下来，让它继续发挥作用，在巴黎郊区建设 9 个副中心。这样，巴黎郊区就均匀地分布了 9 个副中心（图 6-7）。这些副中心一般都选址于距市区约 10km 的近郊，位于对外交通的轴线上，它们每个为 30 ～ 100 万居民提供服务，至少有 300 ～ 600hm² 的面积，设有各种与人口配套的公共服务设施，有的规模已相当于大城市。这与上文所论述的大城市都市区簇群式公共中心结构形成了截然不同的特征。在与其他城市的对比中我们更能体会大城市都市区簇群式公共中心结构的特色。

6.2　大城市都市区簇群式空间道路网络结构特征

在经济全球化的促进下，大城市对空间使用高效的追求已成普遍行为，交通网络的成型一般要先于外围组团，这是由于交通的先期成型有助于外围组团的快速发展，增强大城市参与竞争的实力。

武汉

南京

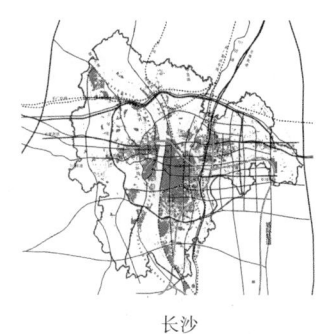
长沙

图 6-8　案例城市都市区交通线网布局

6.2.1　环形（方格网）+ 放射形路网

　　交通既影响着城市空间布局，又是城市空间的要素之一。从上文分析总结的大城市都市区簇群式空间发展特征中，依托中心城区的边缘—轴线生长特征，交通就具有重要地位，道路网络结构就是城市生长的骨架。簇群式大城市都市区依托中心城区边缘生长主要依靠环形（方格网）路网，而轴线生长则主要依靠放射形交通网络系统，因此大城市都市区簇群式空间主要采用的是环形（方格网）+ 放射状道路网络。"环形 + 放射"式交通网络能促进外围组团的发展和次一级中心的形成。特别是在大城市中通过快速路与轨道交通将城市中心区和外围联系起来，快速路主导产业空间发展，快速轨道主导人居空间发展。这样既可以引导城市轴向发展，形成高密度交通走廊，又可以加快城市次中心的发展，使城市形成空间相对隔离但交通快速联结的空间结构，实现城市的可持续发展。

　　武汉都市区簇群式交通网结构为环形放射状，都市区用地依托中心沿交通干线布局并向外延伸拓展。由图 6-8 可以看出，20 世纪 90 年代以来武汉城市土地开发主要沿道路分布，其中包括高速路、轨道交通和城市主干路，都市区空间呈圈层—轴线拓展的态势。这种交通网络促进了武汉都市区外围组团的发展和次一级中心的形成，如四新、鲁巷、杨春湖以及阳逻柴泊湖、汤逊湖、常福、吴家山等组团和次一级中心的形成。

　　南京都市区空间结构中所呈现的"一带五轴"的空间结构，依靠的也都是"环形 + 放射"式交通网络，如图 6-8 所示。南京构筑"轨道主导、双快引导"的城市交通主骨架。快速路系统按照"井字三环、轴向放射、组团快联"的思路形成。同时按照每个副城配置两条以上轨道交通干线，每个新城配置一条以上轨道交通快线，整体形成与"多心开敞、轴向组团"城市空间格局相适应的公共交通网络布局，引导城市空间发展。

　　长沙在湘江、319 国道所形成的大十字交通走廊的影响和限制下，都市区主要道路网均沿大十字交通走廊平行发展。长沙都市区内部，尤其是中心城区内方格网路网的布局特征十分明显，中心城圈层发展。而外围的"大十字"仍可以理解为放射式交通走廊。

　　由此可以看出，簇群式大城市都市区采用的是"环形 + 放射"式交通网络，这与带形、

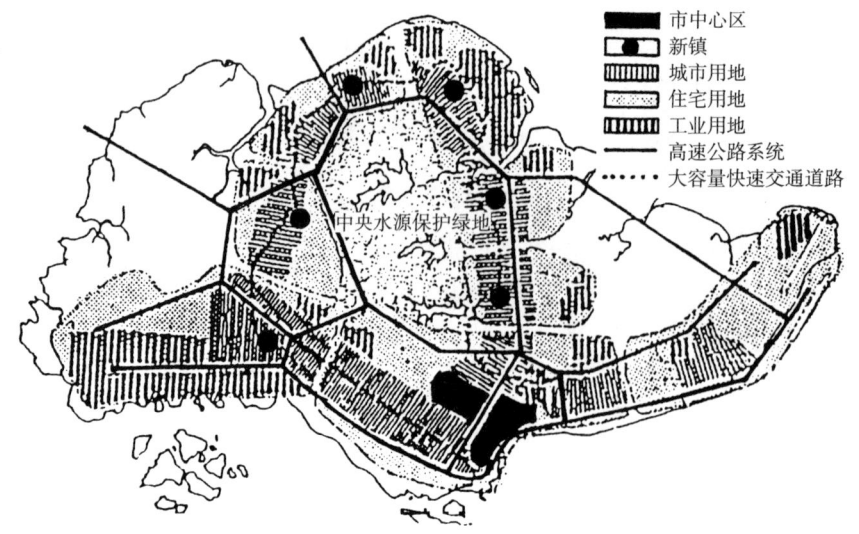

图 6-9　新加坡交通网络结构示意

来源：杨震．轨道交通导向的大城市布局结构［D］．上海：同济大学，2005

环形城市的沿交通主轴发展完全不同，如新加坡（图 6-9）。新加坡的城市空间呈环形分布，沿发展最集中的交通走廊地铁系统发展，超过 50% 的人口和就业分布在地铁 1km 宽的交通走廊沿线。随着地铁网络的倒"T"形走廊的开发以及利用此系统的新市镇中心的建立，进一步加强了新加坡的"环形结构"。

6.2.2　快速路 + 快速轨道"复合式"的交通走廊

武汉、南京和长沙都市区交通网络结构如图 6-10 所示。簇群式大城市交通是一种环形（方格网）+ 放射形网络结构，而放射轴线的交通方式的选择至关重要，这在上文分析中一目了然。簇群式大城市交通放射轴线采用的是快速路与轨道交通系统组合构成的"复合通道"交通走廊。"复合通道"交通走廊形成连接中心城区与外围新城的快速通道（"发展轴式"交通走廊）；另外，它还成为了城市外围各新城组群之间快速的通勤、货运通道

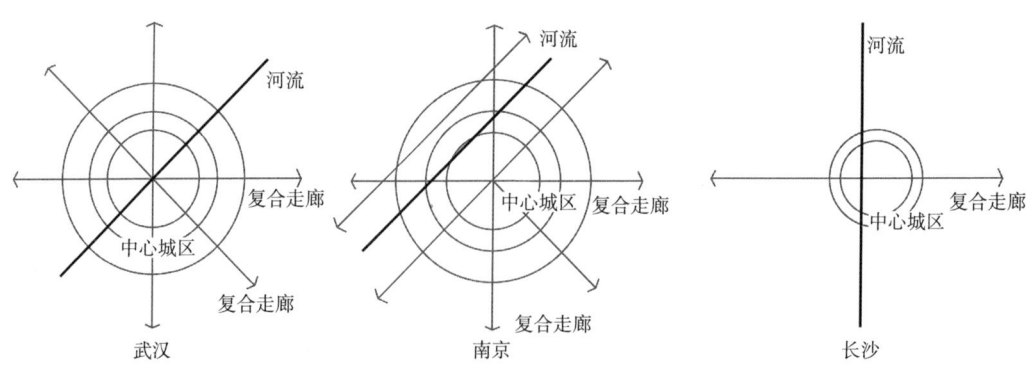

图 6-10　案例城市都市区簇群式交通网络示意

（"通道式"交通走廊）[1]。因此交通网络研究中，交通走廊的选择方式成为道路网络结构研究中最重要的方面。

　　大城市都市区簇群式空间中通常都有一个强大的中心城，其外围组团大都依托中心发展。中心与外围之间的联系和外围之间的交通联系都很重要，从上文的分析可以看出，簇群式大城市外围往往采用一种放射式的交通网络，形成多方向的交通走廊。这种交通走廊一般采用轨道交通和城市快速路结合的办法实现外围新城与中心城区间的紧密联结。利用复合通道高运输能力的特点，可以方便快速疏散中心城区和外围新城之间大量的通勤交通，促进外围新城的开发、形成和完善，有利于引导大城市都市区簇群式空间有序合理拓展。另一方面，组团之间采用"复合通道"交通走廊，进一步增加了组团之间的经济联系，有利于促进组团间的分工合作，形成功能互补、规模合理、等级明确的簇群式道路网络结构。同时副中心彼此之间及它们与市中心之间都有便捷的轨道交通相连，可使簇群式都市区形成空间相对隔离但交通快速联结的空间结构。

　　新版武汉城市总体规划中结合都市区用地布局，构建"双快一轨"的复合交通走廊，引导城市空间拓展。2020年，将建成由13条高速路、13条骨架性城市主干路组成的"双快"干线道路。形成由轨道交通1号线、2号线、3号线、4号线、5号线组成的城市轨道交通线网"轴向放射、相交成环"的轨道交通网络布局[2]。

　　南京构筑"轨道主导、双快引导"的城市交通主骨架。快速路系统衔接高速公路以及普通干线公路，组织对外交通的同时，形成主要功能区之间快速机动车联系通道，兼有出入境交通服务功能。快速路系统与高速公路共同构成"井字三环、轴向放射、组团快联"的高快速路系统。以公共交通形成与"多心开敞、轴向组团"城市空间格局相适应的交通网络布局。围绕中心城密集城市化地区（手掌）加密轨道线网，构建快线支撑引导城市轴向（手指）组团开发。

　　大城市都市区簇群式空间通过快速路与轨道交通将城市中心区和外围联系起来，快速路主导产业空间发展，快速轨道主导人居空间发展。快速路网络的建立，有利于促进重点地区的产业开发和培育新的重点地区，而且可以通过交通区位调整，吸引并主导企业在区域空间上合理分布，进而引导整个区域产业功能区的布局调整与升级。而轨道交通导向的人居空间开发，将使高密度人居空间建设更易于实现[3]。快速路主导产业空间发展，快速轨道主导人居空间发展。

　　由武汉和南京的实证可以看出，簇群式大城市都市区常通过快速路与轨道交通将城市中心区和外围联系起来，快速路主导产业空间发展，快速轨道主导人居空间发展（图6-11～图6-14）。

　　对交通网络的分析始终离不开对城市用地的分析，这两者互相影响。只有交通网络与用地的相互协调才是解决城市问题的根本办法。

① 金鑫.交通走廊导向的大城市簇群式空间成长控制研究——以武汉新城组群为例［D］.武汉：华中科技大学，2010.
② 若无特殊说明，本章节的数据均来自案例城市的总体规划资料。
③ 韦亚平.大城市空间系统的组织优化——一种基于交通行为选择的规划技术思路［J］.城市规划，2010（5）：23-29.

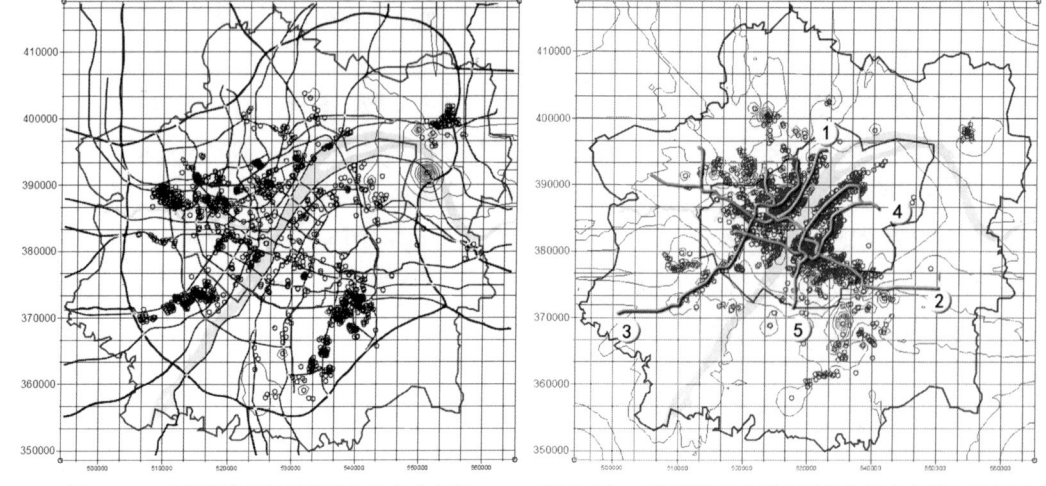

图 6-11 武汉都市区快速路导向的产业空间   图 6-12 武汉都市区轨道交通导向的高密度人居空间

图 6-13 南京都市区快速路导向的产业空间   图 6-14 南京都市区轨道交通导向的高密度人居空间

6.3 大城市都市区簇群式空间绿色生态开敞空间结构特征

6.3.1 依托区域生态环境高度一体化建构

大城市都市区簇群式绿色生态开敞空间应依托区域自然生态环境,将"绿色"引入城市内部,利用区域自然条件建立与城镇相契合的生态网络,与建设用地协调发展。

长沙地处丘陵地带,自然风貌极为独特,岳麓山、莲花山、谷山、书堂山、乌山、鹅羊山、黑麋峰、天际岭环城而立,湘江、浏阳河、捞刀河、靳江河、沩水河穿城而过,加上长卧(湘)江心的橘子洲、月亮岛、鹅洲、巴溪洲等诸多绿洲,构成了独特而优美的自然山水环境,总体呈现"山、水、洲、城"的独特区域环境本底[①]。

长沙市生态用地分布如下:

生态林地主要分布在东部、西部、西南部的低山丘陵地区和部分林场,北部分布相对较少,即主要集中于丁字镇、黄金乡、雷锋镇、暮云镇。

地表水系发达,发源于浏湘盆地边缘的浏阳河、捞刀河、靳江河、沩水、龙王港等支流自东、西两岸流入盆地底部的市区与湘江汇合,河网密布。湖泊主要有年嘉湖、月湖、后湖等,另外还有北部的部分养殖鱼塘。

耕地斑块较多,分布零散,主要分布在北部和东部的星城镇、开福区、黄花镇、黄兴镇,基本农田分布集中,随着经济的发展,耕地将提供更多的生态价值。长沙园地面积较多,与农田镶嵌分布。

自然保护区5处,即桃花岭、谷山、团头湖、天车岭、苏蓼垸自然保护区,另还有1处长沙森林野生动植物园。长沙已规划国家级森林公园10处,主要分布在西部和东北部的望城县和开福区,其中望城6处,即黑麋峰、书堂山、莲花山、象鼻窝、泉水冲森林公园和乌山林场;开福区2处,即青竹湖、洪山庙;谷山冲1处,即谷山森林公园。

在充分了解长沙自然环境生态特点基础上,依托现有山体、水系、林带、绿地等自然要素,结合长沙城市空间发展态势与发展模式,可以构造"一带、两环、四楔、多廊"的嵌合式都市区宏观生态空间结构[②],如图6-15所示。"一带"指湘江风光带,"两环"指内环林带和外环林带,"四楔"指以城市东北方向的洪山庙森林公园、东南方向的省森林植物园、西南方向的岳麓山风景区和象鼻窝森林公园、西北方向的谷山森林公园和乌山森林公园为插入城市的绿楔。

同样,武汉、南京都市区的绿色开敞空间都是依托市域自然生态环境楔入城内,体现了依托区域生态环境构建的绿色生态开敞空间形态(图6-16)。

簇群式大城市都市区的自然环境条件既是城市空间发展的制约因素,但同时也是城市空间结构中必不可少的要素之一。它在塑造城市空间发展

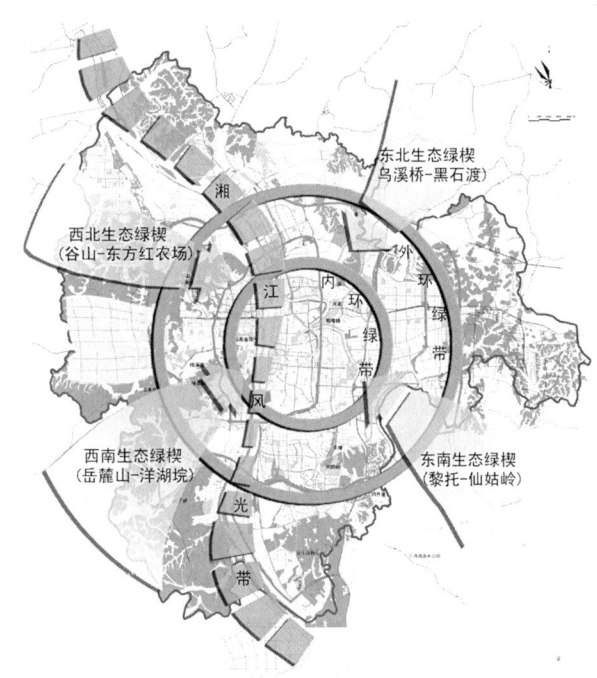

图6-15 长沙都市区绿色生态开敞空间
来源:杨鹏飞.长沙都市区生态空间结构优化研究[D].
武汉:华中科技大学,2008

---

① 杨鹏飞.长沙都市区生态空间结构优化研究[D].武汉:华中科技大学,2008。
② 杨鹏飞.长沙都市区生态空间结构优化研究[D].武汉:华中科技大学,2008。

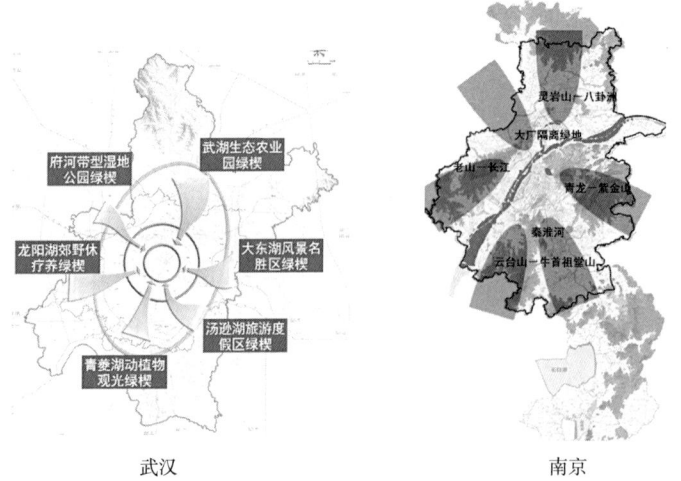

图 6-16　武汉、南京市域绿色生态开敞空间
来源：根据武汉、南京城市总体规划资料绘制

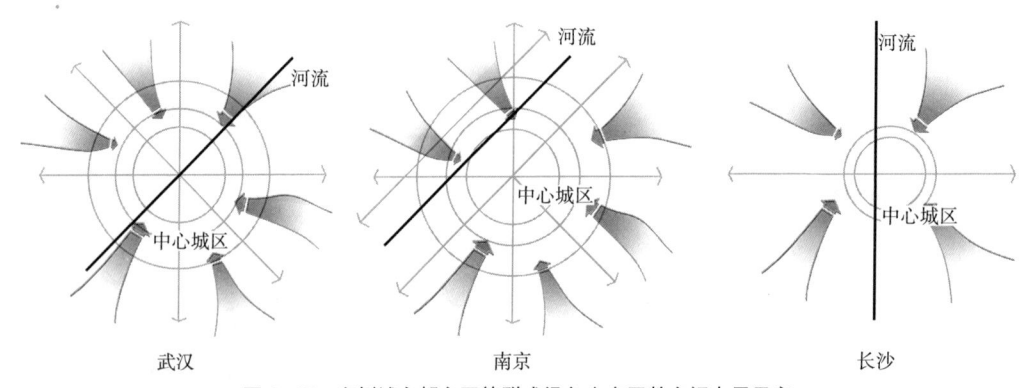

图 6-17　案例城市都市区簇群式绿色生态开敞空间布局示意

形态的同时，与城市建设用地默契地整合在一起，成为高度一体化和谐相融的整体。

正如上文所论述的，自然环境条件制约了城市向某几个方向发展，促进城市空间的轴向延伸发展；同时对于簇群式城市来说，相对分散的城市空间特征，也为绿色生态开敞空间的建设提供了一定的条件。簇群式大城市都市区在有限的空间集聚发展，有利于城市运行效率的提高及土地利用的集约化——这可以为城市生态空间留出位置；绿色生态开敞空间依托大面积连续的自然生态空间，使其能发挥生态源区功能，维护城市自然环境的基本品质。这两种空间互相协同，城市建设空间的集聚为保留大面积的自然生态空间提供了可能；城市生态空间的集聚可以使其利用城市生态空间形成的一些控制性结构要素及其相互关系，更好地引导与控制城市建设空间的集聚。

武汉、南京和长沙都市区绿色生态开敞空间布局与城市用地很好地协调在一起，形成环绕与楔入相结合的楔环放射模式（图 6-17）。

楔环放射模式是在城市发展轴之间形成生态空间的集中分布区——"绿楔"，限定了城市外围空间的轴向拓展方式，防止轴间填充式发展；同时，在中心城区外围形成环城绿带，控制中心城区的外溢、蔓延。这种模式突出反映了城市生态空间对城市建设空间控制与引导的双重作用。

簇群状大城市都市区绿地生态结构是环绕与楔入相结合的楔环放射模式，与斑廊网络模式的特征是完全不同的。以广州、深圳、佛山、肇庆等城市为代表的斑廊网络模式，绿地生态空间镶嵌于城市功能组团间的"留白处"的存在方式要么是被建设空间环绕的块状"绿核"，要么是带状或线性的"生态廊道"，对应的城市生态空间与建设空间的基本镶嵌关系是"核心式"与"带形相接式"（图6-18）。它反衬出簇群式大城市都市区绿色生态开敞空间结构的特征。

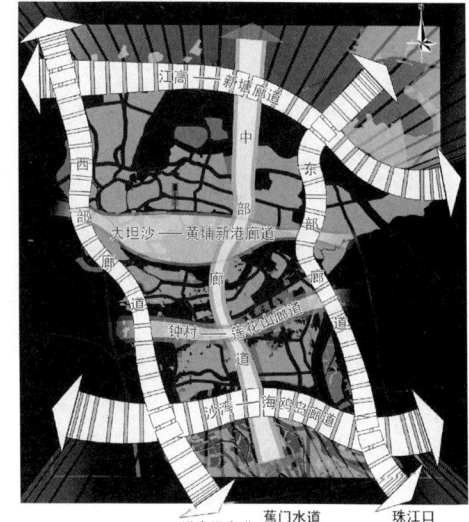

图6-18 广州城市生态环境
来源：广州市城市总体发展战略规划（2000年）

6.3.2 以楔形绿色生态开敞空间为主

大城市都市区簇群式空间的绿色生态开敞空间以楔形空间为主导。都市区外围建设空间以中心城区为核向外放射，穿插于城市生态背景之中，将城郊的生态环境引入市区，增加城市生态空间与城市建设空间交界面的长度，使城市生态空间能够很好地由外向内渗透。城市生态空间与城市建设空间的这种线性镶嵌格局，使城市各功能组团之间保持侧向开敞，生态空间发挥较大的效能并具有良好的可达性。

武汉市具有丰富的自然资源，湖泊众多，山势绵延，主城内部大小湖泊27个，山体58座，长江、汉水纵横，形成了"一城江水半城山"的空间格局。整合武汉市域山体、湖泊、湿地、森林、城市绿地、农田、风景区等生态要素，武汉都市区空间形成"两轴两环、六楔入城"生态框架。这其中包括沿长江、汉江及蛇山、龟山、九峰等东西山系构成的"十字"形生态轴，沿城市三环线建设城市防护绿带。而向内延伸的由山体湖泊、水域湿地、城市绿地、风景区、农田等组成的六片城市楔形绿化开敞空间成为武汉都市区绿色生态开敞空间的绝对主导，这六大绿楔由深入主城区核心的大东湖水系、武湖水系、府河水系、后官湖水系、青菱湖水系、汤逊湖水系等六大放射状楔形绿地构成（图6-19）。

南京都市区绿色生态开敞空间结构形成与轴向组团城镇相契合的结构，形成经络全区、外楔于内的"一带、两廊、三环、六楔、十四射"绿色生态空间体系。一带主要指长江带状绿地，两廊为滁河、秦淮河带状绿地，三环为沿明城墙、绕城公路、公路二环环形绿地，六楔包括老山—长江、大厂隔离绿地、灵岩山—八卦洲、云台山—牛首祖堂山、秦淮河—主城、青龙—紫金山，十四射则为沿主城向外辐射的高速公路两侧绿地（图6-20）。由此可见，南京都市区绿色开敞空间以楔形空间为主导。

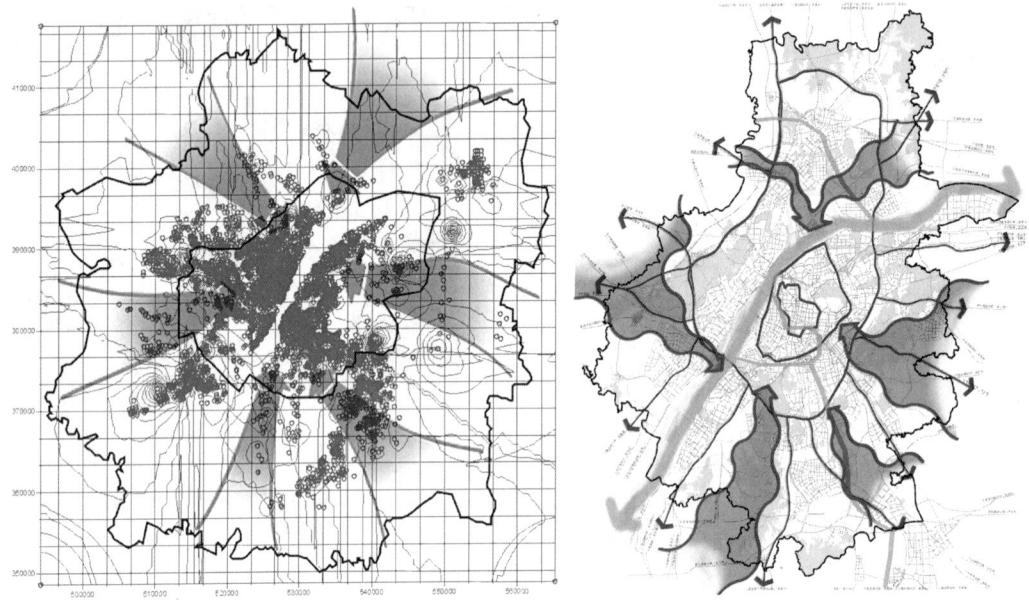

图 6-19　武汉都市区楔形绿色生态开敞空间布局　　　　图 6-20　南京都市区楔形绿色生态开敞空间布局

6.3.3　以有限度环形生态绿带为辅

　　簇群式大城市都市区城市建设空间与绿色生态开敞空间相协调，都依托线性要素来形成网络。对于城市建设空间，城市交通干线网络可以连接城市与区域其他城市，同时联系城市自身的功能组群，保证城市人流、信息流、资金流的通畅，是城市正常运行的基础；对于城市生态空间网络，结合城市交通干线建设的大型道路生态廊道是对楔形自然生态廊道系统的有效补充。

　　如南京的沿明城墙、绕城公路、公路二环建设的环形绿地，武汉沿城市三环线建设的城市防护绿带等，都有呈环状的绿色生态空间。

　　城市在一定范围内发展，绿色生态开敞空间呈环状围绕以限制城市的扩展、蔓延。设置环城绿带控制大城市都市区空间的蔓延，同时又可以合理发展外围组团——这已成为绿色生态开敞空间平衡都市区空间结构最常见的手法。生态绿环对生态绿楔的补充增强了该结构的整体生态功能，具有较好的弹性和开放性，对未来城市的发展变化具有较强的适应能力。环形生态绿带只是限制都市区空间的蔓延，而不是阻止都市区空间的发展，因此将簇群式大城市都市区的环形生态绿带称之为有限度的。

　　虽然大城市都市区簇群式绿色生态开敞空间结构是楔环相交模式，但一般以楔形为主导。都市区楔形生态开敞空间结构的形成，决定了都市区发展形态，保证了周边组团用地不相连，同时有限度的环形绿带可以防止城市用地无限制圈层蔓延。如果控制得好，楔环相交、楔形主导的绿色生态开敞空间结构就可以保证大城市都市区的紧凑形态，维持都市区空间的可持续性、多样性，有利于自然生态系统的延续。

6.4 大城市都市区簇群式空间用地组织结构特征

上文已经直观论述了"都市区簇群式空间"是从城市规划学、城市地理学维度提出的一种城市空间新类型，主要指中心集核及若干依托中心的外围集核沿阻力最小方向组合生长所形成的触突状统一体。下文从实证出发，重点探讨其用地组织特征。

6.4.1 组群—串珠式布局

簇群式大城市都市区用地向外扩展，主要依靠生长点沿交通轴线发展完成，这种轴向伸展的用地组织与自然生态环境具有更多的接触界面，轴向伸展也易于达到大运量公共交通的运营规模，可以提高城市空间结构的绩效。

簇群式大城市都市区外围用地主要有两种组织方式：组群分布和串珠分布。组群和串珠都是沿一定的走廊发展，不同的是组群以走廊为轴周边布局，两三个一簇分布在不同方向的发展走廊上；串珠分布就是沿走廊布局，一线串联若干组团发展。

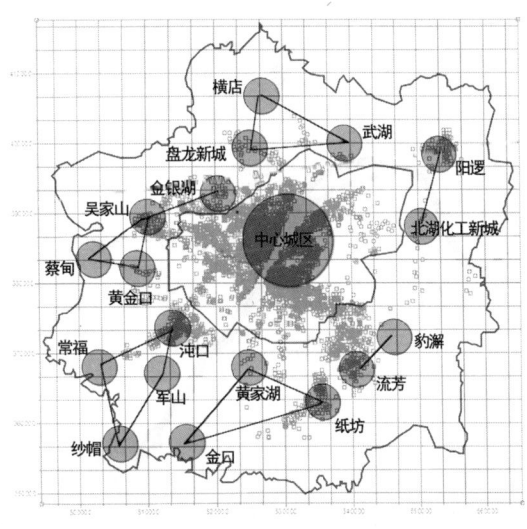

图 6-21 武汉都市区用地组织

武汉都市区因长江汉水交汇、河湖密布的自然地理特征，通过生态绿地分隔，在都市区形成"以主城区为核心，多心组群"开放式城市空间布局。中心城区是武汉都市区的核心，以内涵式发展为主，近年来在其边缘发展较快，形成圈层式的发展，中心区更加壮大，这在上文的实证部分已经充分论证过。同时，武汉都市区依托复合型交通走廊，由中心城区向外沿阳逻、豹澥、纸坊、常福、汉江、盘龙等方向发展，形成了六个新城组群。东部新城组群包括阳逻和北湖化工新城，东南新城组群包括豹澥和流芳，南部新城组群包括纸坊和黄家湖、金口组团，西南新城组群包括常福、纱帽和沌口、军山，西部新城组群包括吴家山、蔡甸、金银湖等，北部新城组群包括盘龙新城和横店、武湖。各组群结合生态绿楔和开敞空间布局，共同构成依托中心以交通为导向的有机生长的"轴向组群式"的用地组织模式（图 6-21）。

南京在"一城三区"框架下，中心城区发展迅猛，用地规模逐步壮大。同时中心城区的仙林、东山、江北三个副城与外围组团按照轴向组团，以主城为核心的放射状交通走廊间隔分布。江北副城、桥林沿江发展，江南以主城为核心由仙林副城和龙潭沿江向东分布，仙林副城和汤山沿沪宁轴布局，东山副城、淳化、湖熟沿宁杭轴布局，东山副城、禄口沿宁高轴发展，板桥和滨江沿江南部发展轴发展。南京都市区中心与外围共同形成依托中心外围串珠式的用地组织模式（图 6-22）。

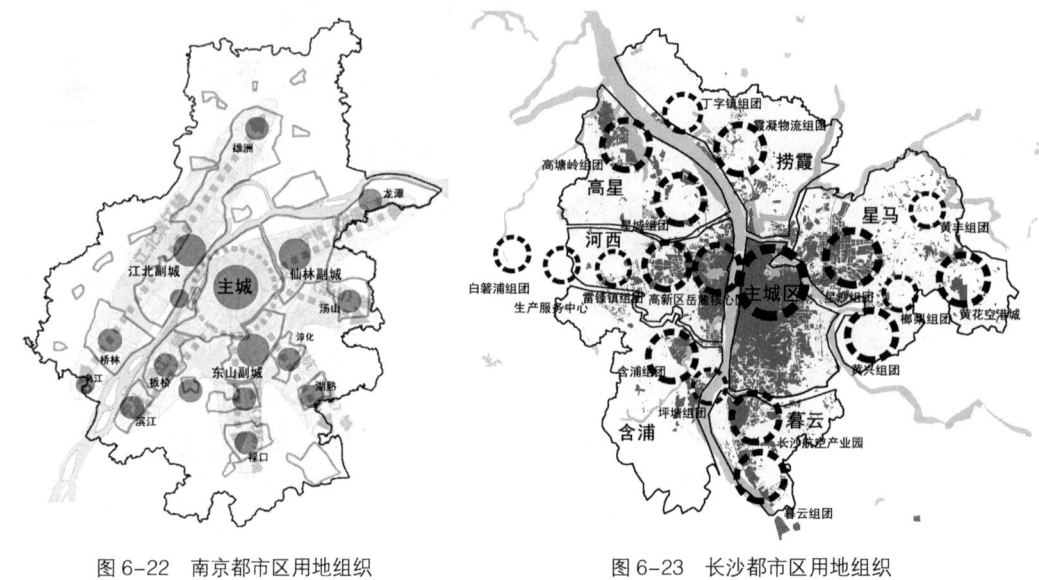

图 6-22　南京都市区用地组织　　　　　　图 6-23　长沙都市区用地组织

随着长沙都市区中心城区的不断成长壮大，外围空间沿与中心城区联系紧密的交通廊道向外拓展，遵循着组团—轴线的组群布局或者组团串珠布局。西部组团以岳麓中心和高新区为基点，沿 319 国道—金洲大道带状向西延伸，各组团用地呈串珠状分布；东部组团以星沙组团为核心，城市空间沿 319 国道东拓，各组团呈组群状分布。南、北组团以湘江为轴线，在湘江两岸沿潇湘路、湘江路双线南北延伸，呈组群状分布。因此，长沙都市区空间形态呈现出以中心城区为中心，呈沿东、南、西、北四个方向轴线组群—串珠的用地组织模式（图 6-23）。

6.4.2　依托中心向外均衡拓展

簇群式大城市都市区均有一个强大的中心城区，无论是武汉的三镇，还是南京的"一城三区"，长沙的"一主两次"，中心城区都是在不断壮大中，而且用地规模远远大于外围各组团。强大中心的内聚作用使外围依托中心发展外拓。这种依托关系可以是像武汉依托单一层次的中心（三镇均衡发展），也可以是多层次的，如南京的三个副城依托主城区发展，而外围的新城和新市镇可以同时依托主城和副城发展，形成多层次的依托关系（图 6-24）。

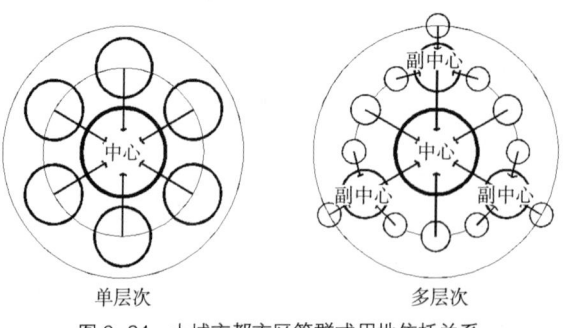

单层次　　　　　　多层次
图 6-24　大城市都市区簇群式用地依托关系

大城市都市区簇群式空间在向外拓展的过程中受到了自然条件的制约。在上文的机理研究部分已经重点分析过，簇群式大城市都市区的山水自然环境中的绿楔对城市外拓影响较大，而簇群式大城市的绿楔在都市区的外围分布较为均衡，即每个方面都有山水的分布。自然环境制约了城市的圈层蔓延，促进了城市空间的轴向延伸发展，加之簇群式大城市都市区各方向均有发展空间且较为均等，使得外围的发展较均衡。如武汉都市区沿阳逻、豹澥、纸坊、常福、汉江、盘龙等方向发展，形成了六个新城组群，南京都市区空间沿各个方向均有发展，长沙都市区空间形态也沿东、南、西、北四个方向发展（图 6-25）。因此，大城市都市区簇群式用地组织呈现一种均衡式的拓展方式。

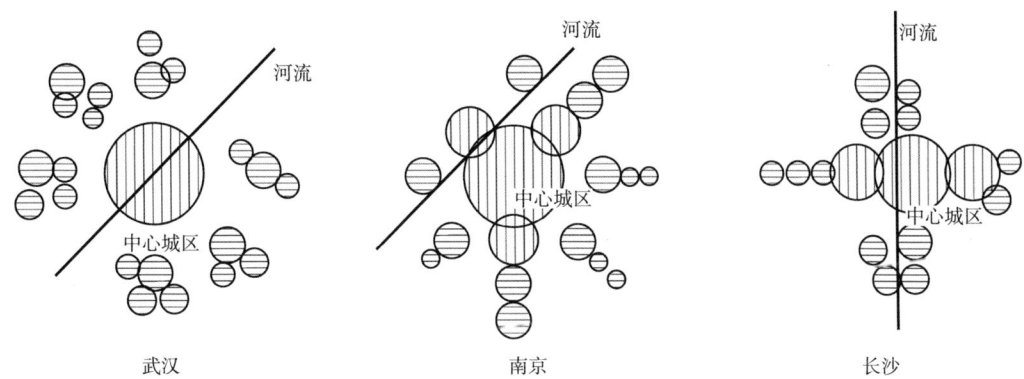

图 6-25　案例城市都市区簇群式用地组织示意

6.4.3　空间形态舒展

为了准确地说明大城市都市区簇群式空间的形态集中度，本书采用了两种方法计算。

首先引入形状指数[①]的概念，对武汉都市发展区整体空间形态进行量化的计算和评价。形状指数的计算公式为：$S=A/L^2$，（S 为形状指数，A 为城市面积，L 为城市最大跨距）。将图 6-26 输入 Arcgis 软件进行矢量化处理，可以统计得到总面积值和最大外接圆的直径，通过计算得出 2006年武汉市都市发展区用地形状指数为0.1408[②]。单从数据上看，武汉市都市发展区整体的用地形状指数不高。

图 6-26　2006 年武汉市都市发展区空间形态
来源：根据武汉市 2006 年现状图绘制

其次运用紧凑度这一指标来测度和描述城市空间扩展的形态特征并进行定量分析。城市外围轮廓形态的紧凑度是反映城市扩展状态的一个十分精准的概念，其计算公式为：

[①] 也可称作"形状率"，1932 年由霍顿（Horton）提出。形状指数常被用来反映城市用地的空间紧凑度和城市区域发展的均衡程度，数值越大城市形态越集中，数值越小城市形态越分散。在这里使用形状指数的意义在于，一是计算出都市发展区整体形状指数，量化地反映整体和局部的用地紧凑度。

[②] 张毅. 武汉都市发展区簇群式空间成长过程及规律研究［D］. 武汉：华中科技大学，2010。

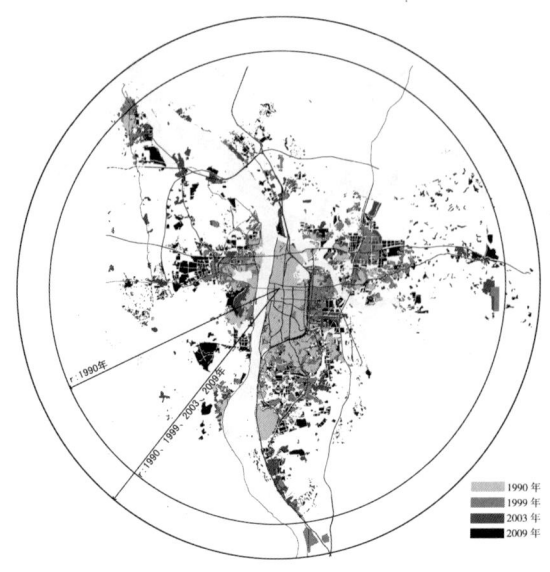

图 6-27　长沙都市区空间形态紧凑度分析
来源：刘瑾.长沙都市区簇群式空间发展过程、机理
及其趋势研究［D］.武汉：华中科技大学，2011

$C=A/A'$。其中：C 指城市紧凑度，A 指城市建成区面积，A' 为城市最小外接圆面积。这一公式是把圆形区域作为标准度量单位，其数值为 1，其他任何形状的区域的紧凑度均小于 1，紧凑度越高，区域集聚程度越大，即越紧凑。

本书研究的数据来源于 1990 年、1999 年、2003 年和 2009 年四个年份的长沙都市区用地现状图。以长沙市主城区五一广场为测度的统一外接圆圆心，如图 6-27 所示。运用紧凑度测度模式的计算结果见表 6-1，从数值上看，长沙整体城市的紧凑度不高。

长沙都市区用地紧凑度分析　　　　　　　　　　　　　　　　表 6-1

年份	1990 年	1999 年	2003 年	2009 年
紧凑度	0.045	0.06	0.09	0.14

由上述分析可得，簇群式大城市都市区整体形态紧凑度不高。但计算得出的紧凑度数值不高，并不能完全反映大城市都市区簇群式空间的紧凑程度。它恰恰说明了大城市都市区簇群式空间形态的舒展，中心与外围组群各自发展，已经形成了自己的系统。

6.4.4　以工业集聚区的发展为先导

中国现代城市空间发展，多是以大规模工业建设和工业区的不断扩建为先导的，因此工业用地的发展规模和布局定位对城市空间结构的影响是十分突出的[1]，这可以说是具有中国特色的城市空间布局。工业聚集区是指以制造业为主体的工业综合体，在空间上连续分布，或虽不完全连续，但布局紧凑的地域空间[2]。工业聚集区同时也包含了部分高新技术产业。工业集聚区布局结构特征如下。

6.4.4.1　大多在外围集聚成一定规模

由上文实证分析可以看出：一方面，由于城市产业结构的调整，城市功能转换的加快，主城区纷纷实行"退二进三"战略，工业从主城区向城市外围转移；另一方面，由于城市

---

① 张勇强.城市空间发展自组织与城市规划［M］.南京：东南大学出版社，2006。
② 王智勇.大城市簇群式发展背景下的工业聚集区布局及优化研究——以武汉市为例［D］.武汉：华中科技大学，2010。

区域化、大城市郊区化的发展，区域产业空间出现了新的格局，大城市都市区簇群式工业空间向外围的城郊区县扩散并在一定地域集聚。

从表 6-2 可以看到，1992 ~ 2000 年，武汉外围都市区的工业用地出让比例为57.67%，主城区仍占 42.33%。而在后一阶段 2001 ~ 2008 年，主城区新增工业用地大幅减少到 17.04%，而外围都市区新增工业用占 82.96%。数据表明，武汉市工业正从主城区向外围都市区扩展，主城区工业用地大幅减少。武汉城市近 20 年在外围都市区的四大工业聚集区集中了 82.96% 的工业用地开发量，工业的优势空间在外围，工业在外围大规模集聚成簇，形成了若干工业集聚区，加速了外围组团的形成。同时武汉城市由于山体湖泊及长江、汉水的分割，工业聚集区在自然生态绿楔的分割下，集中分布于 4 个扇区之中（图6-28）。

不同时段武汉都市区工业用地出让面积 表 6-2

年份	项目	主城区	外围都市区	合计
1992 ~ 2000 年	出让面积（万 m²）	253.98	345.99	599.97
	所占比例（%）	42.33	57.67	100
2001 ~ 2008 年	出让面积（万 m²）	1374.87	6693.02	8067.89
	所占比例（%）	17.04	82.96	100

来源：根据武汉规划局 1992 ~ 2008 年武汉市城区土地出让数据资料整理

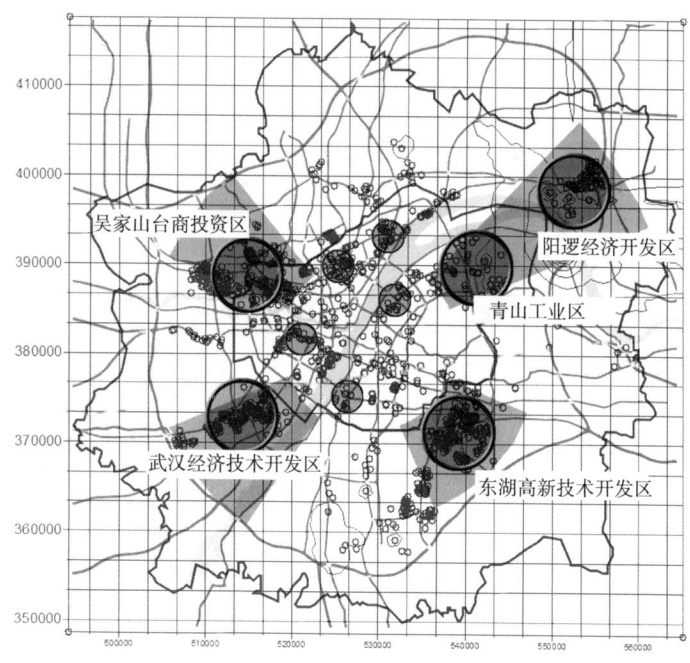

图 6-28　武汉都市区工业聚集区布局

南京都市区工业用地规模 表 6-3

单元		工业用地	
		建设用地（km²）	占都市区比重（%）
中心城	老城	2.3	1.3
	主城	30.8	17.3
	副城	101.8	57.2
新城 / 新市镇		45.44	25.5
总计		178.04	100.0

来源：南京城市总体规划纲要（2007—2020）说明书

如表 6-3 所示，南京主城工业用地占都市区总量的 17.3%，主要有新城科技园、宁南科技园等集中的工业用地，基本完成退二进三。副城和新城、新市镇开始成为工业用地的主要发展空间，尤其是在四大国家级开发区的大力带动下，副城工业用地占都市区总量已经达到了 57.2%，新城达到了 25.5%，副城、新城和新市镇的发展对主城的工业疏散发挥了重要作用，形成了工业集聚区在外围分布的空间形态（图 6-29）。

长沙工业用地布局除主城内保留四个工业片外，现状工业集聚区主要分布在二环线以外的高新区、经济开发区、高星片、坪塘镇、天心雨花环保工业园、暮云工业园。长沙市在都市区规划的望城坡高科技工业园区（位于高新区）、星马工业区（位于经济开发区）、捞霞工业区（凝霞物流园）、高星工业区（位于望城经济开发区内）等四大产业发展区均在城市快速环线以外布局。工业集聚区均在都市区外围，且围绕中心圈层布局（图 6-30）。

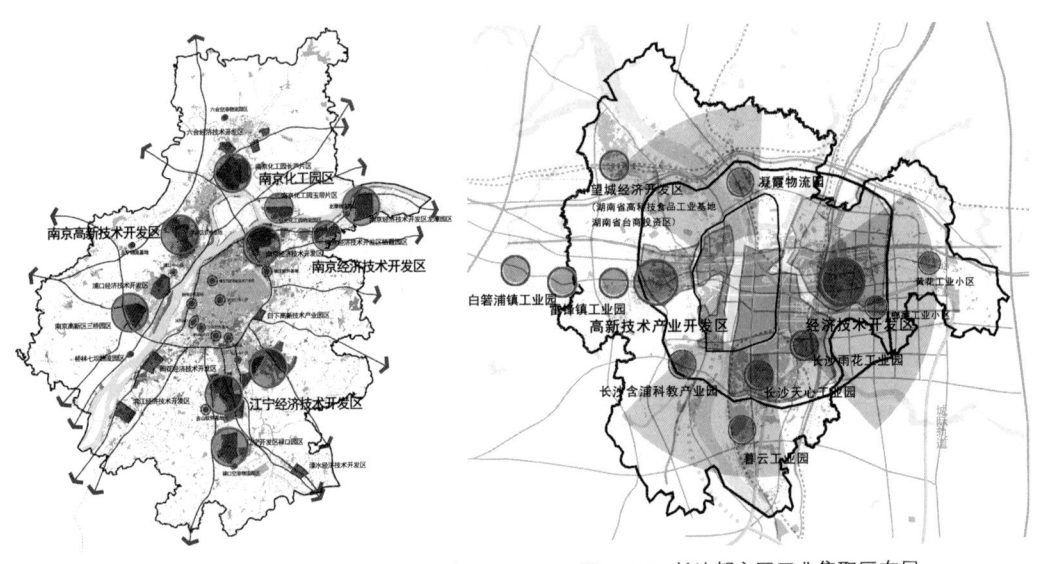

图 6-29 南京都市区工业集聚区布局　　　图 6-30 长沙都市区工业集聚区布局

6.4.4.2　圈层、扇区—串珠分布

簇群式大城市属于内聚型城市区域化，表现为各种资源要素向大城市地区集聚，因此工业集聚区呈现围绕中心圈层式的空间布局。同时由于自然环境约束，交通导向作用，主城区引力等作用，工业聚集区呈扇区的空间分布形态，如武汉、长沙；或由于依托一定的自然、交通走廊，工业集聚区也呈现出轴线串珠的空间形态，如南京。

南京工业集聚区呈圈层组团式布局（图6-31）。现代服务与都市产业主要布局在主城，约10km半径范围；现代服务业和高新技术产业主要布局在主城与二环间的副城和新城，约20km半径范围；先进制造业、现代物流和休闲旅游等主要布局在二环与三环间的新城，约40km半

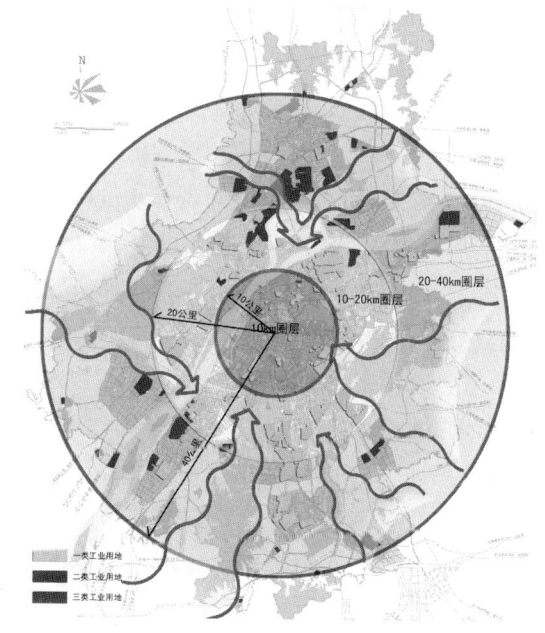

图6-31　南京都市区工业用地圈层布局
来源：南京城市总体规划修编（2007—2020）

径范围；三环外约40km半径外的远郊区县的新城和镇的产业园区是先进制造业主要载体，其他地区以现代农业和休闲产业为主，总体形成由主城到外围"一、二、三"类工业梯度布局的态势。在具体用地安排上，一方面向南京高新技术开发区三桥园区、南京经济技术开发区龙潭园区、江宁经济技术开发区禄口园区等国家级开发区和省级开发区集中；另一方面，结合交通条件重点保证禄口新城、龙潭新城等地区的工业用地供应，沿主要干道串珠式布局，促使了外围若干簇状组团的形成。

武汉工业集聚区也呈现出圈层分布特征，即围绕中心城布局。在工业用地分布的圆周上，五个大型工业聚集区中有四个大型聚集区分布在外围圈层，还有三个中型工业聚集区和都市工业园分布在这一地域。由上文分析可知，武汉都市区空间仍以内聚式发展为主导，因此工业集聚区的布局也形成了环绕中心布局的态势。工业集聚区依托中心城环绕布局，借助中心强大的内聚力发展，同时吸引各方投资壮大自身实力，促进了工业集聚区的形成与发展，也因此促进了武汉都市区外围若干簇状组团的形成。同时武汉城市由于山体湖泊及长江、汉水的分割，工业聚集区在自然生态绿楔的分割下，集中分布于4个扇区之中（见图6-28）。

长沙工业集聚区整体呈现扇形+串珠的空间形态。由于湘江、岳麓山等河流山体的分割，南、北、东三个方向的工业聚集区在生态绿楔的隔离下集中分布于三个扇区之中（见图6-30）。

6.4.4.3　与交通联系紧密

工业聚集区的布局受交通导向的作用十分显著。历史上，工业聚集区的布局基本沿江、河和铁路来布局。20世纪90年代以后，由于高速公路、城市快速交通及航空业的发展，

工业聚集区主要依托城市快速路、主要对外交通干道布局。它或依托交通轴线串珠发展，或分布在交通轴线两侧周边组群（扇形）发展。

从武汉城市工业集聚区分布来看，受交通导向的作用十分明显。在20世纪90年代以前，武汉城市的工业基本沿长江、汉江和铁路来布局，20世纪90年代以后，工业用地依托城市快速环线、对外交通干道以及沿江港口在外围形成聚集区（见图6-28）。

从用地布局看，南京的工业集聚区沿轴线呈串珠状分布。13个省级以上开发区中，南京高新技术开发区、经济技术开发区、化学工业园、浦口经济开发区、雨花经济开发区、江宁滨江经济开发区沿长江形成沿江产业带，六合、江宁、溧水和高淳经济开发区沿宁高、宁连公路形成沿路产业带。

长沙都市区在西侧采用了轴线串珠的带状工业集聚区布局模式。长沙城区湘江以西的区域有三条东西向的交通干线，分别是长常高速、金洲大道、319国道，同时还有东西向石长铁路和南北向谭望铁路，而在沿线上分别有长沙城区、雷锋镇、白箬铺镇、夏铎铺镇和望城县等城镇。在2007年编制的《长沙市工业产业集聚空间布局规划》中，长沙河西走廊就是依托交通走廊和现有的城镇，以长沙城区和望城县城为核心，以长沙市西部现有的望城坡高科技工业园区、望城县东部现有的工业园区和沿线的城镇为基础，沿着交通走廊以轴线串珠的带状结构模式来组织工业聚集区的布局（图6-32）。

由此可见，大城市都市区簇群式空间结构具有层级性、布局相对分散性，以及次级中心综合性特征为一体的公共中心结构；快速路＋快速轨道"复合式"交通走廊、环形＋放射形路网的道路网络结构；依托区域生态环境高度一体化建构，以楔形为主环形为辅的绿色生态开敞空间结构，以及组群—串珠式布局，依托中心向外均衡发展且形态整体集中度不高的用地组织结构。整体结构具有多中心，轴线拓展，绿带楔入，用地舒展的特征。

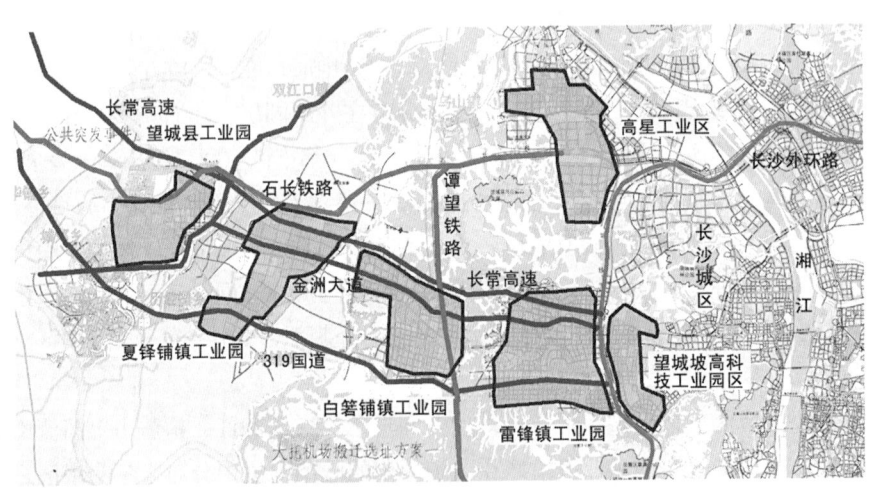

图6-32　长沙市河西走廊工业产业集聚空间布局规划

来源：王智勇. 大城市簇群式发展背景下的工业聚集区布局及优化研究——以武汉市为例 [D].
武汉：华中科技大学，2010

大城市都市区簇群式空间结构理论模式

"模式"一词的指涉范围甚广，它标志了物件之间隐藏的规律关系，而这些物件并不必然是图像、图案，也可以是数字、抽象的关系，甚至思维的方式。模式强调的是形式上的规律，而非实质上的规律。

模式主要是指前人积累的经验的抽象和升华。简单地说，就是从不断重复出现的事件中发现和抽象出的规律，类似解决问题的经验的总结。只要是一再重复出现的事物，就可能存在某种模式。对客观事物的内外部机制的直观而简洁的描述，它是理论的简化形式，可以向人们提供客观事物的整体内容。

本书研究的对象是大城市簇群式空间结构模式，是对当前普遍存在的大城市空间结构的总结与抽象、提升。希望通过对这种模式的研究，可以对当前大城市空间发展的实际情况有一个更确切的了解，并且为未来大城市空间合理发展提供参考。

7.1　大城市都市区簇群式空间结构模型

7.1.1　大城市都市区簇群式空间结构的基本原型

7.1.1.1　基本内涵

综合上文大城市都市区簇群式空间的过程特征、成长机理的分析，以及大城市都市区簇群式空间结构主要要素特征的叠合，可以得出大城市都市区簇群式空间结构的基本原型，如图 7-1 所示。"大城市都市区簇群式空间结构"是在一定地域范围内，以大城市主城区或主城核心区为簇群核心，功能和空间上与主城紧密联系的外围新城、组团为基本簇群单元，通过一体化的复合交通网络连接，形成的一种大城市地域空间结构与形态的新形式。

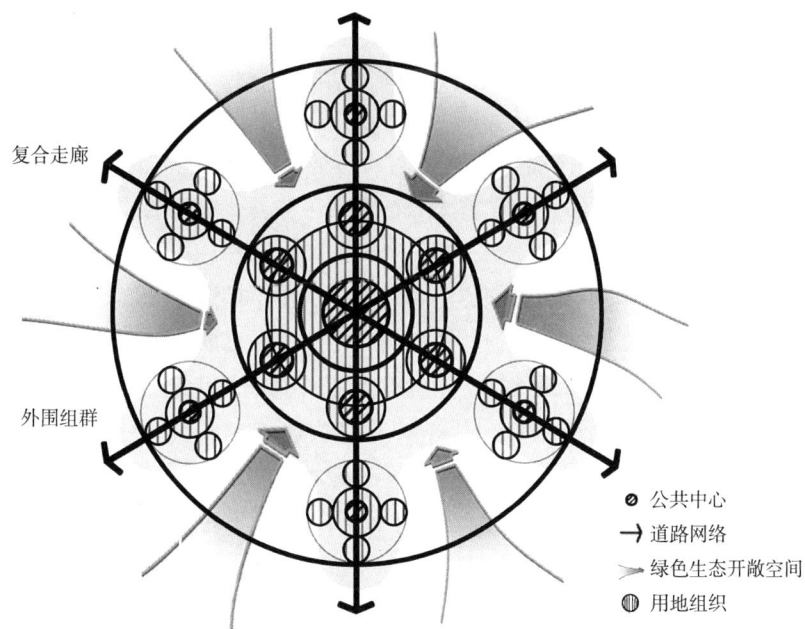

图 7-1　大城市都市区簇群式空间结构模型

　　大城市都市区簇群式空间结构具有融层级性、布局相对分散性以及次级中心综合性特征为一体的公共中心结构，快速路＋快速轨道"复合式"交通走廊，环形＋放射形路网的道路网络结构，依托区域生态环境高度一体化建构，以楔形为主带形为辅的绿色生态开敞空间结构，以及组群—串珠式布局，依托中心向外均衡发展、形态舒展及以工业集聚区的发展为先导的用地组织结构。因此它的外在表现为：由强大的中心极核以及若干极核依托中心极核沿阻力最小方向组合、生长所形成的统一体，是多级中心、轴线拓展、绿带楔入、用地舒展的和谐整体。

　　进一步分析，大城市都市区簇群式空间结构概念内涵的外在表现可以划分为两个层面，"由强大的中心极核以及若干极核依托中心极核沿阻力最小方向组合、生长所形成的统一体"突显了其动态的空间发展层面，而"多级中心、轴线拓展、绿带楔入、用地舒展的和谐整体"则属于静态的空间布局层面。大城市都市区簇群式空间结构不仅是一种空间布局结构，而且是一种空间生长方式、生长过程。

　　概念是表示某种事物或现象的术语，是理论形式的最基本单元（构元）[①]。大城市都市区簇群式空间结构的概念内涵，或者说是基本原型，应是对其最为本质且可以上升到哲学基础层面上的根本认知。这主要是考虑到当今社会忽视人类群体的传统理论，已经远远不能满足现实的社会需要了。因此，在进行城市空间结构研究时应引入对特定时空背景下的社会人及其社会行动和互动的研究，能够更加深层次地挖掘都市区簇群式空间结构的内涵，这在上文的机理研究部分已经体现出来了。上文的大城市都市区簇群式空间成长机理的研究部分就从基础层面与社会层面进行分析，加入了对社会层面的较深层次的剖析，提出分权过程中各能动者之间的博弈、结盟、依赖关系，以"双城"、"均衡镶嵌"、"延续"等方式存在，体现了社会过程的空间属性特征。它作用于都市区空间，使原有较为均质的都市区空间被"簇化"，导致了簇群式空间的形成，这就是都市区簇群式空间形成的机理。这也就是社会层面通过基础层面作用于大城市都市区空间综合产生的结果。

　　因此，对大城市都市区簇群式空间结构的概念的定义也不应仅仅停留在物质空间层面，而应上升到哲学的高度。上文首先基于社会学、政治经济学的理论，将关注的焦点集中到了社会的能动方面，解释大城市簇群式空间的过程特征与成长机理，也就是解决"为什么"这一问题。因此，在概念内涵中，首先将大城市都市区簇群式空间的结构定义为"复杂社会人类活动"。

　　同时上文又基于城市地理学的研究方法，总结了大城市都市区簇群式空间要素的结构特征与模式，解决"是什么"这一问题。正如结构主义学派后期发展所指出的，对于任何城市空间发展演变的研究都必须深入到特定的时空范畴中去，因此，在概念内涵中，应强调时间与空间两个纬度，应加入"特定时空范畴"的表述。

　　二者综合起来，突显了城市发展过程中社会过程的空间属性。因此定义大城市都市区簇群式空间结构为：特定时空范畴内复杂人类社会活动作用下特有的城市空间结构。外在表现为由强大的中心极核以及若干极核依托中心极核沿阻力最小方向组合、生长所形成的

---

① 孙施文.城市规划哲学［M］.北京：中国建筑工业出版社，1997。

统一体，是多中心、轴线拓展、绿带楔入、用地舒展的和谐整体。

大城市都市区簇群式空间结构有丰富的历史基础，综合若干经典理论为一体，具有综合性。仔细分析簇群式空间结构可以发现，在其身上存在若干经典规划理念的影子。城市都市区簇群式空间中城市被划分为若干地区，中心及周边各极核集中而整体分散的模式受到了沙里宁"有机疏散"思想的影响；中心与外围若干极核的分布形式与"田园城市"有异曲同工之妙，体现出了城乡一体发展的思想；沿交通干线延伸发展借鉴了"带形城市"理念；其"分散的集中"的发展模式体现了"紧凑城市"概念在实践中的应用；明显的生态性分隔，如楔形绿化，体现了田园城市和芒福德的城市发展观点。同时，在动态发展方面，簇群式的这种空间结构也集中了若干种空间演化方式于一身。原有中心呈发展逐步壮大采用的是圈层式的方式，新极核依托原有中心用地沿交通干线发展形成若干"触凸"是轴线式的，整体呈现放射状的空间结构。所以大城市都市区簇群式空间结构就是一个多维角度组成的和谐统一体。

大城市都市区簇群式空间结构是随时间不断变化的运动体，具有动态性的变迁过程。事物的发展都是由原有的不协调在时间的磨炼下变成协调，结构也不例外。大城市都市区簇群式空间结构的这种历时性特点，为研究它未来发展提供了可能。同时，大城市都市区簇群式空间结构的动态性特点也指该结构与存在于其中的能动者之间彼此互动、相互辩证的关系在时空范围内的动态发展过程，这两者的相互作用促进了大城市都市区簇群式结构的形成并推动了它的发展。

结构的产生，基本上是由所谓的不对称关系而来的，关系上的不对称是结构形成的主要原因，因而结构存在一定的等级体系，存在一定程度上的层级。例如大城市都市区簇群式空间结构存在强大的中心与外围若干极核的多个层次的主次之分，形成了自身的等级体系。

大城市都市区簇群式空间结构是特定时空范畴的产物，不是终极状态。由于当前城市发展所受限制因素太多，只可能在可预见的范围内总结出阶段性的较为理想的空间结构，大城市都市区簇群式空间结构如果控制得好的话，会引导大城市向可持续方向健康发展。

7.1.1.2　延伸内涵

1）既是一种空间形态，也是一种空间结构

对大城市空间结构模式的研究一直以来都是国内外学术界研究讨论的热点与重点，而从平面形态入手对其分类也是常见的研究维度。

福曼（Forman，1995）从景观生态学出发指出不同景观变化产生不同景观模式，从空间格局上可以概括为边缘式、廊道式、单核式、多核式、散布式。凯文·林奇（2001）根据城市的平面形状，将城市空间形态分为放射形（星形）、卫星城、线形、棋盘形、其他格状模式、巴洛克轴线系统式、花边式、"内敛式"、集状共9种类型。

我国早在1987年，朱锡金就总结了几种城市结构模式，分别为均质分布结构、蛛网结构、海星状结构、卫星状结构、带状结构、环状结构、多心网络结构。武进在1990年把城市外部形态划分为集中型城市和组群型城市两大类型，集中型城市分为块状形态、带状形态、星状形态，组群型城市分为双城形态、带状组群和块状组群。胡俊（1995）在对中国现代城市空间结构模式的分析中划分了 7 种基本类型：集中块状结构类型、连片放射状结构类型、连片带状结构类型、双城结构类型、分散型城镇结构类型和带卫星城的大城市结构类型。段进（1999）则根据发展方向（均匀分布型、交通辐射型、主轴线型）和城市中心的数量（单中心、多中心）进行组合提出了 6 种整体空间形态模式。其后，陈友华、赵民（2000）提出网状、环形放射状、星状、带状和环形集中类型，以及组团状、星座状和城镇群的分散类型。张雯（2002）归纳城市宏观空间结构模式主要分为核状城市、星形城市、卫星城市、住区体系、线性城市和多中心网络城市或区域城市等 6 种类型。栾峰（2004）根据城市建成区的形状划分为 6 个基本型：团型、带型、星型、卫星型、组团型、网络型，前三者属于集中发展型，而后三者则属于分散发展型。邹德慈（2002）根据建成区总平面外轮廓形状将城市空间形态分为集中型、带型、放射型、星座型、组团型和散点型六大主要类型。周荣等（2007）认为常见的城市空间形态主要有集中型、放射型、组团型和带型 4 种类型。

异曲同工，大城市都市区簇群式空间定义之初是观察到了这种空间的平面形状，是一种城市空间的集合形式。但随着研究的深入，对这种空间特征与机理的分析，加上对各种要素结构的分析，我们发现大城市都市区簇群式也是一种新的城市空间结构类型。各要素在一定空间范围内的分布和联结状态，簇群和组群、组团组成了多中心结构的特殊类型。

2）既是一种空间布局结构，也是一种空间生长方式

20 世纪早期，都市区的发展主要特征是呈现一种高密度、土地混合使用的市区，周边伴以居住组团的模式。随着城市规模的不断扩大，居住和就业的外迁使出行距离也随之不断增长，轨道交通的出现有效地帮助人们便捷地往返于市区和郊区之间，促进了郊区的发展。随着城市发展和轨道交通的演进，使得城市结构从单中心模式演变为蔓延、轴线、多中心、多极多层次等发展模式。

由图 7-2 可以看出，新的城市空间结构的产生是一个动态的过程。如果对城市空间仅是一种静态的分析，则忽略了时间的纬度。时间是另一个无法忽略的维度，时间和空间一样，是人类经验的基本形式。梅耶霍夫认为"时间经验比空间经验更为普遍，因为它在印象、情感、观念这样

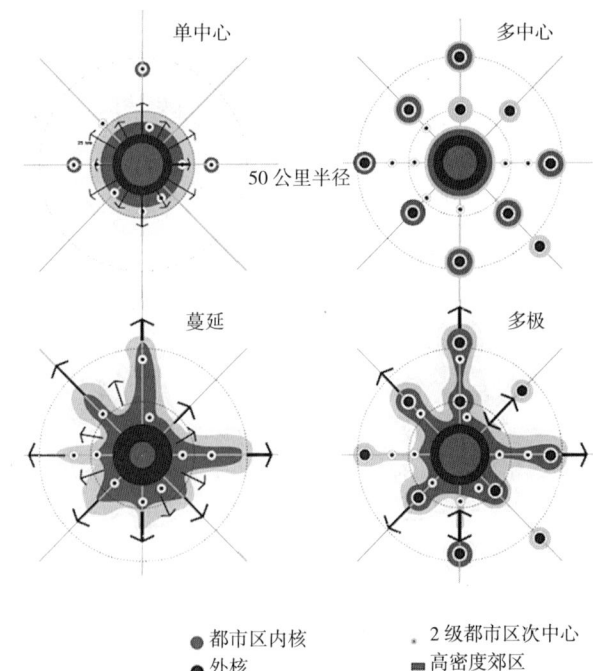

图 7-2 都市区发展空间结构演变
来源：杨震. 轨道交通导向的大城市布局结构［D］.
上海：同济大学，2005

一些没有空间秩序的内心世界中也适用"①。考虑到时间过程因素对城市整体空间结构的研究，其实可以转化为城市空间演化方式的研究。

当今对城市空间演化方式的研究也是热点之一。莱瑞（Leorey et al., 1999）提出城市用地增长的3种类型：紧凑、边缘或多节点、廊道。卡马尼（Camagni, 2002）指出城市用地扩展的5种类型：填充、外延、沿交通线扩展、蔓延、卫星城式。新城市主义将城市发展模式总结为填充式开发、再开发、新的成长区和卫星城3种。

国内学者顾朝林等（1994）指出大城市的空间增长表现为圈层式、飞地式、轴间填充式和带形扩展式，其外部形态具有从同心圈层式扩展形态走向分散组团形态、轴向发展形态乃至最后形成带状增长形态的发展规律。孙斌栋（2009）提出动态地分析城市空间结构演化包括单核演变的同心圆扩展方式、轴向演变的带状扩展方式、多核演变的跳跃扩展方式。朱喜钢（2002）认为城市空间结构演化时有4种空间形态的演化方式，即：由内向外成同心圆式连续扩展的方式，沿主要交通线成放射状扩展方式，跳跃式或组团式扩展方式，以及低密度连续蔓延方式。黄亚平（2002）指出不同城市的向心增长和空间集聚与离心增长和空间扩散并存，城市空间增长方式也大致划分为两类。其一是城市的向心增长及集聚型空间扩散，包括蔓延式扩展、连片扩展、分片扩展；第二类是城市的离心增长及扩散型空间扩展，包括轴向扩展、飞地式扩展。赵和生（1999）根据城市发展演变的历程，将其空间形态分为单核生长的同心圆式扩展模式，轴向生长的带状扩展模式，多核生长的延连扩展模式和多核生长的结构重组模式共4种类型。段进（1999）认为城市外部空间形态演变模式包括同心圆扩张、星状扩张、带状生长和跳跃式生长4种类型。

综合而言，基本上城市空间增长方式有3种。

a. 圈层式

圈层式的空间演化方式是一种单核演化方式，主要指城市有一个强大的中心，其中心用地不断向外扩张，使城市表现为一种由内向外同心圆式的扩展方式，整个城市形态呈团块状发展。

b. 轴线式

轴线式的演化方式主要是指城市沿交通干线或海、江、河等其他线形自然地形线状物发展，城市形态呈带状、条形。若城市为多中心且由于各因素的制约，各组团用地不相连，则易形成上述的串珠式、条式发展结构。

c. 蛙跳式

蛙跳式的空间增长方式是指在城市中心以外的其他地区跳跃式地形成若干集中用地或发展成为独立中心，形成的集中用地中新中心与原中心之间彼此吸引，相互作用，多在跳跃后又修建便捷交通连接各用地，最后很有可能发展成为扁担式、串珠式的城市空间结构；若新中心用地进一步扩大，多个相对独立的极核在一定范围内组合，原有中心优势已不明显，各组团之间联系便捷，很有可能发展成为网络式的空间结构模式。

由此可见，簇群式的空间演化方式其实是一种复合的城市空间增长方式。综合了以上

① 大卫·哈维. 地理学中的解释［M］. 高泳源，刘立华，蔡运龙译. 北京：商务印书馆，1996。

几种空间演化模式的特点但却又不完全相同。

它是多种空间结构演化方式在大城市中不同地域同时作用的合力。例如大城市原有中心呈圈层—轴线式发展逐步壮大，同时在中心外围蛙跳式形成若干中心极核，新极核依托原有中心用地沿二者之间边界交通干线发展形成若干"触凸"，整体呈现放射状的空间结构。如一簇鲜花同时开放，每朵花的大小，在整簇花中的位置，开放方式，开放时间以及开放后的姿态各不相同，但经绿叶配合，再经插花人的精心组合之后，各朵花之间存在着千丝万缕的关系，从而组合形成重点突出的、和谐的统一体。

当然若干城市空间演化方式的组合可以衍生出很多的综合的演化方式，但不可否认的是，簇群式的空间演化方式是其中必然存在的一种情况，而且是当今大城市较多存在的一种空间结构演化方式。

所以综合空间、时间维度我们可以得出，大城市簇群式空间结构模式不仅是一种空间布局结构，而且是一种空间生长方式、生长过程。

7.1.2 大城市都市区簇群式空间结构的类型

大城市都市区簇群式空间结构根据公共中心等级不同，可划分为层核、强核两种基本类型（图7-3）。

强核式公共中心分为两个层次，市中心相对周边组团中心较为强大，这种类型的大城市都市区簇群式空间结构应该可以说还是簇群式空间结构发展初级阶段的产物，是规模相对不大的大城市存在的一种空间结构。强大的中心可能会引起未来发展的一系列问题，它在适当的时候势必要继续演变。

层核式的公共中心结构为多层次中心体系，虽然市中心依然强大，但二级中心分担了市中心的压力，它将市中心过于集中带来的问题分散化，满足市中心继续发展的同时也带来了外围组团依托中心的方便性，同时可以引导并积极促进外围组团的进一步发展。这种类型一般是特大城市存在的空间结构。

这两种大城市都市区簇群式空间结构类型的交通网络均为环形+

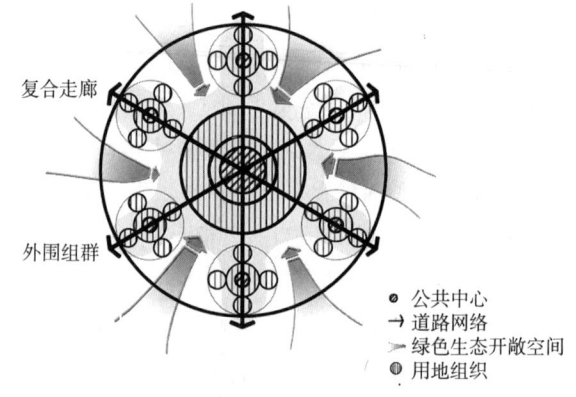

强核式

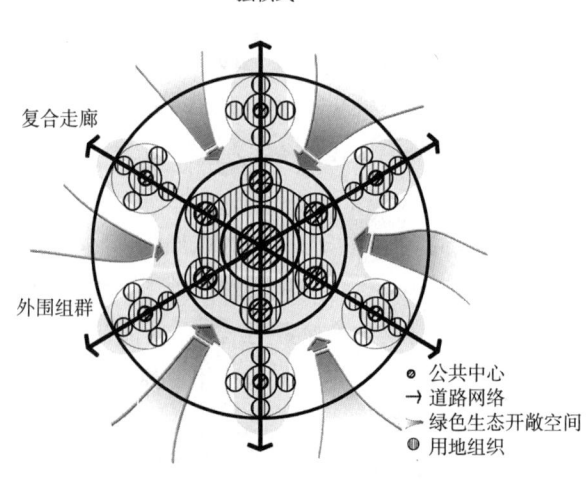

层核式

图7-3 大城市都市区簇群式空间结构类型

放射形路网、快速路＋快速轨道"复合式"交通走廊结构，但不同的是层核式类型的三个环线都是快速路，而强核式结构因其总体规模相对不大，一环为主干道，二环、三环为快速路。

7.2 大城市都市区簇群式空间结构的优化目标

当前城市发展背景复杂，城市规模空前发展，同时各种城市问题也接踵而至，这就要求大城市要探索走出一条低投入、高产出、低消耗、少排放、能循环、可持续的新型工业化及城市化道路，探索节约及集约用地、减少能耗、保护生态的新型城市化路径，当前大城市都市区簇群式空间结构也肩负着这样的使命。

城市空间形态影响的因素是多方面的，而城市空间形态所表现出来的总体结构也是多样的，这就在城市空间形态的研究中面临多种选择，而一旦作出选择就需要建立一定的判断标准[①]。

一是在很长的一段时间内，大城市的发展形成了以工业生产服务为主导的判断标准，在一定程度上导致了外围工业用地的大规模开发。为了达到一定的经济利益而损失了健康和谐的城市空间。

二是在城市的整体布局层面，尽管集中和分散的空间发展模式都是西方近现代以来的重要城市空间形态理念，但当前，反映出的是至少在技术层面对于城市分散发展模式的推崇。因为这样的空间布局模式既能够适应城市未来规模扩张的需要，又能有效避免城市病。这在一定程度上造成土地的浪费与不集约利用。

最后在城市的内部功能布局方面，由于以市场经济为主导的观念，以及西方工业化时期的城市空间布局理念，核心地区设置商业商务等功能，而周边主要体现为圈层布局的不同类型工业企业和居住功能空间。忽视了对自然生态环境、历史文化的保护，加剧了城市的圈层发展。

近年来，随着人们对城市发展的深入了解，对城市非工业生产性功能，特别是经济中心的积极认知显然已经发挥了显著的影响作用；而对于消费的认同，对于自然生态的重视，对于居住生活质量的积极认同，则不仅影响到城市规划决策层面的城市空间形态观念，并因此反映到近年来对于生态环境的重视与相应的规划布局调整，同样也影响着市民的价值选择。城市优良生态景观环境地段的"高档"化无疑与这一文化变迁的趋势有着紧密关系[②]。

兰斯塔德的历史和发展战略也告诉我们，兰斯塔德地区空间的形成并不是一种人为创造，其绿心的存在与其说是追求一种合理的都市发展模式，不如说是早期的荷兰人还没有能力使它城市化。几十年来，发展战略和政策的多变并没有使任何一种规划成为发展的主

① 孙施文.现代城市规划理论［M］.北京：中国建筑工业出版社，2007：47。
② 栾峰.改革开放以来快速城市空间形态演变的成因机制研究——深圳和厦门案例［D］.上海：同济大学，2006：45。

宰，规划作用的引导性和服务性的实现取决于城市的接受程度，更取决于那里各种各样的人的认可。因为城市不是一个机器，而是文化的最有意义的产物[①]。

到底什么样的城市才是我们所真正需要的呢？在大城市都市区簇群式空间结构未来的发展中，要建立一定的价值判断标准，也就是大城市都市区簇群式空间结构要有自己的发展目标，才能使其有更加旺盛的生命力。

理想的城市空间模式应该具备两个基本条件：一是城市空间系统始终实现运行效益的最优化；二是在城市系统运行过程中，主体的价值理性得到最大化实现。大城市都市区簇群式空间结构的目标主要从整体性、可持续性等方面考虑，建立目标体系。

7.2.1　城乡一体发展

大城市都市区簇群式空间结构的目标首先要从整体性上考虑，城乡一体化发展。只有正确处理城乡关系，才能保证外围组团的顺利发展，绿色生态开敞空间的完整保存，城市合理向外扩展以解决中心城的问题。大城市都市区簇群式空间未来的发展要以城乡一体化发展为着眼点。

大城市都市区簇群式空间优化应立足于建立全域城乡布局的理念，合理拓展和整合中心城区布局，聚焦发展郊区新城，对新市镇进行类型划分和布局指导，从而引导形成覆盖全市域，城乡一体化的城市化空间体。

7.2.2　土地集约利用

城市空间结构具有层次性，可以划分为宏观结构、中观结构和微观结构。中观层面是介于宏观结构和微观结构之间的一个层次或一组层次，中观结构具有与宏观结构和微观结构不同的特征，它借助于城市要素对宏观结构和微观结构产生影响。

大城市都市区簇群式空间整体舒展，未来发展目标应定位在中观层面（组团）的紧凑布局。只有组团紧凑布局，才能真正达到集中与分散的相统一，才能真正实现大城市都市区簇群式空间的土地集约利用。

7.2.3　高质量人居环境塑造

一个良好的城市空间结构不仅应能够支撑集聚经济和规模效应在整个城市体系中的进一步发挥，使其实现最大化，也应能满足人们对日常出行的需求，实现人们的社区归属感以及对城市的控制力，并提供与自然亲近的高质量的人居环境。

高质量的人居环境需要可持续发展的结构和形态，合理的土地开发强度和人口密度分布，就业与居住相适应的用地结构，舒适高效的交通出行模式，以及与人类心理需求相适应的社区结构与环境，并实现人类住区与自然的和谐共生。这也是大城市都市区簇群式空间结构模式以人为本的重要体现。

---

① 华晨.兰斯塔德的城市发展和规划［J］.城市规划汇刊，1996（6）：16-25。

7.2.4　城市空间绩效最大化

大城市空间的高效可持续发展在很大程度上取决于良好的空间组织。

建立起一个与大城市规模相协调的空间结构层次，对大城市空间有序、持续发展具有重要意义。为了确保所构建的层次能够很好地适应大城市的需要，大城市都市区簇群式空间结构模式在构建的过程中需要从宏观层面、中观层面和微观层面系统地把握组织要点，从而最大程度地发挥结构层次的效率。

同时，大城市都市区簇群式空间结构的交通系统与土地利用应形成耦合关系，各级中心就能够得到最适合的交通支持，交通系统也能发挥最佳的运营水平，整个城市空间结构保持稳定。土地利用与交通之间的结合能够使空间绩效最大化。

除以上所讲的两点之外，值得一提的是，大城市都市区簇群式空间，其总人口密度和非农人口密度的梯度应形成从中心城区向外围平缓跌落，在外围次级中心城区形成次一级的梯度峰值；同时，非农人口比例的梯度曲线与总人口密度线形相似，但更为平缓，并与人口密度梯度曲线在主要中心城区和次级中心城区之间形成双谷底交错。实现整体上的人口空间分布的均衡，通勤带内的人口分别就近到主要中心城和次级中心城内通勤。非农化比例高，通勤带在主要中心城一侧更高，城乡经济的差距不是很大；与此相应，地均工业产出的高峰值范围分布于中心城区与次级中心城区之间，低峰值分布于次级中心城区的再外围，其就业人口分别就近通勤（图7-4）。

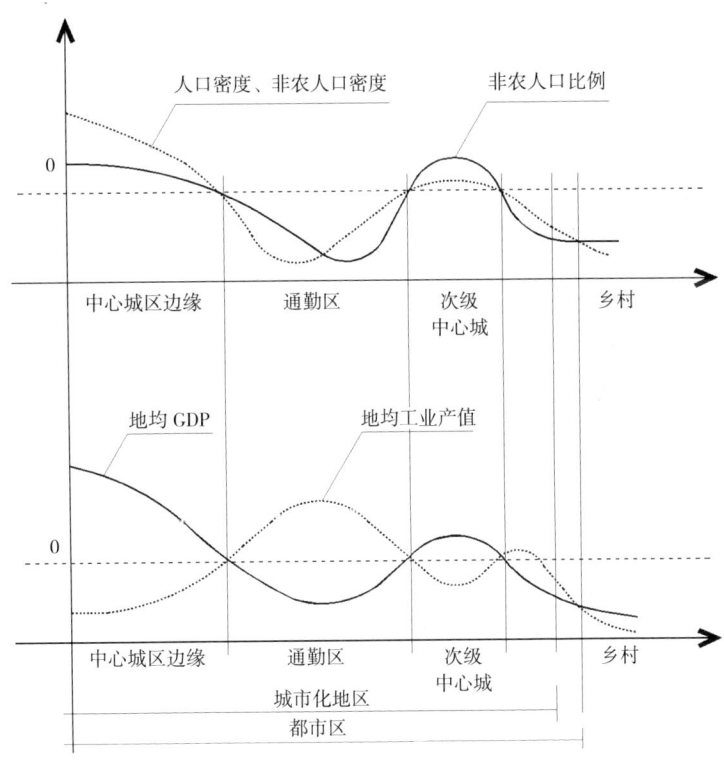

图7-4　多核心都市区理想标准断面

来源：长江三角洲城镇群规划专题研究四——紧凑型城镇发展的土地利用模式研究，同济大学建筑与城市规划学院，上海同济城市规划设计研究院，华东师范大学 GIS 国家重点实验室，2006

大城市都市区簇群式空间应最大化地体现价值理性，应当以人为中心，注意人的基本需要、社会需求和精神需求，城市建设和改造应当符合"人的尺度"，体现城市的社会、文化、生态价值。

7.3 大城市都市区簇群式空间结构的特性

上文的实证案例分析了武汉、南京、长沙都市区簇群式空间结构，以及其公共中心、交通网络、绿色生态开敞空间以及用地组织结构特征，综合起来，大城市都市区簇群式空间结构特性体现在下列四个方面。

7.3.1 公共中心结构——非均衡多中心模式

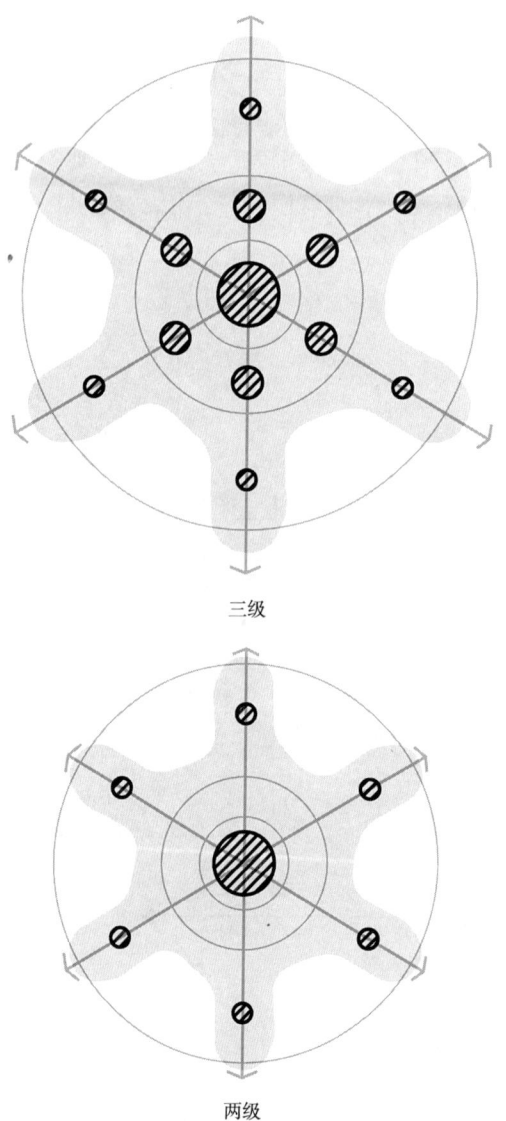

三级

两级

图 7-5 大城市都市区簇群式公共中心结构

上文已经总结过大城市都市区簇群式空间结构建立了服务于不同区域和地区的梯度中心，形成的是由城市中心、城市副中心、组团（地区）中心组成的等级明确的公共中心结构。目前簇群式大城市仍处于内聚发展阶段，外围的中心处于发展初期，各级中心的分散是相对的。市中心商务、商业逐步分离，而次级中心仍具有综合性及相对独立性。大城市都市区簇群式空间结构各种资源要素向都市区集聚，中心的作用依然强大，它的公共中心结构是一种特殊类型的多中心结构，强大的中心内聚发展和外围组团中心的初步形成，呈现出一主多副的形态布局。

因此，我们可以认为大城市都市区簇群式公共中心结构是一种内聚式非均衡多中心模式。"非均衡"主要是针对等级明确、相对分散等特征提出。非均衡多中心模式能较形象地总结大城市簇群式都市区公共中心结构的特征。

大城市都市区簇群式空间结构根据公共中心等级不同，划分为层核、强核两种类型。因而公共中心结构也有两种类型：两级中心和三级中心（图 7-5）。

　　如上文所分析的南京的公共中心就是三级中心，三个副城就依托主城区发展，而外围的新城和新市镇可以同时依托主城和副城发展，形成多层次的依托关系。副城作为二级集聚中心，分散了主城区中心的功能，协助主城辐射周边，带动外围组团的发展，形成相对稳定的中心与外围空间规模。多层次的集聚是都市区空间未来发展的趋势。而两级中心结构是大城市都市区簇群式公共中心结构的阶段性结果。

7.3.2　道路网络结构——环形放射"复合通道"模式

　　上文分析总结了大城市都市区簇群式空间道路网络是环形放射形结构，它主要采用快速路和轨道交通结合的复合交通走廊，快速路主导产业空间发展，轨道交通主导人居空间发展，因此可以总结为环形+放射的"复合通道"模式（图7-6）。

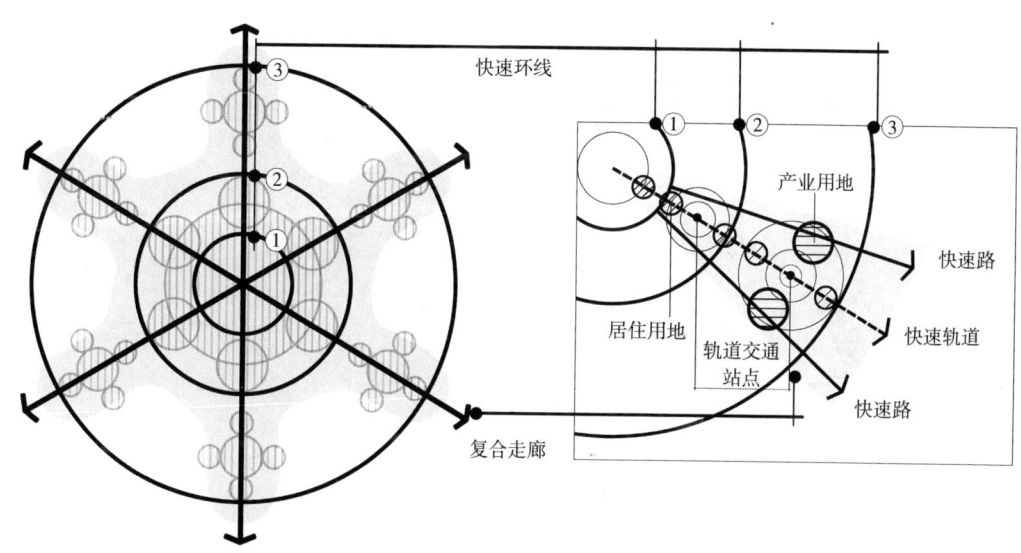

图7-6　大城市都市区簇群式交通网络结构

　　放射形道路网络通过中心与外围便捷的交通联系，有利于增强城市中心的经济活力，强化其对外围地区的辐射能力，从而能够维持一个强大的市中心。而沿中心向外辐射的道路为城市的轴向扩展提供了高密度开发的交通走廊。同时在放射形线网的基础上增加环线，通过环线将各条放射线有机联系起来，形成了更为紧凑的道路交通网络。大城市都市区簇群式空间的环形放射形道路网络结构既可引导城市轴向发展，形成高密度的交通走廊，又可以在交通枢纽站点发展城市次中心，使都市区形成空间相对隔离但交通快速联结的多中心结构，如果控制好的话，可以实现都市区空间的可持续发展。

　　交通走廊在大城市都市区簇群式空间结构中有着举足轻重的地位，交通走廊方式的选择对都市区外围地区成长效率起了很大的作用。大城市都市区簇群式空间环线一般都为快速路，中心城区环线引导用地圈层发展，使中心愈来愈强大；外围环线沟通外围各个组团，形成一体化发展。放射式的"复合通道"由快速路与快速轨道构成,轨道交通串联居住用地,快速路与产业用地协同发展。值得一提的是，轨道交通站点在引导城市次中心成长的过程中起到了重要的作用。由于轨道可以深入市中心，交通站点能够把城市主要商圈加以联系，与城市公共中心在空间上相互叠合，因此在轨道交通枢纽站点的步行合理区范围内可能产生和发展一些城市次中心。

整体的环形放射"复合通道"的道路网络连通中心与外围，加速外围组团的发展，促进外围多中心的建立，构成独具特色的大城市都市区簇群式道路网络结构模式。

7.3.3 绿色生态开敞空间结构——楔环结合绿楔主导模式

由上文的案例分析可以看出，大城市都市区簇群式绿色生态开敞空间结构是与区域生态环境一体化建设的空间，是一种环绕与楔入相结合以楔形为主导的放射模式（图7-7）。

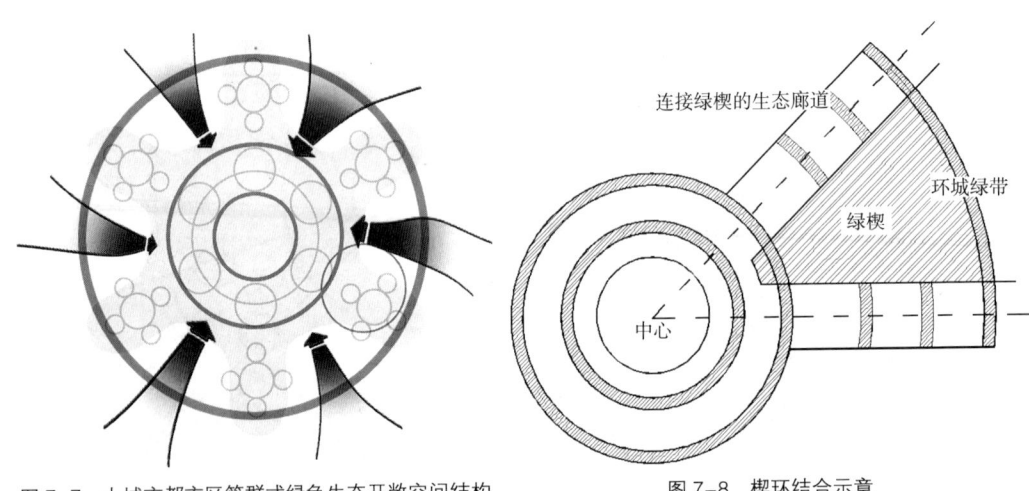

图 7-7　大城市都市区簇群式绿色生态开敞空间结构　　　　图 7-8　楔环结合示意

图 7-8 显示了大城市都市区簇群式绿色生态开敞空间结构环形生态绿带组成的人工廊道与放射形绿楔形成的自然廊道相间的分布状况。绿楔与环形生态绿带及连接绿楔的生态廊道一起组成连续的网络系统，保证城市自然生态过程的完整与连续。

大城市都市区簇群式楔形绿色生态开敞空间将城郊的生态环境引入都市区，增加了生态空间与城市建设空间相交界面的长度，使城市生态空间能够很好地由外向内渗透，并使生态空间发挥较大的效能和良好的可达性。中心城区外围的生态绿带环绕，限制其连片蔓延，减少其对城市生态空间的侵蚀；外围的环城绿带可以为城市提供生态屏障，同时也作为多种生态服务功能的载体。环楔结合组成了大城市都市区簇群式绿色生态开敞空间结构。

7.3.4 用地组织结构——中心放射形组群模式

用地组织其实是用地布局的抽象化理解。由上文的分析可以看出，大城市簇群式空间具有一个强大的中心，强大中心的内聚作用使外围用地依托中心外拓发展。在山体、河流等自然条件的限制下，这种外拓主要依靠生长点沿交通轴线放射发展完成，构成中心 + 外围组群的空间分布方式。

上文提到大城市都市区簇群式用地组织有组群或是串珠两种方式。组群和串珠都是沿一定的走廊发展，不同的是组群以走廊为轴周边布局，两三个一簇分布在不同方向的发展走廊上；串珠分布就是沿走廊布局，一线串联若干组团。组群—串珠都是由点轴发展而来，如图7-9所示。点轴 *a* 逐步发展成串珠模式，而点轴 *b* 则发展成组群模式。外围是组群或是串珠主要受到不同城市自然地理、历史发展、道路网络等方面的影响，在很多情况下，大城市都市区簇群式空间会选择复合模式发展。而且组群或是串珠只是本质相同而外在表现形式不同的同质异构体，因此本书统一将其称之为外围组群，都是点轴模式。

组群是由点轴发展而来。生长点沿一定的走廊发展，或是以走廊为轴周边布局，两三个一簇分布在不同方向的发展走廊上；或是沿走廊布局，一线串联若干组团。最终都形成了大城市都市区中心放射形组群模式，如图7-10所示。

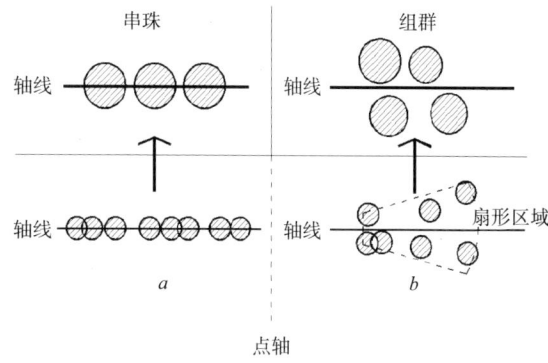

图7-9 组群、串珠形成示意

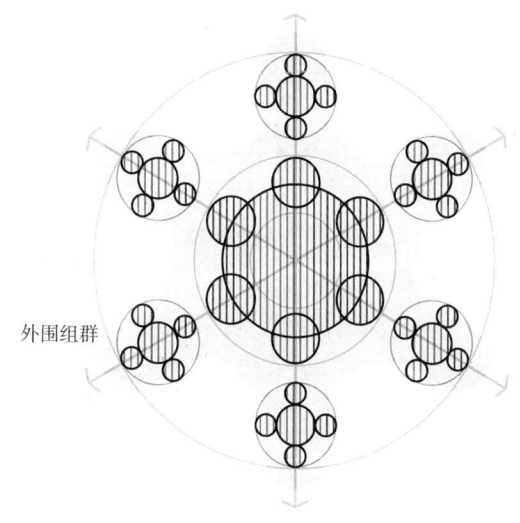

图7-10 大城市都市区簇群式用地组织结构

因此，大城市都市区簇群式空间整体的集中度不高，但中心与外围各个系统内部功能紧凑。一主多副的中心体系与交通网络合理结合发展外围组团，各组之间形成绿色生态开敞空间，可以说，大城市都市区簇群式空间结构为城市未来紧凑发展提供了骨架，若合理地加以引导与控制，可以实现大城市空间的和谐有序发展。

再重点分析一下大城市都市区簇群式工业集聚区的结构模式。由上文分析可以看出，簇群式大城市都市区工业集聚区大多在外围都市区，与交通的关系都十分密切，形成围绕中心圈层式的空间布局，可以归纳为"环绕"。由于依托一定的自然、交通走廊，工业集聚区也呈现出点轴的空间形态，如南京。同时由于自然环境约束、交通导向作用、主城区引力等作用，工业聚集区呈扇区的空间分布形态，如武汉、长沙。扇区的空间分布形态其实也属于点轴中的一种，它是在扇形区域中沿交通轴线两侧周边发展。因此簇群式大城市都市区工业集聚区布局结构可以总结为"环绕点轴"模式。

"环绕"突出了大城市都市区簇群式空间中心强大的集聚作用，这表现在人流、物流等各种资源要素在大城市地区集聚，工业集聚区只有依托这样强大的资源才更有利于自身的发展。

同时，"点轴"也是其主要特色，主要指沿交通线、河流线布局。城市工业聚集区沿城市对外交通干线点轴布局，以交通干线为依托，以优越的自然生态环境为背景，创造空间发展的增长极点，从而有利于实现有机生长的空间发展模式。城市工业聚集区沿自然河流点轴布局，以主城区为核心，以河流为轴线，以基础较好或潜力较大的郊县城镇开发区为开发极点，形成沿自然河流的点轴布局模式（Spot-axis Distribution Model）[1]。

由此可见，簇群式大城市都市区工业集聚区的结构模式与用地组织十分相像，这说明当今大城市都市区中工业集聚区对用地组织的影响较大。

上述四个方面互为条件，互相影响，共同构筑了大城市都市区簇群式空间结构的特性，即非均衡多中心的公共中心结构，环形 + 放射"复合通道"的道路网络结构，楔环结合绿楔主导的绿色生态开敞空间结构以及中心放射形组群式用地组织结构。

7.4 大城市都市区簇群式空间结构的判识和测度

7.4.1 大城市都市区簇群式空间结构的衡量标准

上文已经详细分析了大城市都市区簇群式空间结构的概念、基本原型、类型以及特性，为本节提出大城市都市区簇群式空间结构的衡量标准奠定了基础。因为大城市都市区簇群式空间结构的衡量标准仍可以从主要要素入手，以各要素的主要特征定性来衡量一个大城市都市区的空间结构是否为簇群式空间结构。如表 7-1 所示，从各要素的分析类别入手，按主要标准衡量，若符合表中的各要素标准，在一定程度上可以说该大城市都市区空间结构将有形成簇群式空间的可能。

大城市都市区簇群式空间结构衡量标准及测度　　　　　　　　　　　表 7-1

要素	类别	标准	测度
公共中心	等级	多中心	人口密度 分形维数
	分布	非均衡 相对分散	
道路网络	形态	环形放射	舒展度
	方式	快速路 + 轨道交通式的放射走廊	
绿色生态开敞空间	形态	楔环结合	生态密度、舒展度
		自然山水形成的楔形空间	
	分布	城乡一体	
用地组织	形态	中心放射	人口密度、舒展度、生态密度
	分布	中心 + 组群	分形维数
	功能	求同存异、适度混合	

---

① 王智勇. 大城市簇群式发展背景下的工业聚集区布局及优化研究——以武汉市为例 [D]. 武汉: 华中科技大学，2010。

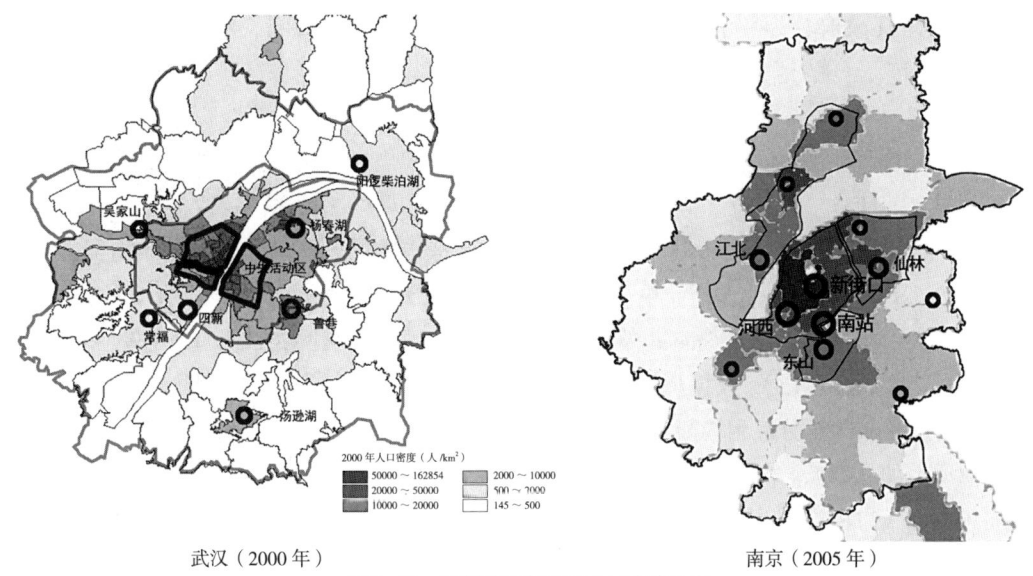

武汉（2000 年）   南京（2005 年）

图 7-11 案例城市都市区人口密度分布
来源：根据武汉、南京总体规划资料绘制

因此非均衡多中心的公共中心结构，环形 + 放射"复合通道"的道路网络结构，楔环结合绿楔主导的绿色生态开敞空间结构以及中心放射形组群式用地组织结构，就是衡量大城市都市区簇群式空间结构的主要标准。

7.4.2 大城市都市区簇群式空间结构的测度指标

若进一步判定一个大城市都市区是否为簇群式空间结构，需对其测度指标作进一步定量分析，指标可以量化表达重要的空间特征。

7.4.2.1 人口密度

大城市都市区簇群式空间结构的测度，最为直观的方法可以用人口密度来判定。

$$Pd = P/A$$

式中 Pd——人口密度；

P——人口数量；

A——面积。

用人口密度首先可以判定一个大城市都市区是否为多中心结构，这从人口密度图上就可以直观表现出来，武汉、南京的都市区人口密度分布如图 7-11 所示。

总体上，武汉、南京的人口集聚在中心城区，例如南京密度最高（每平方公里15000 人以上）的街区大多分布在老城区，即城墙或者护城河以内；密度次高（每平方公里 3000 ~ 15000 人之间）的地区，除了大厂区外，都是紧邻老城区的街区；密度中等（每平方公里 800 ~ 3000 人之间）的地区，则基本涵盖了上述以外的老市区[1]，

---

[1] 本书中的老城区是指城墙和护城河以内的区域；老市区是指 2000 年以前行政区划确定的市区，包括玄武区、鼓楼区、白下区、秦淮区、建邺区、下关区、雨花台区、栖霞区、浦口区、大厂；新市区是指 2000 年以后行政区划确定的市区，包括玄武区、鼓楼区、白下区、秦淮区、建邺区、下关区、雨花台区、栖霞区、江宁区、浦口区、六合区。数据来源为南京市城市总体规划修编（2007—2020）专题研究报告之九——南京市人口规模与结构预测。

以及四个区县政府驻地（浦口区的江浦街道由于包含了老山林场，导致镇域人口密度较低）；密度最低的地区主要为六合区北部、浦口区西部、溧水县东部和高淳县南部的农村乡镇。

从空间格局上来看，虽然在外围形成了若干人口成规模的副中心，如武汉的吴家山、鲁巷，南京的仙林、东山等，但是总体规模尚小，不足以形成很强的集聚力。

另一方面由人口密度可以直观判定一个大城市都市区的公共中心是否是非均衡模式。根据西方人口地理学相关理论，单核心城市的建成区人口密度分布应该符合 Clark 模型，而都市区人口密度则多符合 Smeed 模型[①]。南京市老市区内街道的人口密度分布越来越符合 Clark 模型（图 7-12），且模型的斜率系数在 2000 年以后开始减小，表明老市区以内街道人口密度分布趋于分散和均衡。南京市域人口密度分布基本符合 Smeed 模型（图 7-13），但其模型中的斜率系数并没有像处在郊区化阶段的西方大城市一样呈减小趋势，而是逐渐增加，市域人口密度衰减梯度总体上趋向悬殊，这表明南京市人口增长的热点还没有发展到远郊区。因此由人口密度就可以直观判定一个大城市都市区的公共中心是否是非均衡模式，也能初步判断用地组织是否是中心组团式，这也成为初步判定一个大城市都市区结构的测度之一。

再来看世界一些著名大城市建成区的人口密度剖面，如图 7-14 所示，巴黎、伦敦和东京人口密度大的区域较为均匀地分布在整个都市区范围，而且这三个城市人口密度在整个都市区范围内相差不大，曲线较为平缓，与簇群式空间结构的人口密度分布完全不同。

综上由人口密度来测度大城市都市区簇群式空间主要从以下几个方面进行。

（1）人口密度最大的地块在都市区中心城中占有较大的空间；

（2）中心人口密度与周边相差大，人口密度曲线斜率大；

（3）人口密度较大地块在都市区外围也有分布，其占用空间可以不是很大。

7.4.2.2　生态密度

大城市都市区簇群式绿色生态开敞空间是依托区域自然生态环境，利用自然条件建立与城镇相契合的与建设用地协调发展的生态网络。

直观上判定，大城市都市区簇群式绿色生态开敞空间是楔环放射模式。楔环放射模式是在城市发展轴之间形成生态空间的集中分布区——"绿楔"，限定了城市外围空间的轴向拓展方式，防止轴间填充式发展；同时，在中心城区外围形成环城绿带，控制中心城区的外溢和蔓延。这种模式突出反映了城市生态空间对城市建设空间控制与引导的双重作用。

针对大城市都市区簇群式绿色生态开敞空间与建设用地的关系，我们可以引出空间结构的一个生态密度指标。

$$Gd = \frac{P/a}{P/A} = A/a$$

---

① 南京市城市总体规划修编（2007—2020）专题研究报告之九——南京市人口规模与结构预测。

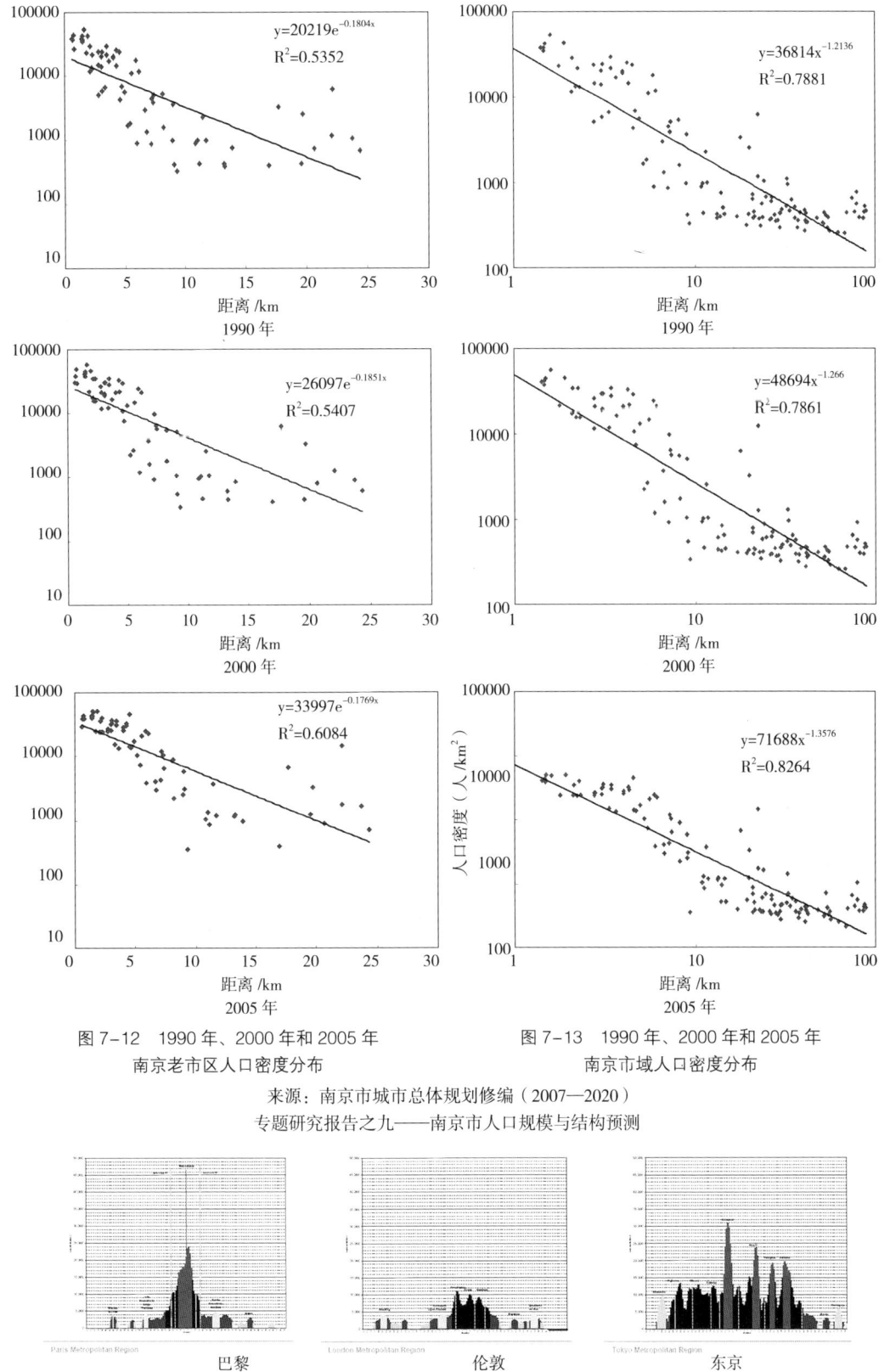

图 7-12　1990 年、2000 年和 2005 年
南京老市区人口密度分布

图 7-13　1990 年、2000 年和 2005 年
南京市域人口密度分布

来源：南京市城市总体规划修编（2007—2020）
专题研究报告之九——南京市人口规模与结构预测

图 7-14　世界大城市建成区人口密度剖面
来源：http://www.demographia.com/

式中　P——都市区的人口数量；

　　　a——建成区面积；

　　　A——都市区面积。

一般来说，生态密度的值越大，就意味着都市区内的开敞空间较多，生态空间与建设用地就越是一体化发展。

武汉都市区面积 3261km²，2020 年建设用地 906.3km²，生态密度 3.5；南京都市区面积 4388km²，2020 年建设用地 928.9km²，生态密度 4.7。测度大城市都市区的生态密度可以此作为参考。

7.4.2.3　舒展度

除了生态密度之外，还有一个较为重要的测度指标，就是舒展度（图 7-15）。大城市都市区簇群式楔环结合的绿色生态开敞空间、环形放射道路网络以及中心放射组群式的用地组织都可以说明大城市都市区簇群式空间外围是一种轴向伸展的结构。因此本书在此设计了舒展度这一测度指标。

以人口密度或土地开发来确定都市区的中心（重心），进而以中心为起点，作出都市区在不同发展方向上的人口密度剖面或土地开发规模剖面，以同等的空间尺度来比较不同的大城市都市区结构。如果都市区是簇群式结构，那么在不同的平面方向上的延展距离就会有很大的差异。反之，如果都市区仅仅是一个圈层结构，那么在不同的平面方向上建成区的延展距离就会是相近的。

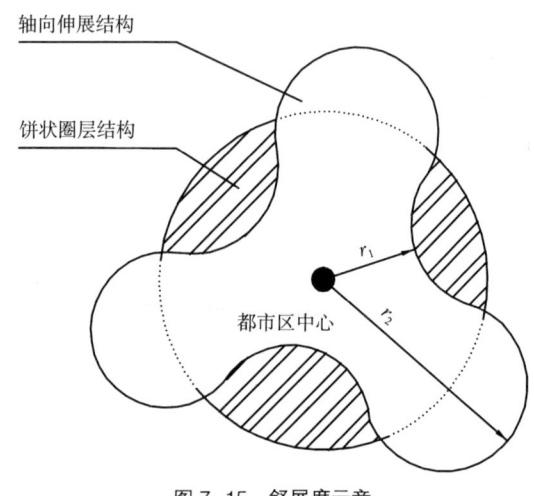

图 7-15　舒展度示意

例如以武汉 20 世纪 90 年代以来的土地开发重心为圆心，计算出各组团的开发重心，按扇形圆周系统，沿 I－V、II－VI、III－VII、IV－VIII四个方向纵切，并计算出开发重心距重心的距离，作出剖面图，如图 7-16 所示，详见附表 2～附表 4。

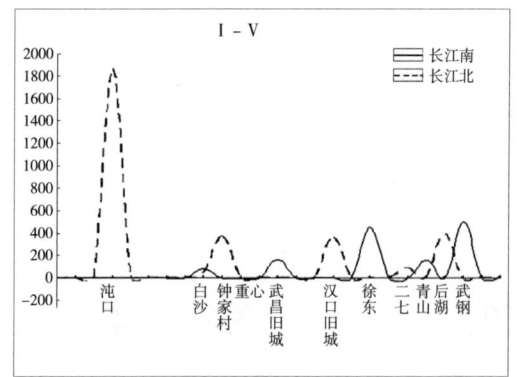
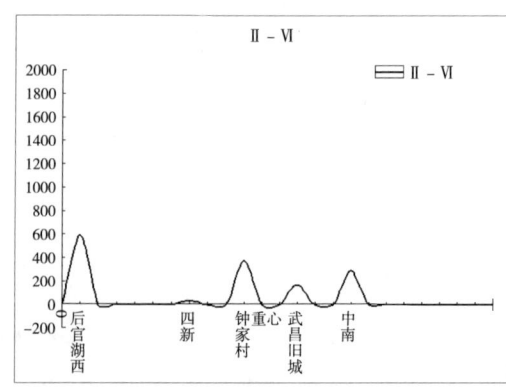

图 7-16　20 世纪 90 年代以来不同轴线城市土地开发量比较

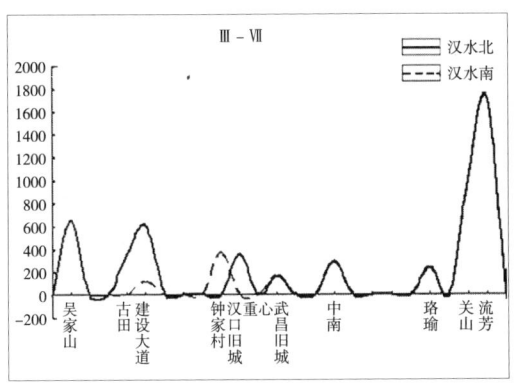

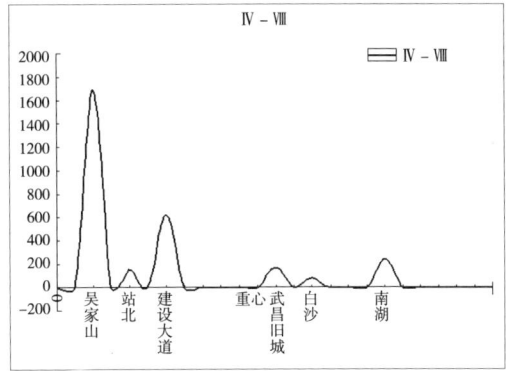

图 7-16　20 世纪 90 年代以来不同轴线城市土地开发量比较（续）

由图 7-16 可以看出，武汉土地开发在不同轴线上的延伸距离有很大差异，因此可以判定武汉都市区是轴向延伸结构，因此也是簇群式结构。

但同时应该指出，虽然簇群式空间在不同轴线上延伸的距离有很大差异，但延伸轴的总长度并不长，如图 7-17 所示。至少在 50km 半径范围内，簇群式大城市空间没有伦敦、东京和纽约以及上海等城市的延伸轴距离长。

图 7-17　50km 范围内簇群式大城市空间示意

7.4.2.4　分形维数

不同类型的分形维数可以定量度量区域内城镇的空间分布特征，进而揭示空间组织结构。因此本书在测度部分引入分形维数分析。分形维数可以用来判定大城市都市区簇群式空间用地组织形式，进而判定一个大城市是否为簇群式空间结构。

分形维数已成为城市形态对比的一个实用指标[1]，它包括半径维数、网格维数、相关维数和边界维数。本书主要采用的是半径维数和网格维数。半径维数是从城市生长的视角，考虑城市从重心向外围扩散的趋势；网格维数主要从城市空间结构的角度，考虑的是城市土地利用的总体布局。

---

① 马荣华，顾朝林，蒲英霞等.苏南沿江城镇扩展的空间模式及其测度 [J].地理学报，2007，(10)：1011-1022。

1）主要方法

（1）半径维数

假定城市建成区域具有某种分形特征，且分形体在各个方向上是均匀变化的，那么距离中心半径为 r 的圆形区域内的建成区面积 $N(r)$ 与 r 具有如下关系：

$$N(r) = ar^{D_r} \qquad (7-1)$$

其中 a 称为形状因子，D_r 称为半径维数。它反映城镇分布从中心向周围密度衰减的特征。我们可以从式（7-1）中得到城市建成区域的分布密度 ρ 与距离中心距离 r 的关系为

$$\rho(r) \propto r^{D_r-2} \qquad (7-2)$$

从中可以看出，$D_r=2$ 表示城市在整个区域内均匀分布，$D_r<2$ 表示城市在中心较为密集，而在远离中心的地方相对稀松。半径维数反映了城市用地的向心集聚程度和空间分布格局，其值越小，表明土地的向心集聚程度越强，即越集中在城市的中心；反之，空间布局越趋向于城市的外围。

（2）网格维数

如果将建成区域用边长为 $\in$ 的小格覆盖，则所需要格子的个数 $N(\in)$ 与 $\in$ 服从如下关系

$$N(\in) = a\in^{D_g} \qquad (7-3)$$

其中 D_g 称为网格维数，它表示的是城市分布的均匀性，一般在 1 到 2 之间，若 $D_g=2$ 表示其在整个区域内分布均匀，D_g 越大表示分布越均匀。网格维数反映了城市土地利用空间分布的均衡性，维数越大，土地利用形态越均衡，反之越集中。

以上两种维度的计算都需要采集城市建成区面积和位置的数据，我们根据（地图来源）城市建成区域的地图，转换成灰度图，黑色区域表示建成区域，白色区域表示非建成区域，为了提高图像的准确性，我们采用最近邻方法，对于建成区域和非建成区域难以界定的位置进行划分，得到三张灰度图（图 7-18）。

可以用图上的黑色像素点的多少表示建成区域的面积，通过 Matlab，将像素为 M×N 的灰度图转化为 M×N 的矩阵，用 0、1 分别代表图像中的黑色像素点和白色像素点，从而可以通过统计一定区域内的黑色像素点的个数来代表该区域内建成区的面积大小。

南京　　　　　　　　武汉　　　　　　　　长沙

图 7-18　案例城市分形维数计算灰度图

2）半径维数计算

以南京市为例。在计算半径维数时需要的城市中心采用的是所有建成区域的质心，南京地图像素为3296×3076，最终确定的城市中心为（1634，1661），这个和通常认为的南京中心也是吻合的。以此中心为圆心，半径取100，150，200，…，1000，计算半径维数。根据公式$N(r)=ar^{D_r}$计算得出南京的函数表达式是$N(r)=163r^{1.2097}$，对应的半径维数为1.2097，相关系数ρ是0.9651。

武汉城市中心为（1879，1804），半径取100，150，200，…，1000，函数表达式是$N(r)=5.11r^{1.8300}$，对应的半径维数为1.8300，相关系数ρ是0.9917；长沙城市中心为（1839，1967），半径取100，150，200，…，1000，函数表达式是$N(r)=63.4r^{1.4049}$，对应的半径维数为1.4049，相关系数ρ是0.9795。

结果如图7-19a所示，从图中可以看出，用形如$N(r)=ar^{D_r}$的函数在整体上逼近观

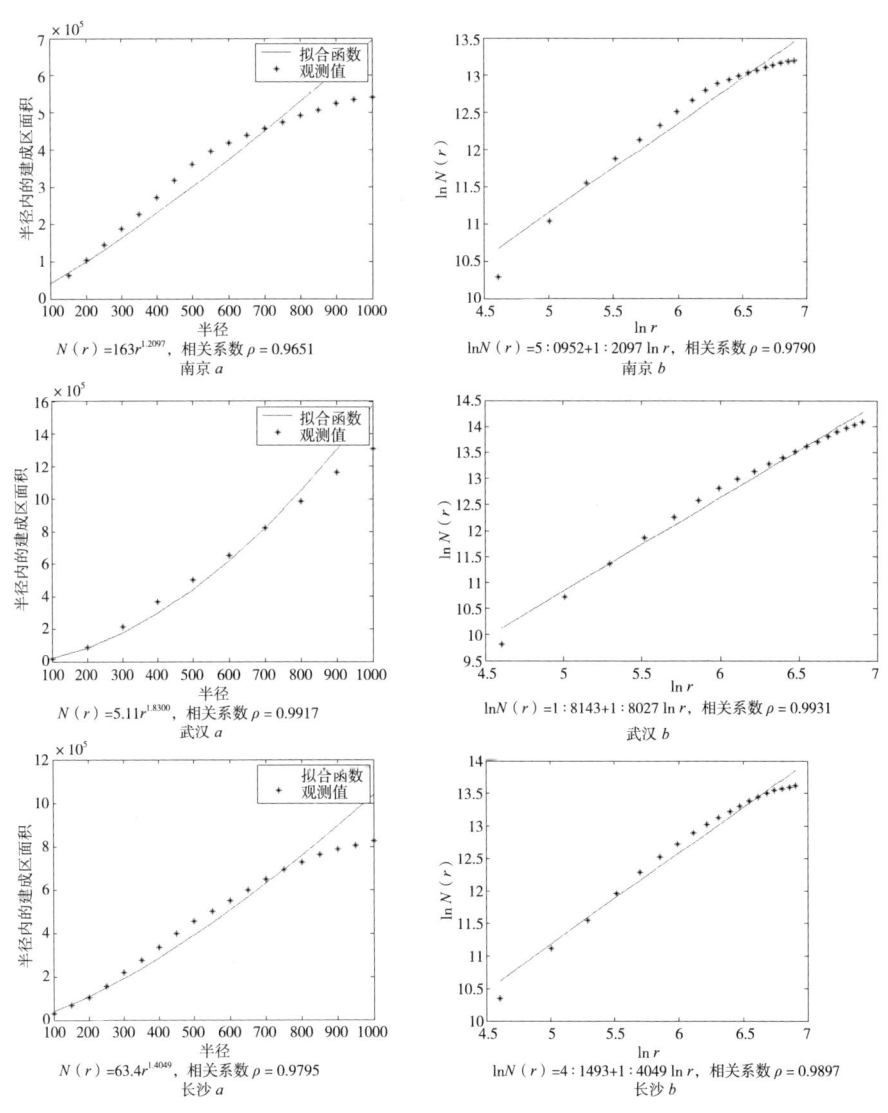

$N(r)=163r^{1.2097}$，相关系数$\rho=0.9651$
南京 a

$\ln N(r)=5:0952+1:2097\ln r$，相关系数$\rho=0.9790$
南京 b

$N(r)=5.11r^{1.8300}$，相关系数$\rho=0.9917$
武汉 a

$\ln N(r)=1:8143+1:8027\ln r$，相关系数$\rho=0.9931$
武汉 b

$N(r)=63.4r^{1.4049}$，相关系数$\rho=0.9795$
长沙 a

$\ln N(r)=4:1493+1:4049\ln r$，相关系数$\rho=0.9897$
长沙 b

图7-19　案例城市整体半径维数

测数值效果不是很好。

由于 $N(r) = ar^{D_r}$

因此 $\ln N(r) = \ln a + D_r \ln r$

如果可以画出（$\ln r$，$\ln N(r)$），并用一条直线去逼近的话，直线的斜率就是半径维数。则直线的方程分别是

南京：$\ln N(r) = 5 : 0952 + 1 : 2097 \ln r$

武汉：$\ln N(r) = 1 : 8143 + 1 : 8027 \ln r$

长沙：$\ln N(r) = 4 : 1493 + 1 : 4049 \ln r$

三个案例城市半径 r 都是取的 100，150，200，…，1000，对应的半径维数依次是 1.2097，1.8027，1.4049，对应的相关系数 ρ 依次为 0.9790，0.9931，0.9897。得出图纸如 7-19b。由于武汉、南京和长沙在整体上并没有很好的分形特征，拟合结果和观测值的相关系数要小一些，最小的 ρ 只有 0.9790。

基于上文分析，簇群式大城市都市区用地整体上的分形特征不是很好，这说明中心和外围的空间成长规律是不同的，这也正说明了上文都市区簇群式空间整体紧凑度不高的原因。从三个案例城市的图上可以明显看出，建成区域关于半径的关系在靠近中心和离中心有一定距离的区域是有所区别的，因此我们可以将都市区分成两个半径区域考虑，计算半径维数。以南京市为例，划分的第一个区域是以中心为圆心，半径在 400 以内的区域，其建成区面积和半径的关系表现在图 7-20a 中，拟合函数表达式为 $N(r) = 21.5671r^{1.5868}$，拟合结果与原始数据的相关系数 ρ 为 0.9968，对应的半径维数为 1.5868。说明在此区域内建成区密度随半径增大略有减小，但变化不大，空间均衡。

第二个区域是距离中心 550～900 范围内，其建成区面积和半径的关系表现在图 7-20b 中，拟合函数表达式为 $N(r) = 1182r^{0.5576}$，$\rho = 0.9994$，对应的半径维数为 0.5576，说明在此区域内建成区密度随半径增大而快速减小。

武汉半径维数如图 7-21，在图 7-21a 中，城市中心为（1879，1804），半径取的是 50，75，100，…，400，得到的图中的函数关系是 $N(r) = 0.9852r^{2.1471}$，$\rho = 0.9992$，对应的半径维数为 2.1471。在此范围内，建成区密度没有随半径增加而减小。图 7-21b 中半径取的是 500，525，550，…，900，得到的图中的函数关系是 $N(r) = 76.7996r^{1.4151}$，$\rho = 0.9997$，对应的半

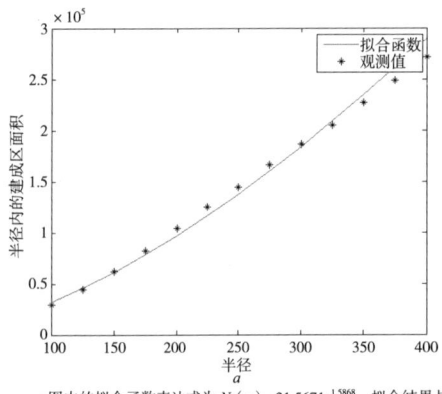

a 图中的拟合函数表达式为 $N(r) = 21.5671r^{1.5868}$，拟合结果与原始数据的相关系数 ρ 为 0.9968

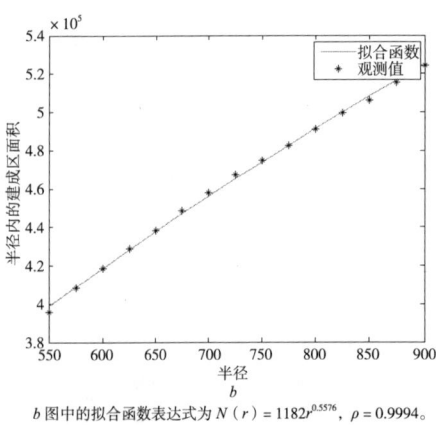

b 图中的拟合函数表达式为 $N(r) = 1182r^{0.5576}$，$\rho = 0.9994$。

图 7-20　南京都市区半径维数

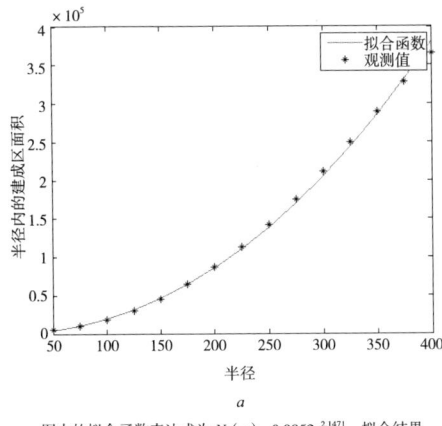

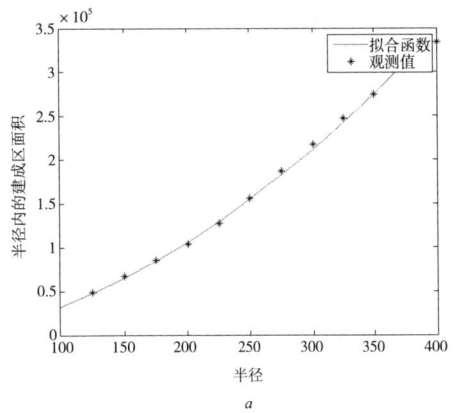

a 图中的拟合函数表达式为 $N(r)=0.9852r^{2.1471}$，拟合结果与原始数据的相关系数 ρ 为 0.9992

a 图中的拟合函数表达式为 $N(r)=12.71r^{1.7041}$，拟合结果与原始数据的相关系数 ρ 为 0.9991

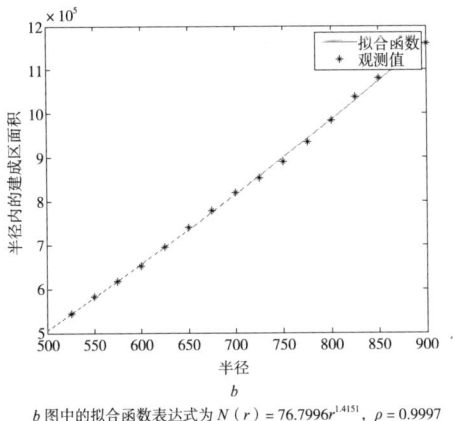

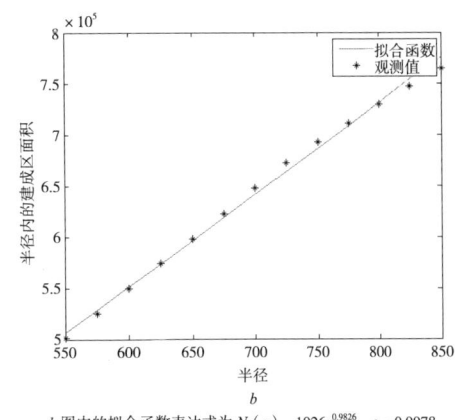

b 图中的拟合函数表达式为 $N(r)=76.7996r^{1.4151}$，$\rho=0.9997$

b 图中的拟合函数表达式为 $N(r)=1026r^{0.9826}$，$\rho=0.9978$

图 7-21　武汉都市区半径维数

图 7-22　长沙都市区半径维数

径维数为 1.4151。

　　长沙城市中心为（1839，1967），图 7-22*a* 中半径取的是 100，125，150，…，400，得到的图中的函数关系是 $N(r)=12.71r^{1.7041}$，$\rho=0.9991$，对应的半径维数为 1.7041，在此范围内，建成区密度没有随半径增加而减小。图 7-22*b* 中半径取的是 255，575，600，…，850，得到的图中的函数关系是 $N(r)=1026r^{0.9826}$，$\rho=0.9978$，对应的半径维数为 0.9826，同样说明在此区域内建成区密度随半径增大而快速减小。

　　划分不同半径计算的半径维数具有较好的拟合，三个城市也都表现出中心半径维数大，外围半径维数小的特征，这也正说明了簇群式大城市都市区中心—组群的用地组织形式。中心的半径维数大，说明用地几乎铺满整个研究区域；外围中心的半径维数小，说明外围用地规模还不大，呈现出很强的向心集聚力，扩散的距离不远，这正体现了簇群式大城市都市区强中心的不均衡特性。综上分析，可以用半径维数来判定一个大城市都市区空间。

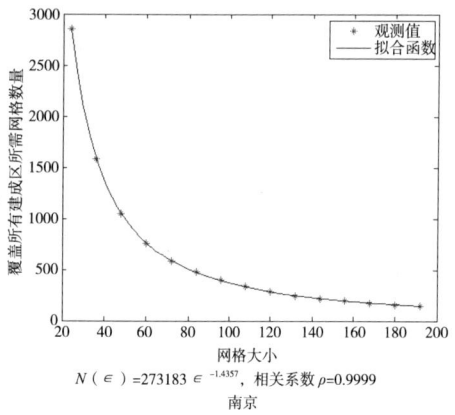

$N(\in)=273183\in^{-1.4357}$，相关系数 $\rho=0.9999$

南京

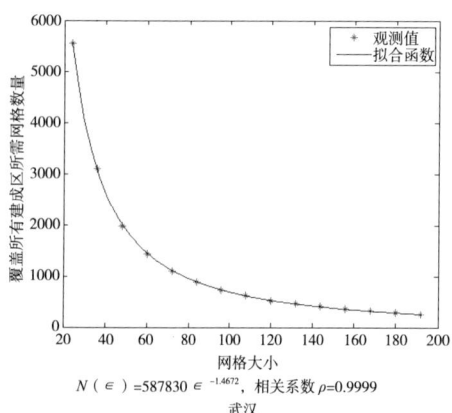

$N(\in)=587830\in^{-1.4672}$，相关系数 $\rho=0.9999$

武汉

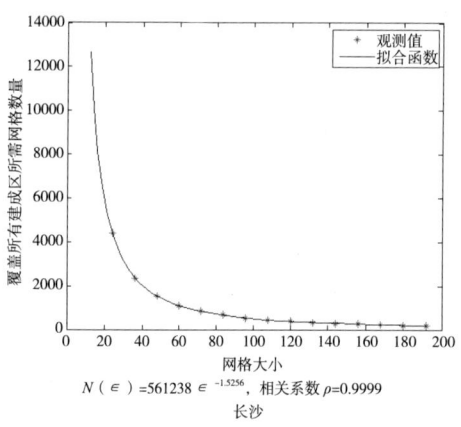

$N(\in)=561238\in^{-1.5256}$，相关系数 $\rho=0.9999$

长沙

图 7-23　案例城市网格维数

上文在分析都市区整体用地时计算过武汉和长沙的紧凑度，发现簇群式大城市都市区的紧凑度较低。在此结合半径维数的分析可以看出，簇群式大城市都市区空间不能一概而论，它的中心强大分布较为均衡紧凑，外围虽小但向心集聚且紧凑，但整体上却表现出紧凑度低的特征，从另一方面来看，这也是测度一个大城市都市区空间是否为簇群式的标准。

3）网格维数计算

以南京为例，由于地图像素为 3296×3076，我们选择的网格边长分别为 24，36，48，…，192，网格边长越小就需要越多的网格才能覆盖建成区域，最终得到边长 $\in$ 和所需网格数量 $N(\in)$ 的关系拟合函数表达式为 $N(\in)=273183\in^{-1.4357}$，从而网格维数为 1.4357，相关系数 $\rho=0.9999$（图 7-23）。

武汉的网格边长取为 12，24，36，…，192，图中的拟合函数表达式是 $N(\in)=587830\in^{-1.4672}$，网格维数为 1.4672，相关系数 $\rho=0.9999$（图 7-23）。

长沙的网格边长 $\in$ 取的是 24，36，48，…，192，图中的拟合函数表达式是 $N(\in)=561238\in^{-1.5256}$，网格维数为 1.5256，相关系数 $\rho=0.9999$（图 7-23）。

案例城市的网格维数大小基本相当，簇群式大城市都市区用地分布不均衡。

上文以案例城市为例，介绍了用分形维数如何测度大城市都市区空间。类似其他大城市都可以用同样的方法进行测度。

同样的方法，计算东京和上海的分形维数，可以得到下面的结果，如图 7-24～图 7-26 所示。

东京城市中心为（1242，1298），半径取 100，125，…800，函数表达式是 $N(r)=11.7353r^{1.7402}$，对应的半径维数为 1.7402，相关系数 ρ 是 0.9978；上海城市中心为（980，1559），半径取 100，125，…800，函数表达式是 $N(r)=12.7841r^{1.7300}$，对应的半径维数为 1.7300，相关系数 ρ 是 0.9959。东京和上海这两座城市的整体半径维数拟合很好，这两个城市中心与外围的生长肌理是一致的。这与案例城市完全不一样。因此东京和上海不是簇群式结构。由此也可以得出未来簇群式大城市的发展重点与难点都在外围组团。

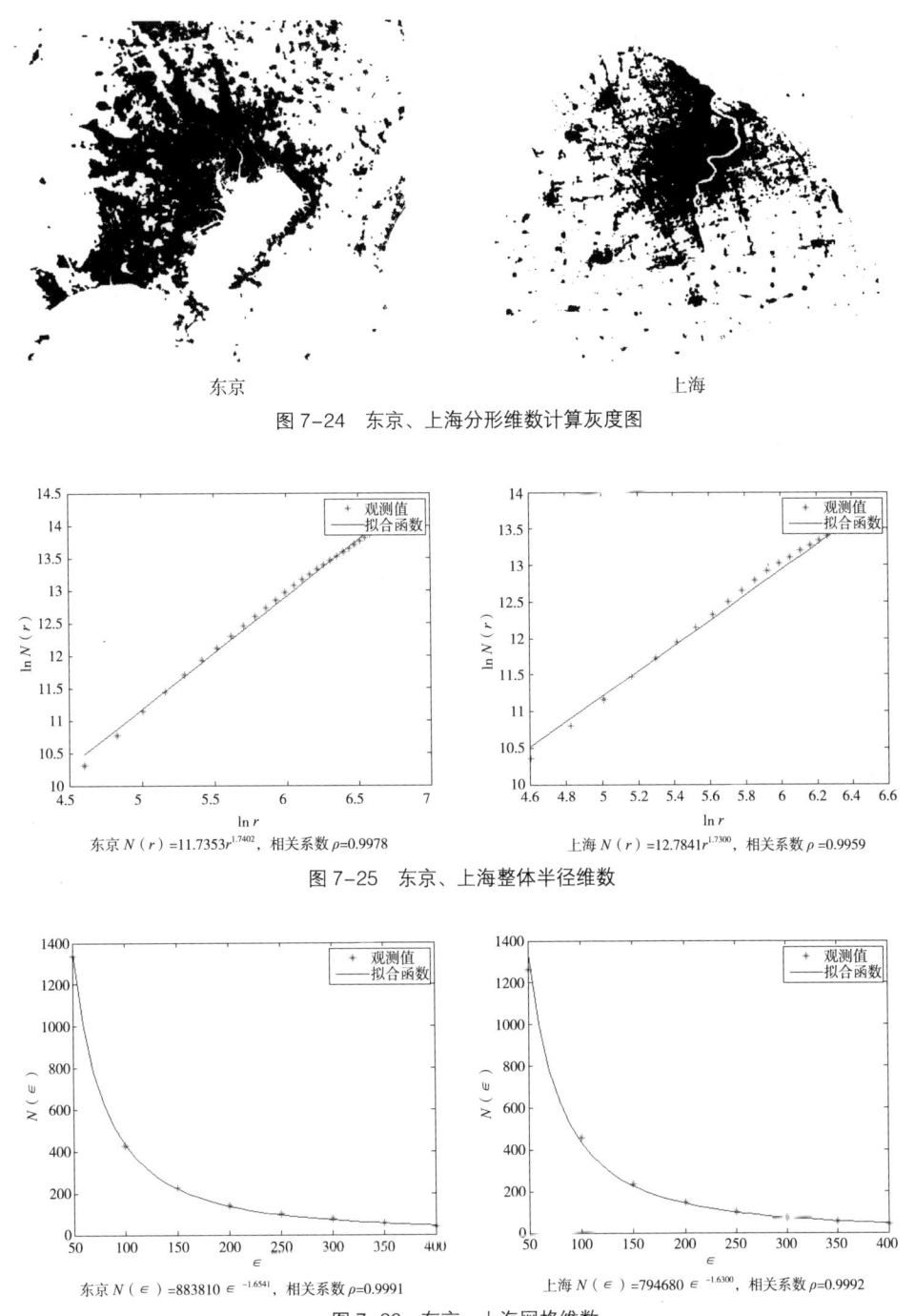

图 7-24 东京、上海分形维数计算灰度图

东京 $N(r)=11.7353r^{1.7402}$，相关系数 $\rho=0.9978$　　上海 $N(r)=12.7841r^{1.7300}$，相关系数 $\rho=0.9959$

图 7-25 东京、上海整体半径维数

东京 $N(\epsilon)=883810\epsilon^{-1.6541}$，相关系数 $\rho=0.9991$　　上海 $N(\epsilon)=794680\epsilon^{-1.6300}$，相关系数 $\rho=0.9992$

图 7-26 东京、上海网格维数

同时东京和上海的网格维数 1.6541 和 1.6300，比簇群式空间结构案例城市高，说明这两个城市的空间分布较簇群式结构均衡，不是簇群式结构。

判定一个大城市都市区空间结构是不是簇群式结构，也就是对一个大城市都市区空间进行测定，需要将衡量标准与测度统一起来使用，才能在一定程度上对大城市都市区空间作出较为准确的判断（详表 7-1）。

7.5 分形与大城市都市区簇群式空间结构模型的修正

7.5.1 分形

分形是自欧几里得以来几何学最大的一次变革。

1975 年,美籍法国数学家曼德尔布罗(B.B.Mandelbrot)提出"分形"(Fractcal)一词,来描述自然界、人类社会中普遍存在的这种不规则复杂现象,使人类对客观世界的认识更接近于真实。分形态(即分形构造)是介于无序与有序之间的状态,是自然界分布最广泛的状态,这种状态是不稳定或者准稳定的,这正是自然界运动、发展、演化的根本原因。分形就是部分与整体存在某种自相似性的几何图形,分形的本质是形的变换,与尺度无关。

曼德勃罗曾经为分形下过两个定义:

(1)满足 $Dim(A) > dim(A)$ 的集合 A,称为分形集。其中,$Dim(A)$ 为集合 A 的 Hausdoff 维数(或分维数),$dim(A)$ 为其拓扑维数。一般说来,$Dim(A)$ 不是整数,而是分数。

(2)部分与整体以某种形式相似的形,称为分形。

可以用科克雪花的构造过程直观地阐释分形的形成及其特征。可以通过把两条边的三角形放在一条线段的中间 1/3 处来构建。四条较小的边重复这个方法,就产生了一条褶皱线,然后不断重复这个过程直到无限小,最终就会得到一个数学分形(图 7-27)。

分形有两个无法分离开来的特征:一是层次嵌套自相似性(Self-similarity),即分形体的局部与局部,局部与整体相似,每一个局部膨胀到一定尺度都与整体的形状一样,因而有规律可循,如图 7-28;二是粗糙性、不规则性、破碎性,即无标度性(Non-scaling),不能用长度、面积、体积这类规则几何的特征量来描述。

按照曼德勃罗的解释,fractcal 一词的拉丁文原型 fractus(形容词)和 frangere(动词)

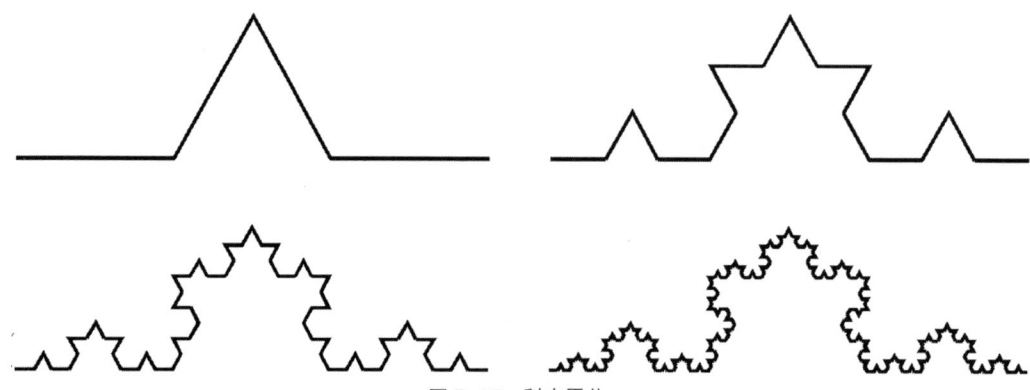

图 7-27 科克雪花

来源:尼克斯 ·A· 萨林加罗斯 . 城市结构原理[M] . 阳建强等译 . 北京:中国建筑工业出版社,2011:126

强调的就是不规则的、断裂的，即非自相似性。这两方面既是对立的，又不可分离地存在于同一事物中。一切自然分形都是自相似性与非自相似性的对立统一，规则性与不规则性的对立统一，确定性与随机性的对立统一，结构精细性与粗糙性的对立统一[1]。吴彤（2001）综合各种对分形概念的定义，认为"分形是指某种具有不规则、破碎形状的，同时其部分又与整体具有某种

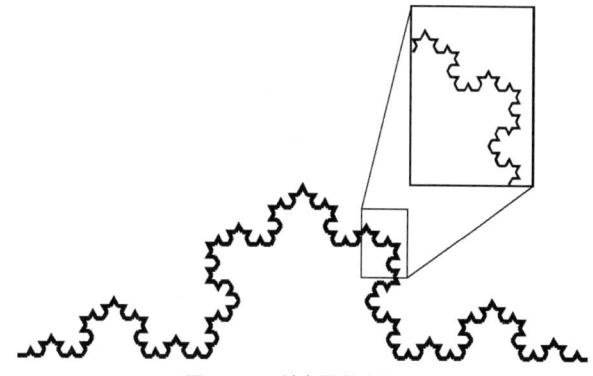

图7-28　科克雪花自相似
来源：尼克斯·A·萨林加罗斯.城市结构原理[M].阳建强等译.北京：中国建筑工业出版社，2011：126

方式下的相似性的，其维数不必为整数的几何体或演化着的形态"。

正是分形所具有的自相似性和无标度性这两大特征，为我们理解客观世界的复杂性提供了新语言和新工具，这就是递归、嵌套和自相似。自相似是跨越不同尺度的对称性，它意味着递归，意味着嵌套，意味着嵌套在不同层次的演化、出现和交替。自此，复杂性在分形中表现为某种意义上的对称性的无限和有限的自我嵌套，反映了事物结构内在的统一性，从大尺度到小尺度保持一致的分支行为，从而通过递归、嵌套来把握由分支产生的整个结构。

由上文的分析可以得出，大城市都市区簇群式空间结构具有分形特征，中心与外围不同的分形特征，也就是说它适合大城市空间急速变化的情况，形成不同的分形结构的叠合与镶嵌。因此可以运用这一分形特征对大城市都市区簇群式空间结构模型进行一定的修正。

7.5.2　模型的修正

由于分形的嵌套（自相似）特征，可以画出大城市都市区簇群式空间结构的嵌套，如

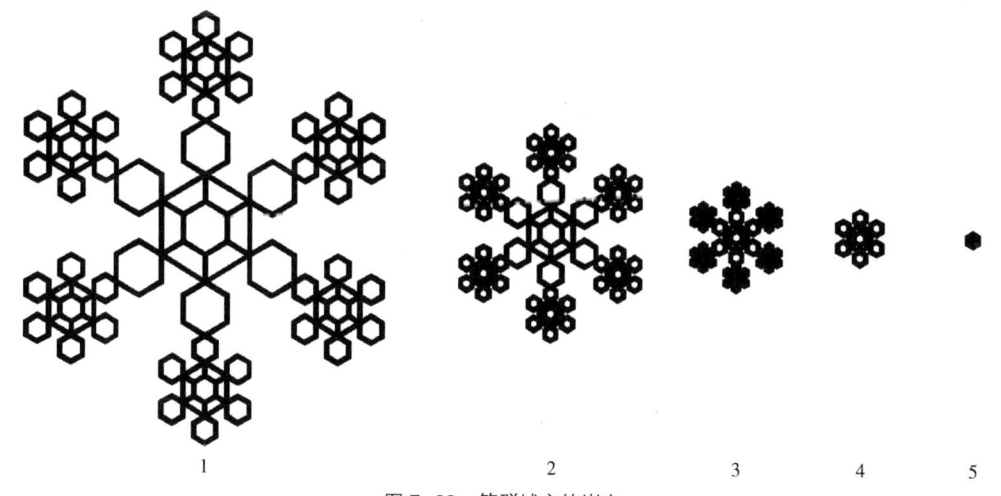

1　　　　　　　2　　　　　3　　　4　　　5
图7-29　簇群城市的嵌套

---

[1] 赵珂.城乡空间规划的生态耦合理论与方法研究[D].重庆：重庆大学，2007。

图 7-29 所示。假设有 5 个不同尺度的
簇群城市，那么上文所得出的理论模式
仅仅只是其中一个，我们假设它为 2 号。
这也就说明，簇群城市在不同尺度上还
有 1 号和 3 号，甚至更多的模式都是客
观存在的。

7.5.2.1 宏观

城市都市区簇群式空间结构，是
一种"动态生长"的城市空间结构，它
不仅是大城市都市区空间的一种布局
结构，而且也是一种空间生长方式、生
长过程。经上文分析，大城市都市区
簇群式空间结构具有特殊的分形
特征——中心与外围不同的分形特征，
大城市都市区簇群式空间结构，可以作
为宏观结构，也可以作为中观结构，甚至微观结构。

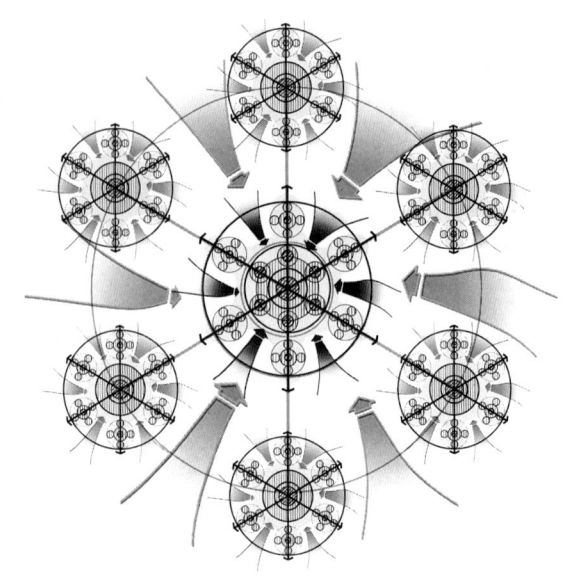

图 7-30　簇群城市区域化发展示意

首先，可以得出大城市的区域化层面的簇群城市，如图 7-30 所示。这也就是图 7-29
中的 1 号。在更宏观的尺度，每个层面的大城市都市区簇群式空间结构都可以充分发挥优
势而带动整个空间结构最优化。当大城市空间发展中出现类似簇群式城市相同情况时，在
不同的地域都可以选择大城市簇群式空间结构。

7.5.2.2 中观

关于城市形态的分形，加拿大科学家凯（Kaye）在其《分维漫步》一书中进行了
如下描述[①]：当我们走进某个城市扇形区（Sector）的时候，我们可以看到居住用地
（Residential）、工商业用地（Commercial-industrial）、开放空间（Open Space）和空闲地（Vacant
Land）等用地类型。但是，每一种用地都不是纯粹的一类用地，当我们走进以工商业用地
为主的街区（District，大致相当于我们的街道）的时候，我们还可以看到住宅用地、工商
业用地、开放空间和空闲地。进一步讲，从街区走进以开放空间为主的邻里（Neighborhood），
从邻里走进以空闲地为主的场所（Site）时，看到的依然是上述各种用地类型的组合。相
同的城市用地结构（住宅—工商业—开放空间—空闲地等）在扇形区、街区、邻里和场所
等不同的层次上重现自己，这就是自相似的基本思想。

分形城市形态基于生态城市结构，分形城市规划在中观尺度上要求城市中必须具备足
够数量的绿地和开放空间。大城市都市区簇群式空间结构在中观层次也要运用分形特征，
创造富有生机活力的城市。

---

① 转引自：陈彦光. 分形城市与城市规划［J］. 城市规划，2005（2）：33-40。

8

大城市都市区簇群式空间发展控制对策

在城市空间的研究过程中，由于始终存在着理想主义的价值判断。随着政治经济学，特别是制度经济学等社会科学思想的新发展与再认识，同时也是基于现实城市化世界的新现象，以及进一步吸收了其他社会学科的新成果，对城市空间结构的研究走向空间解释与趋势分析[①]的方向。

所谓"空间解释"也就是对具体的空间发展过程作出理论上的解释（经验研究），是先有空间现实，再寻找一定的理论工具或建构分析框架来解释空间现象。并且，在解释理论中将实际空间行为者的价值偏好作为内生变量来处理，因为在空间过程中实际行为者的价值偏好是可观察的，而非主观地从外部设定的。这实质上是基于有限理性的认识：既然空间不能理性建构，那么不妨看看现实空间是如何形成的，是什么机制促使空间形成了现时的状态，而又是什么因素制约着空间没有达成另一种状态。这也就是本书案例城市的实证以及机理解释部分。

所谓"空间趋势"就是在现实空间解释的基础上，剔除了外设的价值判断，对空间的发展趋势进行分析，并试图通过若干政策与行动来影响空间发展（基于某种价值判断）。这实质上还是对理想空间的诉求，但在此是假定已经充分理解了现实空间发展的约束条件，而这些理解知识则来自于现实空间的既往经验以及不同空间的比较研究。政策与行动能否具有成效，取决于对这些约束条件的掌握程度。一旦对现实空间的约束条件有所掌握，则可以通过政策与行动对这些约束进行修正，弱化不利约束，创设或加强有利的约束。如果我们能通过空间解释，对空间现实背后的约束条件不断加强理解的话，则有可能通过各种行动使空间发展逼近理想状态[②]。因此，本书在提出大城市都市区簇群式空间结构的理论模型之后，就要对其未来的发展趋势进行判断，提出空间发展的控制对策，以理想主义的价值判断，通过理性主义以谋求大城市都市区簇群式空间结构转化为现实的种种使用措施与途径。

上文在当代大城市都市区空间发展的现状特征分析以及对未来空间发展作出判定的基础上提出了大城市都市区簇群式空间结构的理论模型。可以说，非均衡多中心的公共中心结构，环形＋放射"复合通道"的道路网络结构，楔环结合绿楔主导的绿色生态开敞空间结构如果能够完美有机结合，就能形成中心放射的组群式用地组织结构，也就能满足紧凑城市、生态城市以及低碳城市所提出的空间发展要求，符合城市空间未来发展的趋势。现阶段，大城市都市区簇群式结构所呈现出的特征在一定程度上满足了这些城市发展理念的要求，在今后的发展中，应继续以生态文明、低碳发展等理念为指导，对大城市都市区簇群式空间合理有序发展提出相应的控制对策，继续发挥优势，并逐步消除不利因素，引导大城市都市区簇群式空间健康成长。

[①] 韦亚平曾在《关于城市规划的理想主义与理性主义理念——对"近期建设规划"讨论的思考》一文中提出了"空间解释与趋势分析"。

[②] 韦亚平，赵民. 关于城市规划的理想主义与理性主义理念——对"近期建设规划"讨论的思考[J]. 城市规划，2003（8）：49–55。

8.1 大城市都市区簇群式空间结构的优缺点

8.1.1 大城市都市区簇群式空间结构的优点

8.1.1.1 符合大城市空间发展先进理念

经典城市规划思想对大城市都市区簇群式空间结构的启示　　　　　　　　表 8-1

	公共中心	道路网络	绿色生态开敞空间	用地组织
田园城市	城市体系由同心圆圈层布局的城市核心与低密度的外围组团共同构成	力图以达到用地与城市道路之间的动态平衡，城市之间由铁路相连	强调生态环境的建设，通过周边的农田和园地来控制城市用地的无限制扩张	若干个田园城市围绕中心城市，中心城市的规模略大，构成城市组群
带形城市	/	开创了沿交通干线轴线发展的新城市空间演化方式	/	形成了依托中心城沿交通走廊的若干"带形"用地
有机疏散	在整体上呈分散式的多中心结构	/	/	城市由若干功能组团构成，强调中心与外围极核用地的紧凑
多中心网络结构	中心城市的活动被分散在网络中，并集中到节点上，形成大小不一的中心	在主要节点之间，密集的线形城市沿交通线发展	在节点和线形发展地区之外是开放的乡村和公园	分散化的都市形态，在交通网络的交叉点上密度最高，在交叉点之间的主要通道上则形成线形的集聚带

　　大城市都市区簇群式空间结构能够在一定程度上与经典城市规划思想模型相一致，特别是在公共中心、道路网络、绿色生态开敞空间和用地组织等方面（表 8-1）。这说明大城市都市区簇群式空间结构也能称之为一种较为理想的空间结构模型。能够经受时间的考验，在一定程度上可以作为未来优化控制的理想空间结构模式。

　　同时紧凑城市、生态城市以及低碳城市的提出，相对来说只是一种城市空间发展的理念。但大城市都市区簇群式空间结构是确实已经客观存在，并且能最大程度满足上述这些理想的城市空间发展理念的一种城市空间结构（表 8-2）。

　　大城市都市区簇群式是多中心结构，可在疏解中心城吸引力的"反磁力"系统中起到重要的作用，并能有效缓解中心城过多的职能负担；同时外围若干中心将成为重要的城市功能增长核，合理引导城市空间的向外扩展。

　　环形＋放射"复合通道"的道路网络连通中心与外围，加速外围组团的发展，促进外围多中心的建立，特别是在大城市中通过快速路与轨道交通将城市中心区和外围联系起来，快速路主导产业空间发展，轨道交通主导人居空间发展，这样既可以引导城市轴向发展，形成复合交通走廊，又可以加快城市次中心的发展，道路网络与中心体系契合，使城市形成空间相对隔离但交通快速联结的空间结构，实现城市的可持续发展。

　　楔环结合的绿色生态开敞空间，与城市建设用地默契地整合在一起，成为高度一体化和谐相融的整体，"绿楔"限定了城市外围空间的轴向拓展方式，防止轴间填充式发展；同时，在中心城区外围形成环城绿带，控制中心城区的外溢、蔓延，突出反映了城市生态空间对城市建设空间控制与引导的双重作用。

簇群式大城市都市区用地向外扩展，主要依靠生长点沿交通轴线发展完成，这种轴向伸展的用地组织与自然生态环境具有更多的接触界面，轴向伸展也便于获得大运量公共交通的运营规模，可以提高城市空间结构的绩效。

大城市都市区簇群式空间结构整体形成疏密有致的空间形态，多极多层次的空间结构。也就是说，如果非均衡多中心的公共中心结构，环形放射"复合通道"的道路网络结构，楔环结合绿楔主导的绿色生态开敞空间结构在现有结合的基础上能够继续发展优化，就能形成中心放射、功能紧凑的组群式空间组织结构，也就能满足紧凑城市、生态城市以及低碳城市所提出的空间发展要求。如果控制得好，在今后很长的一段时间内，大城市都市区簇群式空间结构不失为一种较为优化的空间结构类型。

大城市都市区簇群式空间结构与经典城市发展理念的比较 表 8-2

结构要素		簇群式城市	紧凑城市 [*]	生态城市 [**]	低碳城市 [***]
公共中心	等级	多中心	功能空间的紧凑	/	合理规划配置城市功能服务设施
	分布	非均衡相对分散			
道路网络	形态	环形放射	优先发展公共交通，依靠公共有轨交通系统联系	/	减少出行及货运总量，并能支撑公共交通发展
	方式	快速路+轨道交通的放射走廊			
绿色生态开敞空间	形态	大面积自然山水形成的楔形空间	/	自然融入城市，最大限度地维持生态系统稳定，强调人与自然在一定时空整体协调的新秩序下共同发展	以生态系统为依托
		楔环结合			
	分布	城乡一体			
用地组织	形态	中心放射	分散化的集中，在节点处集中城市开发，适度土地使用的混合。建立安全的生态格局，形成绿色设区	/	/
	分布	中心+组群			
	功能	职能分化适度混合			

注：* 赵莹. 大城市空间结构层次与绩效——新加坡和上海的经验研究 [D]. 上海：同济大学，2006
    ** 鞠美庭，王勇，孟伟庆等. 生态城市建设的理论与实践 [M]. 北京：化学工业出版社，2008
    *** 吕斌. 中国城市空间增长的低碳化形态路径 [C] // 第四届 "21 世纪城市发展" 国际会议，2011

8.1.1.2 符合大城市都市区空间发展规律

大城市区域化与区域城市化发展已经成为世界范围内大城市发展的普遍趋势。近些年，中国城市区域化趋势明显。城市区域化是近 10 年来伴随着我国工业化和城市化高速发展而产生的城市产业、人口和空间的扩散现象，它不同于以往中外城市发展史上任何一次扩散现象，而是产生于中国特定背景下特有的城市空间扩散规律，今后相当长一段时期内，这一规律将伴随中国大城市的空间发展。

大城市都市区簇群式空间结构，是一种"动态生长"的城市空间结构，它不仅是大城市都市区空间的一种布局结构，而且也是一种空间生长方式、生长过程。经上文分析，大城市都市区簇群式空间结构具有特殊的分形特征——中心与外围不同的分形特征，这一特征可以适用于大城市的区域化过程。也就是说，大城市都市区簇群式空间结构，可以作为宏观结构，也可以作为中观结构，甚至微观结构。它适合大城市空间急速变化的情况，形成不同的分形结构的叠合与镶嵌。每个层面的大城市都市区簇群式空间结构都可以充分发挥优势而带动整个空间结构最优化。当大城市空间发展中出现类似簇群式城市相同情况时，在不同的地域都可以选择大城市簇群式空间结构。

当代一些大城市在都市区尺度上形成的簇群式空间，是客观存在的现象。上文已经论述了，在多种因素综合影响下形成的簇群式空间具备了一定的地域适应性，它符合具有簇群式大城市都市区空间发展共同特征的一类城市空间发展的要求。

综上两点，在时间序列上，大城市簇群式空间结构既是对经典城市规划思想的继承，又顺应了当前城市空间发展的要求，未来的发展可控制；空间序列上，大城市簇群式空间结构具有不同层面的地域适应性。因此可以称之为一种城市空间的优化模式。

8.1.2　大城市都市区簇群式空间发展面临的问题

然而大城市都市区簇群式空间在现状的发展中也存在一些问题和需要继续完善的方面。

8.1.2.1　中心过大会导致空间外拓动力不足

大城市都市区簇群式空间结构强大的中心会造成中心城压力过大，圈层式的发展仍占据主导地位，对人口疏散及城市进一步外扩造成一定的阻力，使外围中心发育不足。

目前簇群式大城市都市区仍处于内聚发展阶段，外围的中心处于发展初期，各种资源要素向都市区集聚，中心的作用依然强大，虽然簇群式大城市都市区外围若干组团中心将成为重要的城市功能增长核，在一定程度上也会引导城市空间的向外扩展。但外围公共中心规模与中心城还相差较大，外围组团中心规模与吸引力无法与中心抗衡，公共中心结构仍体现出强大的中心集聚特征。长此以往，会对城市空间发展产生负面影响。

大城市都市区簇群式空间结构层次分明、功能平衡的簇群组群是只有处在后工业化时期、城市化扩散阶段的大城市才能达到成熟稳定的状态，对于经济发展水平并不高，处于工业化中后期的高速城市化阶段的发展中国家城市来说，大城市都市区簇群式空间结构的形成还是存在不确定因素。由于经济发展未能达到相应的水平，城市的形态仍表现为空间的集聚，空间发展仍然围绕城市中心展开；同时产业拓展的强劲动力使得城市不得不大规模地向外围拓展，形成依托主城边缘轴线扩展的簇群式组团。随着城市经济的发展，这种情况势必会受到冲击，大城市都市区簇群式空间结构受到的挑战也在所难免。

8.1.2.2 外围组团分散拓展会出现蔓延态势

大城市都市区簇群式空间结构是中心组团对外围组团的引力与斥力达成平衡状态下的体现。对于大城市来说，既面临着城市规模做大来容纳大量的城市化人口，又要保证城市空间组织的优化，特别是拥挤的中心组团亟须分流大量的人口。因此，外围组团的快速成型也是大城市空间结构优化的必然要求。目前，大城市外围组团空间的发展通常是采取大规模的要素投入来达到快速成型的方式，粗放型的投入容易导致土地利用的集约度不高，功能空间分布不紧凑，空间分布较为分散。新城组群范围内，新增工业、居住等各项用地分布的分散程度较高，建设集约化效应难以体现，会导致蔓延态势的出现。如果不加以控制，会对大城市都市区簇群式结构未来的健康发展产生极大的负面影响。要改变这种发展形势，需要采用"紧凑城市"等城市发展理念来引导大城市外围组团的发展。

8.1.2.3 开发时序控制不力将导致拥堵加剧

轨道交通不但能疏散人口也能聚集大量人口。目前，大城市的轨道交通主要分布在中心城，中心与外围组团之间的轨道交通发展相对滞后，这样的建设时序是为了缓解中心交通拥挤的燃眉之急；但从长远来看，先中心后外围的轨道交通建设时序不仅不利于外围组团的建设和中心城人口及交通的疏散，反而会进一步加剧中心城交通的拥挤程度。轨道交通作为大容量、快速的交通工具，不但能疏散人口也能集聚人口，轨道交通两侧往往也是人口高度密集的地区。中心城轨道交通建设会使周边地价大幅升高，带来更高强度的土地开发，吸引更多的人流，如果控制不好，会造成更大的拥堵。

簇群式大城市都市区现状外围空间公共和市政基础设施先期建设力度不够，导致其各方面设施的不完备，在一定程度上增加人们的出行距离，给中心带来更大的压力。

8.1.2.4 绿色生态开敞空间保护面临压力

生态开敞空间的维持关系到簇群式空间结构能否形成。作为都市区建设用地的空间隔离，绿色生态开敞空间系统若控制不好，都市区空间易形成圈层式的蔓延。蔓延往往沿交通线两侧展开，不断侵蚀原有的开敞空间，最终各个轴向上的蔓延空间连为一体，中心城区则向外扩展一圈。绿色生态开敞空间是城市优良的空间资源，具有开发成本低，开发获益多的优点。在市场经济环境下，由于土地开发活动具有天然的逐利性，对于开敞空间的关注度较高，导致绿色生态开敞空间往往成为经济活动的牺牲品。因此大城市都市区簇群式空间绿色生态开敞空间的保护面临很大的压力。

单纯的依靠规划或是相关的技术措施来解决经济发展与绿色开敞空间之间的矛盾是不现实的。必须通过相应的控制手段，与大规模投资的轨道交通一样，都需要相对强势的政府和一定的资本投入。

8.2 大城市都市区簇群式空间发展路径的控制

8.2.1 改变空间增长方式，实现空间结构的可持续

8.2.1.1 重视分形结构，加强空间结构序列

由上文大城市都市区簇群式空间结构测度的分形维数分析可以看出，大城市都市区簇

群式空间结构是由多个分形结构叠加形成的，它存在分形特征。因此上文单纯计算大城市都市区簇群式空间的整体紧凑度并不能完全反映特征，而只能说明大城市都市区簇群式空间中心与外围各组团已经各自发展成了相应的系统。

分形在不同尺度上，图形的规则性是相同的。如海岸线和山川形状，从近距离观察，其局部形状又和整体形态相似，它们从整体到局部，都是自相似的。大城市都市区簇群式空间也一样，它的中心城区、外围簇状组团都与簇群整体空间形态相似，呈现非线性的结构。

分形结构可以说是城市空间自组织的结果，它是城市空间自身发展的特征，是符合现有城市发展规律的，我们应该继续遵守这一发展方式并尽力排除各种不利于其发展的因素。

1）弱化圈层式发展

分形结构与圈层结构不同，本质上说，圈层结构的意义在于不断加强原有中心对周边的辐射作用。分形结构的形成是由于人们对不同等级公共设施存在不同需求，在都市区空间周边形成了与整体形态相似的簇状组团。

圈层结构和分形结构之间存在相互制约关系，共同影响城市空间结构的发展。当圈层结构的趋势强烈时，城市发展表现出对中心的高度依赖，从土地利用的角度来说，中心区的土地稀缺程度就会不断加强，随之表现出密度不均衡程度加剧，使邻近中心的分形结构所占据的空间急剧压缩，最后使分形结构破裂；当分形结构的趋势强烈时，城市对中心的依赖程度有可能会减弱，在距离原有中心一定距离的较高等级分形结构中，可能会发育形成新的城市中心（副中心），从而打破原有的圈层结构。圈层结构作用与分形结构作用之间的强弱关系变化，使城市空间结构在单中心结构和多中心结构中不断寻找新的平衡点，而当圈层结构作用远远大于分形结构作用时，城市的单中心圈层结构就会很难扭转[①]。

由上文的分析中可以得出，大城市都市区簇群式空间具有强大的圈层发展中心，而且簇群式空间外围组团与中心呈紧贴状态，中心如果依然以圈层式发展，这势必会弱化分形结构，不利于外围其他地域发育成新的中心。如果外围组团分形结构未能发育，城市结构将会朝着不可持续的方向发展。另一方面，在大城市都市区簇群式空间的发展过程中，外围组团中心与交通节点未能实现耦合，在空间上的错位同样也可能导致分形结构的弱化，若以较大的成本重新构建新的分形结构，此过程将造成城市资源的较大浪费。因此，在大城市都市区簇群式空间未来发展的过程中，我们应充分重视分形结构，改变以圈层式的空间发展主导方式，保持中心现有规模并进行内涵式发展，积极培育外围组团，促进较为理想的簇群式结构的形成。

2）保证中观层次结构的合理发展

大城市都市区簇群式空间结构是由多个分形结构叠加形成的，各个层次分形结构的组织效率对保持大城市空间结构绩效具有积极作用。如果将城市空间结构划分为宏观结构、

---

① 赵莹 . 大城市空间结构层次与绩效——新加坡和上海的经验研究［D］. 上海：同济大学，2006。

中观结构和微观结构，则可发现，三者之间具有相互支撑的作用。城市的中观结构表现为中心城区及外围各组团的组织结构，在任何一种宏观结构下，中观结构对交通组织的效率、人口适度的空间密度分布、用地的组织、绿地的安排等产生直接影响。中观结构具有承上启下的关键作用，如果中观层次的结构完整，能够将交通汇集到各个组群的中心，并通过高效的交通方式与高等级中心相连接，不但能够减少外界对中观结构自身的冲突，还能够提高交通的效率，支持宏观结构中的高等级中心，继而支持宏观结构。与此同时，中观结构将微观结构视作其组织的要素，能够对微观结构作出合理的安排，保证微观结构的稳定。

在大城市都市区簇群式空间呈现分形这一规律的前提下，对中观层面分形结构的控制成为未来发展的要点。中心城应以多个轨道交通站点为节点形成次中心、节点中心开发，各个中心之间的边界形成部分交叉覆盖，使整个中心城具有最好的可达性；外围应采用单个轨道交通站点为中心的单中心开发模式，中观层面可以在一定程度上延续圈层式的发展方式，以尽可能使并列的中观结构之间保持适当的距离，保证外围一定面积的生态绿地和生态廊道。

保证中观分形结构的发展，就有可能能使城市空间结构形成由高至低、不同层面的完整的序列，也就能为大城市簇群式空间的进一步有序发展提供保证。

新加坡空间结构层次的建构实现了理想的可达性分布和各个层次单元结构的完整性，在建构过程中，中观层面空间结构的组织发挥了重要作用。在新加坡案例中，宏观层面空间结构是由地铁线路来构建的，形成了点轴式的发展模式。中观层面空间结构由下而上地支撑着宏观结构，使地铁线路的结构性作用更加显著。新加坡典型的中观层面空间结构以地铁车站为中心，在这个中心设置与地铁进行接驳的公交站点（通常表现在地铁车站的垂直空间内建设大型的公交换乘枢纽），组织接驳公交线路将居民从地铁车站接送到各自的社区中心和邻里中心，方便居民沿步行小径在适宜时间范围内到达住处。地铁车站具有最高的可达性，在地铁车站设置了各项新镇级的公共服务设施如市政理事会、大型商业中心、文化娱乐中心、医院等，在社区中心布置社区俱乐部、零售商店、学校和娱乐场所，在邻里中心布置小游园、小广场和餐馆。可达性分布具有优势的地方，土地开发不仅表现出高密度特征，而且以公共设施和绿地为中心，提高了交通的效率和设施的服务范围。

新加坡中心城与新镇具有不同的中观层面空间结构，中心城轨道交通站点密集，在地铁车站周边适宜的步行范围内，以各个地铁车站为中心形成了若干开发节点，这些开发节点上形成高密度的商务或商业中心，由这些中心形成多中心网络状的中观空间组织结构。

新镇一般以单个地铁站为中心，利用公交或轻轨来组织接驳交通，使整个镇域范围内都能享受到地铁的便利。在接驳交通的组织中，分为两种模式：以公交接驳的模式，利用公交线路联系各邻里中心和社区中心，步行到站的距离较短，整个社区结构的范围较小；以轻轨接驳的模式，利用轻轨线路联系各邻里中心和社区中心，步行到站的距离较长，整个社区结构的范围较大（图 8-1）。

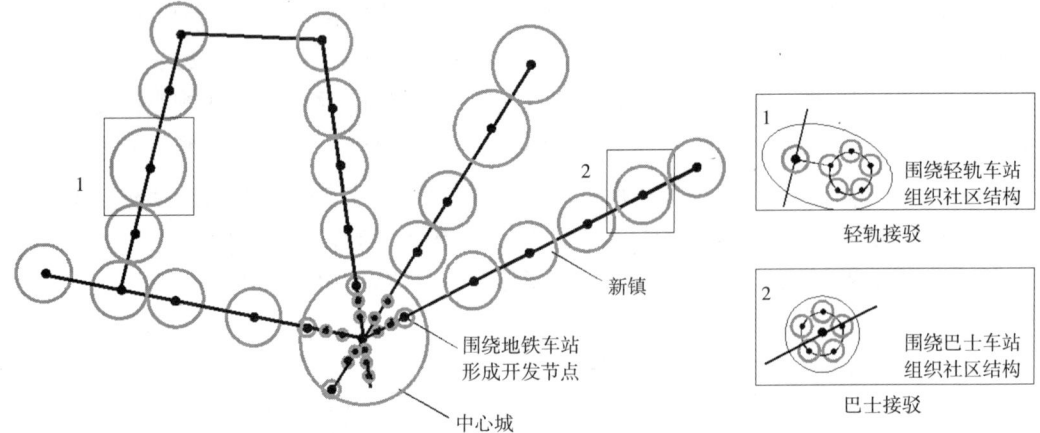

图 8-1　新加坡中观层次结构组织示意

来源：根据赵莹.大城市空间结构层次与绩效——新加坡和上海的经验研究［D］.上海：同济大学，2006 绘制

下面分别选取两个具有代表性的地区来具体分析 ①。

（1）中心区乌节路（Orchard）地区

a. 地区概况

乌节地区位于新加坡中心区内，面积约为 94hm²，是新加坡重要的商业街区。规划区分为 3 个次区域：东陵（Tanglin）区、林荫（Boulevard）区和索美塞（Somerset）区，面积分别为 16hm²、46hm² 和 32hm²，在后两个次区域内设立了两个地铁车站。规划商业用地的比例为 60％ 以上，居住用地为 7.4％，全部采用高层高密度和超高密度开发形式，居住人口 7000 人左右。

b. 地铁站点分布

整个中心城内地铁站点的分布十分密集，将乌节地区与全岛便捷地联系在一起。地铁南北线在地区内设置了索美塞和乌节两个站点，这两个站点与各自上下站点均相距 800m。以这两个地铁车站为中心，400m 为半径的范围，覆盖了整个地区将近 3/4 的用地，完全适用步行接驳地铁模式（图 8-2）。

c. 区内交通安排

为了将地铁车站的交通优势转化至整个地区，设计了与地铁车站连通的步行系统，使人流能够方便地聚集和疏散。宜人的步行廊道改善了整个区域的可达性，使不在地铁站上方的商业地块也具有极佳的开发区位。除规划有步行廊道外，围绕地铁站还设置了大量的人流出入口，将轨道站厅与商业联合在一起。

d. TOD 开发

在整个区域中，围绕地铁站 400m 之内的商业开发，其容积率达到了 5.6 和 4.9 以上。源源不断的人流与高强度土地开发相互支持，借助于步行系统，密度极高的"点"演化成为密度极高的"面"，实现了 TOD 开发（图 8-3）。

---

① 资料来源：赵莹.大城市空间结构层次与绩效——新加坡和上海的经验研究［D］.上海：同济大学，2006。

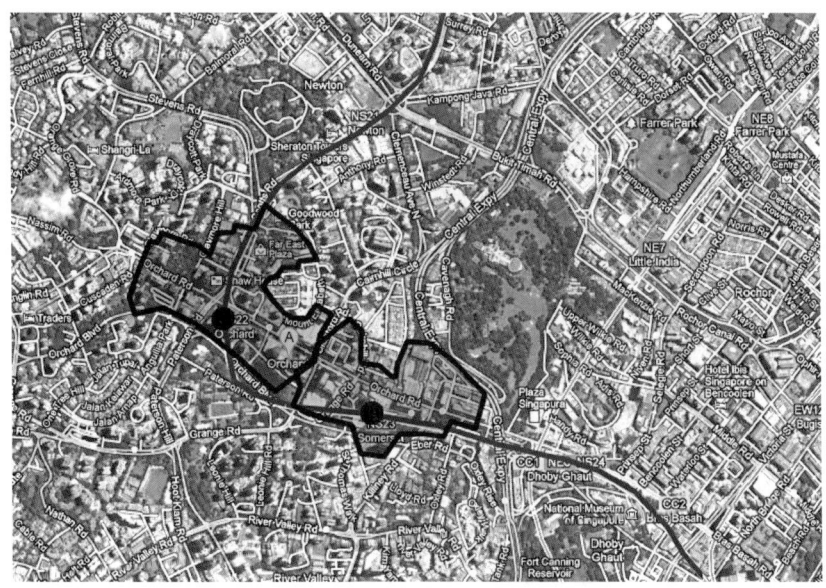

图 8-2 乌节地铁车站 400m 覆盖范围示意
来源：Google Earth

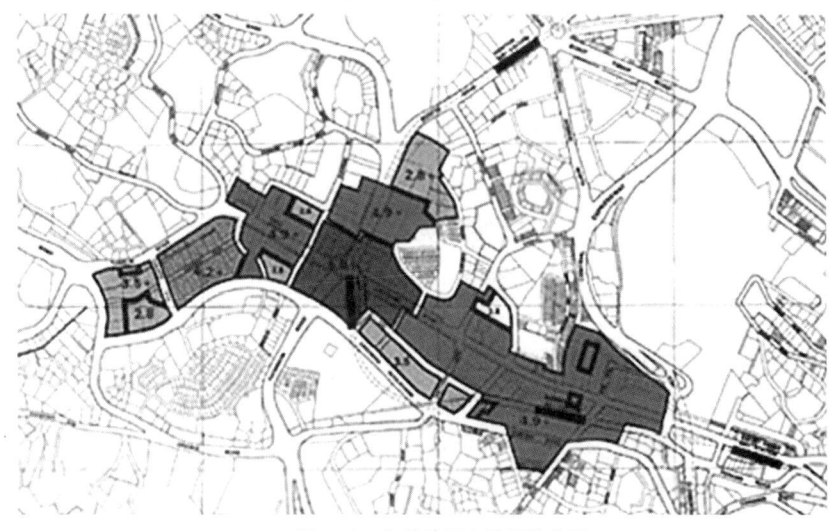

图 8-3 乌节地区土地开发范围
来源：赵莹.大城市空间结构层次与绩效——新加坡和上海的经验研究［D］.上海：同济大学，2006

（2）外围淡滨尼（Tampines）新镇

a.地区概况

淡滨尼新镇是新加坡住房发展局在 20 世纪 80 年代开始规划建设的新镇，位于新加坡的东南部，与中心城相距 12km，以勿洛（Bedok）干道、潘岛（Pan-Island）快速路和淡滨尼快速路为界，总面积约为 10km²。在区域规划中，淡滨尼新镇被划分为北区、东区和西区，已开发的范围为东区和西区，总面积约为 774hm²，共建有住宅 6.1 万套，居住人口超过 21 万，人口密度接近 280 人 /hm²。淡滨尼新镇具有便利的交通出行条件，地铁东西线在淡滨尼镇设立了地铁车站，乘坐地铁往返于中心城的时耗是 17min（图 8-4）。

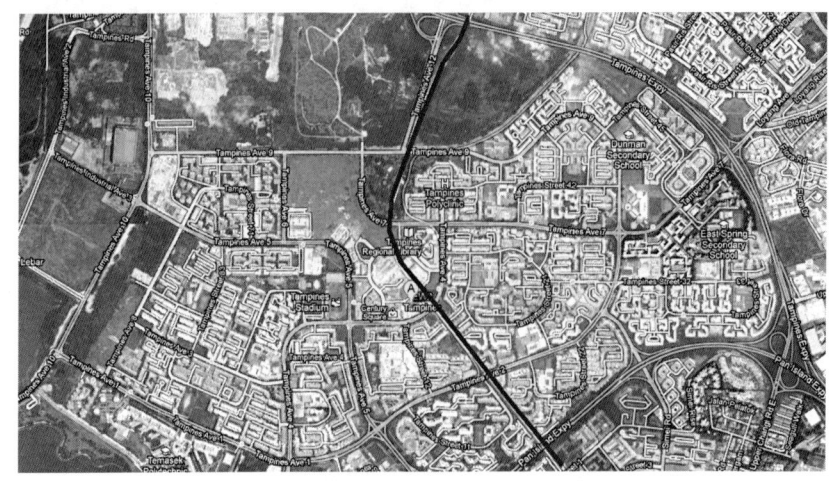

图 8-4　淡滨尼城区图
来源：Google Earth

　　b. 交通换乘枢纽与接驳交通组织

　　新加坡共有 18 个交通换乘枢纽，大都与地铁车站紧密结合，淡滨尼交通换乘枢纽就是其中的一个。淡滨尼交通换乘枢纽布置在地面层，总用地面积约为 1hm²，与地铁车站的站厅层通过廊道相连接，两者间的距离在 5min 步行范围内。换乘枢纽提供的公交服务包括干线服务（Trunk Service）、镇域服务（TownLink Service）、接驳服务（Feeder Service）和其他诸如夜间线路的特殊服务。

　　镇域服务和接驳服务的主要任务是将镇域范围内的居民接送到地铁车站，实现公共交通的门对门服务。为了确保准时性，这些线路的长度一般控制在 5km 以内，设站间隔为 300m。线路的组织以环线或半环线居多，以尽可能多地接近社区邻里。

　　c. 镇域空间结构与交通结构的对应

　　淡滨尼新镇由三个层次的社区结构组成。第一层次为新镇中心与新镇所构成的结构，新镇中心为全镇居民提供管理服务，并设置有大型商场和公共绿地；第二层次为社区中心与社区所构成的结构，淡滨尼新镇由 5 个社区组成，各社区的人口规模约为 4 万人，在每个社区的中心位置设置一个社区中心（Community Centre），在社区中心设置有社区俱乐部；第三层次为邻里中心与邻里所构成的结构，每个社区由若干个邻里组成，在邻里中心设有居民委员会（Residents' Committee）以及其他小型的商业设施和公共娱乐设施。

　　社区结构与交通结构取得了较好的对应关系。镇中心与地铁站紧密结合在一起，主要的大型公共设施分布在地铁站 300m 的范围内，由一组建筑通过连廊与地铁车站和公交换乘枢纽站相连。社区中心位于镇区内的生活性主干道一侧，方便公交接驳，其商业设施服务范围为 300m。在社区内，划分为更小的邻里单元（图 8-5）。

　　为了确保社区的完整性和接驳的均好性，淡滨尼新镇对路网进行了有机组织，主干路网间距控制在 500 ～ 800m，这样的间距既能够围合出一个较大型的社区，又能够让居民充分享受主干路网上公交的便利。同时，主干路的线性主体呈半环形，一方面形成向心收敛的趋势，另一方面有利于在居住区内对机动车辆的限速。在社区内，设置间距为

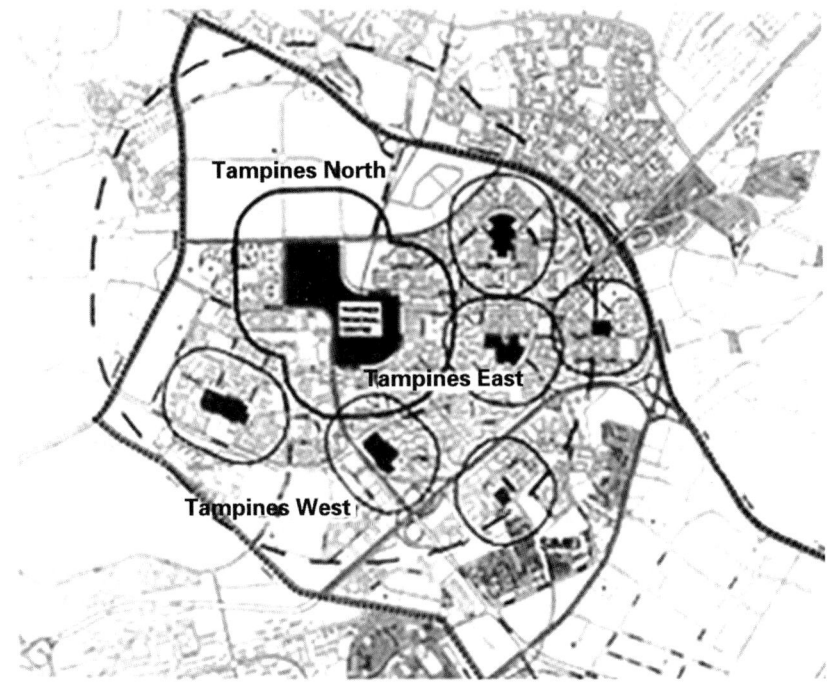

图 8-5 淡滨尼新镇商业设施分布

来源：赵莹．大城市空间结构层次与绩效——新加坡和上海的经验研究［D］．上海：同济大学，2006

250～300m 的支路，其作用是方便邻里组团内的行人和车辆出入社区。

d. 车站地区的 TOD 开发

在淡滨尼地铁车站的周边 300m 的范围内，形成了连续的高密度商业开发，使之成为地区商业中心，地铁车站不仅通过交通换乘的组织在交通意义上辐射整个镇域范围，在公共设施的等级意义上也成为全镇的中心。

TOD 成功开发的条件：轨道交通站点位于地块的中心，在地块中的商业设施能够成片开发，不受机动交通的干扰；在地块内的微观交通组织，通过舒适的步行系统相联系，加强公共设施的整体性；一定的地块，为将来新的公共服务设施的建设留有余地，从而不会因新的开发而改变或弱化既定的组织结构。这些条件都为大城市都市区簇群式空间结构的发展提供了思路。

8.2.1.2 关注功能空间的紧凑，倡导集约发展模式

低碳城市强调以人的行为为主导，以生态系统为依托，以科技创新为支撑，在保障经济发展和社会进步的前提下最大限度减少温室气体的排放，以实现城市的可持续发展[①]。反映在大城市都市区层面，都市区的空间结构要有利于减少总的出行距离以及货运总量，同时，要能够支撑公共交通的发展。在私人汽车数量上升的情况下，尽量形成"高保有量，低使用量"的局面。

---

① 付允，刘怡君，汪云林．低碳城市的评价方法与支撑体系研究［J］．中国人口·资源与环境，2010（8）：44-47。

众所周知"紧凑城市"的形态不应该只强调土地使用的高密度和高强度，更重要的是在城市生态格局安全的前提下，城市基本功能的紧凑。只有功能空间紧凑，才能减少出行距离或缩短出行距离，才能在都市区尺度上完成向低碳城市发展的重要一步。反过来一样，低碳城市要降低二氧化碳的排放量，在城市空间结构层面重要的一方面就是减少出行距离或缩短出行距离，出行距离的缩短也就实现了功能空间的紧凑，也就达到了集约建设的目的，因此，未来对出行距离的减少或缩短的措施很重要。

大城市都市区簇群式空间非均衡多中心的公共中心结构，环形 + 放射"复合通道"的道路网络结构，楔环结合绿楔主导的绿色生态开敞空间结构以及中心放射形组群式用地组织结构有效结合，是一种紧凑型的城市形态，在未来的发展中，如果能更加重视功能空间紧凑度的控制，最大限度地缩短出行距离，就可以达到低碳式的发展模式。因此在发展过程中，应着重控制交通量的产生。未来大城市都市区簇群式空间增长的低碳化途径在于城市空间结构形态的调整与合理规划配置城市功能服务设施。

1）增强外围组团的紧凑度与形态集中度

城市空间形态和中心分布的演化将带来不同的城市功能空间紧凑度，城市空间形态和中心分布类型的改变将带来城市功能空间紧凑度的改变。也就是大城市空间发展方式对功能空间紧凑度也有影响[①]。假设圈层增长模式与新城增长模式，城市的用地规模增长一倍（从 S 增长到 $2S$），用地规模为 S 的城市需要配置 1 个市级公共服务中心和 4 个区级公共服务中心。则通过综合平均出行距离的比较得知：圈层增长模式没有新城增长模式的平均出行距离变化显著（图 8-6）。

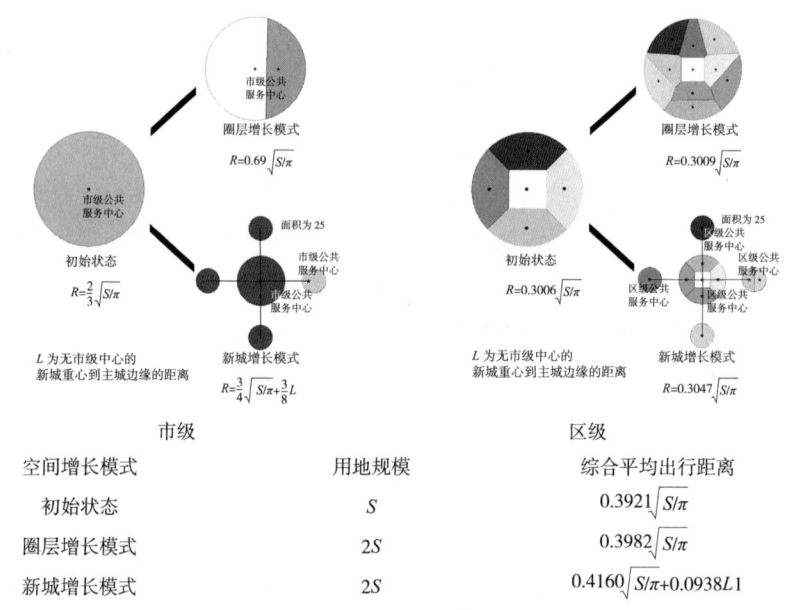

市级		
空间增长模式	用地规模	综合平均出行距离
初始状态	S	$0.3921\sqrt{S/\pi}$
圈层增长模式	$2S$	$0.3982\sqrt{S/\pi}$
新城增长模式	$2S$	$0.4160\sqrt{S/\pi}+0.0938L1$

图 8-6 公共服务中心的平均出行距离比较

来源：吕斌.中国城市空间增长的低碳化形态路径［C］// 第四届"21 世纪城市发展"国际会议论文集.
武汉：华中科技大学出版社，2011

---

① 吕斌，刘津玉.城市空间增长的低碳化路径［J］.城市规划学刊，2011（3）：33–38.

虽然这一研究并不能完全说明问题，但我们应该意识到城市发展路径的选择对功能空间紧凑的影响很大。对大城市都市区簇群式空间形态结构的发展而言，今后的发展重点应放在外围组团，实现从单中心到复合中心的空间扩张途径，同时要注重外围簇状组团的紧凑度与形态集中度，从而可以达到提高城市的功能空间紧凑度，改善环境，实现低碳的可行途径。

2）加强公共中心的合理化配置

吕斌（2011）选择城市交通出行情况作为联系城市形态与土地利用以及环境的典型指标进行评价。以产生的交通量最小为目的判断案例城市的合理城市形态。把问题归结到不同城市形态类型城市交通出行量计算问题上。在对中国 36 个大中城市样本进行了分析后，得出功能空间最为紧凑的城市形态特征为市级商业中心均质分布的组团状形式。这类城市内部的各项服务设施都较为均匀地分布，平均服务半径最短，城市各功能的空间紧凑度最高。功能空间最不紧凑的城市形态特征为带状以及市级商业中心分布不均质的组团状。由于某些片区或组团商业服务设施配套不完全，使得这些区域的市民需要到其他片区或组团进行购物，这就带来了大量的必要出行，功能空间不紧凑。

这一结论与上文大城市都市区簇群式空间结构模式对比，可以看出大城市都市区簇群式空间内部的各项服务设施在中心与外围组团中均有分布，可以缩短平均服务半径，城市各功能的空间紧凑度是比较高的。但现状某些组团商业服务设施配套规模还不大，有可能会带来一些不必要的出行，因此未来的发展应重视功能空间的紧凑，加大外围组团公共中心的配置力度与档次。

同时组团的规模不宜过小，否则将带来大量的城市交通出行从而降低城市的环境水平，也会使该类模式的公共服务中心经济效益降低。在城市空间增长的过程中为实现组团中心的经济效益最大化，不宜安排过多的组团在城市周围，应把现有组团做大做强，来满足城市规模增长的需求 ①。

8.2.2 政府主动控制，实现空间结构的最佳集体选择

在大城市都市区簇群式空间发展过程中，政府占有绝对的话语权，不仅在政治范畴，在经济以及社会范畴中，仍显示出了地方政府强大的作用，政府实际上仍居于各种资源配置者的中心地位。在未来的大城市都市区簇群式空间结构的发展中，应加强政府的主动控制，实现空间结构的最佳集体选择。

空间结构是集体选择的结果，基于市场的分散化个体决策无法实现结构的嬗变，必须依靠规划来加以优化。从规划控制力来看，"强势政府"在作出"最优的集体选择"这方面是能够有所作为的。对于交通供给和土地开发的战略性要素，如外围组团土地审批权的收回，以及外围组团用地的储备，轨道交通线路和站点用地等的布局，政府应积极主动地加以控制，使之真正发挥在空间结构中的奠基性作用。政治的选择是最终的决定力量。

---

① 吕斌.中国城市空间增长的低碳化形态路径［C］∥第四届"21世纪城市发展"国际会议论文集.武汉：华中科技大学出版社，2011。

在大城市都市区簇群空间未来发展过程中，以政府为主导的力量应重视城市空间开发过程的控制。如制定空间发展规划，确定产业和投资等引导政策，保护环境提升城市品质；设立空间成长控制区，在制定各级土地利用总体规划对土地分区发展进行管制的时候，将土地利用总体规划与城市规划有机结合，引导城市空间在适当的地区发展；实现基础设施同步开发，通过控制开发地区公共和市政基础设施的提供，来达到控制城市发展区位和时序的目的。

8.2.2.1　兰斯塔德空间结构和环境的控制

早在 20 世纪 50 年代，针对兰斯塔德人口集中、城市快速扩张所引起的空间紧张等问题，荷兰政府成立了由经济部、农业部、交通部、公共事业部和三个省（北荷兰、南荷兰和乌得勒支），以及四个主要城市（阿姆斯特丹、鹿特丹、海牙和乌得勒支）政府部门代表组成的国家西部工作委员会[①]，为兰斯塔德制定发展纲要，指出该地区要发展成为荷兰独有的分散型的世界级大都市区，保留既有的多中心都市区域结构，严格保护区域中心的农业用地，通过"绿色缓冲地区"形成空间分割防止城市连成一片，推进城市向都市区域的外围发展。

1966 年，面临郊区化快速发展的趋势，第二次国土规划提出组团式分散的概念，实行有集中的分散，力求既满足从城市迁出的人们对于高质量居住环境的要求，又能防止城市的过度扩张从而保持兰斯塔德特有的空间结构和形态[②]。

20 世纪 70 年代以后，随着疏散和郊区化的推进，内城有所衰落，出现一系列问题，为了实现内城更新，促进城市繁荣，兰斯塔德地区实行有限制的人口疏散，提出"城市区域"的概念，即将中心城市与周围的增长中心（新城）通过交通等设施有机地连接成整体。后来又提出"紧凑城市"（Compact City）的主张，集约化使用土地，通过严格的建设政策阻止城市扩张。

1990 年以后，兰斯塔德地区重点转向网络城市和城市网络的建设，在 2000 年第五次国家国土规划报告中明确提出"城市网络"（Urban Networks）的概念，而兰斯塔德是其中最重要的建设地区[③]。城市网络是高度城市化的地区，由大城市和密集的小城市借助基础设施网络共同构成网状，每个城市在网络中各有特点。规划城市网络的目的在于通过网络层面的协调合作，统筹基础设施建设，商业和服务业布局，以及公园建设（包括城市外大规模绿地及城市内绿色建筑），提高可通达性，实现同一城市网络内空间利用的集约化，保持空间的多样性和差异性，从而为每个人提供完整的生活、工作环境及服务[④]。2004 年新的《荷兰国家空间战略》进一步细化了"城市网络"，具体确定了优先发展兰斯塔德等 6 个国家级城市网络和 13 个经济核心区，并对关键城市网络节点进行投资建设。

在荷兰政府最新发布的远景规划"2040 年兰斯塔德战略议程"中，强调将兰斯塔德地

---

① 魏后凯．荷兰国土规划与规划政策［J］．地理学与国土研究，1994（3）：54-60．
② 华晨．兰斯塔德的城市发展和规划［J］．城市规划汇刊，1996（6）：16-25．
③ E.Meijers.Polycentric Urban Regions and the Quest for Synergy：Is a Network of Cities More Than the Sum of the Parts？［J］.Urban Studies，2005（4）：765-781．
④ 孙玥．荷兰：第五个空间规划——保持增长与环境的平衡［J］.宏观经济管理，2004（1）：52-55．

区作为一个整体来考虑，通过建设国际高速交通网络，加强具有国际地位的专业功能，促进集聚经济，推动一体化进程，提升城市品质等使兰斯塔德成为可持续发展的极具国际竞争力的地区[①]。该议程特别强调兰斯塔德地区的可持续发展与竞争力，认为空间质量是可持续发展和获取竞争力的关键，因此，绿带、蓝带与空间的联系以及区域整体网络继续得到高度重视。

自20世纪50年代以来，兰斯塔德的绿心一直是荷兰规划政策的核心，兰斯塔德地区多中心空间结构的保持还与荷兰将保护"绿心"作为国策密不可分[②]。尽管随着城市发展对空间需求的增加和农业本身经济规模的扩展，"绿心"成为城市化过程中城乡用地矛盾最突出、空间争夺最激烈的区域，但荷兰的国家政策和空间规划历来强调保护"绿心"的开放性，通过保持"绿心"的开放性防止城市蔓延，并获得较高的空间质量。尽管面临众多压力与争议，荷兰政府保护"绿心"的努力一直没有减少。正是这种努力，使得荷兰形成了相对分散的区域空间布局以及良好的空间环境，在发展的同时避免了普遍存在的大城市病。这也使兰斯塔德成为众多世界城市中具有鲜明多中心网络型城市特征的典型代表。

8.2.2.2 新加坡的轨道交通规划

新加坡城市开发成功的主要原因在于有一个明确、清晰和强有力的政府控制机制，它创造了坚定的政策环境，针对开发采取了建设性的方法，使专业规划者与企业能够很好地合作。新加坡面积狭小，资源匮乏，政府在城市发展中合理规划、明确职责、高质高效、以人为本，实现了优良的人居环境。

作为一个城市国家，新加坡的规划职能（包括发展规划和开发控制）归属中央政府。与其他经济发达国家一样，公众参与和规划申诉的法定程序使城市规划的民主性和公正性得以维护。但是，面对国土狭小和资源匮乏对于国家发展的严重制约，新加坡政府始终把效率作为公共管理的主要目标，更多地强调政府的意志而不是国民的选择[③]。

轨道交通的发展和土地使用都是通过强势的政府规划以及灵活的市场经济调控，使城市结构逐步完成从单中心蔓延模式向多极模式的演变[④]。新加坡的轨道交通建设在物质层面上体现出来的优越性，其实是同内部的土地政策和投融资环境息息相关的。

新加坡是一个以轨道交通系统为骨架，呈多中心居住模式的城市岛国。通过强势的政府规划以及灵活的市场经济调控政策，城市外延的发展聚集，土地混合使用，同大运量的轨道服务有效地联系起来，同时多种传统的交通方式也能各行其道。规划中有意识地将高层住宅和办公楼设置在靠近轨道的地方，将其可达性最大化，汽车使用最小化。其长远规划中还进一步把50个新市镇中心通过轨道服务联系起来。总之，新加坡以轨道优先的"奖励措施"配以限制汽车的"惩罚措施"，力求社会效益的优化。

① 卢明华.荷兰兰斯塔德地区城市网络的形成与发展［J］.国际城市规划，2010（6）：53–57。
② 王晓俊，王建国.兰斯塔德与绿心——荷兰西部城市群开放空间的保护与利用［J］.规划师，2006（3）：90–93。
③ 唐子来.新加坡的城市规划体系［J］.城市规划，2000（1）：42–45。
④ 郑科.轨道交通为导向的城市开发——关于上海轨道站区的TOD实践［D］.上海：同济大学，2004。

图 8-7　新加坡 2001 年城市概念规划

来源：郑科. 轨道交通为导向的城市开发——关于上海轨道站区的 TOD 实践［D］. 上海：同济大学，2004

　　就像在斯德哥尔摩和哥本哈根一样，在新加坡可以找到交通技术和居住模式最有效结合的事例。正因为有了好的规划，土地使用就可以引导交通投资。尤其是环岛规划中的多种模式住区，都使得新加坡的轨道网络和公汽系统的效率得以充分发挥，赢得了很高的赞誉（图 8-7）。

　　新加坡自上而下的决策促使着规划目标的实现。新加坡人也十分尊重和服从政府的规划策略。通过征地法案，国家可以获得用于公共项目开发的土地，其中也包括新城建设所需土地。国有土地率从 1949 年的 31% 变成了 1985 年的 76%，由于政府掌握了土地资源，能有效地降低开发新城、工业园区、公屋和交通基础设施的投资成本。

　　8.2.2.3　上海的"两规合一"

　　2008 年，上海政府机构进行改革，组建市规划和国土资源管理局，将城市规划管理局的职责，房屋土地资源管理局的土地和矿产资源管理职责，整合划入市规划和国土资源管理局，不再保留市城市规划管理局。规划与国土机构的整合，出发点就是要对城市规划管理和土地规划管理各取所长，相得益彰，力争形成"以规划引领土地，以土地保障规划"的新格局。其中，"两规合一"将给传统的城市规划管理引入广泛而深刻的变革因素。

　　上海的"两规合一"编制工作，是在历次城市规划与土地利用规划编制成果、实施评估报告和对新一轮城市发展战略研判的基础上，按照全国第二轮省级土地利用规划的总体要求，依托《上海市土地利用总体规划（2006—2020 年）》的编制工作完成的。重点考虑了坚持空间战略引领，对接国家战略要求和按照上海特大规模城市发展规律，构筑多中心、多层次的大都市区空间战略布局；坚持城乡统筹，在建设用地规模硬约束条件下推进上海城乡一体化与郊区城市化，形成结构合理、流量适宜、布局有序的全市规划建设用地分布格局；坚持转型发展，按照"盘活存量，用好增量，提高质量"的方针，推进城市建设用地的节约集约利用；坚持管理创新，建立全市城乡建设用地"一张图"管理流程，在统一的土地数据底板上对各类建设项目进行"三线"管理等几个关键问题。

上海本次区（县）、镇（乡）两级总体规划梳理编制采取"两规并行、区镇同步，试点先行、面上推开"的方法进行。

以原批准的区（县）总体规划实施方案、城镇总体规划为基础，在汇总相关新城总体规划、控制性详细规划基础上，进行梳理、提炼。在规划范围、建设用地总规模、集中建设区范围、城镇建设用地总规模、集中建设区内外的城镇建设用地规模等方面均与土地利用总体规划相一致。得出全市总量及布局情况，中心城区总规梳理成果、郊区县集中建设区范围和土地使用图等"两规合一"成果（图8-8，表8-3）。

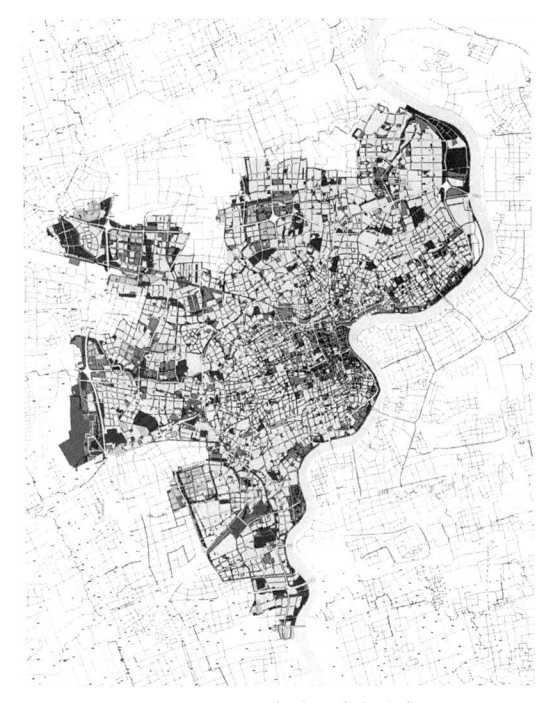

图8-8　上海两规合一中心城成果
来源：上海市土地利用总体规划（2006—2020年）

全市总量及布局情况，规划汇总有关指标为：

全市建设用地总量3326km^2；

全市集中建设区总规模2798km^2；

集中建设区内建设用地规模2614km^2，占建设用地78.59%；

集中建设区外建设用地拆除比48%；

全市规划基本农田328万亩；

规划耕地保有量350万亩。

中心城区总规用地、人口及主要建筑量梳理成果，以及郊区县集中建设区范围和土地使用图等"两规合一"成果。

上海的规划与国土机构的整合，出发点就是要对城市规划管理和土地规划管理各取所长，相得益彰，力争形成"以规划引领土地，以土地保障规划"的新格局。其对城市规划实施将带来一系列的深刻影响。

1）变革了规划管理理念，提高了城市规划的管控能力

"两规合一"之后，建设用地范围控制线的出台直接给原来天马行空的城市建设用地套上了锁笼，而这个锁笼基本上由刚性突出的基本农田作为生态屏障承担，相对传统的规划控制手段，两规由相互冲突转变为相互锁定和支撑，大大减少了调整的频度和程度，锚固了城市增长边缘管理，以追求达到保障耕地资源，引领城市布局，保障经济发展的"双保—引领"的境界。

2）引入年度计划手段，提高城市规划的配给能力

两规合一以后，可以首度引入土地管理的年度计划手段，包括年度建设用地计划（农

转用与占补平衡）、年度土地储备计划、年度土地出让计划等，通过指标管理和分配方式，调节统筹各类建设项目，引导各类建设用地向规划建设范围集中，使得城市规划成为真正引导城市建设发展的行动规划。

中心城区分区规划人口及主要建筑量梳理汇总 　　　　表 8-3

区名		用地面积（km²）	所辖街道/镇（个）		人口规模（万人）					人均住宅建筑面积（m²）	主要建筑量（万 m²）		
			街道	镇	现状（以六普为准）	控详汇总	本次规划梳理可居住人口	本次规划同现状差距	本次规划同控详差距		住宅（R）	商办（C2\C8\C2C8）	工业（M）
中心区	黄浦 原值	12.5	6	0	43.0	24.3	30.0	−13	5.7	29	881.0	1334.0	0.0
	黄浦 建议值	—	—	—	—	—	30.0	−13	5.7	29	—	—	—
	卢湾 原值	8.0	4	0	29.6	21（不含世博）	22.0	−7.6	1.0	33	718.4	608.4	0.0
	卢湾 建议值	—	—	—	—	—	22.0	−7.6	1.0	33	—	—	—
	静安 原值	7.6	5	0	24.7	24.0	24.0	−0.7	0.0	35	838.0	640.0	0.0
	静安 建议值	—	—	—	—	—	24.0	−0.7	0.0	35	—	—	—
西南区	徐汇 原值	54.8	12	1	105.7	85.0	100.0	−5.7	15.0	35	3455.0	1236.3	511.5
	徐汇 建议值	—	—	—	—	—	100.0	−5.7	15.0	35	—	—	—
	长宁 原值	37.2	9	1	69.1	58.9	70.0	0.9	11.1	38	2667.7	1163.4	51.1
	长宁 建议值	—	—	—	—	—	70.0	0.9	11.1	38	—	—	—
苏州河以北地区	闸北 原值	29.2	8	1	83.0	60.0	70.0	−13.0	10.0	33	2330.0	919.0	283.0
	闸北 建议值	—	—	—	—	—	70.0	−13	10.0	33	—	—	—
	虹口 原值	23.4	8	0	85.0	59.0	81.0	−4	22.0	29	2309.0	1603.0	0.0
	虹口 建议值	—	—	—	—	—	70.0	−15	11.0	33	—	—	—
	杨浦 原值	60.6	11	1	131.0	103.0	93.0	−38	−10	33	3106.0	1196.0	151.0
	杨浦 建议值	—	—	—	—	—	93.0	−38	−10	33	—	—	—
	普陀 原值	55.5	6	3	129.8	93.0	140.0	10.2	47.0	29	3998.2	1490.0	538.6
	普陀 建议值	—	—	—	—	—	120.0	−9.8	27.0	33	—	—	—

来源：胡俊.基于"两规合一"的上海城乡总体规划编制管理实践［R］.上海市规划与国土管理局，2011-7-14

3）明晰了数据分析意识，提高了城市规划的政策能力

两规合一之后，土地工作一以贯之的资源、资产、资本的政策思路，土地市场监测和

板块研究的实际需求，土地政策的效果评价与调整，土地出让收入中相关资金的财力安排，规划范围内的各类建设用地与建筑的资源量化数据和空间库的建立，都将提升城市规划参与社会经济发展调控，制定相应公共政策的需要与能力。

4）统一了规划建设范围，提高了城市规划的实施能力

"两规合一"整体性地从共同确认的规划建设用地范围内移出了基本农田，解决了建设项目审批环节上最突出的规划与土地管理两大部门管理依据不尽统一的体制缺陷，为城市各类基本建设项目的报批提供了统一高效的审批平台，保证政府行政许可的简便和有序。

同时，通过进行建设项目审批的标准流程再造，推进审批环节的简化合并和同步受理，比如说建设项目选址书与建设用地预审同步办理等，对城市规划实施管理提供了变革性的契机。

由此可见，政府的主动控制，可以实现空间结构的最佳集体选择。

8.2.2.4 武汉的"工业倍增"计划

"十二五"初期，武汉市委市政府作出了突出抓好工业发展的"工业倍增计划"[①] 的战略部署，针对武汉工业用地效益水平较低，园区"小而散"，规模化发展水平不高，存量用地较大，集约利用水平低，园区基础设施建设配套不足等问题，打造新"四极"，包括高新增长极、汽车增长极、临空增长极、新港增长极。高新增长极，以东湖开发区为极核，辐射带动江夏、洪山等地区，重点以国家自主创新示范区建设为契机，培育壮大光电子、生物、新能源等新兴产业，加快发展节能环保和装备制造产业；汽车增长极，以武汉开发区为极核，辐射带动蔡甸、汉南等地区，重点做大做强汽车产业，提升汽车零部件配套能力和水平，促进电子信息和机电产业发展成新的支柱产业；临空增长极，以吴家山开发区为极核，整合利用吴家山国家级开发区和黄陂区天河机场的区域发展条件，努力建成我国中部地区最大的食品加工、临空装备制造、进出口物流和高科技机电产品加工基地；新港增长极，以新港开发区为极核，通过武汉新港建设，实现阳逻新城与化工新城联动发展，建设长江中游航运中心，创建武汉新港开发区，加快建设钢材深加工及桥梁钢结构基地、重型装备制造产业基地，以及化工产业基地。同时依托国家级开发区和区域性基础设施，以阳逻、豹澥、纸坊、常福、汉南、盘龙等6大产业新城为核心，辐射带动其他城镇组团，形成六大特色产业组群（图8-9）。

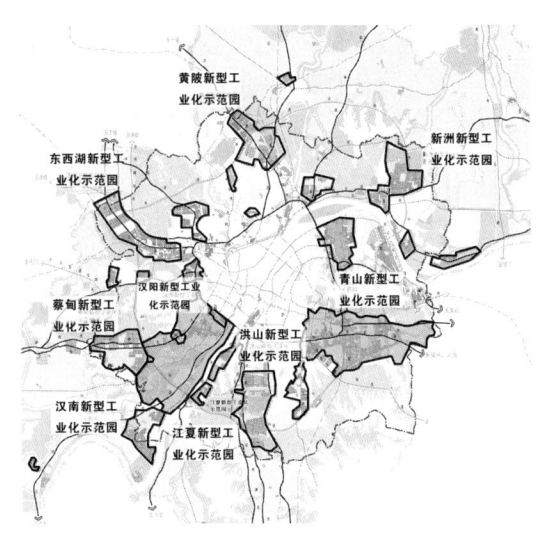

图8-9 武汉都市区新型工业示范园示意
来源：根据武汉市新型工业化空间发展规划绘制

----

① 以下数据来自《武汉市新型工业化空间发展规划》相关资料。

武汉大力实施"工业倍增"计划，都市区内将以大光谷地区、中国车城、临空经济区和临港产业区为4个增长极，建设9个新型示范园区和14个一般工业园区，为6个新城区和3个中心城区在都市发展区内提供了工业经济发展平台。规划按照60km²以上的规模划定各新城区示范园区范围，其中工业净用地达到20km²以上。按照10km²以上规模划定青山、洪山、汉阳区等3个中心城区示范园区和其他一般工业园区。

目前，全市已建工业用地165km²，规划充分利用2011年市委、市政府向省国土资源厅争取到的303km²的建设用地指标，在全市布局净工业用地385km²，较现状增加了220km²，是现状的2.3倍。其中，新城区工业用地由现状的60km²增加231km²，是现状的3.8倍。"十二五"末，工业用地的地均产值50亿/km²，可实现全市和新城区工业产值近20000亿元和10000亿元以上，足以支撑"工业倍增"计划提出的全市和新城区工业产值16000亿和7200亿的挑战值目标。

在大城市都市区簇群式空间结构未来的优化控制中，应极大地发挥政府的积极作用，特别是在交通与用地的协调方面，绿色生态用地保护方面实施主动控制，确保大城市都市区簇群式空间的健康有序发展。

8.3 大城市都市区簇群式空间组织的控制

上文已经指出，城市空间是一个复杂的系统，公共中心结构、道路网络结构、绿色生态开敞空间结构和用地组织结构等四个子系统难以严格地区分，并且存在相互作用，绝不是孤立的存在。公共中心结构、道路网络结构、绿色生态开敞空间结构和用地组织结构通过非线性相互作用和自组织过程，综合形成了大城市都市区簇群式空间结构。

8.3.1 完善簇群式公共中心体系，建立均衡网络化的多中心结构

全球化、信息化发展的大背景下，实体空间上，不同的城市职能的外围疏散与中心集中展现出不同的态势。公共中心呈现明显的空间等级分化，这种等级是由其承担的职能决定的，而非传统上由空间占有度的多少所决定的。等级的分化主要是由不同公共中心对信息的依赖度所决定，服务层级较高的贸易、咨询、金融在市级中心集聚，而一般性生活服务中心呈现区域扩散局面。

大城市都市区簇群式多中心结构，可在疏解中心城吸引力的"反磁力"系统中起到重要的作用，并能有效缓解中心城过多的职能负担。同时外围若干中心将成为重要的城市功能增长核，引导城市空间向外扩展。但另一方面，大城市都市区簇群式空间结构强大的中心会造成中心城压力过大，对人口疏散及空间进一步外扩造成一定的阻力。因此，未来大城市都市区簇群式公共中心结构应进一步完善中心体系，建立较为均衡、网络化的多中心结构。

大城市都市区簇群式公共中心应与交通网络统一规划发展。根据多中心模式发展的目标，外围人口就业聚集点应该形成具有城市功能的副中心或组团中心，与轨道站点结合建设新的公共活动中心和增长点。这样，公共中心、住区邻里就同轨道交通相结合，促进轨

道交通为导向的城市和区域发展。

墨尔本在规划中确定了 1 个核心区域（CBD），25 个一级区域公共中心（新城中心）和 79 个次级区域公共中心，此外还有 10 个特别区域公共中心（机场、大学）和 900 多个邻里中心，呈 5 个层级的模式（图 8-10）。它们基本上都接近轨道站点和线路，在提高公共中心的可达性的同时也提升了公共交通设施的使用效率。1994 年的一项调查显示，2300 名在墨尔本中心区购物的行人中，有 70% 是乘坐轨道交通到达目的地的，这个数据甚至高于上班族使用轨道交通的比例 [1]。这种公共中心（购物、娱乐等功能）的土地混合使用和轨道交通的互动，使得整个区域充满活力。

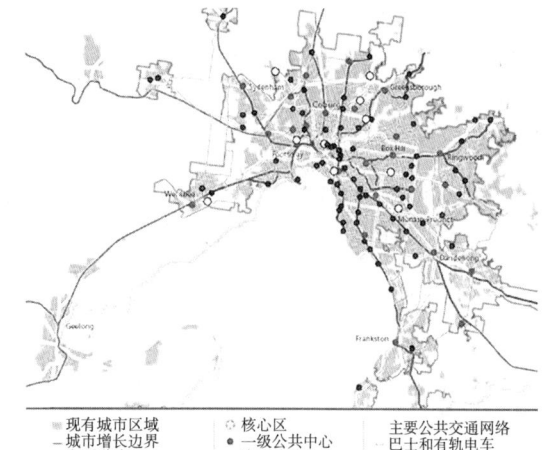

现有城市区域 — 城市增长边界 主要道路　　○ 核心区　● 一级公共中心　● 次级公共中心　○ 特别公共中心　　主要公共交通网络　巴士和有轨电车 — 轨道网络

图 8-10　墨尔本公共中心等级布局
来源：根据郑科 . 轨道交通为导向的城市开发——关于上海轨道站区的 TOD 实践 [D]. 上海：同济大学，2004 绘制

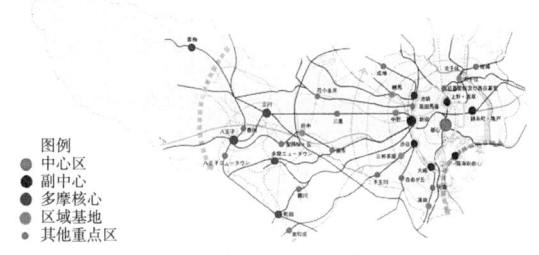

图例
● 中心区
● 副中心
● 多摩核心
● 区域基地
● 其他重点区

图 8-11　东京商业空间体系现状
来源：上海同济城市规划设计研究院 .
上海市城市空间发展战略研究 [R].2009

至日本经济鼎盛时期的 20 世纪 90 年代初，东京商业中心已发展到 404 个，大东京都市区正在形成由中心—副中心—郊区卫星城—郊县中心构成的多中心构架，在空间分布上也已发展了以东京站—日本桥、银座—京桥—有乐町为主中心商业区，新宿、涩谷、池袋、上野、浅草为副中心商业区，神川、小岩、北千住、赤羽、获发、王子为副中心商业区的五级商业中心构造系统。各级中心多为综合性的，但又各个特色，互为补充（图 8-11）。在传统中心区域，专门发展作为世界城市必须具备的国际金融功能和国内政治中心功能，并向其他级次中心疏散资助级职能。新宿、涩谷、池袋等七大副中心，位于距中心 10km 范围内，主要发展以商务办公、商业、娱乐、信息业为主的综合服务功能。新宿经过近 30 年的建设，已成为以商务办公和娱乐功能为主的东京第一大副中心，池袋、涩谷等中心也已基本形成。郊区卫星城以多摩地区的八王子、立川和町田为核心，距中心约 30km，以居住功能为主。在东京外围县确立川崎、横滨、千叶、筑波等 8 个邻县中心，距中心约 50km。

8.3.1.1　提升市中心职能

大城市都市区是一种建立在区域一体化背景之下的发展空间，其形成需要城市具有强大的服务功能，在一定范围内形成具有较强辐射能力的核心。因此大城市都市区簇群式空间结构应拥有强大辐射功能的市中心。

---

[1]　来源：郑科 . 轨道交通为导向的城市开发——关于上海轨道站区的 TOD 实践 [D]. 上海：同济大学，2004.

在当前经济全球化和区域经济一体化的背景下，大城市都市区应进一步打造功能强大、服务等级高的市中心，成为城市经济最具活力的地区，成为体现城市精神与核心竞争力的标志。簇群式大城市都市区一般已经具备了规模强大的市中心，提升市中心的职能成为未来发展的重点。只有提高定位，服务于区域，才能提高城市在全球化竞争中的地位，才能获取更多的全球资源。

丸之内和银座是东京的心脏，丸之内是日本的金融、经济中心之一。银座，与巴黎的香榭丽舍大街、纽约的第五大街齐名，是世界三大繁华中心之一。这里汇集了全日本几乎所有的顶级公司总部，每天指挥着全球无数的日资企业进行经济活动，每天都有无数从全球获得的利润汇入这里。

深圳经济特区作为中国改革开放的"窗口"，经过 20 年的发展，创造了一个具有较强综合服务能力和较高环境配套水平的城市。福田中心区处于特区的中心位置，是深圳建设国际性城市的关键地区，也是特区近期城市开发建设的重点地区——福田新市区的核心地带。福田中心区将建成对外贸易中心和金融中心，拥有金融、商贸、信息、经营管理、科技文化以及居住的综合集聚功能；作为展示中华民族经济和文化的世界性窗口。经过几十年的发展，福田中心区高楼林立，商社云集，集中了深圳的金融、商贸、信息和服务业。

8.3.1.2 大力推进副中心的建设

为了满足不断增长的人口需要，减轻城市中心地区的压力，建立副中心成为大势所趋。大城市都市区簇群式空间公共中心是一种非均衡的发展模式，因此完善二、三级中心的规模与职能成为未来发展的重点。

大城市都市区簇群式空间应合理选择城市副中心，并积极培育和发展副中心，应力图打破原有的向心内聚模式，将原来市中心的部分功能合理分散并配置到各个副中心，并结合它们各自原有的优势和特点制定其发展战略，以实现功能地域结构的合理重组，引导都市区范围内城市空间的合理发展。

副中心首先可以依托现有商业中心建设。依托现有商业中心建设副中心，可以减少城市建设投资，加快副中心的形成，避免城市重复建设，有利于促进城市集约开发，形成集中紧凑的布局形态，在一定程度上也可以降低城市建设对城市自然生态环境的破坏。

其次，副中心的建设很重要的一方面就是结合交通走廊。副中心在空间上保持相对独立的特征，同时依托交通走廊与主城区保持紧密联系。交通的便捷能促使城市外围新中心的迅速成长，吸引城市居住功能大规模郊迁，最终形成具备购物、文化、休闲、娱乐等功能，能提供大量就业岗位，居住功能及生活配套设施完善的城市外围副中心。

外围副中心结合交通走廊建设是实现大城市都市区簇群式空间在区域层面上平衡发展的优化策略之一[①]。副中心的选址首先应位于交通走廊发展轴上，其次根据与主城区的适宜距离，"副中心的选择既不能离市中心太近，彼此之间也应适度分散，又要考虑相互之间的联系"[②]，围绕交通走廊结节地域建设外围副中心。

---

① 金鑫.交通走廊导向的大城市簇群式空间成长控制研究——以武汉新城组群为例 [D].武汉：华中科技大学，2010。

② 黄亚平.城市空间理论与空间分析 [M].南京：东南大学出版社，2002：280。

1）东京

由于日本经济的迅速崛起，东京继纽约、伦敦之后成为世界性城市，国际性、区域性的功能迅速崛起。东京城市中心区近20年来一直面临商务办公面积需求的巨大压力，东京千代田区的丸之内中心是东京传统的商务中心，20世纪80年代以来，这一地区金融办公需求激增，成为东京中心区的核心。为减轻中心办公需求的持续高压，规划建设新宿副中心和临海副中心，东京商务中心分别由丸之内金融区、新宿办公区及临海信息港3个中心构成，形成东京的商务中心网络。

在东京都市圈众多城区中，新宿是名副其实的副中心，它位于东京都中心区以西，距银座约6km。

20世纪50年代，随着日本城市化进程加快，作为首都东京原都心即原中央商务（CBD）的中心三区（千代田区、港区和中央区）已不能满足经济社会的快速发展需要，政府机关、大公司总部、全国性的经济管理机构和商业服务设施等高度集中，交通拥挤，建筑高度密集。为控制和缓解中心区过度集中的状态，同时结合周边地区发展需要，1958年下半年东京都政府提出建设副中心（即新宿、涩谷、池袋）的设想，并首先从新宿着手。

随着新宿副中心的开发建设，尤其是东京都部分政府办公机构的迁入，使新宿这一副中心的魅力大增，各行业更加积极地涌入新宿，首当其冲的是金融业。仅在以新宿站为中心，半径为7000m的范围内，就聚集了160多家银行，新宿已成为日本银行业的一个集中展示窗口。

经过近30年的规划建设，新宿副中心最终在东京都的西部形成。目前，新宿副中心的经济、行政、商业、文化、信息等部门云集于商务区，金融保险业、不动产业、零售批发业、服务业成为新宿的主要行业，人口就业构成已接近东京都中心三区。

2）巴黎

巴黎的城市发展过程中，国际性、区域性的功能日益增强，原有的中心难以满足新的功能需求，于是选择原中心之外的特定地点建新的中央商务区，这些新中心包括西北郊的德芳斯，北郊的圣德尼，东北郊的鲁瓦希和博比根，东郊的罗斯尼，东南郊的克雷泰和龙吉，还有西南郊的维利兹和凡尔赛。特别是德芳斯，从20世纪60年代至今，规模巨大。30余栋办公楼组成的综合体，已发展成为法国最大的新兴国际商务办公区，被誉为巴黎的曼哈顿。

20世纪60年代，法国巴黎以市区为中心，走的是呈同心圆状向外发展模式。市中心集聚程度最高，并逐渐向郊区方向递减，巴黎的商业、金融、行政和科学文化主要集中于市中心核心区内，巴黎城区边缘则主要为结构简单、单调的住宅群，市区街道布局呈现放射状。这种空间发展格局随着巴黎城市化的发展，其弊端也日益显露：巴黎市区绿地面积下降，居住地和工作场所之间的距离增加，交通紧张，城郊基础设施落后。

为解决这一问题，1958年，巴黎市政府决定在德芳斯规划建设现代化的城市副中心，以期达到巩固法国作为商业、交通和文化中心的重要地位；调整和改变城市核心区域东部和西部发展不平衡的状态；对历史文化遗址进行重建并保留部分城市遗址。

起初德芳斯的表现令人大跌眼镜，人们纷纷担心它会变成巴黎的累赘而不是巴黎的曼哈顿。为了解决私人开发积极性不足的问题，巴黎市政府开始限制中心区办公物业的发展。1955年巴黎市政府宣布不批准市内的新工业项目，并且鼓励政府部门外迁。历经十余年的发展后，德芳斯已经建成商务与办公楼面积近 250 万 m²，容纳公司 1600 多家，其中包括法国最大的 5 家银行和 17 家企业，170 家外国金融机构，还有 190 多家世界著名跨国公司的总部和区域总部。区内目前工作人员超过了 15 万。

作为巴黎的副中心，德芳斯的交通体系非常发达，目前它已经形成高架交通、地面交通和地下交通三位一体的交通系统，地下有地铁，将德芳斯与巴黎市中心区紧密联系起来；地面有多层快速干道、立交桥和停车场。如今，德芳斯已真正成为巴黎的一个服务配套齐全，以商务办公功能为主，集居住、购物、会展、旅游等多种功能为一体的城市副中心。

3）上海

上海提升高端服务功能，推进以陆家嘴—外滩为核心，涵盖北外滩、南外滩在内的中央商务区（CBD）发展，发挥南京路、淮海路、环人民广场等高端商务商业功能，增强大都市繁荣繁华魅力。强化城市副中心辐射能力，发展徐家汇知识文化综合商务区，突出五角场科教创新优势，提升真如—长风地区商务功能，推动花木及世纪大道沿线发展高端商务服务。促进城市公共中心分工协作和功能多元，赋予景观休闲和文化展示等内涵，值得簇群式城市学习与借鉴。

8.3.1.3　积极培育外围簇群组团中心的形成

外围组群是大城市都市区簇群式空间的重要组成部分，对于疏解城市核心地区发展压力，承担部分城市职能，引导外围组群的建设起着重要的作用。目前大城市簇群式公共中心结构形式是多中心结构中发展不均衡的特殊类型，外围簇群组团中心等级不高，不能有效地带动组群发展，也不利于城市整体空间结构和中心体系的发展。未来应积极培育外围簇群组团中心，依托各组群的主要城镇，在交通便利、环境优美、用地充足的地区布局，安排服务整个组团的公共服务设施。结合现有公共服务设施建设外围簇群组团中心，依托大型服务设施的建设促进外围簇群组团副中心的形成，结合交通走廊促进城市外围簇群组团中心的成熟和发展。

1）新加坡

对于建造一个充满活力的新城中心，新加坡给出了很好的实例。新城中心不是单单建造一批购物、文化、休闲娱乐设施就足够了，它需要为居民提供良好的步行环境和可达性，要求对机动车严格控制并且提供便捷的换乘。同时在土地混合使用方面展现出独特的商业中心风貌，不仅有零售小店而且有大型购物中心等多种业态，提供不同种类的购物休闲体验。还有在商业中心之上尝试构筑新型高层住宅单元，以吸引年轻人群。

在新加坡第一轮新城建设中借鉴了分级的配置模式，每个新城都由 5～7 个相互依赖的社区，以及一个高度集约的、有轨道交通经过的新城中心组成。多数邻里社区占地约 40hm²，容纳约 4000～6000 个住宅单元，拥有小型邻里中心（包括零售商店、学校和娱乐场所，邻里单元内部到达这些设施基本上控制在 5min 步行范围内）。社区中又细分为更小的邻里，约 600～1000 个住宅单元，周围布置着广场、游戏场地、小商店和餐馆。步行系统将小的邻里和邻里中心联系起来，再联结到新城中心，并且主要的人行区域和交通繁忙的道路分离。新城中心是新加坡在市区以外尝试建造的商业区，并且创造了一种独特的购物模式，即将美国式的购物中心和东南亚传统商店整合在一起，除了零售商店以外还包括邻里服务，如剧院、银行、医院和电信中心等设施[1]。

上文已经简单介绍过了淡滨尼的概况。淡滨尼的中心部分包括 MRT[2] 站、公汽换乘站、购物中心和影剧院（图 8-12），周边有八个邻里社区，每个都由 5000 ~ 6000 个中高层住宅单元组成，各自都有自己的邻里中心以便提供日常生活服务。从所有的住宅单元出行，只需 10min 就能步行至所在邻里的中心，而学校、公园和娱乐中心等大型公共设施则需要搭乘公交车到达。淡滨尼是新加坡第一个以"绿色连接器"为特征的新城，贯穿住区、游戏区和景观绿带等相互联系的步道和开放空间几乎无处不在。淡滨尼的这一以轨道为导向的居住发展项目在 1992 年获得了世界人居奖（World Habitat Award）的殊荣。

2）斯德哥尔摩

1952 年斯德哥尔摩规划确立了呈星状平面放射形式，市中心向周围 6 个方向延伸，沿地铁、郊区铁路和快速路发展，每一个方向上布置若干组群，整体上形成了"内城+外围 6 大带状组群"的空间结构（图 8-13）。

近郊组群规模平均为 8000 户，2 万人左右，各组群采用组团布置方式，由相邻近的组团构成一个组群。每个组团都有一个中心，为该组团提供必要的商业服务设施。相邻的 3 ~ 4 个组团又组合为一组，构成一个组群，组群中安排工作和行政办公用房，并选择一个组群中心作为地区中心，布置商业服务设施，为全地区居民服务（图 8-14），建立了外围组群商业空间次结构。

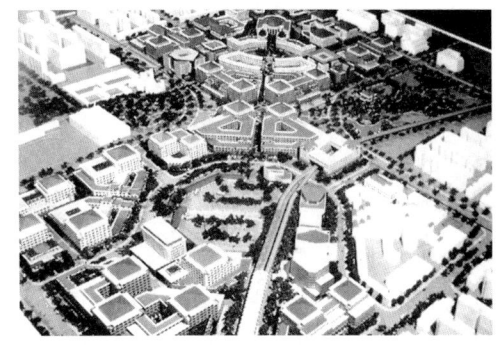

图 8-12 淡滨尼新城中心鸟瞰

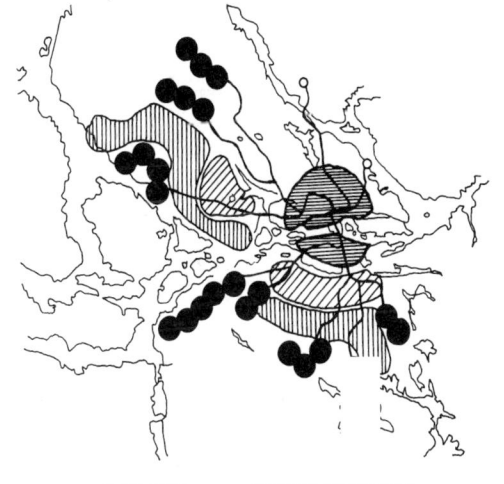

内城　　独立式住宅区
旧郊区　　新郊区

图 8-13 斯德哥尔摩空间发展结构
来源：黄亚平 . 城市空间理论与空间分析 [M].
南京：东南大学出版社，2002

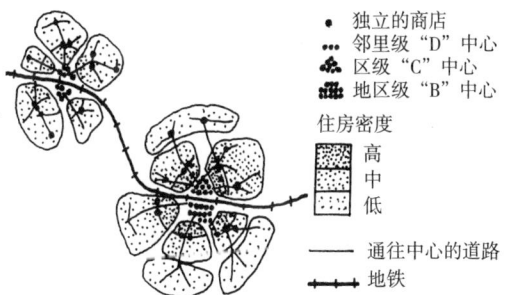

独立的商店
邻里级"D"中心
区级"C"中心
地区级"B"中心
住房密度
高
中
低
通往中心的道路
地铁

图 8-14 斯德哥尔摩簇群组群商业设施示意
来源：黄亚平 . 城市空间理论与空间分析 [M].
南京：东南大学出版社，2002

---

[1] 郑科 . 轨道交通为导向的城市开发——关于上海轨道站区的 TOD 实践 [D]. 上海：同济大学，2004。

[2] 新加坡 MRT 是 Mass Rapid Transit 的简称。作为新加坡的骨干铁路运输系统，其网络遍布星岛。目前新加坡 MRT 投入运营的车站有 64 个，路线达 109km。MRT 的经营由新加坡陆路交通管理局（Land Transport Authority）统一管理，采用特许经营的模式分配给 Singapore MRT（新加坡地铁公司）和 SBS Transit（新加坡捷运公司）两家公司运营，这两家公司同时经营着新加坡出租车系统与公交车系统，从而保证了整个公交系统的一体化。

3）上海

上海郊区城镇建设经历了"卫星城"到"新城"的建设历程。始终坚持着"实现中心城功能优化和有机疏散，沿区域性交通轴线培育城镇节点，促进形成多中心的城市空间结构"的基本目标。

到 2020 年，上海新城建设取得突破性进展，在郊区基本形成与中心城区功能互补、错位发展、联系紧密的新城群。嘉定新城、松江新城初步确立长三角地区综合性节点城市地位，集聚 80 ～ 100 万左右人口；浦东临港新城、青浦新城、奉贤南桥新城具备较高能级的城市综合集聚辐射功能，集聚 60 ～ 80 万人口；金山新城、崇明城桥新城对周边地区发展的服务带动作用明显增强，集聚 20 ～ 40 万左右人口。新城建设提升规模能级和用地效益。根据城市总体规划对于人口分布和城镇发展的要求，适度增强新城规模能级，引导大型居住社区选址与新城建设同步，提高新城对中心城区以及区域人口的吸纳能力，同时增强对长三角周边地区功能辐射和服务能力。优化新城内部结构，按照节约集约用地的原则，适度提高开发强度和人口密度，以内聚紧凑式发展进一步提高用地绩效。

重要的是，上海外围新城要完善公共服务设施配套，按照现代化大城市要求配置新城公共服务资源。在完善社会服务体系配置的基础上，着力引导市级优质医疗、教育、文化、体育设施等功能性项目向新城集聚，提升新城居民生活品质。

8.3.2 优化簇群式道路交通网络结构，加强其与城市土地利用的协同

图 8-15 新加坡城市发展结构
来源：郑科 . 轨道交通为导向的城市开发
——关于上海轨道站区的 TOD 实践［D］.
上海：同济大学，2004

大城市都市区簇群式空间环形 + 放射"复合通道"的道路网络连通中心与外围，加速外围组团的发展，促进外围多中心的建立，构成独具特色的大城市都市区簇群式道路网络结构模式。未来应继续优化簇群式道路网络结构，与城市土地开发协调发展。

1972 年新加坡编制完成的环形概念性规划针对现状交通问题（图 8-15），提出建设覆盖全岛的高速公路网络和大运量快速交通运输系统（MRT），并逐步完善相关的基础设施建设，以缓解日趋严重的交通拥挤。许多新加坡的新城开发都先于 MRT 建设，但却能保证轨道线路的如期而至。新加坡的新城所有功能都相当紧凑，形成了交通导向与用地协调发展。

8.3.2.1 实现道路交通网络与外围新城组团的联动开发

大城市都市区簇群式空间的环形 + 放射道路网络结构可以在交通枢纽站点发展城市次中心，使都市区形成空间相对隔离但交通快速联结的多中心结构。在未来的发展建设中，

应注重实现道路交通网络与外围新城组团的联动开发。纽约地铁的建设引导了市中心曼哈顿地区的人口向外围布朗克斯、布鲁克林和昆斯三个地区转移。地铁的建设和不断发展成网，致使市中心的人口减少了63%，外围地区的人口则成倍增长[①]。

快速轨道交通站点在引导城市次中心成长的过程中起到了重要的作用。由于轨道可以深入市中心，交通站点能够把城市主要商圈加以联系，与城市公共中心在空间上相互叠合，因此在轨道交通枢纽站点的步行合理区范围内可能产生和发展一些城市次中心，利于外围新城组团的形成。由于快速路不能深入市中心，只能在新城发展到一定规模时才有更大的作用发挥。

轨道交通不但能疏散人口也能聚集大量人口，中心城轨道交通建设会使周边地价大幅升高，带来更高强度的土地开发，吸引更多的人流，如果控制不好，会造成更大的拥堵。因此在发展外围新城组团时，应重视先期轨道交通的建设，或者更进一步说应注重时序，超前建设。大力提倡轨道交通建设和新城开发建设的协调，把握新城建设与交通疏解的主动权。通过轨道交通保证新城与中心城区便捷的交通联系，降低人口迁移的社会、经济成本，促进新城建设；中心城区人口向新城的疏解，又保证了轨道交通的客流。最终实现道路网络与外围新城的联动发展。

上文新加坡的中观结构的介绍中，外围淡滨尼的交通网络与新城之间的联动开发的典型案例，也是未来大城市都市区簇群式空间结构优化的方向。

深圳城市干线的整体构架为"一主轴，三辐射，一半环"的格局。城市干线覆盖城市主要节点及其沿线主要交通发生吸引点（主要居住、就业中心、交通枢纽等），提高可达性，改善出行结构，优化土地利用形态，加强深圳主城与外围新城之间的联系。近中期轨道网络连接了宝安、沙井、公明、龙华、布吉、龙岗等卫星新城，促进了外围新城的建设发展（图8-16）。

下面具体介绍巴黎大都市轨道交通建设，它可为大城市都市区簇群式空间交通用地的联动发展提供思路。

巴黎大区的交通系统非常发达，由市区地铁（METRO）、区域快速地铁（RER）、郊区铁路网、环城快速公路、高速公路、国道、省道、市镇辖道和乡村公路组成。其中地铁承担了巴黎公共交通总量的一半以上，并且地铁网还在不断向人口

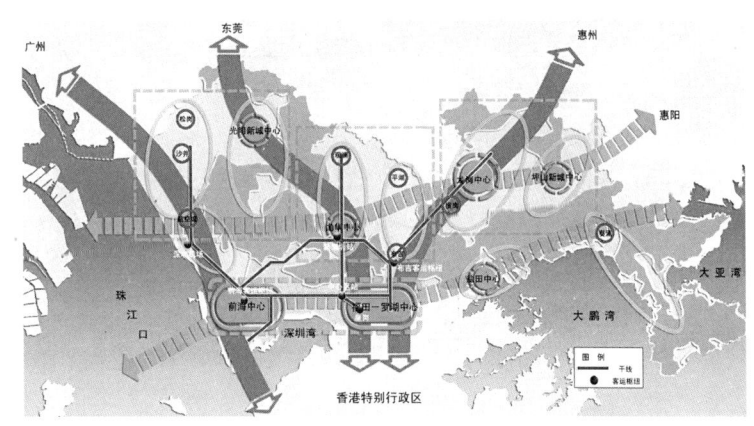

图8-16 深圳城市轨道交通城市干线布局构架
来源：深圳城市规划设计研究院有限公司

---

① 孙斌栋.我国特大城市交通发展的空间战略研究——以上海为例［M］.南京：南京大学出版社，2009。

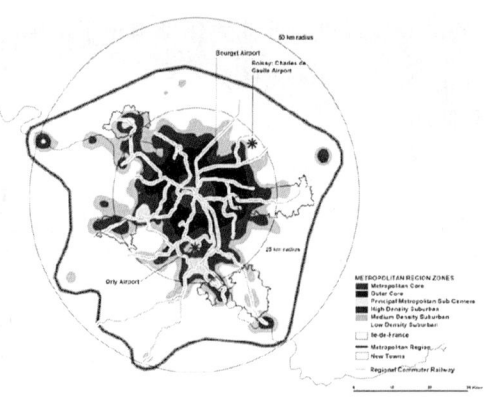

图 8-17 巴黎都市圈轨道交通线网
来源：杨震 . 轨道交通导向的大城市布局结构［D］.
上海：同济大学，2005

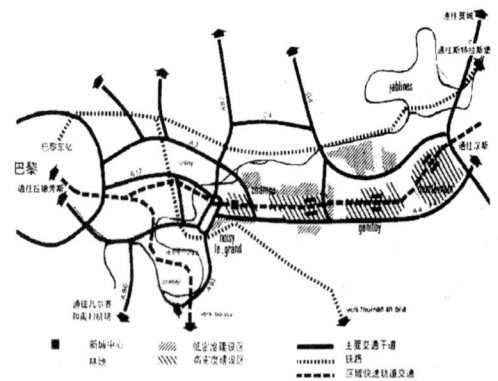

图 8-18 马恩拉瓦莱新城的空间布局分析
来源：杨震 . 轨道交通导向的大城市布局结构［D］.
上海：同济大学，2005

稠密的郊区延伸；区域快速地铁从地下横穿巴黎市中心，伸向外围新城，以其高速有效的运输促进了新城经济的发展，保证了新城的建设进度，吸引了大量城市居民到新城居住和工作；郊区铁路系统共有 28 条向外辐射的线路，构成一个密集的铁路网，连接市区与郊区（图8-17）。

新城交通系统规划考虑了内部与外部两方面的交通需求，并且针对公共交通和私人交通的特点进行了合理分工：新城内部以及新城与巴黎之间的交通联系以公共交通为主，其他对外交通则以私人交通为主。作为优先发展对象，公共交通由铁路交通（包括 RER）和公共汽车交通共同承担；前者主要面向新城与巴黎之间以及各个城市组团之间的联系，后者则作为对前者的补充服务于城市组团内部及其周边地区（图 8-18）。

城市组团内部的各种功能空间呈圈层布局，建设密度和人口密度由中心向外缘逐步降低。即以 RER 车站为空间组织核心，周围集中布置各种公共服务设施、商务办公机构以及一定数量的居民住宅，形成相对密集的组团中心；其外围分布以集合式住宅为主的居住区，中间还可安插部分占地少、干扰小的生产企业；在居住区以外，沿公路或铁路布置大部分的生产企业；在组团边缘则分布着低密度的郊区住宅及大片的自然空间；自然的林地、水系被经过精心设计的林荫步道联系在一起形成绿脉，与密集的建成空间相互交织穿插。这样的布局方式缩短了住宅与交通枢纽、服务设施、工作地点和自然空间之间的距离，减少了城市组团内部的汽车交通需求，提高了公共服务设施的聚集效益，从而增强了组团作为城市基本单元的凝聚力[①]。

高度发达的轨道交通系统促进了巴黎大区城市化与城乡一体化的发展。例如在巴黎大区的 5 个新城之一的塞日，有 50% 的人在当地工作，还有 50% 的人在巴黎大区或巴黎市工作[②]，在新城以外工作的人们之所以愿意来此居住，一方面是由于环境好，房价便宜，另一方面就是有方便的交通条件，使他们每日通勤成为可能。

① 刘健 . 马恩拉瓦莱：从新城到欧洲中心——巴黎地区新城建设回顾［J］. 国外城市规划，2002（1）。
② 黄序 . 法国的城市化与城乡一体化及启迪——巴黎大区考察记［J］. 城市问题，1997（5）。

8.3.2.2 加强"快速路导向的产业空间发展，轨道交通导向的高密度人居空间发展"模式

交通走廊是城市交通系统中的"主动脉"，承担着城市主要的客货流。交通走廊内交通方式的选择应注重合理分工，客货交通方式互补。

簇群式空间发展中，倡导"快速路导向的产业空间发展"模式最能体现交通的先导作用。众所周知，产业空间对于交通的要求，所以历史上由于交通成本在企业成本中占的比重大，产业空间往往靠近港口、交通枢纽、市中心布局。而随着现代交通技术的发展，以快速路为代表的新型交通网络成为产业空间的命脉。因此以"快速路导向的产业空间发展"模式，能够很好地促进产业空间的形成发展，并较好地解决外围产业空间与中心城交通联系问题。快速路网络的建立，有利于促进重点地区的产业开发和培育新的重点地区，而且可以通过交通区位调整，吸引主导企业在区域空间上合理分布，进而引导整个区域产业功能区的布局调整与升级。

簇群式空间发展中，交通的先导作用也应体现在倡导"轨道交通导向的高密度人居空间发展"模式。轨道交通导向的人居空间开发，将使高密度人居空间建设更易于实现。将住宅开发集中在轨道沿线和站点周围，结合外围组团的发展分层次分等级地有序布置。如新加坡、香港在郊区轨道站附近的廉租公屋开发，可以提供较多的乘客数量以实现公共政策的目标。

香港的成绩很大程度上归功于"公共交通社区"式的土地利用形态[1]。根据 1992 年的分区人口统计结果分析，全香港约有 45% 的人口居住在距离地铁站仅 500m 的范围内。如果仅以居住在九龙、新九龙以及香港岛的居民计，这一比例更高达 65%。除少数散布在半山和山顶的高级别墅外，绝大多数位于非铁路沿线的住宅也围绕公共汽车站形成高密度组团。这种布局有助于公共汽车线路拉长站距，提高运行速度，同时也缩短了居民与站点之间的步行距离。由于客源充足，公共汽车公司能够保持良好的经营效益，维持高质量的服务，形成良性循环。

香港的就业用地布局也采用类似模式。在新界，约有 78% 的就业岗位集中在 8 个位于铁路站附近的就业中心内，其用地面积之和仅占新界总面积的 2.5%。商务中心更是高度集中在各类公共交通工具的大型枢纽处。其中，中环—金钟—铜锣湾地铁沿线的平均就业密度超过每公顷 2000 人。特别值得一提的是，金钟与中环地铁站之间的距离虽然仅有 800m，但其间的办公建筑依然没有均匀布置，而是分别向两站靠拢，从多数建筑到地铁站的步行距离仅 200m 左右。两组建筑之间是香港公园、植物园、渣打花园等城市开放空间。港岛商务中心内的以公共交通枢纽为起点的步行系统四通八达。凡与步行系统相连的建筑，本身就是步行系统的组成部分。其通道层及邻接的楼层通常辟作零售商业和娱乐用途，给行人提供了极大的方便。

墨尔本的公共中心、住区邻里同轨道交通相融合及互动地促成了轨道为导向的城市和

---

① 郑科 . 轨道交通为导向的城市开发——关于上海轨道站区的 TOD 实践［D］. 上海：同济大学，2004。

区域的发展①。目前沿着郊区铁路线的地区服务中心已经与郊区的人口增长同步发展。墨尔本在轨道站点和公共中心周围开发高密度的住宅，包括廉价房，当然一定要有多种类型的选择。还要鼓励步行和骑自行车，并保证其可达性和安全性，成为"轨道交通导向的高密度人居空间发展"模式有效手段之一。

8.3.2.3 实现交通网络周边用地的系统化储备与开发

大城市都市区簇群式空间应实现交通网络周边用地的系统化储备与开发，为未来城市的发展预留合理的布局。

1)"复合走廊"两侧用地规划控制的落实

交通走廊重要站点周边土地应纳入国有土地收储的控制之内。快速路两侧应控制土地开发，以保证其快速通行。轨道交通虽然是大容量的交通方式，但同样存在运能极限，轨道交通建设同城市商品住宅开发有机结合，必须在宏观上控制沿线土地开发的总量，平衡轨道交通建设的供给与城市建设增长量。目前轨道交通线路带动周边房产升温的现象，如不加以合理控制，会使轨道交通线路更趋拥挤。在控制沿线土地开发强度的同时，必须控制沿线土地的开发类型。居住用地开发必须保证一定的开发强度。同时保证一定程度的用地混合度，提倡职住平衡，也可在一定程度上降低出行发生的强度。

在进行轨道建设和相应的土地开发之前，不论是土地国有还是土地私有的城市或地区，政府都要预先控制或购买适量的土地，以备发展之用。同时通过轨道公司的运作进行土地开发和转让，从而获得财政收入并支持轨道交通的持续发展。新加坡的国有土地整体规划开发，还有香港的商业开发的模式，都为之后的土地使用与轨道交通的整合打好了基础。

新加坡的具体情况在上文政府主动控制一节已经进行了较为详尽的介绍，无论是宏观层面还是中观层面，新加坡都对轨道交通进行了综合的控制与开发。

香港由于地铁大大改善了沿线的交通状况，使沿线各站周围出现了许多新的繁华地区，沿线的地产也不断增值。地铁公司充分运用这一优势，把发展地铁与开发房地产业结合起来，这给地铁公司带来了丰厚的利润，解决了工程建设的部分资金来源。地铁公司选取的地皮，通常为车站上盖。其做法是地下车站大厅与上层物业同时开发。地铁公司首先从政府那里获得发展车站上层空间的权利，之后寻求合作伙伴，利用发展商的资金，缴付土地费用，建造大型住宅、写字楼和商场。出售物业所得的利润，则由地铁公司与发展商共享。地铁公司历年出售物业所获得的利润，全部用于地铁建设，这是香港地铁发展的重要资金来源之一。

香港通过轨道沿线的开发组合（图8-19，表8-4、表8-5），如住宅、办公、商场和酒店等项目，开发或管理都有可观的收入，不仅推动了市区和新城住宅的更新和拓展，也替代了市区和新城服务设施中政府所要完成的公共开发。

---

① 郑科.轨道交通为导向的城市开发——关于上海轨道站区的TOD实践［D］.上海：同济大学，2004。

香港轨道沿线物业管理组合   表 8-4

物业管理组合		2002 年 收入
住宅	43000 单位（18 个住宅区）	
办公室	153000m²	0.85 亿港币
购物商场	217000m²	

来源：郑科．轨道交通为导向的城市开发——关于上海轨道站区的 TOD 实践［D］．上海：同济大学，2004

香港轨道沿线投资组合   表 8-5

投资组合		2002 年 收入
大型购物中心	5 座	
购物商场	254400m²	
办公室	50000m²	9.87 亿港币
其他	3000m²	

来源：郑科．轨道交通为导向的城市开发——关于上海轨道站区的 TOD 实践［D］．上海：同济大学，2004

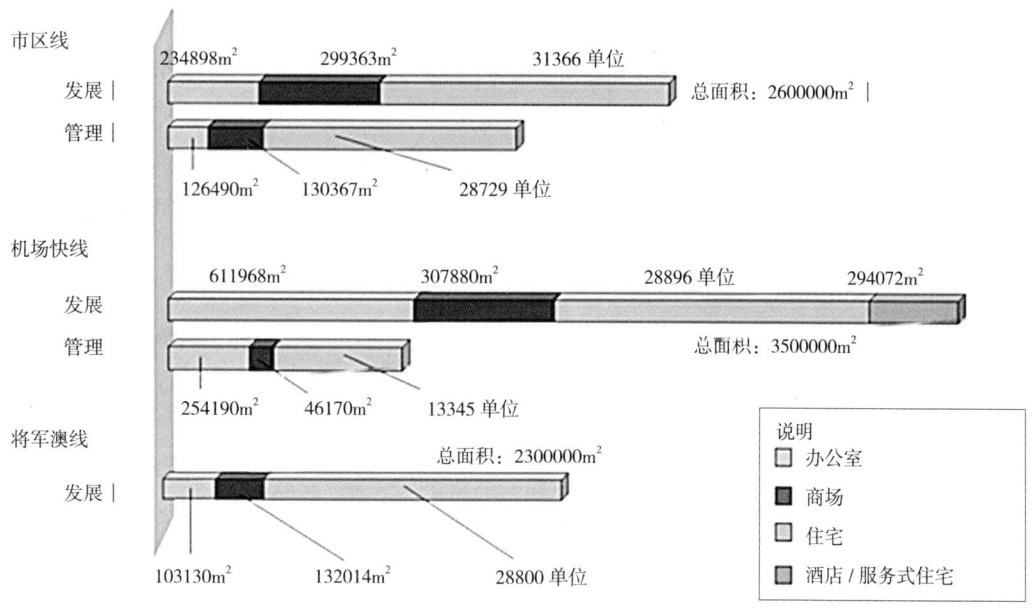

图 8-19　香港轨道沿线的开发组合
来源：郑科．轨道交通为导向的城市开发——关于上海轨道站区的 TOD 实践［D］．上海：同济大学，2004

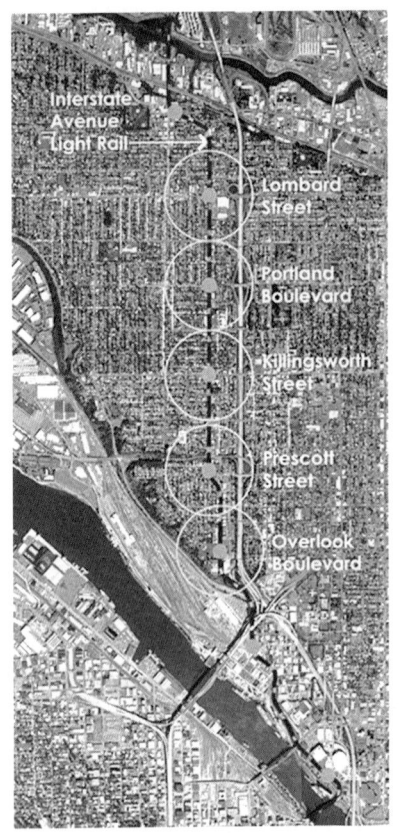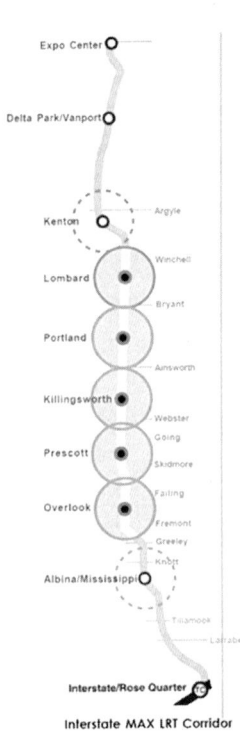

国外 TOD 发展中，如美国波特兰轻轨沿线的轨道站点站区的一系列规划，使得城市和区域有更多机遇，更加可持续发展（图 8-20）。通过对站区的开发和更新，满足了城市、区域发展和市场的需求。在开发政策上面向站区的各个邻里单元，增加居住、工作及休闲服务设施的便利。作为一项更新计划的组成部分，对每个站区都进行详细的规划和设计，以改善建成环境和满足现实的需求。通过确定开发时序、公共开发项目和私人开发项目的配合，以及筹集资金等方法，确保轻轨建设与站区土地开发相协调，从而促进整个地区社会、经济、文化的发展。

图 8-20　波特兰轻轨沿线的轨道站点站区规划
来源：郑科. 轨道交通为导向的城市开发
——关于上海轨道站区的 TOD 实践［D］. 上海：同济大学，2004

2）实现层次节点地块用地的系统化储备与开发

交通节点要发挥中心功能，必须以充足的用地为载体。对节点地块用地必须有合理充分的储备并实施系统化开发。如果在站点建设之前，其周边的用地功能与这些公共功能相冲突，不能起到吸引周边居民的作用，那么中心的作用就会大大削弱，如果对这些用地功能进行置换，政府又将面临巨大的拆迁成本，使中心地价过高，不利于功能的集聚。

交通节点的开发首先是密度问题。罗伯特·切尔韦罗（Robert Cervero）提出了 3Ds 的规划理念，即三个维度：密度（Density）、设计（Design）和多样性（Diversity）[1]。其中密度是至关重要的。密度是一个数学问题，轨道站附近有更多的住宅和就业岗位就会带来更多的乘客量。密度还有更进一步的含义，高密度住区的居民较多倾向于步行购物和享受服务，可以减少小汽车的使用。当住区达到一定的密度，汽车的拥有量就会骤降。因此新加坡、香港、墨尔本和英国斯蒂夫尼奇（Stevenage）等城市都在轨道交通站点附近高密度地开发住宅，并创造更多邻近的就业中心，从而有别于汽车为导向的松散模式，形成紧凑的 TOD 地区城市形态。

---

① 郑科. 轨道交通为导向的城市开发——关于上海轨道站区的 TOD 实践［D］. 上海：同济大学，2004.

其次周边用地的混合使用。许多城市都采用了这一做法，用以增强地区活力。将工作、生活和娱乐整合在一起，日常所需的服务都设置在步行范围内。此外，开发商、政府和整个 TOD 地区的民间协同开发，最大程度地满足各种需求，将不同阶层的人都能吸引到共同的中心来。土地混合使用有助于避免枯燥的功能单一现象，不会使该地区在夜晚和周末变成死城。也就是上文所描述的中观层面的分形。

TOD 地区需要通过区划或者规划特例来对待，不能以传统的站前地区的交通要求和普通商业、居住模式来开发运作。新加坡各个新城的轨道站点都作了相应的规划特例处理，这样才有可能整体地规划安排开发时序、预留用地。斯蒂夫尼奇的新城中心重建计划更是直接将公共中心部分独立出来，加以更加细致的控制和建设，确保 TOD 概念的完全落实。

新加坡在轨道交通站点周围的土地开发经过特别的规划，并为公交换乘枢纽、商业、社区服务、绿化等公共设施预留了充足的用地，是一种有远见和系统化处理节点的做法。政府对轨道交通周边的用地设置一定的进入门槛，使之服务于社区公共活动，在功能上吸引居民，加强了节点的作用，值得我们借鉴。

还有一些城市对轨道交通站点的密度进行了规划，以指导后期的建设。深圳市就对轨道 3 号线"横岗段"土地开发强度作出规划和建议（图 8-21）：商业用地容积率 4.0～6.0，居住用地容积率 2.0～3.0，片区平均容积率约 2.0。

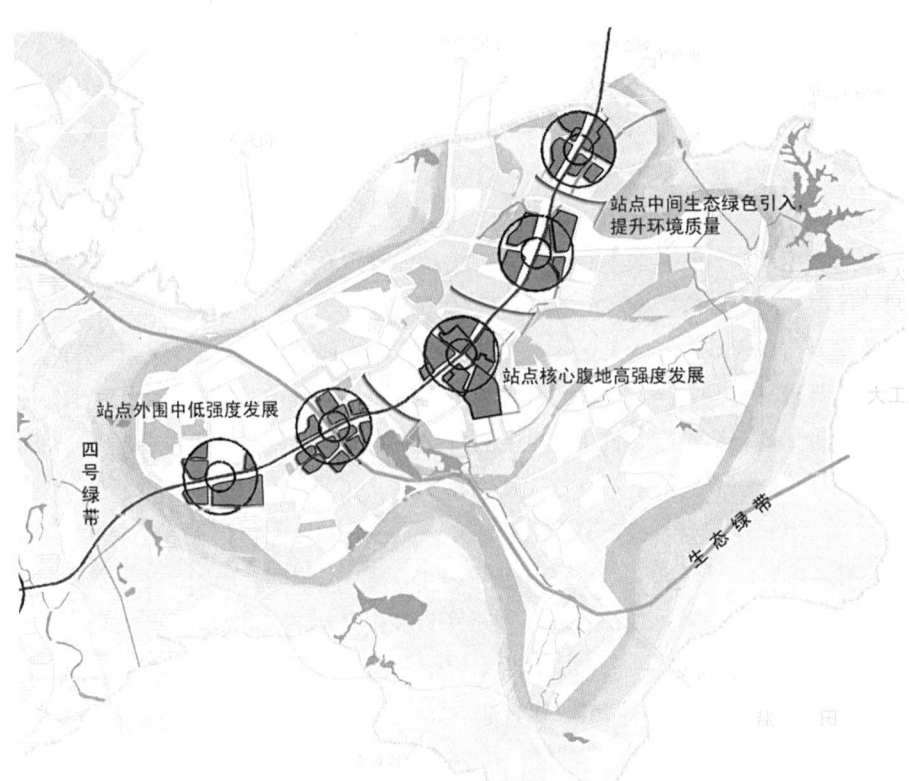

图 8-21　深圳市轨道交通 3 号线"横岗段"土地开发强度示意
来源：深圳城市规划设计研究院有限公司

8.3.2.4 以"无缝"换乘枢纽提高层次间的转换效率

换乘所产生的时耗成本会引起系统效率的降低，如果其中还包含大量空间上的转移，会使人们不愿意使用这些轨道交通站点而转向其他交通方式，设计的系统层次性就会随之被削弱。大城市都市区簇群式空间结构以大容量快速轨道交通为骨架，在每个节点上实现与下一层次的"无缝"换乘具有重要的结构性意义，在层次间转换效率提高的同时，节点的影响力也会大大加强，有利于组团中心的形成。实现"无缝"换乘，意味着必须处理好各个层次交通方式之间的衔接，可能包括轨道交通与自行车、公交车、出租车、小汽车等。通常情况下，在轨道交通站点组织自行车停车场和接驳公交车站是必要的。

在新加坡的案例中，全岛共有 18 个公交换乘枢纽，与轨道交通站点紧密地结合在一起。在上海，由于事先没有考虑到换乘用地的需要，常常可以看到自行车无处停放，公交站布局局促，换乘路线十分不顺畅的情况，大大影响了轨道交通的效率。

纽约在轨道交通和私人交通之间布置了停车＋换乘（P&R）设施。如在地铁 7 号线终点站，建立了一个具有 1000 多个泊位的高架停车场，使法拉盛（Flushing）地区的居民通过停车＋换乘的方式轻松进入中心区 [①]。

8.3.3 推动簇群式绿色生态开敞空间结构的建设，促进都市区空间的弹性成长

楔形绿色生态开敞空间之间有生态廊道连接，从而对城市外围组团的建设用地进行了生态隔离，迫使其充分利用快速环线、放射走廊的廊道效应进行集聚发展。同时，楔间的生态廊道一方面作为组团隔离带，可以防止城市发展轴上各功能组团的粘连，避免城市发展轴本身的低效蔓延；另一方面可以加强绿楔之间的生态联系。绿色生态开敞空间系统若控制不好，都市区空间易形成圈层式的蔓延。未来应积极推动大城市都市区簇群式绿色生态开敞空间的保护，促进都市区空间的弹性成长。

8.3.3.1 构建与城市建设空间相协调的绿色生态开敞空间结构

城市与城市的自然环境具有相互依存的关系，尊重和利用自然，是城市生态性的直接体现，是保护和提升城市生态环境质量的重要前提。

构建与城市建设空间相协调的生态空间结构，首先应建立完善的绿色生态开敞空间结构，与自然要素吻合，使自然要素的分布趋向合理，并与城市周边更为广大的自然生态环境相联系，使其具有更稳定的秩序与更强的自我维护能力，使自然要素在城市空间中发挥更大的效益。

其次它的组织模式应与城市空间结构相协调而构成共轭关系，要结合城市空间发展态势和空间发展模式加以考虑，并与城市未来空间发展形态相吻合。城市空间形态与城市生态空间结构互为图底关系。城市建设区域是在自然生态区域中产生、发展和逐步形成的。要控制城市生态空间结构，除了进行空间结构优化外，还必须引导和控制建设区域的发展，避免城市建设区域无序蔓延。同时还应构建城区内外一体的绿色生态开敞空间结构，保护跨越城市边界的自然开敞空间的连续性，利于城市的发展。

---

① 孙斌栋.我国特大城市交通发展的空间战略研究——以上海为例［M］.南京：南京大学出版社，2009.

如武汉都市区的"两线三区"空间管制与实施规划中，创新提出了"两线三区"空间管制模式，形成"发展"与"生态"并重的统筹策略。对武汉"两轴两环，六楔多廊"的城市生态框架体系进行具体落线。通过生态框架体系的落线反向界定城市增长边界（UGB）和生态底线"两线"，形成集中建设区、生态发展区、生态底线区"三区"。城市增长边界内遵循"五集中"的发展原则：即规模化城市建设、大运量公共交通设施及高快速路系统、工业布局、高品质公共服务中心以及市政公用设施向增长边界内集中。生态框架区域遵循"三化"发展原则：即生态保护法定化、功能化与发展保护同步化。严格保护山水资源等生态要素，大力发展观光游憩、休闲度假、户外运动以及特色农业等各类功能，使城市生态框架区域成为调节城市气候，改善城市生态环境，丰富都市农业，促进防灾减灾，发展生态旅游的重要功能区，成为新城组群的有益补充。规划同时还探索了非集中建设区生态框架区域乡镇发展新模式，促进生态框架的主动实施。依据乡镇所在生态区位的差异进行分类，对各类乡镇的建设模式、主导产业等均提出明确规划指引，并通过主动策划和包装形成若干项目，引导生态框架的主动实施。为绿色生态开敞空间的保护与延续提供了新的思路。

8.3.3.2 加强绿楔、绿环的建构

绿楔的建构是大城市都市区簇群式绿色生态开敞空间结构建构的关键一环。"绿楔"是位于大城市都市区簇群式空间放射状发展轴线之间，指向中心的集中分布区域。它作为大城市都市区簇群式空间最主要的生态源区，在生态服务功能方面，具有多方面优势。绿楔作为城郊指向城市中心的"通道"，可以引入城外动植物群落，这对于城市中心生物多样性的维持极为重要。绿楔同时也是城市重要的"风道"，尤其是城市边缘迎风面的绿楔，引风、通风作用明显，对于缓解城市热岛效应有不可替代的作用。绿楔也可以作为城市重要的氧源，并可利用通风作用将氧气疏导至中心城区。因此为了保证以上生态服务优势的发挥，在建构绿楔时应尽可能使楔尖渗入到中心城区内部，或者通过生态廊道将绿楔与城市建成区内的生态空间联系在一起。

楔形主导绿色生态开敞空间的形成，决定着城市发展的形态，在一定程度上控制城市用地无限制圈层蔓延。武汉依据GIS用地适应性评价与城市风道、热岛效应等研究，结合生态廊道宽度、郊野公园规模效应等量化研究，确定六大生态绿楔核心区规模范围，加以重点控制。如果未来控制得好，可以提高城市的紧凑度、舒展度，维持城市的可持续性、多样性，有利于城市自然空间结构的延续。

绿环主要起到串联绿楔的作用，完善大城市都市区簇群式绿色生态开敞空间结构。绿环还可以在一定程度上控制用地规模的扩张，但在没有强有力的法律体系保障下易遭到侵蚀，因此绿环宽度不宜过宽，同时绿环应选择在合适的位置。若设在离中心城区有一定距离的地区，跳出了城市发展压力的集中区，其宽度更易于保障。因此在未来的城市空间发展中，也应加重对绿带发展的控制。

8.3.3.3 加强绿色生态开敞空间的规划管理

实行差别化的区域财政政策，完善财政分享机制和生态补偿机制，保障生态控制地区获得合理的生态补偿和均等的社会设施服务，保障全市各区域社会、经济与环境的和谐发

展。大城市都市区簇群式绿色生态开敞空间的保护与规划更多地应该依靠强大的政府和有力的管理来实现。

1989 年荷兰出台了自然政策规划，其中，生态结构（Ecological Main Structure）成为荷兰自然政策的支柱。在荷兰，得到法律保护的绿地主要是位于"生态结构"体系中的那些绿地。在"生态结构"中，现有自然保护区内的用于自然保护和生态廊道建设的新地块都联系起来形成了网络。为了修复国家生态网络（NEN）的断裂部分，中央指定了 12 个生态廊道。自然政策规划在区域范围内促进了兰斯塔德与绿心的生态保护及环境建设。在第四次国家空间规划中，绿心的地位得到了进一步提升，1998 年"绿心"正式被命名为荷兰的"国家景观"（National Landscape）。绿心作为国家景观，其中的开发建设受到了更为严格的控制。国家还出台了一系列相应的政策文件和开发计划以阻止城市蔓延，保护与维持绿心特有的开放性，进一步提高绿心特殊的自然景观价值和文化景观价值。保护绿心是荷兰的国策 [①]。

上海处于长江河口的冲积平原，地势平坦广阔，土地资源的可用度较高。由此，中心城市向周边农村地区梯度式、均等性高密度扩展的趋势一直难以根除。上海尤其缺乏天然山体、森林等生态隔离屏障，历次城市规划中的绿环、绿楔不断被蚕食。构筑城市绿色屏障一直是上海城市规划工作者"屡败屡战"的不懈追求，而土地利用总体规划中对基本农田的刚性控制法律手段也成为上海"两规合一"空间布局的亮点所在。基本农田强控制是构筑城市绿色屏障的有效政策工具。

为促进资源约束条件下城市发展转型，加快经济发展方式转变，维护城市生态安全，按照上海市政府的工作部署，在"两规合一"工作的基础上，2009 年 7 月开始，上海市规划国土局会同市绿化市容局等部门同步开展了《上海市基本生态网络规划》（以下简称《生态规划》）的编制工作。上海未来空间应坚持生态优先，充分发挥基本农田、生态林地等保护手段，控制城市增长边界，预置布局和永续维护高品质的城市绿色生态空间格局。综合运用城市郊野公园、生态隔离林带、基本农田集中区、江河湖海水域、滩涂湿地等生态空间，构造"环、廊、区、源"的多层次生态空间网络，发挥生态锚固功能，维护生态底线，制止建设用地的无序蔓延，抢救性保护上海都市区的生态安全：

（1）2 条环形绿带；

（2）8 条基本农田郊野公园走廊；

（3）20 片大型基本农田连绵区；

（4）4 块外围生态战略保障空间（东部海涂、西淀山湖、南杭州湾、北长江口）。

8.3.4 引导簇群式多中心组群式空间的形成，推动城市用地集约高效利用

大城市都市区簇群式空间结构有着圈层式发展的中心和放射状的外围组群，形态紧凑。中心城高密度开发，组群内部土地紧凑利用，土地价值得到充分的利用，使得城市

---

① 王晓俊，王建国. 兰斯塔德与绿心——荷兰西部城市群开放空间的保护与利用 [J]. 规划师，2006（3）：
90–93。

发展有较好的可持续性。未来应引导紧凑多中心空间的形成，推动城市用地的集约高效利用。

8.3.4.1 推动都市区空间一体化发展

在全球化背景下，城市竞争已经不是单一的城市间竞争，而是以中心城市为核心及其周边城镇共同构成的城市区域或城市集团间的竞争。城市区域成为全球时代竞争的基本空间单元。区域协调应以全球城市体系为参照重新界定自身的角色，而且其区域一体化发展水平的高低与区域整体创新能力水平息息相关。区域一体化发展是经济发展内生的客观要求，是一种联系紧密的区域经济安排。区域一体化内涵至少要考虑形态、市场、产业、交通、信息、制度、生态环境等七个子系统[1]，包括形态一体化、市场一体化、产业一体化、交通设施一体化、信息一体化、制度一体化、生态环境一体化。在大城市区域化发展中，城市自我空间组织及演化已经远远满足不了当代中国对于可持续发展的需求。

近年来，自组织、新区域主义等新理论已为学术界广泛研究，极大丰富了区域协调理论体系。自组织理论认为城市区域是一个开放性的耗散结构系统，其发展演变是一个动态变化的非线性过程。如果多样化组成要素间的结构关系是"激励相容"的，则会使系统整体呈现出效率最优、稳定的空间结构和功能特征，演变成为具有高度复杂性、协调性和适应性的地域组织。反之，如果是"激励不相容"，结果则相反。新区域主义理论（Neo-regionalism）最早由霍华德（Howard）和哈里（Harry）于20世纪30年代提出，后至20世纪90年代随着区域一体化热潮而兴起，以生产技术和组织变化为基础，以提高区域在全球经济中的竞争力为目标，认为区域空间规划应该是动态的过程，因为区域的空间规模与边界是随时间以及偶然性、突发事件变化的，是模糊的和弹性的，不应成为关注的重点，而应重视网络系统结构问题[2]。

区域协调发展是一个大空间尺度概念，应强调区域发展中的经济效率与公平问题。应实现区域之间在政治、经济、社会、文化、生态等方面的发展优势互补，良性互动和正向促进，区域利益协同增长，区域差异趋于缩小的过程，以形成区域间人口、资源与环境相协调的空间开发格局。协调发展强调的是差异性之间的协作与和谐，适应区域经济一体化发展趋势和要求，建立有效的协调机制，通过政府的制度安排，维护好市场秩序，鼓励公平竞争，保护生态环境，提供公共服务[3]。陈建华等（2006）认为区域协调是以区域一体化为目标，通过构建合作平台，加强协作，做到统一规划、整体布局、设施共建、资源共享、优势互补、协调发展。从空间影响范围来看，协调不能仅局限于区内，还应谋求与区外的共生与共赢，实现良性竞争与紧密合作。

大城市都市区簇群式空间未来的发展应以区域为平台，各结构要素、各组团的发展与控制都应在区域的大范围内统一规划，使各个结构要素、各个组团都能呈现效率最优，使整个空间结构稳定协调发展。

① 赵云伟.全球化加速城市空间重构［J］.北京房地产，2008（4）：76–77。
② 官卫华，刘正平，叶菁华.基于区域协调的城市总体规划编制方法的新探索——以南京市城市总体规划修编为例［J］.城市规划学刊，2010（6）：22–30。
③ 杨保军.区域协调发展析论［J］.城市规划，2004（5）：20–24。

1）兰斯塔德

荷兰的兰斯塔德是与英国伦敦、法国巴黎和德国鲁尔齐名的西欧四大都市地区之一，其多中心的组成结构和以绿心为特征的布局形态一直受到世界城市规划界的普遍关注。与以伦敦和巴黎为代表的单一中心都市地区相比，兰斯塔德多中心结构分散和缓解了对城市中心的压力，并能通过中心周围的空地和绿地保持都市区良好的生态环境[①]。兰斯塔德的主要竞争优势在于它在欧洲的特殊地理位置，绿心又可以作为竞争中独特而有力的因素。绿心的存在和中等尺度城市组成的多中心城市系统保证了城市生活总可以和乡村接近，而这在其他大都市区是不可能实现的。

兰斯塔德把一个全国性或国际性城市的多种功能，分散到各区域中心城市中去，形成了在较大空间范围内相互分工协作的有机整体。如政府机构、外事机构、国际组织及多国企业总部布置在海牙，而金融、零售、旅游和文化中心以及航运中心在阿姆斯特丹，全球最大的船运港口、批发业和重工业布置在鹿特丹，乌得勒支为铁路枢纽和服务中心，轻工业和地方性服务业则布置在若干中小城市。这4个荷兰最大的城市是兰斯塔德地区城市网络中的主要节点，围绕它们还有众多中小城镇，这些城镇各具特色，发挥着各自的作用。兰斯塔德地区和很多城市区域一样，城市之间的地域分工不仅体现在部门专业化，还体现在职能专业化上。公司的总部、研发总部和商业服务部门主要集中在四大城市，而生产职能和日常办公职能则向周边的中小城市集聚。兰斯塔德地区还存在众多的合作网络，网络涉及多个空间尺度：一是四大城市和周边十个城市之间存在合作平台，涉及交通、住房、就业、经济事务和福利事业等方面，即使在更小的城市之间也存在类似的合作网络；二是北翼和南翼的城市之间存在合作网络；三是整体区域尺度还存在多个合作网络。整体形成了优势互补，专业化分工与合作紧密结合的城市网络。

兰斯塔德地区中心城市的协同生长显示出了很高的整体性与同步性，这表明它不同于一般的城镇混合体，而是一个协同共生的群体，对外界环境具有较强的稳定性和适应性。虽然兰斯塔德的空间协同得益于中央政府的有效干预和四个相关省份的积极合作，但正是这种充分认识到城市空间发展竞争—协同内生机制的人为干预，使得整个地区得以协调发展[②]。

兰斯塔德地区的形成与发展是多种因素综合作用的结果。难以利用并进行成片开发的自然地理条件使得该地区很难发展出一个特大规模的城市，分散的行政体制又进一步促进了各城市的独立发展。城市的发展具有路径依赖的特点，众多规模相当、各具特色的城市共同发展，该地区大部分城市都至少拥有400年的历史。而且各城市发展到一定阶段后，其影响范围开始相互交织，加上交通等基础设施联系的加强，该地区的城市逐渐"融合"成一体[③]，成为典型的多中心城市区域。卢明华（2010）认为政府的调控，尤其是城市与区域规划，在该地区的融合过程中更是发挥了重要的引导和协调作用，既促进了各城市的

---

① 华晨.兰斯塔德的城市发展和规划 [J].城市规划汇刊，1996（6）：16–25。

② 张勇强.城市空间发展自组织与城市规划 [M].南京：东南大学出版社，2006。

③ （荷）巴特·兰布雷特.多中心化对提升大都市区竞争力的利与弊——以荷兰兰斯塔德地区为例 [J].陈熳莎，译.国际城市规划，2008（1）：41–45。

分工，又推动着相互之间的联系与合作。

显而易见，兰斯塔德不可复制，但它的区域协调发展观值得借鉴，特别是在绿心的保护方面。

2）上海

上海"两规合一"规划中，以市域范围为规划背景，面向长三角、全国乃至全球思考城市未来的发展。上海以临海切线和高铁切线为依托，重点推进东西两翼具有副城性质的两大新城群（战略地区）的发展。东翼的外浦东地区，利用南汇整体划入的契机，依托浦东空港、临海深水港和迪斯尼、大飞机项目，打造临海切线，建设外浦东的副城区，成为长三角的国际门户和全球先进的临海装备制造业基地；西翼的嘉青松地区，依托虹桥亚洲最大铁空枢纽和沪宁、沪杭高速铁路，面向江浙两省高度市场经济的活力，建设嘉青松（虹）副城区，成为带动长三角自主创新发展的新的空间引擎区。要重点引导两大战略地区依托东部临海切线和西部高铁切线，形成开敞的组合新城格局，扩大新城的规模和服务水平，形成对主城的东西反磁力中心，改变城市单中心发展态势。新的双切线格局将提供上海城市规模持续发展新空间，有力提升上海面向世界、服务全国两个功能扇面的服务能力和水平。

上海市域总体布局中两条切向走廊的培育和强化，具有两方面重要的空间引领意义。一方面，战略性地拓展了上海城市新的发展空间，形成面向世界、服务全国的两大功能扇面；另一方面，引导建立东西两翼的反磁力城市发展中心，并在空间上进行大面积的生态用地穿插和隔离，构筑上海具有国际影响力、竞争力的世界城市的多中心空间格局。

因此，大城市都市区簇群式空间结构未来的发展应以大的区域为背景，应该形成一种更加开放的空间结构，在公共交通、产业等方面，应与周边地区接轨联动发展，生态保护应与周边地区共同规划。

大城市都市区簇群式空间未来的发展控制应着眼于区域尺度，只有在这样的尺度上与周边协调共赢，才能保证大城市都市区簇群式空间结构的完整性与开放性，也才能使其继续发展。否则，这样一种较为理想的空间结构可能就会不复存在了。大城市都市区簇群式空间结构作为结构完整的城乡有机复合体，必须建立在区域平衡协调基础之上，其发展也凭借大区域环境作共生支撑。

8.3.4.2 引导差别有序的建设分区

大城市都市区簇群式用地应注重城市空间形态的适度紧凑，建设差别有序的用地分区。

高密度紧凑的用地开发，可以带来土地绩效的增加。大城市都市区簇群式空间的中心城区布局相对紧凑，是都市区区域性服务功能的集聚地，也是都市区发挥区域辐射功能的重要地区。同时为了减轻中心的压力，外围呈组群布局。外围组群内应适度集中建设，提高簇群组群内的建设强度，促进簇群组群的快速发展，增加土地绩效。

在簇群组群内应适度地集中建设。提高簇群组群内的建设密度，会促进簇群组团的快速发展，带来人气和土地绩效的增加。相反如果开发低密度的簇群组群，会造成土地资源的浪费。簇群间应适度分散防止环境恶化。稳定成熟的大城市都市区簇群式空间结构中，城市人口密度的剖面图应是波峰波谷交替出现的。簇群内部的密度要相对高，同时簇群之间要低密度建设，保持适度的分散，以防止环境恶化。在簇群组群之间间隔生态绿地，既可创造良好的城市环境也阻隔了城市连片发展带来的一系列城市病。

上海在新一轮的城市发展中注重不同建设分区的不同引导措施。上海提出市域新型城市化体系，一是合理拓展和整合中心城区布局，二是聚焦发展郊区新城（二级城市），三是对新市镇进行类型划分和布局指导，从而引导形成覆盖全市域、城乡一体化的城市化空间体。上海"十二五"规划中，实行差别化的区域政策，实施区域分类指导政策和差别化的评价机制，引导人口居住和就业在各功能区域内相对平衡；推动中心城区功能优化，支持闵行、宝山地区提升城市化水平；新增建设用地和重大产业项目向浦东地区和郊区倾斜；完善生态补偿机制，加大对崇明三岛地区以及其他生态保育区、水源地保护区域的转移支付力度；探索实施区域化开发管理机制，加强跨行政区资源整合；坚持城乡一体、均衡发展，把郊区放在现代化建设更加重要的位置，推动城市建设重心向郊区转移；以新城建设为重点，深化完善城镇体系，加快推进新型城市化和新农村建设，率先形成城乡一体化发展的新格局。

除此之外，组团的定位与功能之间也应体现差别化。如到 2020 年，上海新城建设取得突破性进展，在郊区基本形成与中心城区功能互补、错位发展、联系紧密的新城群。嘉定新城、松江新城初步确立了长三角地区综合性节点城市地位，集聚 80 ～ 100 万左右人口；浦东临港新城、青浦新城、奉贤南桥新城具备较高能级的城市综合集聚辐射功能，集聚 60 ～ 80 万人口；金山新城、崇明城桥新城对周边地区发展的服务带动作用明显增强，集聚 20 ～ 40 万左右人口。

8.3.4.3　促进交通导向、职住平衡的发展模式

1）促进交通导向的城市发展

大城市都市区簇群式空间用地应采用交通导向的发展模式。上文介绍的新加坡等城市的发展模式都给大城市簇群式空间未来的发展提供了参考。

巴黎交通导向的发展模式成功地从中心疏散出了大量人口，巴黎新城在巴黎人口空间分布演化过程中起着重要的作用，巴黎新城的区位选择相对而言比较靠近巴黎，平均距离大致在 30km 左右，而且与巴黎保持便捷的交通联系；尽管相互之间有山体、林地、沼泽的间隔，新城与现状城市建成区在空间上基本是连贯的。它始终是区域城市空间的组成部分，而不是孤立于现状城市建成区之外的游离因素。轨道交通支持下的巴黎新城建设促进了巴黎城市中心城区的人口外迁，引导城市用地的区域拓展（图 8-22）。表 8-6 显示了1965 年以来巴黎地区的新城规划调整及其人口增长变化。

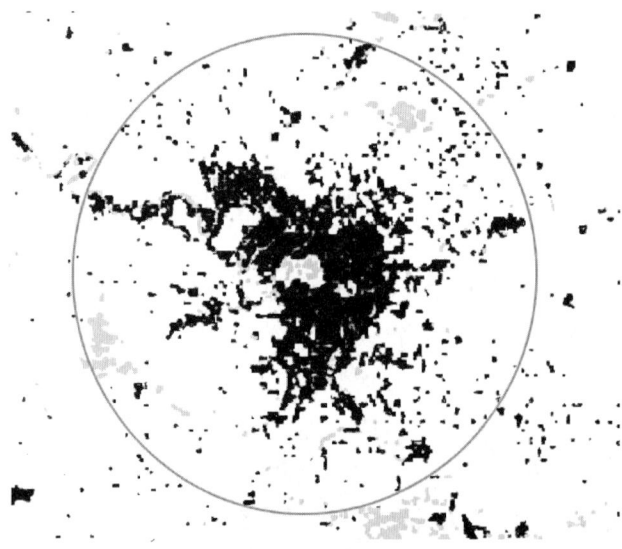

图 8-22　巴黎市域用地布局

1965 年以来巴黎地区的新城规划调整及其人口增长变化（单位：万人）　　　　表 8-6

1965 年规划		1969 年规划		1968 年规划	1975 年规划	1982 年规划	1990 年规划
博尚	30 ～ 50						
塞日蓬图瓦斯	70 ～ 100	塞日蓬图瓦斯	33	4.2	7.0	10.3	15.9
埃夫利	30 ～ 50	埃夫利	50	0.8	2.2	4.7	7.3
芒特	30 ～ 40						
努瓦西勒格朗	70 ～ 100	马恩拉瓦莱	30	8.6	10.3	15.3	21.1
蒂日利略桑	40 ～ 60	默伦塞纳	30	1.7	2.9	4.8	8.2
西北特拉普	30 ～ 40	圣康坦昂伊夫林	30	2.5	5.0	9.3	12.9
东南特拉普	40 ～ 60						
合　计	450		173	17.8	27.4	44.4	65.4
占地区新增人口比重 %	90（65 ～ 00）		33.7（68 ～ 90）		15.2（68 ～ 75）	87.6（75 ～ 82）	35.8（82 ～ 90）

来源：杨震. 轨道交通导向的大城市布局结构［D］. 上海：同济大学，2005

2）促进城市职住平衡

大城市都市区簇群式空间内由于产业用地外迁，服务业中心城聚集，而居民大多住在中心城区的外围圈层上，整个城市空间呈现产职分离的状态，造成通勤交通、向心交通压力大。所以簇群式大城市都市区的产职空间，应提倡工作居住空间平衡化布局，采用由社区介入产业用地发展模式和建立产职平衡新城独立发展模式，使外围簇群内部达到一定的职住空间配套，以减少通勤压力。

由社区介入发展模式适宜于贴近主城区的中、小型工业园区。这一模式的要点主要是：①工业聚集区内部布局不同类型的居住设施，如职工宿舍（单身公寓、青年夫妇公寓）、配套小区等；②工业聚集区内部应该配套社区级别的公共服务设施，如社区医院（医疗）、邮局（通信）、银行（金融）、超市（商业）等。这样既减少了职住分离带来的通勤问题，又方便了员工的生活①。

新城独立发展模式适宜于远离主城区的由中、大型工业聚集区组成的组团。在新城中，更需要就地平衡。成都通过产业布局创新模式来缓解职住分离带来的诸多城市问题。在城市南部的龙泉驿经济技术开发区，依托原有的城镇基础发展卫星城镇，重点发展汽车制造、普通机械制造、电子及通信设备制造，该工业聚集区采用了居住包围工业，同时配套较为完善的公共服务设施的新区独立发展模式。而西部的海峡科技产业园，也是依托原有的城镇基础，重点发展高新技术产业、食品饮料加工、医药等产业，将工业用地集中布局于新

---

① 王智勇. 大城市簇群式发展背景下的工业聚焦区布局及优化研究——以武汉市为例［D］. 武汉：华中科技大学，2010。

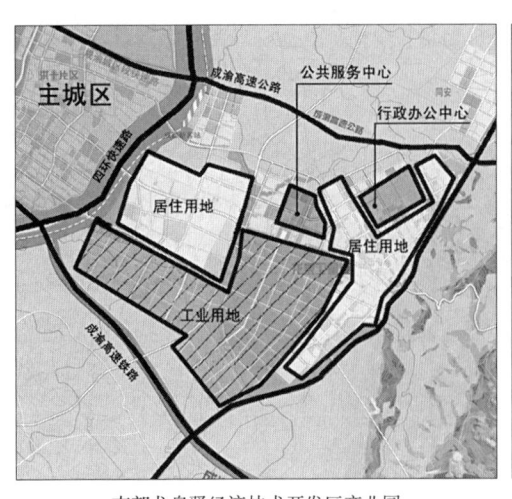

南部龙泉驿经济技术开发区产业园　　　　　　　西部温江海峡科技产业园

图8-23　成都城市工业集聚区的新区独立发展模式

区一边，公共服务设施及居住用地近邻工业聚集区布局，基本上也是一种新区独立发展的模式。在成都其他几个方向上的卫星城镇结合产业的布局，均采用了这种新区独立的发展模式（图8-23）。

上海的外围新城强化产城融合。利用新城的成本和环境优势，进一步推进现代服务业发展。依托既有产业基础，推动自主创新，引导高新技术产业和战略性新兴产业在新城布局。推进新城内产业园区功能提升，强化新城与其周边产业园区联动发展，统筹考虑居住与就业平衡，实现产城融合。完善公共服务设施配套。按照现代化大城市要求配置新城公共服务资源。在完善社会服务体系配置的基础上，着力引导市级优质医疗、教育、文化、体育设施等功能性项目向新城集聚，提升新城居民生活品质。重视基础设施建设，强调基础设施先行，完善由高速公路、快速轨道交通和城际铁路构成的综合交通网络。提倡公共交通优先，建立适应大城市交通需求的公交网络。提高路网密度，鼓励形成以步行和自行车交通为主的城市慢行交通系统。按照大城市的发展标准建设新城市政基础设施，提高配套服务水平，保障城市安全。注重环境品质提升。在全市生态网络空间的基础上，完善新城内部生态绿地系统，结合道路、水系的建设，同步推进沿路、滨水绿带以及城市公园的建设，形成水绿交融的新型江南水乡风貌。

8.3.4.4　外围簇群宜采用高效均衡的"多核组群式"空间结构

外围簇群组群的发展通常以产业为导向，以快速路与轨道结合的复合交通轴线为依托向一定的方向发展，既避免了城市的无序蔓延，又能保持强劲的发展动力，簇群组群的紧凑发展，在未来更可以进一步带动居住和服务业空间向外围簇群转移。特别是在大城市中通过快速路与轨道交通将城市中心区和外围联系起来，快速路主导产业空间发展，轨道交通主导人居空间发展。这样既可以引导城市轴向发展，形成高密度交通走廊，又可以加快城市次中心的发展，使城市形成空间相对隔离但交通快速联结的空间结构，实现城市的可持续发展。每一个簇群组团中观层次的就业空间和居住空间的分布均衡，避免了大量的通勤交通和缺少使用者带来的基础设施的浪费。

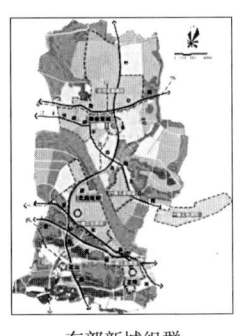 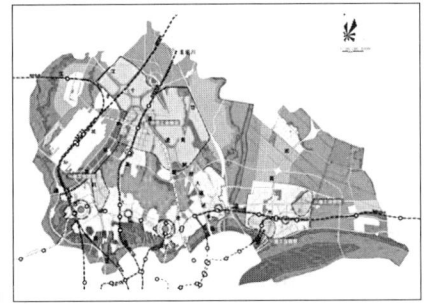 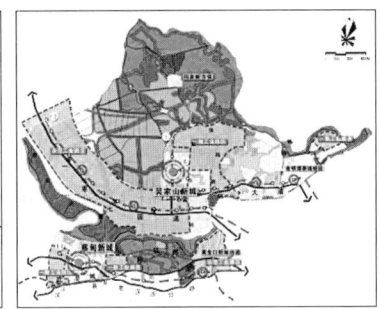

东部新城组群　　　　　　　　　北部新城组群　　　　　　　　　西部新城组群

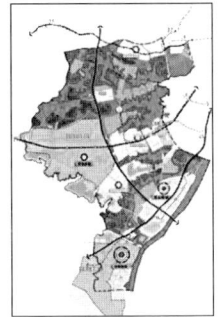 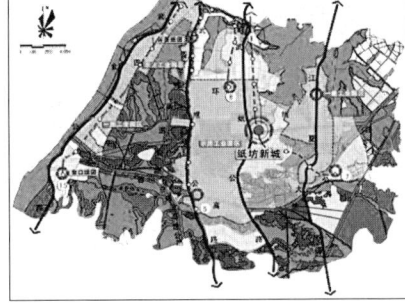 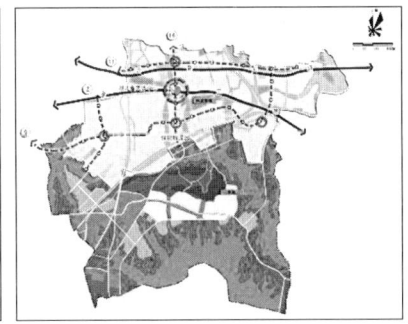

西南新城组群　　　　　　　　　南部新城组群　　　　　　　　东南新城组群

图 8-24　武汉都市发展区各新城组群规划结构

来源：根据《武汉都市发展区"两线三区"空间管制与实施规划》绘制

1）加强外围组团的有序建设

2001 年国务院批准的《上海市城市总体规划》提出建设 11 个郊区新城。"十五"期间，上海开展了"一城九镇"试点，探索推进郊区城镇加快发展，促进郊区城镇化、特色化和多元化，为此后一段时间内郊区城镇建设积累了经验。"十一五"期间，按照"三个集中"的要求，明确提出市域"1966"城乡规划体系，把上海市域分成中心城、新城、新市镇、中心村四个层面进行统筹安排，首次实现市域城乡规划全覆盖，确立了上海城乡规划体系格局。"十二五"初期，新城建设应有利于优化城市发展空间布局，构筑符合上海特大型城市特点的城乡一体化发展新格局。有利于将新城及周边地区建设成为上海市主要的先进制造业基地、战略性新兴产业基地和重要的现代服务业集聚区，促进上海市产业结构调整和产业能级提升，形成引领转型发展的新增长极。

武汉都市区按照中等城市以上标准，依照第四代新城建设模式，全面建设六大新城组群，各新城组群结合自身发展特色确定明确的发展定位与空间结构形态。以产业带动、TOD 引领、SOD 策略、生态优良的策略发展外围新城，以具有强大的产业发展功能，高度的人口吸引力，便捷的大运量交通系统与主城相接，丰富的公共服务供给，齐全的配套设施体系，优于主城的生态环境等优势，合理发展外围簇群组群（图 8-24）。

2）形成高效均衡的组群式空间

高效均衡的组群式空间的形成，主要得益于交通网络与用地组织的耦合[①]。新加坡的

---

① 赵莹. 大城市空间结构层次与绩效——新加坡和上海的经验研究［D］. 上海：同济大学，2006.

交通网络与用地组织在层次上具有很好的对应性，居住在邻里单元内的居民通过步行能够到达邻区中心，在邻里中心可以搭乘轻轨或公交车到达新镇中心，在新镇中心可以乘坐地铁到达城市中心及各个区域中心、次区域中心和边缘中心，两组层次有序地组合在一起。以两组层次各自形成的若干个节点为对象进行考察，在中心城范围内，地铁站点对应了中心城的高强度开发点，以地铁车站为中心50m为半径的范围覆盖了中心城的主要功能；在中心城范围之外，区域中心、次区域中心以及邻近中心城的边缘中心全部位于地铁车站地块内，几乎所有的新镇中心在以地铁车站为中心，50m为半径的范围之内。以西北大区为例，新镇中心以下的节点如社区中心、居民委员会，大都设置于轻轨站点或接驳公交站点50～150m的范围之内，两种结构形成了十分紧密的耦合关系。

因为所有的交通出行都是内敛的和向心的，大大减少了交通出行对用地组织结构中的各级组织单元结构的破坏。新加坡新镇中的居民到城市中心上班，将首先集中到地铁车站，然后乘坐地铁出行，任何一个新镇上的出行都是以新镇为中心的，不会发生一个新镇的居民穿越另一个新镇而到达城市中心的情况，这是因为唯一在线路上有穿插的地铁线路通过立体组织的方式避免了对所穿插新镇的影响。在居民向新镇中心集中的过程中，新镇的内在结构得到了加强，从而实现了其结构的完整性。

这样一来，交通和用地各结构具有稳定边界。交通网络结构的层次产生了可达性分布的波浪式递减，新镇中心可达性强，在土地利用上表现为以新镇为中心的圈层式递减的开发强度分布。合理的接驳交通服务于有限的范围，由此形成新镇的边缘地带，在这些边缘地带，土地价值因为可达性的迅速递减而递减，因而形成了较为稳定的新镇边界。地铁在中心城以外以较大的站距设立站点，为每个新镇的边界之间留出了一定的空间，成为适宜低密度开发或生态绿带建设的区域。

9

结　语

9.1 基本观点

随着城市区域化及区域城市化的发展，一些大城市受到各种条件的影响，在都市区尺度上形成一种簇群状空间形态。本书在分析当今世界大城市区域化发展背景，以及大城市都市区簇群式空间结构的思想渊源后，从空间现象的实证案例分析入手，总结大城市都市区簇群式空间的过程特征，分析大城市都市区簇群式空间的成长机理；从公共中心结构、道路网络结构、绿色生态开敞空间结构以及用地组织结构等结构要素出发，总结都市区簇群式空间结构的要素特征，构建出大城市都市区簇群式空间结构的基本原型，并对其加以解析，最后提出控制对策。通过以上研究形成了下列基本观点。

9.1.1 大城市都市区簇群式空间是城市区域化的新形式

西方大城市空间郊区化发展，中国大城市空间都市区化发展，当今世界大城市空间普遍呈现出一种区域化发展态势，即多中心星云和多中心组群。目前中西方大城市空间发展趋势主要有四种基本类型：区域松散型、舒展均衡型、节点集聚型和非均衡型。本文所要探讨的大城市都市区簇群式空间发展属于非均衡型的一种，近年来，这种发展趋势已经在相当一部分大城市出现。

近十年，在全球化背景下，中国城市区域化及区域城市化趋势明显，从根本上改变了城市的空间尺度，促使都市区的形成，并在都市区尺度上形成了与传统地域空间不同的空间特征。中国当代部分大城市都市区出现了这样一种多中心结构，即以大城市主城区为核心，功能及空间上与主城紧密联系的外围新城、组团为基本单元，通过一体化的交通网络连接，形成大城市地域空间结构的新形式。特别是一些大城市空间发展受到土地资源条件、自然环境条件、区域交通条件的影响，都市区空间借助强大的中心成长，依托交通走廊，形成外围"簇群式组群"的扩展形态。本书将这种新的现象称之为"大城市都市区簇群式空间"。大城市都市区簇群式空间是城市区域化的新形式。

9.1.2 大城市都市区簇群式空间结构的思想渊源

在历史进程积淀下来的思想，影响了当今大城市的空间发展。整休而言，对城市空间的研究经历了思想探索—实践—反思—修正的过程，在这个过程中，集中与分散思想从割裂到统一，从片面强调工具理性到关注价值理性，从线性思维到非线性哲学思想的发展，对大城市空间组织方式、价值目标、思维方式产生了深远的影响。这一系列思想深刻影响着当今社会，在综合因素的作用下造成了特定城市的特定空间结构类型。即融合集中与分散相统一、整体分散舒展、组团紧凑集约的空间组织形式，拥有多元价值目标的理想城市模式，以及城市空间复杂性分形认识为一体的大城市都市区簇群式空间结构。

9.1.3 大城市都市区簇群式空间发展的基本特征

大城市都市区簇群式空间发展具有一定的阶段性。酝酿期集中向心发展，突显期初步外扩形成，完善期相对分散集聚。20 世纪 90 年代中期，城市规模较小，主要集中在中心城区；在 20 世纪 90 年代中期至 2000 年间，在城市中心不断扩大的同时，外围已经显现出较大的开发趋势，为都市区的形成奠定基础；2000 年至今，部分城市开始向整个区域范围扩张，外围地区出现了众多新生的组团，基本形成了簇群式的空间形态。

大城市都市区簇群式空间以内聚式发展为主导，依托中心城区边缘—轴线生长。在发展的过程中大城市都市区空间存在着集聚与扩散并存的现象，但从宏观角度来看，大城市都市区簇群式空间的扩散是从属于集聚过程的，是以内聚型发展为主导的。大城市都市区簇群式空间外围组团大规模开发，是一种紧贴原有城区的发展，是依托中心城区多轴线边缘生长的过程，而非因为外围强大生长点的吸引作用而呈现出的分散，这从另一方面也说明了中心城区强大的向心聚集作用。

簇群式大城市都市区职能空间的分化集聚。大城市都市区簇群式空间在整体生长的同时，各类用地也进行着空间调整，各种不同职能用地分化，选择适合自身发展的空间，造就了城市空间组团的集聚，形成了中心组团不断强大，外围组团快速发展的态势，各类用地对目标地点有一致的选择，最终形成了组团聚集的结果。外围各个组团与强大的中心一起构建了都市区簇群式空间的基本格局。

9.1.4 大城市都市区簇群式空间的成长机理

大城市都市区簇群式空间结构主要受到来自于基础层面和社会层面两个方面的主要作用。

基础层面的制序性、经济性和技术性、空间性因素分别产生控制力、限制力、引导力、约束力这四种力。空间性因素是充分必要条件，而制序性、经济性和技术性因素的作用力由大到小产生作用，四种力作用于都市区空间，共同影响大城市都市区簇群式空间结构的形成。

社会层面的主要能动者，上层政府、地方政府、市场资本和城市居民作用并改变着制序性、经济性、技术性和空间性等内生性限制因素。在都市区空间发展过程中，显示出了政府的强大作用

社会层面各因素通过与基础层面各因素的相互耦合，相互作用，形成"簇化力"。在簇化力的作用下完成了大城市都市区空间由无序上升到有序的空间演化过程，促进了大城市都市区簇群式空间的形成。

在社会层面，权力关系变迁下主要能动者关系的相互作用至关重要。在分权化的过程中各能动者之间的博弈、结盟、依赖关系，以"双城"、"均衡镶嵌"、"延续"等方式存在，体现了社会过程的空间属性特征。它作用于都市区空间，使原有较为均质的都市区空间被"簇化"，导致了簇群式空间的形成。

在大城市都市区空间发展过程中，政府占有绝对的话语权，不仅在政治范畴，在经济以及社会范畴中，均显示出地方政府强大的作用，中国政府实际上仍居于各种资源配置者的中心地位。同时，这样一类城市经济水平相比较而言不高，城市发展动力不足，加之自然环境格局的限制，形成与其他城市不同的簇群式空间结构。

本书基于结构主义理论，创新性地提出大城市都市区簇群式空间结构的成长机理可以从基础层面（内生性限制因素）和社会层面（社会主要能动者）两个层面来解释。同时，本书还创新性地解释了簇化力作用下大城市都市区成长的空间效应，指出权力关系变迁下主要能动者关系的相互作用至关重要。可以说，学术界有关结构主义对城市空间机理的研究多是提出解释框架，并没有将其具体应用于特定空间类型的解释。本书创新性地应用了结构主义理论，解释了大城市都市区簇群式这一特定空间的成长机理，是解释理论应用上的创新；而本书解释了大城市簇群式空间成长机理，具体解决了"为什么"这一问题，也是空间发展规律方面的创新。

9.1.5　大城市都市区簇群式空间结构要素特征

大城市都市区簇群式空间结构的解析要素主要包括公共中心结构、道路网络结构、绿色生态开敞空间结构和用地组织结构等四个主要要素。

大城市都市区簇群式公共中心结构具有分布呈现层级性、布局的相对分散性以及次级中心的综合性特征。簇群式大城市外围组团规模与中心城还相差较大，公共中心结构仍体现出强大的中心集聚，是多中心结构中不均衡的特殊类型。

大城市都市区簇群式空间主要采用的是环形（方格网）+ 放射状交通网络，采用快速路与轨道交通系统组合构成的"复合通道"交通走廊。通过快速路与轨道交通将城市中心区和外围联系起来，快速路主导产业空间发展，轨道交通主导人居空间发展。

大城市都市区簇群式绿色生态开敞空间依托区域自然生态环境一体化建构，形成以楔形绿色生态开敞空间为主，以环形生态绿带为辅的楔环结合模式。

大城市都市区簇群式用地向外扩展，呈组群—串珠分布。同时表现出依托中心向外均衡拓展，空间形态舒展，以工业集聚区发展为先导等特征。

由于城市空间是一个复杂的系统，公共中心结构、道路网络结构、绿色生态开敞空间结构和用地组织结构等四个子系统难以严格地区分，并且存在相互作用。四个子系统绝不是孤立的存在，它们通过非线性相互作用和自组织过程而在更大尺度上"突显"出非叠加的功能、结构、行为和秩序，综合构成了大城市都市区簇群式空间结构。

9.1.6　大城市都市区簇群式空间结构的基本模型

"大城市都市区簇群式空间结构"可以理解为在一定地域范围内，以大城市主城区或主城核心区为簇群核心，功能与空间上与主城紧密联系的外围新城、组团为基本簇群单元，通过一体化的复合交通网络连接，形成的一种大城市地域空间结构与形态的新形式。上升到哲学的高度，可以理解为特定时空范畴内复杂社会人类活动作用下特有的城市空间结构。

大城市都市区簇群式空间结构根据公共中心等级不同，划分为强核、层核两种类型。强核式公共中心分为城市中心与外围中心两个层次。层核式公共中心为城市中心、城市副中心、组团中心的多层次中心体系。

大城市都市区簇群式空间结构的目标包括城乡一体发展，土地集约利用，高质量人居环境塑造，城市空间绩效最大化。

大城市都市区簇群式空间结构的特性为非均衡多中心的公共中心结构，环形＋放射"复合通道"的道路网络结构，楔环结合绿楔主导的绿色生态开敞空间结构以及中心放射组群式用地组织结构。

大城市都市区簇群式空间结构的判识与测度需从定性与定量两个方面进行。针对公共中心结构、道路网络结构、绿色生态开敞空间结构和用地组织结构特征提出定性衡量标准。以人口密度、生态密度、舒展度以及分形维数为指标提出定量标准。在应用过程中，需要将衡量标准与测度统一起来使用，才能在一定程度上对大城市都市区空间作出较为准确的判断，并根据大城市都市区簇群式空间的分形特征，对理论模型进行了一定的修正。

本书整合了相关研究成果，系统探讨大城市都市区簇群式空间结构这一特定类型城市空间结构的形成机理与基本特征，构建出大城市都市区簇群式空间结构的基本模式。西方国家基于城市郊区化蔓延而提出的城市成长管理、新城市主义、精明增长是一种针对性应对措施，部分西方学者倡导的"紧凑城市"也只是一种城市发展理念，并非一种城市空间模式。由于中国城市区域化趋势，部分大城市呈现的"簇群式"空间发展特征，是一种客观现象。本书用"簇群式"来解释当前都市区空间出现的这种新现象，是在特定阶段中国大城市空间发展研究中的一种尝试，一种探索。这种在多种因素综合影响下形成的簇群式空间具备了一定的地域适应性，它符合了部分都市区空间发展的要求，若未来继续优化，可以成为体现当今"精明增长"、"紧凑城市"理念的空间结构模式。

9.1.7 大城市都市区簇群式空间的发展控制

大城市都市区簇群式空间结构符合大城市空间发展先进理念，符合大城市都市区空间发展规律。但是在现状发展的过程中，可能会出现中心过大，导致空间外拓动力不足，外围组团分散拓展会导致蔓延加剧，开发时序控制不力将导致拥堵加剧，绿色生态开敞空间保护面临压力等问题。未来应对大城市都市区簇群式空间合理有序发展提出相应的控制对策，继续发挥优势，并逐步消除不利因素。

大城市都市区簇群式空间发展的控制对策主要从城市空间发展路径控制和城市空间组织控制两个方面入手。城市空间发展路径的控制对策包括改变空间增长方式，实现空间结构的可持续；政府主动控制，实现空间结构的最佳集体选择。城市空间组织的控制对策包括完善簇群式公共中心体系，建立均衡网络化的多中心结构；优化簇群式道路交通网络结构，加强其与城市土地开发的协调发展；推动簇群式绿色生态开敞空间结构的建设，促进都市区空间的弹性成长；引导簇群式紧凑多中心组团式空间的形成，推动城市用地集约高效利用。

9.2 未来展望

大城市空间结构形态的研究历来是一个复杂和热点的研究领域，特别是对于特定时空范畴中的显著城市空间形态演变历程研究。实际上，如果本书能够达到描述 20 世纪 90 年代以来的大城市都市区簇群式空间发展特征，对大城市都市区簇群式空间成长机理有所解释，或者更进一步总结出大城市都市区簇群式空间结构模式，提出部分有建设性的控制对策，就足以令笔者基本满意了。因为在这样的一个理论研究中，有太多的未确定因素，以及未经证实的解释结果。

虽然本书在一定程度上达到了研究的目的，但未来的研究仍然需要更多的城市实例来丰富和完善本书所提出的大城市都市区簇群式空间结构。对于机理研究部分，在包括文化等结构因素和社会变迁等方面也需要更为深入的研究。对于大城市都市区簇群式空间结构，仍需要向量化的衡量指标及测度，以及大城市都市区簇群式空间结构绩效方面努力，作深入研究，以完善大城市都市区簇群式空间结构的理论体系。

在未来 10 ～ 20 年中，我国仍将处于城市化快速发展阶段，城市规模及空间拓展仍将是主导趋势，大城市区域的扩散如果不加以有效控制，将进一步加剧我国资源与环境问题，因此簇群式空间成长控制的研究仍有待进一步深化。下一步对大城市区域化、大城市都市区簇群式空间成长控制的深化研究，重点应在两个纬度展开：一是权力关系变迁背景下大城市空间增长的管制模式及政策研究，随着大城市的区域扩张，原来市、县（区）及相邻城市的行政属地管理已不能适应新环境的要求，区域及城乡统筹已成为新的方向，因此大城市区域管制模式及空间成长管理政策有待重构。二是大城市区域化空间成长的调控技术有待进一步深化研究，大城市都市区土地集约利用、生态框架控制、多层级公共中心构建、交通网络支撑的技术方法有待进一步研究。

附　表

1992~2008 年武汉不同组团城市土地开发量、XY 坐标　　　　　附表 1

组团名称	X	Y	用地面积（hm²）
白沙组团	527168	375918	185
二七组团	529020	389278	167
古田组团	519144	386929	605
汉口旧城组团	526484	384827	411
汉阳旧城组团	523172	380965	523
后湖谌家矶组团	529391	392614	1032
建设大道组团	524574	387164	990
珞瑜组团	536887	377267	632
南湖组团	531056	375766	752
青山组团	536288	388589	352
十升组团	517514	383320	291
四新组团	518632	378107	504
武昌旧城组团	528895	381577	223
武钢组团	543198	388709	727
徐东组团	533258	384803	817
站北组团	524014	390118	330
中南组团	531404	379550	424
左岭组团	556486	380805	16
沌口组团	513649	373352	2825
关山组团	539390	373523	1229
后官湖西组团	511006	377856	284
化工新城	550980	390450	304
黄家湖组团	526749	368473	765
金银湖组团	519572	391760	1680
九峰豹澥组团	545330	376877	134
流芳组团	539227	369332	2138
盘龙城组团	526860	399576	799
吴家山组团	511665	388844	774
武湖组团	538149	398051	149
新农组团	509573	380642	228
阳逻组团	552983	398690	1543
纸坊组团	533618	362912	1782
军山组团	516185	367431	32

1992~1995 年武汉不同组团城市土地开发量、XY 坐标、距中心距离　　附表 2

组团名称	用地面积（m²）	X	Y	距中心距离（km）
白沙组团	46891	527761	378530	3
沌口组团	3144523	515531	374095	15
二七组团	237296	529362	389389	8
古田组团	199765	519293	386637	11
关山组团	55072	538864	375157	12
汉口旧城组团	1802945	526549	384473	4
汉阳旧城组团	628962	523520	381634	5
后湖谌家矶组团	287912	528505	388836	8
建设大道组团	1369379	525442	387212	7
九峰豹澥组团	146444	549033	377408	21
珞瑜组团	730560	537269	377236	9
南湖组团	20235	529367	376810	4
青山组团	211214	536217	390348	12
十升组团	390357	517077	384567	12.5
武昌旧城组团	559604	528837	381249	0
武钢组团	4223	542124	391941	17
徐东组团	931241	533789	384237	6
站北组团	215182	523629	390068	10
中南组团	346909	531304	380028	2.5
总计	11366263	528371	384210	

1996~2000 年武汉不同组团城市土地开发量、XY 坐标、距中心距离 附表 3

组团名称	用地面积（m²）	X	Y	距中心距离（km）
白沙组团	285133	527319	376719	5
沌口组团	2103155	514006	373395	17
二七组团	209895	529448	389827	8
古田组团	514405	520038	385503	10
关山组团	182535	538867	375376	12
汉口旧城组团	434147	526269	384813	4.5
汉阳旧城组团	556241	524169	381591	5
后官湖西组团	28799	509151	377359	15
后湖谌家矶组团	2014461	528524	392081	11
化工新城	53400	557625	381583	29
建设大道组团	1950023	525353	387119	7.5
金银湖组团	408877	522564	391267	12
珞瑜组团	1314495	538035	377977	10
南湖组团	628586	531620	375559	6.5
青山组团	753605	536078	389057	11
十升组团	185092	519137	382589	10
四新组团	174836	517543	377915	12
吴家山组团	24210	514437	388680	17
武昌旧城组团	627708	529058	381517	0
武钢组团	624918	543344	388107	16.5
新农组团	81592	506228	382568	23
徐东组团	1871784	533269	383899	5
站北组团	295085	523348	389841	10
中南组团	1230233	531437	379410	3
左岭组团	47188	557151	378859	28
总计	17454080	530211	383473	

2001~2008 年武汉不同组团城市土地开发量、*XY* 坐标、距中心距离　　附表 4

组团名称	用地面积（m²）	*X*	*Y*	距中心距离（km）
白沙组团	1513876	527121	375686	5
沌口组团	22997910	513359	373247	17.5
二七组团	1221045	528880	389163	8
古田组团	5335578	519052	387077	11
关山组团	12054505	539400	373488	12.5
汉口旧城组团	1874688	526473	385172	5
汉阳旧城组团	4042191	522980	380774	6
后官湖西组团	2815512	511025	377861	18
后湖谌家矶组团	8019224	529641	392883	12
化工新城	2984004	550861	390609	24
黄家湖组团	7648317	526749	368473	14
建设大道组团	6583585	524162	387167	7
金银湖组团	16392321	519497	391772	14
九峰豹澥组团	1190108	544874	376811	17
流芳组团	21375445	539227	369332	16
珞瑜组团	4275611	536468	377054	8
南湖组团	6872006	531009	375782	6
盘龙城组团	7991117	526860	399576	18
青山组团	2558407	536355	388306	11
十升组团	2338634	517458	383170	12
四新组团	4865204	518671	378114	11
吴家山组团	7716033	511656	388844	18
武昌旧城组团	1046678	528828	381789	0
武钢组团	6639902	543185	388764	16.5
武湖组团	1491201	538149	398051	19
新农组团	2195202	509697	380570	19
徐东组团	5363611	533162	385216	6
阳逻组团	15429035	552983	398690	30
站北组团	2785843	524114	390151	10
纸坊组团	17818953	533618	362912	18
中南组团	2662047	531402	379553	2.5
左岭组团	115578	556214	381599	27.5
总计	223937462	525948	385988	

武汉不同组团及不同用地性质城市土地开发量、XY坐标　　　　附表5

	居住			商业			商住综合			工业		
	X	Y	开发量（m²）	X	Y	开发量（m²）	X	Y	开发量（m²）	X	Y	开发量（m²）
白沙组团	527143	375142	86	529024	378573	13	528248	378987	17	526429	375346	30
二七组团	529291	389743	55	528793	389466	5	529385	389137	90	522632	387088	7
古田组团	519436	387158	192	520135	386101	39	520443	386516	47	517933	386660	207
汉口旧城组团	526073	384793	62	526942	384908	82	526442	384774	247	523854	385124	3
汉阳旧城组团	522040	380711	205	523290	381705	54	523324	381958	136	525483	379437	89
后湖谌家矶组团	528397	392154	421	529247	392924	61	528739	392044	138	530254	392405	213
建设大道组团	525067	387420	228	525286	386835	171	524032	387064	503	524384	388017	36
珞瑜组团	535551	376731	230	538651	377224	89	538401	378137	100	537999	377102	64
南湖组团	531112	375639	323	530628	373259	41	531487	376105	52	530878	375680	33
青山组团	535727	389083	189	537503	388083	38	535506	389548	34	537337	387226	57
十升组团	519008	381786	56	519317	381830	41	519035	382618	24	516302	384305	157
四新组团	518718	378037	258	518109	379009	34	517671	379615	69	518600	378058	63
武昌旧城组团	529167	382002	81	528865	381252	24	528801	381574	99	528436	380074	4
武钢组团	543137	387346	20	543862	388787	2	541827	390658	0	543125	388768	637
徐东组团	507884	366679	408	533053	383934	62	533503	384589	167	533091	383477	107
站北组团	523314	389838	87	523419	389857	29	524709	390577	121	523606	389852	50
中南组团	531354	379315	216	531374	380753	59	531474	380085	64	531559	378683	57
左岭组团	0	0	0	0	0	0	0	0	0	556464	380845	16
沌口组团	514281	374848	577	514789	376841	293	514028	374212	28	513009	372339	1518
关山组团	538454	373309	354	538373	376216	45	538945	374971	7	539032	372827	454
后官湖西组团	510944	377751	281	0	0	0	0	0	0	516746	387460	3
化工新城	0	0	0	0	0	0	0	0	0	551090	391749	242
黄家湖组团	527944	369020	132	524804	370653	114	0	0	0	527871	366719	157
金银湖组团	519851	391802	1080	519854	390905	100	520868	390990	34	518567	390803	328
九峰豹澥组团	545413	374683	36	0	0	0	549562	380911	0.2	527791	383662	13

续表

	居住			商业			商住综合			工业		
	X	Y	开发量（m²）	X	Y	开发量（m²）	X	Y	开发量（m²）	X	Y	开发量（m²）
流芳组团	538989	368740	467	524620	391664	59	0	0	0	539528	369989	649
盘龙城组团	525887	398977	424	525667	399172	7	522271	401429	80	529611	399952	287
吴家山组团	512558	391082	37	513115	389638	17	522542	380130	13	511235	388625	643
武湖组团	540130	398165	13	539201	397641	11	0	0	0	537849	398076	125
新农组团	509568	379305	99	506508	382597	5	0	0	0	510115	381594	112
阳逻组团	554675	397744	214	550908	399347	146	0	0	0	552911	398812	1154
纸坊组团	533945	363373	537	534710	363118	169	0	0	0	533250	362614	869

参考文献

［1］ John Brotchie，Michael Batty，Peter，Hall，and etc.Cities of the 21st Century：New Technologies and Spatial System ［M］.New York：John Wiley & sons，1991.

［2］ H.Cbcat Europe's Cities in the Twentieth Century ［R］.University of Amsterdam，Netherlands，1994.

［3］ L.S.Bourne.Internal Structure of the City：Reading on Urban Form，Growth and Policy ［M］.Oxford：Oxford University Press，1982.

［4］ S.Sassen.Cities in a World Economy ［M］.London：Pine Forge Press，1994.

［5］ J.Brotchie.The Future of Urban Form：the impact of new technology ［M］.London：Routledge，1989.

［6］ O.Gillham.The Limitless City：A primer on the Urban Sprawl Debate ［M］.Washington，D.C.：Island Press，2002.

［7］ M.Jenks，E.Burton，K.Williams.The Compact City：A sustainable Urban Form ［M］.New York：E & Fn Spoon，2000.

［8］ Burgess E W.The Growth of the City ［M］//Park R E et al（eds）.The City.1925.

［9］ H.Hoyt.The Structure and Growth of Residential Neighbourhoods in American Cities ［M］.Washington，D.C.：Government Printing Office，1939.

［10］ J.A.Dutton.New American Urbanism：Reforming the Suburban Metropolis ［M］.New York：Abbeville Pub.Group，2000.

［11］ A.Bertaud.Metropolitan Structures Around the World：What Is Common? What Is Difference? What Relevance to Marikina in the Contest of Metro Manila? ［R］.Presentation in Marikina，2003.

［12］ Peter Calthorp，The Next American Metropolis：Ecology，Community，and the American Dream ［M］.New York：Princeten Architecture Press，1995.

［13］ D.Mclaren.Compact or Dispersed Dilution Is No Solution ［J］.Built Environment，1992，18（4）：268–284.

［14］ R.Lopez，H.P.Hynes.Sprawl in the 1990's：Measurement，Distribution and Trends ［J］.Urban Affairs Review，2003（38）：328–355.

［15］ Edwin S Mills.Book Review of Urban Sprawl Cause，Consequences and Policy Response ［J］.Regional Science and Urban Economics，2003（33）：251–252.

［16］ J.L.Carruthers.The impacts of State Growth Management Programmes：A comparative Analysis ［J］.Urban Studies，2002，39（11）：1959–1982.

［17］ L.S.Bourne ed.Internal Structure of the City ［M］.Oxford：Oxford University Press，1971.71.

［18］ C.D.Harris，E.L.Ullman.The Nature of Cities ［M］//The Annals of the American Academy of Political and Science，242：7–17.

［19］J.Davies.Urban Regime Theory：A Normative-Empirical Critique［J］.Journal of Urban Affairs，2002（24）：1-17.

［20］M.Meijers.Polycentric Urban Regions and the Quest for Synergy：Is a Network of Cities More Than the Sum of the Parts?［M］.Urban Studies，2005（4）：765-781.

［21］William Lucy，David Philips.Confronting Suburban Decline：Strategic in Planning For Metropolitan Renewal［M］.Washing ton，D.C.：Island Press，2000：169.

［22］C.Tannier，D.Pumain.Fractals in urban geography：A theoretical outline and an empirical. example［J］.Cybergeo，2005，307：22.

［23］麦克·占克斯,尼克拉·丹普西.可持续城市的未来形式与设计［M］.韩林飞,王一译.北京：机械工业出版社，2009：52.

［24］P.霍尔.世界大城市［M］.中国科学院地理研究所译.北京：中国建筑工业出版社，1982.

［25］大卫·哈维.地理学中的解释［M］.高泳源，刘立华，蔡运龙译.北京：商务印书馆，1996.

［26］安东尼·吉登斯.社会学方法的新规则：一种对解释社会学的建设性批判［M］.田佑中，刘江涛译.北京：社会科学文献出版社，2003.

［27］汤姆·R.伯恩斯等.结构主义的视野——经济与社会的变迁［M］.周长城等译.北京：社会科学文献出版社，2004.

［28］尼格尔·泰勒.1945年后西方城市规划理论的流变［M］.李白玉，陈贞译.北京：中国建筑工业出版社，2006.

［29］尼克斯·A·萨林加罗斯.城市结构原理［M］.阳建强等译.北京：中国建筑工业出版社，2011.

［30］王国恩，殷毅，黄亚平.城市规划中的土地使用规划［M］.武汉：湖北科学技术出版社，1996.

［31］孙施文.城市规划哲学［M］.北京：中国建筑工业出版社，1997.

［32］张京祥.西方城市规划思想史纲［M］.南京：东南大学出版社，2005.

［33］姚士谋.中国大都市的空间扩展［M］.合肥：中国科学技术大学出版社，1998.

［34］王兴平.中国城市新产业空间——发展机制与空间组织［M］.北京：科学出版社，2005.

［35］朱东风.城市空间发展的拓扑分析——以苏州为例［M］.南京：东南大学出版社，2007.

［36］冯健.转型期中国城市内部空间重构［M］.北京：科学出版社，2004.

［37］胡俊.中国城市：模式与演进［M］.北京：中国建筑工业出版社，1995.

［38］黄亚平.城市外部空间开发规划研究［M］.武汉：武汉大学出版社，1995.

［39］熊国平.当代中国城市形态演变［M］.北京：中国建筑工业出版社，2006.

［40］朱喜钢.城市空间集中与分散论［M］.北京：中国建筑工业出版社，2002.

［41］黄亚平.城市规划与城市社会发展［M］.北京：中国建筑工业出版社，2009.

［42］张忠国.城市成长管理的空间策略［M］.南京：东南大学出版社，2006.

［43］谢守红.大都市区的空间组织［M］.北京：科学出版社，2004.

［44］丁成日，宋彦，Gerrit Knaap等.城市规划与空间结构——城市可持续发展战略［M］.北京：中国建筑工业出版社，2005.

［45］张宇星.城镇生态空间理论：城市与城镇群空间发展规律研究［M］.北京：中国建筑工业出版社，1998.

［46］孙斌栋.我国特大城市交通发展的空间战略研究——以上海为例［M］.南京：南京大学出版社，
　　　2009.

［47］储金龙.城市空间形态定量分析研究［M］.南京：东南大学出版社，2007.

［48］段进.城市空间发展论［M］.南京：江苏科学技术出版社，2000.

［49］陈友华，赵民.城市规划概论［M］.上海：上海科学技术文献出版社，2000.

［50］曹志平.理解与科学解释——解释学视野中的科学解释研究［M］.北京：社会科学文献出版社，
　　　2005.

［51］恩格斯.自然辩证法［M］.北京：人民出版社，1984：99.

［52］李德华.城市规划原理［M］.第3版.北京：中国建筑工业出版社，2001.

［53］沈玉麟.外国城市建设史［M］.北京：中国建筑工业出版社，1989.

［54］孙施文.城市规划理论［M］.北京：中国建筑工业出版社，2004.

［55］张勇强.城市空间发展自组织与城市规划［M］.南京：东南大学出版社，2006.

［56］黄亚平编著.城市空间理论与空间分析［M］.南京：东南大学出版社，2002.

［57］顾朝林，甄峰，张京祥.积聚与扩散——城市空间结构新论［M］.南京：东南大学出版社，
　　　2000.

［58］宁越敏，于洪俊.城市地理概论［M］.合肥：安徽科学技术出版社，1983.

［59］武进.中国城市形态、结构、特征及其演变［M］.南京：江苏科学技术出版社，1990.

［60］周春山.城市空间结构与形态［M］.北京：科学出版社，2007.

［61］张京祥.城镇群体空间组合［M］.南京：东南大学出版社，2002.

［62］鞠美庭，王勇，孟伟庆等.生态城市建设的理论与实践［J］.北京：化学工业出版社，2008.

［63］吴彤.自组织方法论研究［J］.北京，清华大学出版社，2001.

［64］杨保军.城市规划30年回顾与展望［J］.城市规划学刊，2010（1）.

［65］罗缚龙.超越渐进主义：中国的城市革命与崛起的城市［J］.城市规划学刊，2008（1）.

［66］顾朝林.巨型城市区域研究的沿革和新进展［J］.城市问题，2000（8）：2-10.

［67］李英，张润兴.基于经济学的产业集群及其优势分析［J］.企业活力，2007（3）：92-93.

［68］郑莘，林琳.1990年以来国内城市形态研究评述［J］.城市规划，2002（7）：59-64.

［69］张京祥，崔功豪，朱喜钢.大都市空间集散的景观、机制与规律［J］.地理学与国土研究，
　　　2002（18）：48-50.

［70］冯健，周一星.近20年来北京都市区人口增长与分布［J］.地理学报，2003（6）：903-915.

［71］李健，宁越敏.1990年代以来上海人口空间变动与城市空间结构重构［J］.城市规划学刊，
　　　2007（2）：20-24.

［72］冯健，周一星.杭州市人口的空间变动与郊区化研究［J］.城市规划，2002（1）：58-65.

［73］杨海华.行政区划调整对广州市郊区化发展的作用分析［J］.生产力研究，2010（2）：146-148.

［74］冯健，周一星，王晓光，陈扬.1990年代北京郊区化的最新发展趋势及其对策［J］.城市规划，
　　　2004（3）：13-29.

［75］吴元波.上海郊区化过程中城市空间结构的优化［J］.同济大学学报（社会科学版），
　　　2010（4）：45-53.

［76］王兴平．都市区化：中国城市化的新阶段［J］．城市规划汇刊，2002（4）：56–59.

［77］章光日．从大城市到都市区——全球化时代中国城市规划的挑战与机遇［J］．城市规划，2003（5）：33–37.

［78］谢守红，宁越敏．中国大城市发展和都市区的形成［J］．城市问题，2005（1）：11–15.

［79］唐路，薛德升，许学强．1990年代以来国内大都市区研究回顾与展望［J］．城市规划，2006（1）：80–87.

［80］姜世国．都市区范围界定方法探讨——以杭州市为例［J］．地理与地理信息科学，2004（1）：67–72.

［81］孙胤社．大都市区的形成机制及其定界——以北京为例［J］．地理学报，1992（11）：552–560.

［82］孙胤社．大都市区与大城市地区的空间发展［J］．北京规划建设，1994（3）.

［83］李王鸣，陈秋晓，戴企成．杭州都市区经济集聚与扩散机制研究［J］．经济地理，1998（3）：35–40.

［84］胡道生，宗跃光．大城市都市区化与规划调控思路的转型［J］．城市规划，2010（5）：18–22.

［85］孟晓晨，马亮．"都市区"概念辨析［J］．城市发展研究，2010（9）：36–40.

［86］刘雨平，耿磊，陈眉舞．都市区构建与区域协调发展——扬州都市区的实证研究［J］．经济地理，2009（12）：1990–1994.

［87］何波，刘利，黄文昌．重庆都市区城市空间发展战略研究［J］．城市规划，2009（11）：83–86.

［88］唐子来，栾峰．1990年代的上海城市开发与城市结构重组［J］．城市规划汇刊，2000（4）：32–46.

［89］吴志强，姜楠．全球化理论的实证研究：上海城市土地开发空间布局的特征［J］．城市规划汇刊，2000（4）：38–46.

［90］陈蔚镇，郑炜．城市空间形态演化中的一种效应分析——以上海为例［J］．城市规划，2005（3）：15–21.

［91］胡俊，张广垣．90年代的大规模开发——以上海市静安寺为例［J］．城市规划汇刊，2000（4）：47–54.

［92］李江．武汉市外部空间形态分形特征演变规律研究［J］．长江流域资源与环境，2004（13）：208–211.

［93］王新生，刘纪远，庄大方，王黎明．中国特大城市空间形态变化的时空特征［J］．地理学报，2005（3）：392–400.

［94］刘盛和，吴传钧，沈洪泉．基于GIS的北京城市土地利用扩展模式［J］．地理学报，2000（4）：407–416.

［95］秦波，焦永利．北京住宅价格分布与城市空间结构演变［J］．经济地理，2010（11）：1815–1820.

［96］李开宇，曹天艳．大都市边缘地区城市化与城市空间扩展研究——以广州市番禺区为例［J］．西北大学学报，2010（3）：523–526.

［97］林耿，许学强．广州市商业业态空间形成机理［J］．地理学报，2004（5）：754–762.

［98］温锋华，许学强．广州商务办公空间发展及其与城市空间的耦合研究［J］．人文地理，2011

（2）：37–43.

［99］王兴平，崔功豪.中国城市开发区的区位效益规律研究［J］.城市规划汇刊，2003（3）：69–73.

［100］朱郁郁，孙娟，崔功豪.中国新城市空间现象研究［J］.地理与地理信息科学，2005（1）：65–68.

［101］祝昊冉，冯健.经济欠发达地区中心城市空间拓展分析——以南充市为例［J］.地理学报，2010（1）：43–56.

［102］李志江，马晓冬.资源型城市空间扩展研究———以徐州市为例［J］.国土与自然资源研究，2011（3）：1–3.

［103］王成新，梅青，姚士谋，朱振国.交通模式对城市空间形态影响的实证分析——以南京都市圈城市为例［J］.地理与地理信息科学，2004（3）：74–77.

［104］王花兰，周伟，王元庆.中心城—卫星城间交通发展对城市空间扩展影响模型［J］.经济地理，2006（4）：594–597.

［105］寇晓东，赵生龙，郭鹏，薛惠锋.城市空间演化仿真的适应性 CA 模式［J］.西安建筑科技大学学报（自然科学版），2006（6）：864–868.

［106］李全林，马晓冬，朱传耿，孙雨，车前进.基于 GIS 的盐城城市空间结构演化分析［J］.地理与地理信息科学，2007（3）：69–73.

［107］余瑞林，王新生，孙艳玲，张红，帅方敏，朱超平.中国城市空间形态分形维数及时空演变［J］.地域研究与开发，2007（2）：43–47.

［108］张宇星，韩星.城市与区域空间形态中的规模效应研究［J］.规划师，2005（4）：84–87.

［109］张宇星，韩星.城镇空间的演替与功能聚散效应研究［J］.新建筑，2005（1）：8–11.

［110］张宇星.城市形态生长的要素与过程［J］.新建筑，1995（1）：27–30.

［111］虞蔚.城市环境地域分异研究——以上海中心城为例［J］.城市规划汇刊，1988（1）：53–61.

［112］匡文慧，张树文，张养贞等.1900 年以来长春市土地利用空间扩张机理分析［J］.地理学报，2005（5）：841–850.

［113］张庭伟.1990 年代中国城市空间结构的变化及其动力机制［J］.城市规划，2001（7）：7–14.

［114］耿慧志.论我国城市中心区更新的动力机制［J］.城市规划汇刊，1999（3）：27–31.

［115］陶松龄，甄富春.长江三角洲城镇空间演化与上海大都市增长［J］.城市规划，2002（2）：43–48.

［116］栾峰，王忆云.城市空间形态成因机制解释的概念框架建构［J］.城市规划学刊，2008（5）：31–37.

［117］何丹.城市政体模式及其对中国城市发展研究的启示［J］.城市规划，2003（11）：13–18.

［118］罗震东.分权与碎化——中国都市区域发展的阶段与趋势［J］.城市规划，2007（11）：64–70.

［119］张京祥，殷洁，罗小龙.地方政府企业化主导下的城市空间发展与演化研究［J］.人文地理，2006（4）：1–6.

［120］陈浩，张京祥，吴启焰.转型期城市空间再开发中非均衡博弈的透视——政治经济学的视角［J］.城市规划学刊，2010（5）：33–40.

[121] 沈建法.中国城市化与城市空间的再组织 [J].城市规划,2006(S1):36-40.

[122] 张楠楠,顾朝林.从地理空间到复合式空间——信息网络影响下的城市空间 [J].人文地理,2002(8):20-24.

[123] 甄峰,张敏,刘贤腾.全球化、信息化对长江三角洲空间结构的影响 [J].经济地理,2004(6):748-752.

[124] 张京祥,吴缚龙,马润潮.体制转型与中国城市空间重构——建立一种空间演化的制度分析框架 [J].城市规划,2008(6):55-60.

[125] 殷洁,张京祥,罗小龙.基于制度转型的中国城市空间结构研究初探 [J].人文地理,2005(3):59-62.

[126] 胡军,孙莉.制度变迁与中国城市的发展及空间结构的历史演变 [J].人文地理,2005(1):19-23.

[127] 李王鸣,江勇,柴舟跃.制度变迁与中国城市的发展及空间结构的历史演变 [J].城市发展研究,2011(6):111-117.

[128] 陈曦,翟国方.物联网发展对城市空间结构影响初探——以长春市为例 [J].经济地理,2010(4):529-535.

[129] 郑国.经济技术开发区对城市经济空间结构的影响效应研究——以北京为例 [J].经济问题探索,2006(8):48-52.

[130] 毛蒋兴,闫小培.城市交通系统与城市空间格局互动影响研究——以广州为例 [J].城市规划,2005(5):45-49.

[131] 洪世键,张京祥.交通基础设施与城市空间增长——基于城市经济学的视角 [J].城市规划,2010(5):29-34.

[132] 段进.国家大型基础设施建设与城市空间发展应对——以高铁与城际综合交通枢纽为例 [J].城市规划学刊,2009(1):33-37.

[133] 崔扬,袁文凯,周欣荣.以轨道交通支持天津市城市空间结构转化——天津市市域轨道交通系统规划 [J].城市规划,2009(S1):41-45.

[134] 潘海啸.快速交通系统对形成可持续发展的都市区的作用研究 [J].城市规划汇刊,2001(4):43-46.

[135] 陈浩,张京祥,吴启焰,宋伟轩.大事件影响下的城市空间演化特征研究——以昆明为例 [J].人文地理,2010(5):41-46.

[136] 张京祥,殷洁,罗震东.地域大事件营销效应的城市增长机器分析——以南京奥体新城为例 [J].经济地理,2007(3):452-456.

[137] 石崧.城市空间结构演变的动力机制分析 [J].城市规划汇刊,2004(1):50-52.

[138] 王伟强,王孟永.双重全球化背景下城市发展的作用力机制探讨 [J].上海城市规划,2010(1):3-8.

[139] 韦亚平,赵民.都市区空间结构与绩效——多中心网络结构的解释与应用分析 [J].城市规划,2006(4):9-16.

[140] 韦亚平,赵民,肖莹光.广州市多中心有序的紧凑型空间系统 [J].城市规划汇刊,

2006（4）：41-46.

［141］于力.关于紧凑型城市的思考［J］.城市规划学刊，2007（1）：87-90.

［142］单刚，王晓原，王凤群.城市交通与城市空间结构演变［J］.城市问题，2007（9）：37-42.

［143］邓清华.城市空间结构的历史演变［J］.地理与地理信息科学，2005（6）：78-85.

［144］周荣，冯娴慧.城市空间形态相关研究进展［J］.中山大学学报论丛，2007（12）：295-298.

［145］张婷，姜石良，杨山.信息时代城市空间结构的演变趋势探讨［J］.干旱区资源与环境，2007（1）：88-92.

［146］潘海啸，汤锡，吴锦瑜，卢源，张仰斐.中国"低碳城市"的空间规划策略［J］.城市规划学刊，2008（6）：57-64.

［147］顾大治，周国艳.低碳导向下的城市空间规划策略研究［J］.现代城市研究，2010（11）：52-56.

［148］周潮，刘科伟，陈宗兴.低碳城市空间结构发展模式研究［J］.科技进步与对策，2010（22）：56-59.

［149］王宏伟.中国城市增长的空间组织模式研究［J］.城市发展研究，2004（1）：28-31.

［150］朱喜钢，张晔，马彬强.城市地理学空间研究的新视角——都市区阴阳结构［J］.人文地理，2006（6）：16-21.

［151］陈海燕，贾倍思.紧凑还是分散？——对中国城市在加速城市化进程中发展方向的思考［J］.城市规划，2006（5）：61-69.

［152］马强，徐循初."精明增长"策略与我国的城市空间扩展［J］.城市规划汇刊，2004（3）：16-22.

［153］韦亚平.大城市空间系统的组织优化——一种基于交通行为选择的规划技术思路［J］.城市规划，2010（5）：23-29.

［154］沈清基，安超，刘昌寿.低碳生态城市的内涵、特征及规划建设的基本原理探讨［J］.城市规划学刊，2010（5）：48-57.

［155］赵万民，杨欣，汪洋.复合中枢：TOD廊道导向的低碳生态城市途径［J］.规划师，2011（3）：76-81.

［156］宋博，赵民.论城市规模与交通拥堵的关联性及其政策意义［J］.城市规划，2011（6）：21-27.

［157］李强，张鲸，杨开忠.理性的综合城市规划模式在西方的百年历程［J］.城市规划汇刊，2003（6）：76-80.

［158］吴志强.《百年西方城市规划理论史纲》导论［J］.城市规划汇刊，2000（2）：9-18.

［159］朱喜钢.城市空间集中与分散的哲学透视［J］.人文地理，2004（4）：45-49.

［160］仰海峰.有限性：早期海德格尔形而上学的理论核心［J］.理论探讨，2001（5）.

［161］马华芳.立足于实践思考物质观问题——兼谈马克思主义哲学本体论［J］.马克思主义研究，2003（5）.

［162］哈斯塔娜.工具理性与实用主义之辨［J］.内蒙古师范大学学报，2005（4）.

［163］刘荣增，崔功豪.社区规划中工具理性与价值理性的背离与统一［J］.城市规划，2000（4）：

38-40.

[164] 吴林海, 刘荣增. 从"边缘城市主义"到"新城市主义": 价值理性的回归与启示 [J]. 科学技术与辩证法, 2002 (3): 16-18.

[165] 韦亚平, 赵民. 关于城市规划的理想主义与理性主义理念——对"近期建设规划"讨论的思考 [J]. 城市规划, 2003 (8): 49-55.

[166] 金小红. 吉登斯的结构化理论与建构主义思潮 [J]. 江汉论坛, 2007 (12).

[167] 张云鹏. 试论吉登斯结构化理论 [J]. 社会科学战线, 2005 (4): 274-277.

[168] 李志刚, 张京祥. 调解社会空间分异, 实现城市规划对"弱势群体"的关怀——对悉尼 UFP 报告的借鉴 [J]. 国外城市规划, 2004 (6): 32-35.

[169] 魏立华, 李志刚. 中国城市低收入阶层的住房困境及其改善模式 [J]. 城市规划学刊, 2006 (2): 53-58.

[170] 罗绍荣, 魏宗财, 尹海伟. 大型公共中心选址与城市空间发展互动研究 [J]. 河南科学, 2008 (7), 858-862.

[171] 唐子来. 西方城市空间结构研究的理论和方法 [J]. 城市规划汇刊, 1997 (6): 1-11.

[172] 马学广, 王爱民, 闫小培. 权力视角下的城市空间资源配置研究 [J]. 规划师, 2008 (1): 77-82.

[173] 张落成, 朱天明. 南京城市发展与布局思路探讨 [J]. 城市规划, 2005 (6): 76-79.

[174] 洪世键, 张京祥. 土地使用制度改革背景下中国城市空间扩展: 一个理论分析框架 [J]. 城市规划学刊, 2009 (3): 89-94.

[175] 叶玉瑶. 城市群空间演化动力机制初探——以珠江三角洲城市群为例 [J]. 城市规划, 2006 (1): 61-66.

[176] 雷青青. 武汉城市圈与三大城市圈的比较及借鉴——基于财税视角 [J]. 经济管理与科学决策, 2009 (3): 130-131.

[177] 马荣华, 顾朝林, 蒲英霞, 马晓冬, 朱传耿. 苏南沿江城镇扩展的空间模式及其测度 [J]. 地理学报, 2007 (10): 1011-1022.

[178] 陈彦光, 刘继生. 城镇体系空间结构的分形维数及其测算方法 [J]. 地理研究, 1999 (2): 171-177.

[179] 刘继生, 陈彦光. 城市、分形与空间复杂性探索 [J]. 杂系统与复杂性科学, 2004 (3): 62-69.

[180] 官卫华, 刘正平, 叶菁华. 基于区域协调的城市总体规划编制方法的新探索——以南京市城市总体规划修编为例 [J]. 城市规划学刊, 2010 (6): 22-30.

[181] 华晨. 兰斯塔德的城市发展和规划 [J]. 城市规划汇刊, 1996 (6): 16-25.

[182] 陈建华, 王国恩. 区域协调发展的政策途径 [J]. 城市规划, 2006 (12): 15-19.

[183] 杨保军. 区域协调发展析论 [J]. 城市规划, 2004 (5): 20-24.

[184] (荷) 巴特·兰布雷特. 多中心化对提升大都市区竞争力的利与弊——以荷兰兰斯塔德地区为例 [J]. 陈熳莎, 译. 国际城市规划, 2008 (1): 41-45.

[185] 卢明华. 荷兰兰斯塔德地区城市网络的形成与发展 [J]. 国际城市规划, 2010 (6): 53-57.

[186] 王晓俊，王建国．兰斯塔德与绿心——荷兰西部城市群开放空间的保护与利用［J］.规划师，
2006（3）：90-93.

[187] 孙玥．荷兰：第五个空间规划——保持增长与环境的平衡［J］.宏观经济管理，2004（1）：
52-55.

[188] 吕斌，刘津玉．城市空间增长的低碳化路径［J］.城市规划学刊，2011（3）：33-38.

[189] 唐子来．新加坡的城市规划体系［J］.城市规划，2000（1）：42-45.

[190] 刘健．马恩拉瓦莱：从新城到欧洲中心——巴黎地区新城建设回顾［J］.国外城市规划，
2002（1）.

[191] 黄序．法国的城市化与城乡一体化及启迪——巴黎大区考察记［J］.城市问题，1997（5）.

[192] 程里尧．Team 10 的城市设计思想［J］.世界建筑，1983（3）：78-82.

[193] 魏后凯．荷兰国土规划与规划政策［J］.地理学与国土研究［J］1994（3）：54-60.

[194] 赵莹．大城市空间结构层次与绩效——新加坡和上海的经验研究［D］.上海：同济大学，2006.

[195] 栾峰．改革开放以来快速城市空间形态演变的成因机制研究——深圳和厦门案例［D］.上海：
同济大学，2004.

[196] 杨震．轨道交通导向的大城市布局结构［D］.上海：同济大学，2005.

[197] 蔡良娃．信息化空间观念与信息化城市的空间发展趋势研究［D］.天津：天津大学，2006.

[198] 刘瑾．长沙都市区簇群式空间发展过程、机理及其趋势研究［D］.武汉：华中科技大学，
2011.

[199] 张毅．武汉都市发展区簇群式空间成长过程及规律研究［D］.武汉：华中科技大学，2010.

[200] 王洁心．武汉都市区簇群空间发展的动力机制研究［D］.武汉：华中科技大学，2010.

[201] 严慧慧．大城市簇群式发展背景下的商业空间结构优化研究——以武汉市为例［D］.武汉：
华中科技大学，2010.

[202] 王智勇．大城市簇群式发展背景下的工业聚集区布局及优化研究——以武汉市为例［D］.
武汉：华中科技大学，2010.

[203] 曹哲铭．簇群式城市生态空间结构模式与建构研究［D］.武汉：华中科技大学，2010.

[204] 杨鹏飞．长沙都市区生态空间结构优化研究［D］.武汉：华中科技大学，2008.

[205] 金鑫．交通走廊导向的大城市簇群空间成长控制研究——以武汉新城组群为例［D］.武汉：
华中科技大学，2010.

[206] 叶建伟．城市规划目标引导下的武汉城市土地供应调控策略研究［D］.武汉：华中科技大学，
2008.

[207] 王琦．当代大城市都市区簇群式空间发展特征及其优化措施［D］.武汉：华中科技大学，
2011.

[208] 冯艳．1990 年代以来武汉城市土地开发及空间发展规律研究［D］.武汉：华中科技大学，
2007.

[209] 赵珂．城乡空间规划的生态耦合理论与方法研究［D］.重庆：重庆大学，2007.

[210] 郑科．轨道交通为导向的城市开发——关于上海轨道站区的 TOD 实践［D］.上海：同济大学，
2004.

后　记

　　呈现在读者面前的这部作品，是在黄亚平教授国家自然科学基金项目《中部大城市簇群式发展机理及空间调控关键技术研究——以武汉、长沙为例》课题组研究和笔者博士学位论文基础上拓展撰写而成的。大城市空间形态结构的研究历来是一个具有复杂性和时代性的研究领域，特别是对特定时空范畴中的显著城市空间形态演变历程的研究尤为明显。在当前快速城市化发展背景下，大城市要探索走出一条低投入、高产出、低消耗、少排放、能循环、可持续的新型工业化及城市化道路，探索节约及集约用地，减少能耗，保护生态的新型城市化路径，就需要拓展原有城市空间发展研究视角，建立新的解释体系，完善城市空间结构理论，如此才能构建大城市都市区化发展研究分析的理论基础。本书以此为目的，建立起大城市都市区簇群式空间结构的理论体系，希望在理论构建的基础上提出大城市都市区空间优化控制对策，切实引导大城市健康发展，同时也希望能够达到抛砖引玉的目的，使学界更多地关注到中国大城市区域化、大城市都市区化背景下大城市空间优化发展这个议题上来。

　　2009～2011年期间，由黄亚平教授负责的国家自然科学基金项目《中部大城市簇群式发展机理及空间调控关键技术研究》（50878091）的研究团队围绕这一课题展开了全方位的研究，包括前期杨鹏飞硕士的《长沙都市区生态空间结构优化研究》，王洁心硕士的《武汉都市区簇群式空间发展的动力机制研究》，王智勇硕士的《大城市簇群式发展背景下的工业聚集区布局及优化研究》，严慧慧硕士的《大城市簇群式发展背景下的商业空间结构优化研究》，张毅硕士的《武汉都市发展区簇群式空间成长过程及规律研究》，金鑫硕士的《交通走廊导向的大城市簇群式空间成长控制研究——以武汉新城组群为例》，曹哲铭硕士的《簇群式城市生态空间结构模式与建构研究》，刘瑾硕士的《长沙都市区簇群式空间发展过程、机理及其趋势研究》，潘爱丰硕士的《武汉市外部都市发展区土地集约利用的空间调控研究》，王琦硕士的《当代大城市都市区簇群式空间发展特征及其优化措施研究》。

　　笔者学位论文《大城市都市区簇群式空间成长机理及结构模式研究》是这一课题的集大成式成果，是站在一个更高的高度，对当代大城市簇群式空间发展机理及其结构模式的系统理性思考，创新性地提出当代大城市都市区簇群式空间结构的新形式，并对其形成机理予以解析，优化控制策略进行探讨，这对丰富城市地域空间结构理论，指导当代大城市规划建设无疑具有重要价值。

　　在书稿的写作及论文答辩过程中，同济大学陶松龄教授给予了关注，也给予了大量的指导，在此致以诚挚的敬意。

　　在论文答辩期间，南京大学崔功豪教授独到的见解，敏锐的思维使笔者受到极大的启示；重庆大学谭少华教授、武汉大学王国恩教授、华中科技大学耿虹教授提出了许多宝贵的意见和建议，在此一并表示感谢。

华中科技大学良好的学术氛围是研究得以完成的重要保证，在这里，笔者众多师弟、师妹相继完成了本科、硕士或博士学业，得到了洪亮平、王国恩、耿虹、何依、万艳华、陈锦富、李耀武、陈征帆、任绍斌、朱霞等学术造诣高深教授的指教，在此致以诚挚的敬意与谢意。

在此，特别感谢为本书作出贡献的导师项目团队研究参与人员：王智勇、张毅、金鑫、严慧慧、王洁心、杨鹏飞、曹哲铭、刘瑾、王琦、潘爱丰，以及曾经或正在黄亚平教授工作室的其他研究生：罗吉、陶德凯、陈瞻、张妮娅、叶建伟、冯道杰、段莹、许莉。

最后，也要特别感谢笔者的丈夫叶建伟博士，他的支持和帮助是笔者完成学位论文研究的重要基础。

谨此向所有支持和帮助过我们的同行和朋友表示深深的谢意。

华中科技大学建筑与城市规划学院　冯艳

2012 年 9 月